21世纪高等学校规划教材 | 计算机科学与技术

数据库技术及应用

徐大伟 杨丽萍 主编

清华大学出版社
北京

内 容 简 介

本书详细介绍了数据库原理、方法及其应用开发技术。全书共分 12 章,分别介绍了数据库系统原理概论、Microsoft SQL Server 2005 系统概述、SQL 语言概述、Transact-SQL 程序设计基础、SQL 高级功能、数据库的安全管理、数据库的故障和恢复、数据转换、关系数据库规范化理论、数据库设计与实施、ADO. NET 访问数据库技术、在线考试系统开发实例等内容。同时书中以 C♯ 作为开发平台详细讲述了 ADO. NET 访问数据库开发的全过程,最后书中介绍了一个在线考试系统开发实例。本书在讲述理论的同时与 SQL Server 2005 有机结合,使理论与实践同步,同时介绍了使用 ADO. NET 和 C♯ 开发数据库应用程序的基本方法和技术。

本书既可作为普通高等学校相关专业的教材,也可作为软件学院、成人教育和自学考试同名课程的教材和教学参考书,还可供 IT 领域的科技人员参考。

图书在版编目(CIP)数据

数据库技术及应用/徐大伟,杨丽萍主编.—北京:清华大学出版社,2012.1

(21 世纪高等学校规划教材·计算机科学与技术)

ISBN 978-7-302-27311-0

Ⅰ. ①数… Ⅱ. ①徐… ②杨… Ⅲ. ①数据库系统—高等学校—教材 Ⅳ. ①TP311.13

中国版本图书馆 CIP 数据核字(2011)第 236937 号

责任编辑:郑寅堃 顾 冰

责任校对:梁 毅

责任印制:何 芊

出版发行:清华大学出版社   地   址:北京清华大学学研大厦 A 座

　　　　　http://www.tup.com.cn   邮   编:100084

　　　　　社　总　机:010-62770175   邮   购:010-62786544

　　　　　投稿与读者服务:010-62776969,c-service@tup.tsinghua.edu.cn

　　　　　质 量 反 馈:010-62772015,zhiliang@tup.tsinghua.edu.cn

印 刷 者:三河市君旺印装厂

装 订 者:三河市新茂装订有限公司

经　　销:全国新华书店

开　　本:185×260 印 张:25 字 数:624 千字

版　　次:2012 年 1 月第 1 版   印   次:2012 年 1 月第 1 次印刷

印　　数:1~3000

定　　价:39.50 元

产品编号:041560-01

编审委员会成员

浙江大学	吴朝晖	教授
	李善平	教授
扬州大学	李 云	教授
南京大学	骆 斌	教授
	黄 强	副教授
南京航空航天大学	黄志球	教授
	秦小麟	教授
南京理工大学	张功萱	教授
南京邮电学院	朱秀昌	教授
苏州大学	王宜怀	教授
	陈建明	副教授
江苏大学	鲍可进	教授
中国矿业大学	张 艳	教授
武汉大学	何炎祥	教授
华中科技大学	刘乐善	教授
中南财经政法大学	刘腾红	教授
华中师范大学	叶俊民	教授
	郑世珏	教授
	陈 利	教授
江汉大学	颜 彬	教授
国防科技大学	赵克佳	教授
	邹北骥	教授
中南大学	刘卫国	教授
湖南大学	林亚平	教授
西安交通大学	沈钧毅	教授
	齐 勇	教授
长安大学	巨永锋	教授
哈尔滨工业大学	郭茂祖	教授
吉林大学	徐一平	教授
	毕 强	教授
山东大学	孟祥旭	教授
	郝兴伟	教授
中山大学	潘小轰	教授
厦门大学	冯少荣	教授
厦门大学嘉庚学院	张思民	教授
云南大学	刘惟一	教授
电子科技大学	刘乃琦	教授
	罗 蕾	教授
成都理工大学	蔡 淮	教授
	于 春	副教授
西南交通大学	曾华燊	教授

出 版 说 明

随着我国改革开放的进一步深化,高等教育也得到了快速发展,各地高校紧密结合地方经济建设发展需要,科学运用市场调节机制,加大了使用信息科学等现代科学技术提升、改造传统学科专业的投入力度,通过教育改革合理调整和配置了教育资源,优化了传统学科专业,积极为地方经济建设输送人才,为我国经济社会的快速、健康和可持续发展以及高等教育自身的改革发展做出了巨大贡献。但是,高等教育质量还需要进一步提高以适应经济社会发展的需要,不少高校的专业设置和结构不尽合理,教师队伍整体素质亟待提高,人才培养模式、教学内容和方法需要进一步转变,学生的实践能力和创新精神亟待加强。

教育部一直十分重视高等教育质量工作。2007 年 1 月,教育部下发了《关于实施高等学校本科教学质量与教学改革工程的意见》,计划实施"高等学校本科教学质量与教学改革工程"(简称"质量工程"),通过专业结构调整、课程教材建设、实践教学改革、教学团队建设等多项内容,进一步深化高等学校教学改革,提高人才培养的能力和水平,更好地满足经济社会发展对高素质人才的需要。在贯彻和落实教育部"质量工程"的过程中,各地高校发挥师资力量强、办学经验丰富、教学资源充裕等优势,对其特色专业及特色课程(群)加以规划、整理和总结,更新教学内容、改革课程体系,建设了一大批内容新、体系新、方法新、手段新的特色课程。在此基础上,经教育部相关教学指导委员会专家的指导和建议,清华大学出版社在多个领域精选各高校的特色课程,分别规划出版系列教材,以配合"质量工程"的实施,满足各高校教学质量和教学改革的需要。

为了深入贯彻落实教育部《关于加强高等学校本科教学工作,提高教学质量的若干意见》精神,紧密配合教育部已经启动的"高等学校教学质量与教学改革工程精品课程建设工作",在有关专家、教授的倡议和有关部门的大力支持下,我们组织并成立了"清华大学出版社教材编审委员会"(以下简称"编委会"),旨在配合教育部制定精品课程教材的出版规划,讨论并实施精品课程教材的编写与出版工作。"编委会"成员皆来自全国各类高等学校教学与科研第一线的骨干教师,其中许多教师为各校相关院、系主管教学的院长或系主任。

按照教育部的要求,"编委会"一致认为,精品课程的建设工作从开始就要坚持高标准、严要求,处于一个比较高的起点上。精品课程教材应该能够反映各高校教学改革与课程建设的需要,要有特色风格、有创新性(新体系、新内容、新手段、新思路,教材的内容体系有较高的科学创新、技术创新和理念创新的含量)、先进性(对原有的学科体系有实质性的改革和发展,顺应并符合 21 世纪教学发展的规律,代表并引领课程发展的趋势和方向)、示范性(教材所体现的课程体系具有较广泛的辐射性和示范性)和一定的前瞻性。教材由个人申报或各校推荐(通过所在高校的"编委会"成员推荐),经"编委会"认真评审,最后由清华大学出版社审定出版。

目前,针对计算机类和电子信息类相关专业成立了两个"编委会",即"清华大学出版社计算机教材编审委员会"和"清华大学出版社电子信息教材编审委员会"。推出的特色精品教材包括:

(1) 21世纪高等学校规划教材·计算机应用——高等学校各类专业,特别是非计算机专业的计算机应用类教材。

(2) 21世纪高等学校规划教材·计算机科学与技术——高等学校计算机相关专业的教材。

(3) 21世纪高等学校规划教材·电子信息——高等学校电子信息相关专业的教材。

(4) 21世纪高等学校规划教材·软件工程——高等学校软件工程相关专业的教材。

(5) 21世纪高等学校规划教材·信息管理与信息系统。

(6) 21世纪高等学校规划教材·财经管理与应用。

(7) 21世纪高等学校规划教材·电子商务。

(8) 21世纪高等学校规划教材·物联网。

清华大学出版社经过三十多年的努力,在教材尤其是计算机和电子信息类专业教材出版方面树立了权威品牌,为我国的高等教育事业做出了重要贡献。清华版教材形成了技术准确、内容严谨的独特风格,这种风格将延续并反映在特色精品教材的建设中。

清华大学出版社教材编审委员会
联系人:魏江江
E-mail:weijj@tup.tsinghua.edu.cn

前　言

　　数据库技术产生于 20 世纪 60 年代末,经过 40 多年的迅猛发展,已经形成了完整的理论与技术体系,并已成为计算机科学技术中的一个重要分支。随着信息技术的迅猛发展,数据库技术已经成为国家信息基础设施和信息化社会中的最重要的支撑技术之一。

　　本书共分为 12 章,第 1 章是数据库系统原理概论,第 2 章是 Microsoft SQL Server 2005 系统概述,第 3 章是 SQL 语言概述,第 4 章是 Transact-SQL 程序设计基础,第 5 章是 SQL 高级功能,第 6 章是数据库的安全管理,第 7 章是数据库的故障和恢复,第 8 章是数据转换,第 9 章是关系数据库规范化理论,第 10 章是数据库设计与实施,第 11 章是 ADO. NET 访问数据库技术,第 12 章是在线考试系统开发实例。内容覆盖了关系数据库系统的原理、设计和应用技术。

　　本书是多年讲授数据库原理与数据库应用技术的一线教师结合自己的教学经验和教学体会,整理和丰富了教学讲义而编写的。本书主要特点如下。

　　(1) 以关系数据库系统为核心。在系统论述数据库基本知识的基础上,着重讨论了关系数据库的原理与实现,其中对关系数据模型、关系数据库体系结构、关系规范化理论等都有较详细、系统的说明。

　　(2) 对传统数据库的内容进行了精简。如对层次数据库、网状数据库,仅对其模型做了简要介绍,删除了一些与操作系统联系较密切的存储理论等。

　　(3) 注重理论联系实际,加强数据库应用技术。本书在数据库语言(SQL)等数据库应用技术方面进行了较为全面的论述,并结合一些实例较详细地讲解了数据库设计方法,实例为读者提供了真实的数据库应用场景,不仅有助于读者从实际应用的角度出发,联系所学理论,掌握所学内容,而且也为读者提供了将理论与实践相结合的具体上机操作途径,本教材还介绍了当前较为流行的软件开发工具 ADO. NET,并结合 SQL Server 2005 数据库给出了简单的应用,为读者进行课程设计、毕业设计或进一步学习数据库系统开发打下了基础。

　　(4) 在内容选取、章节安排、难易程度、例子选取等方面充分考虑到理论教学和实践教学的需要,应用能力培养目标明确,力求使教材概念准确,清晰,重点明确,内容广泛,便于取舍。每章均配有习题,既便于教学,又有助于读者加深对内容的理解,掌握并巩固概念。使读者学完本书后,能够具备数据库应用系统的独立开发能力。

　　本书以掌握 SQL Server 2005 和 SQL 语言的应用为目的,概念清楚,重点突出,章节安排合理,注重实用,力求语言简洁,深入浅出,通过实例来掌握 SQL Server 2005 和 SQL 语言的应用能力和技巧。为配合本课程的教学需要,本书还为教师配有习题参考答案,可发 E-mail(ZhengYK@tup. tsinghua. edu. cn)联系索取。

　　本书由长春大学徐大伟、杨丽萍担任主编,参加编写的人员还有王薇。其中,第 6、7 章、第 9~11 章及前言由徐大伟编写,第 1~4 章由杨丽萍编写,第 5、8、12 章由王薇编写,全书由徐大伟、杨丽萍统一定稿。

　　由于时间仓促,加之作者的水平有限,书中难免有疏漏和不足之处,恳请同行专家和广大读者批评指正。

编　者

2011 年 8 月

目 录

第1章

数据库系统原理概论

教学目标：

- 理解数据库的有关概念，掌握数据、数据库的定义。
- 理解数据库的基本特征，了解数据管理技术的发展。
- 掌握数据从现实世界到计算机数据库要经过的三个范畴。
- 掌握实体属性及实体间可能存在的三种不同联系方式。
- 了解数据模型应满足的要求，掌握数据模型的三要素，重点掌握 E-R 图的表示方法。
- 理解常用的几种数据模型以及每种数据模型的特点。
- 掌握关系模型的具体表达方法，了解数据独立性的含义。
- 掌握数据库系统的三级模式结构。
- 了解数据库的体系结构，以及数据库方向的十种职业和高校研究方向。
- 了解数据库工程师和数据库认证。

教学重点：

本章从数据管理技术的产生和发展引出数据库概念，围绕着数据库系统介绍有关名词术语。接着主要介绍数据描述、概念数据模型与 E-R 方法、传统的三大数据模型、数据独立性、三层模式结构和 DBMS 的结构及组成。

1.1 数据库系统概述

数据库是数据管理的最新技术，是计算机科学的重要分支。当今，信息资源已成为各个部门的重要财富和资源。建立一个满足各级部门信息处理要求的行之有效的信息系统也成为一个企业或组织生存和发展的重要条件。目前，基于数据库技术的计算机应用已成为计算机应用的主流。它使计算机应用渗透到各部门。对于一个国家来说，数据库的建设规模、数据库信息量的大小和使用频度已成为衡量这个国家信息化程度的重要标志。

1.1.1 数据库相关概念

1. 数据

数据(Data)是描述事物的符号记录，是数据库中存储的基本对象。数据在大多数人头脑中的第一个反应就是数字。其实数字只是简单的一种数据，是对数据的一种传统和狭义的理解。广义的理解,数据的种类很多,文字、图形、图像、声音、语言、学生的档案记录、货物的运输情况等,这些都是数据。数据可表示为如下形式:

$$数据＝量化特征描述＋非量化特征描述$$

例如,天气预报中,温度的高低可以量化表示,而"刮风"或"下雨"等特征则需要用文字或图形符号进行描述,它们都是数据,不过数据类型不同而已。自然界里的任何一个事物都可以通过记录的形式进行描述,例如:

(1) 人(何雪,女,21,1990,吉林)。

(2) 学生(何雪,女,21,1990,吉林,软件工程系,软件工程专业)。

数据的语义主要指数据形式本身并不能完全表达其内容,需要经过语义解释。数据与其语义是不可分的。例如:

(1) (何雪,78)可以赋予它一定的语义,它表示何雪的期末考试平均成绩为78分。如果不了解其语义,则无法对其进行解释,甚至解释为何雪的年龄为78。

(2) 99:8179,7954,521可解释为"舅舅:不要吃酒,吃酒误事,我爱你"。

(3) $1\times1=1$可解释为"一成不变"。

(4) $10002=100\times100\times100$可解释为"千方百计"。

(5) 7/8可解释为"七上八下"。

(6) $7\div2$可解释为"不三不四"。

2. 数据库

顾名思义,数据库(DataBase,DB)是存放数据的仓库。只不过这个仓库是在计算机存储设备上,而且数据是按一定的格式存放的。数据是自然界事物特征的描述的符号,而且能够被计算机处理。数据存储的目的是为了从大量的数据中发现有价值的数据,这些有价值的数据就是"信息"。

数据库是长期储存在计算机内的、有组织的、可共享的数据集合。数据库中的数据按一定的数据模型组织、描述和储存,具有较小的冗余度、较高的数据独立性和易扩展性,并为各种用户共享,数据库本身不是独立存在的,它是组成数据库系统的一部分,在实际应用中,人们面对的是数据库系统(DataBase System,DBS)。

3. 数据库管理系统

数据库管理系统(DataBase Management System,DBMS)是一个系统软件,是数据库系统的一个重要组成部分,位于用户与操作系统之间。它要解决的问题是如何科学地组织和存储数据、如何高效地获取和维护数据。DBMS在数据库建立、运用和维护时对数据库进行统一管理和控制,使用户能方便地定义数据和操纵数据,并能够保证数据的安全性、完整性,在多个用户同时使用数据库时进行并发控制,在发生故障后对系统进行恢复。它的主要功能有数据定义、数据操纵、数据库运行管理、数据组织及存储和管理、数据库建立和维护、数据通信接口。

4. 数据库系统

数据库系统是指在计算机系统中引入数据库后的系统构成,一般由数据库、数据库管理系统(及其开发工具)、应用系统、数据库管理员和用户构成。其中数据库管理员(DataBase Administrator,DBA)是负责数据库的建立、使用和维护等工作的专门人员。

1.1.2　数据库的基本特征

数据库是相互关联的数据的集合。数据库中的数据不是孤立的,数据和数据之间是相互关联的,也就是说,在数据库中不仅要能够表示数据本身,还要能够表示数据与数据之间的关系。

数据库有以下几个基本特征:

(1) 数据库具有较高的数据独立性。

(2) 数据库用综合的方法组织数据,保证尽可能高的访问效率。

(3) 数据库具有较小的数据冗余,可供多个用户共享。

(4) 数据库具有安全控制机制,能够保证数据的安全、可靠。

(5) 数据库允许多用户共享,能有效、及时地处理数据,并能保证数据的一致性和完整性。

1.1.3　数据管理技术的发展

如同其他科学技术的发展一样,数据管理技术也有一个发展的历程,大体上经历了以下三个阶段。

1. 人工管理阶段(20 世纪 50 年代中期以前)

这一阶段计算机主要用于科学计算。硬件中的外存只有卡片、纸带、磁带,没有磁盘等直接存取设备。软件只有汇编语言,没有操作系统和管理数据的软件。数据处理的方式基本上是批处理。

人工管理数据具有以下特点:

(1) 数据不保存。

(2) 应用程序管理数据。

(3) 数据不共享。

(4) 数据不具有独立性。

2. 文件系统阶段(20 世纪 50 年代后期至 60 年代中后期)

计算机不仅用于科学计算,而且还逐渐扩大到非计算领域,如用于管理。在硬件方面:已经有磁盘、磁鼓等直接存取存储设备,磁盘已经成为联机应用的主要存储设备。在软件方面:有了操作系统和高级语言,而且还有了专门的数据管理软件,也就是文件管理系统(或操作系统的文件管理部分),处理方式不仅有了文件批处理,而且能够联机实时处理。

文件系统管理数据的优点如下:

(1) 数据可以长期保存。

(2) 有专门的软件即文件系统管理数据。

(3) 文件的形式多样化。

文件系统管理数据的缺点如下：

（1）数据共享性差，冗余度大。

（2）数据独立性差。

（3）数据联系弱。文件与文件之间是独立的，文件之间的联系必须通过程序来构造。可见，文件是一个不具有弹性的、无结构的数据集合，不能反映现实世界事务之间的内在联系。

文件管理系统示例如图 1-1 所示。

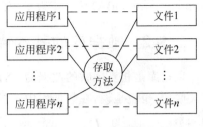

图 1-1　文件管理系统示例

3. 数据库系统阶段（20 世纪 60 年代后期以来）

20 世纪 60 年代后期，硬件出现了大容量的磁盘，软件出现了数据库管理系统。数据库系统阶段使用数据库技术来管理数据。它克服了文件系统的不足，并增强了许多新功能。在这一阶段，数据由数据库管理系统统一控制，数据不再面向某个应用，而是面向整个系统，因此数据可以被多个用户、多个应用共享。

数据库系统阶段的特点如下：

（1）数据结构化，这是数据库与文件系统的根本区别。

（2）由 DBMS 提供统一的管理控制功能（安全性、完整性、并发控制、数据库恢复）。

（3）数据的共享性好。

（4）数据的独立性高。

（5）可控数据冗余度低。

数据库管理系统示例如图 1-2 所示。

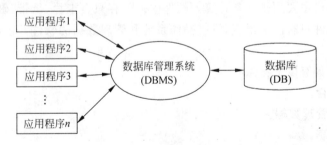

图 1-2　数据库管理系统示例

1.2　数据的表现形式和数据模型

1.2.1　数据的三种范畴

数据不是直接从现实世界到计算机数据库中，它需要人们的认识、理解、整理、规范和加工，然后才能存放到数据库中。也就是说数据从现实生活进入到数据库实际上经历了若干个阶段。一般划分三个阶段，即现实世界、信息世界和机器世界，称为数据的三种范畴。

1．现实世界

现实世界也叫客观世界。存在于人们头脑之外的客观事物及其相互联系就处在这个世界之中。在现实世界中所反映的所有客观存在的事物及其相互之间的联系，它们只是处理对象最原始的表现形式。

2．信息世界

信息世界又称观念世界，是现实世界在人们头脑中的反映，或者说，在信息世界中所存在的信息是现实世界中的客观事物在人们头脑中的反映，并经过一定的选择、命名和分类。

信息世界中所涉及的基本概念具体如下：

（1）实体（Entity）。实体是客观存在的事物在人们头脑中的反映，或者说，客观存在并可相互区别的客观事物或抽象事件称为实体。实体可以指人，如一名教师、一名护士等；也可以指物，如一把椅子、一间仓库、一个杯子等。实体不仅可以指实际的事物，还可以指抽象的事物，如一次访问、一次郊游、订货、演出、足球赛等；甚至还可以指事物与事物之间的联系，如"学生选课记录"和"教师任课记录"等。

（2）属性（Attribute）。在观念世界中，属性是一个很重要的概念。所谓属性是指实体所具有的某一方面的特性。一个实体可由若干个属性来刻画。例如，学生的属性有姓名、年龄、性别、职务、学号等。

属性所取的具体值称作属性值。例如，某个学生的姓名为徐雪梅，这是学生属性"姓名"的取值；该学生的年龄为 21，这是学生属性"年龄"的取值，等等。

（3）域（Domain）。一个属性可能取的所有属性值的范围称为该属性的域。例如，学生属性"性别"的域为男、女；学生属性"职务"的域为班长、学委、体委、文委等。

由此可见，每个属性都是变量，属性值就是变量所取的值，而域则是变量的变化范围。因此，属性是表征实体的最基本的信息。

（4）码（Key）。唯一标识实体的属性集称为码。例如：学号是学生实体的码。

（5）实体型（Entity Type）。具有相同属性的实体必然具有共同的特性和性质。用实体名及其属性名集合来抽象和刻画同类实体，称为实体型。例如，学生（姓名，年龄，性别，职务，学号）就是一个实体型。

（6）实体集（Entity Set）。同一类型实体的集合。例如，某一班级中的学生具有相同的属性，他们就构成了实体集"学生"。

在信息世界中，一般就用上述这些概念来描述各种客观事物及其相互的区别与联系。

3．机器世界

当信息管理进入计算机后，就把它称为机器世界范畴或存储世界范畴。机器世界也称数据世界。

由于计算机只能处理数据化的信息，所以对信息世界中的信息必须进行数据化。信息经过加工、编码后即进入数据世界，利用计算机来处理它们。因此，数据世界中的对象是数据。现实世界中的客观事物及其联系在数据世界中是用数据模型来描述的。

数据化后的信息称为数据,所以说数据是信息的符号表示。

与观念世界中的基本概念对应,在数据世界中也涉及到以下相关的基本概念。

(1) 数据项(字段)(Field)。对应于观念世界中的属性。例如,实体型"学生"中的各个属性中,姓名、性别、年龄、职务、学号等就是数据项。

(2) 记录(Record)。每个实体所对应的数据。例如,对应某一学生的各项属性值徐雪梅、21、女、学委、40603 等就是一个记录。

(3) 记录型(Record Type)。对应于观念世界中的实体型。

(4) 文件(File)。对应于观念世界中的实体集。

(5) 关键字(Key)。能够唯一标识一个记录的字段集。

1.2.2　实体间的联系

在现实世界中,事物内部以及事物之间是有联系的,这些联系在信息世界中反映为实体(型)内部的联系和实体(型)之间的联系。实体内部的联系通常是指组成实体的各属性之间的联系。实体之间的联系通常是指不同实体集之间的联系。

两个实体型之间的联系可以分为三类。

1. 一对一联系(1∶1)

如果对于实体集 A 中的每一个实体,实体集 B 中至多有一个(也可以没有)实体与之联系,反之亦然,则称实体集 A 与实体集 B 具有一对一联系,记为 1∶1,用图 1-3 表示。

例如,实体集学院与实体集院长之间的联系就是 1∶1 的联系。因为一个院长只领导一个学院,而且一个学院也只有一个院长。再如学校里,实体集班级与实体集班长之间也具有 1∶1 联系,一个班级只有一个班长,而一个班长只在一个班中任职。

2. 一对多联系(1∶n)

如果对于实体集 A 中的每一个实体,实体集 B 中有 n 个($n \geqslant 0$)实体与之联系,反之,对于实体集 B 中的每一个实体,实体集 A 中至多有一个实体与之联系,则称实体集 A 与实体集 B 具有一对多联系,记为 1∶n,用图 1-4 表示。

例如,实体集班级与实体集学生就是一对多联系。因为一个班级中有若干名学生,而每个学生只在一个班级中学习。

3. 多对多联系(m∶n)

如果对于实体集 A 中的每一个实体,实体集 B 中有 n 个($n \geqslant 0$)实体与之联系。反之,对于实体集 B 中的每一个实体,实体集 A 中也有 m 个($m \geqslant 0$)实体与之联系,则称实体集 A 与实体集 B 具有多对多联系,记为 m∶n,用图 1-5 表示。

例如,实体集课程与实体集学生之间的联系是多对多联系(m∶n)。因为一个课程同时有若干名学生选修,而一个学生可以同时选修多门课程。实际上,一对一联系是一对多联系的特例,而一对多联系又是多对多联系的特例。

图 1-3　1∶1 联系　　　　图 1-4　1∶n 联系　　　　图 1-5　m∶n 联系

1.2.3　数据模型

为了用计算机处理现实世界中的具体事物,人们必须事先对具体事物加以抽象,提取主要特征,归纳形成一个简单清晰的轮廓,转换成计算机能够处理的数据,这就是"数据模型"(Data Model)。通俗地讲,数据模型就是现实世界的模型。数据模型是用来抽象、表示和处理现实世界中的数据和信息的。

1. 数据模型满足的要求

数据模型应满足以下三方面要求:
(1) 能比较真实地模拟现实世界。
(2) 容易为人所理解。
(3) 便于在计算机上实现。

一种数据模型要很好地满足这三方面的要求在目前尚很困难。在数据库系统中针对不同的使用对象和应用目的,采用不同的数据模型。

不同的数据模型实际上是提供给模型化数据和信息的不同工具。根据模型应用的不同目的,可以将这些模型划分为以下两类,它们分属于不同的层次:

(1) 概念数据模型,也称信息模型。它按用户的观点来对数据和信息建模,主要用于数据设计。

(2) 基本数据模型。主要包括网状模型、层次模型、关系模型等,它是按计算机系统的观点为数据建模,主要用于 DBMS 的实现。

数据模型是数据库系统的核心和基础。各种计算机上实现的 DBMS 软件都是基于某种数据模型的。

2. 数据模型的三要素

模型是现实世界特征的模拟抽象。在数据库技术中,用模型的概念描述数据库的结构与语义,对现实世界进行抽象。表示实体类型及实体之间联系的模型称为"数据模型"。数据模型是严格定义的概念的集合。这些概念精确地描述了系统的静态特性、动态特性和完整性约束条件。因此,数据模型通常都应包含数据结构、数据操作和数据完整性约束三个部分,它们是数据模型的三要素。

(1) 数据结构。

数据结构是所研究的对象类型的集合。这些对象是数据库的组成部分,它们包括两类:

一类是与数据类型、内容、性质有关的对象,例如网状模型中的数据项、记录,关系模型中的域、属性、关系等;另一类是与数据之间联系有关的对象,例如网状模型中的系型(Set Type)。数据结构用于描述系统的静态特性。数据结构是刻画一个数据模型性质最重要的方面。因此,在数据库系统中,通常按照其数据结构的类型来命名数据模型。例如层次结构、网状结构、关系结构的数据模型分别命名为层次模型、网状模型和关系模型。

(2) 数据操作。

数据操作用于描述系统的动态特征。

数据操作是指对数据库中各种对象(型)的实例(值)允许执行的操作的集合,包括操作及有关的操作规则。数据库主要有检索和修改(包括插入、删除、更新)两大类操作。数据模型必须定义这些操作的确切含义、操作符号、操作规则(如优先级)以及实现操作的语言。

(3) 数据完整性约束。

数据完整性约束是一组完整性规则的集合。完整性规则是给定的数据模型中数据及其联系所具有的制约和储存规则,用于限制符合数据模型的数据库状态以及状态的变化,确保数据的正确、有效和相容。

数据模型应该反映和规定本数据模型必须遵守的、基本的、通用的完整性约束。例如,在关系模型中,任何关系必须满足实体完整性和参照完整性这两类约束。

此外,数据模型还应该提供定义完整性约束的机制,以反映具有应用所涉及的数据必须遵守的特定的语义约束。例如,在学生信息中的“性别”属性只能取值为男或女,学生上课信息中的“课程号”属性的值必须取自学校已经开设的课程等。

1.2.4　概念数据模型

概念数据模型,有时也简称概念模型。概念数据模型是按用户的观点对现实世界数据建模,是一种独立于任何计算机系统的模型,完全不涉及信息在计算机系统中的表示,也不依赖于具体的数据库管理系统,只是用来描述某个特定组织所关心的信息结构。它是对现实世界的第一层抽象,是用户和数据库设计人员之间交流的工具。

概念数据模型是理解数据库的基础,也是设计数据库的基础。

1. 概念数据模型涉及的基本概念

概念数据模型所涉及的主要基本概念有实体(Entity)、属性(Attribute)、域(Domain)、码(Key)、实体型(Entity Type)和实体集(Entity Set)。这些概念已经介绍,在这里不再详述。

2. 概念数据模型中的基本关系

实体间一对一、一对多和多对多三类基本联系是概念数据模型的基础,也就是说,在概念数据模型中主要解决的问题仍然是实体之间的联系。

实体之间的联系类型并不取决于实体本身,而是取决于现实世界的管理方法,或者说取决于语义,即同样两个实体,如果有不同的语义,则可以得到不同的联系类型。如有仓库和器件两个实体,现在来讨论它们之间的联系:

（1）如果规定一个仓库只能存放一种器件，并且一种器件只能存放在一个仓库，这时仓库和器件之间的联系是一对一的。

（2）如果规定一个仓库可以存放多种器件，但是一种器件只能存放在一个仓库，这时仓库和器件之间的联系是一对多的。

（3）如果规定一个仓库可以存放多种器件，同时一种器件可以存放在多个仓库，这时仓库和器件之间的联系是多对多的。

3. 概念数据模型的 E-R 表示方法

概念数据模型用于建立信息世界的模型，强调其语义表达能力，因为该要领简单、清晰，故易于用户理解，它是现实世界的第一层抽象，是用户和数据库设计人员之间进行交流的工具。

概念数据模型的表示方法很多，其中最为著名最为常用的是 P. S. Chen 于 1976 年提出的实体-联系方法（Entity-Relationship Approach）。该方法用 E-R 图来描述现实世界的概念模型，E-R 方法也称为 E-R 模型。

E-R 图提供了表示实体型、属性和联系的方法：

（1）实体：用矩形表示，矩形框内写明实体名。

（2）属性：用椭圆表示，椭圆形框内写明属性名，并用无向边将其与相应的实体连接起来。

例如，学生实体具有学号、姓名、性别、年龄、系等属性，产品实体具有产品号、产品名、型号、主要性能等属性，实体及属性关系可用图 1-6 表示。

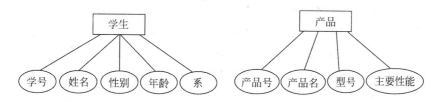

图 1-6　实体及属性示例

（3）联系：用菱形表示，菱形框内写联系名，并用无向边分别与有关实体连接起来，同时在无向边旁标注联系的类型（$1:1,1:n$ 或 $m:n$）。

现实世界中的任何数据集合，均可用 E-R 图来描述。图 1-7 给出了学生与课程实体 E-R图以及产品和材料实体的 E-R 图。

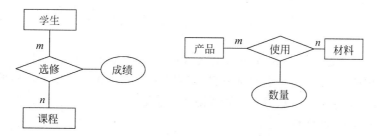

图 1-7　实体-联系图（E-R 图）

注意：如果一个联系具有属性，则这些属性也要用无向边与该联系连接起来。

实体-联系方法是抽象和描述现实世界的有力工具。用 E-R 图表示的概念模型独立于具体的 DBMS 所支持的数据模型，它是各种数据模型的共同基础，因而比数据模型更一般、更抽象、更接近现实世界。

E-R 模型有两个明显的优点：一是接近人的思想，容易理解；二是与计算机无关，用户容易接受。因此，E-R 模型已经成为数据库概念设计的一种重要方法，它是设计人员和不熟悉计算机的用户之间的共同语言。一般遇到一个实际问题，总是先设计一个 E-R 模型，然后把 E-R 模型转换成计算机能实现的数据模型。

4. 概念数据模型实例

前面介绍了概念数据模型的相关理论知识，接下来利用这些理论，为一个在线考试系统设计一个较完整的概念数据模型实例。

该实例的目标是为某企业（学校）设计一个面对内部人员的考试系统。使用该系统，企业（学校）可以建立自己的试题库、试卷和员工（学生）的考试记录，并可以随时进行考试。为此首先根据试题和组卷两项业务确定相关的实体。

试题是指在试题库中存放的试题，具体工作是由系统管理员来管理的。这样，根据试题业务找到了三个实体：管理员、试题库和试题，具体管理模式用语义描述如下：

（1）在一个试题库中可以存放多个试题，一个试题只能属于一个试题库中，因此试题库与试题之间是一对多的库存联系。用库存量表示某个试题在某个试卷库中的数量。

（2）一个试题库有多个管理员，而一个管理员可以对多个试题库进行管理，因此试题库与管理员之间是多对多的管理联系。

（3）一个管理员可以管理一个试题库中的多个试题，而一个试题也可以由多名管理员管理，因此管理员与试题之间是多对多的管理联系。

根据以上语义，可以画出描述试题业务的局部 E-R 图，如图 1-8 所示。

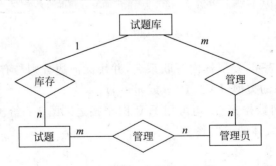

图 1-8　试题业务局部 E-R 图

为了不断补充试题库的不足，管理员需要及时向试题库中添加新科目的试题。另外，为了满足考生考试的需要，可以根据考试科目，利用手动或自动组卷方法从试题库中抽取试题形成试卷，具体组卷体现在考试卷上。这里除了包含刚才用到的试题和试题库实体外，又出现了三个实体：考生、科目和试卷。

关于组卷业务的管理模式语义描述如下：

（1）一名考生可以参加多个科目的考试，一个科目可以有多名考生参加考试。因此考生与科目是多对多的联系,该联系取名为参加考试。

（2）一个科目可以有多个试卷,而一个试卷只能属于一个科目,因此科目与试卷之间是一对多的联系,该联系取名为包含。

（3）一名考生同一时间只能使用一个试卷进行考试,而一个试卷只能由一个考生使用。因此考生与试卷是一对一的联系,该联系取名为使用。

（4）一个科目有多个试题,而一个试题只能属于一个科目,因此科目与试题之间是一对多的联系,该联系取名为包含。

（5）一个试卷有多个试题,而一个试题可以属于多个试卷,因此试卷与试题之间是多对多的联系,该联系取名为组卷。

根据以上语义,可以画出描述组卷业务的局部 E-R 简图如图 1-9 所示。

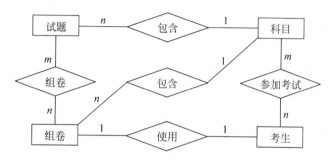

图 1-9　组卷业务局部 E-R 图

综合图 1-8 和图 1-9,可以得到如图 1-10 所示的整体 E-R 图,在这张图中共包括 6 个实体和 8 个联系,其中 1 个一对一联系,3 个一对多联系,4 个多对多联系。

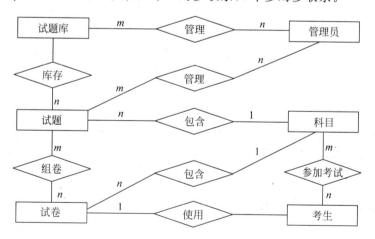

图 1-10　试题和组卷业务整体 E-R 图

图 1-11 给出了 6 个实体及属性图,在表 1-1 中给出了这些实体和联系的属性。

实体-联系方法是抽象和描述现实世界的有力工具。用 E-R 图表示的概念模型独立于具体的 DBMS 所支持的数据模型,它是各种数据模型的共同基础,因而比数据模型更一般、更抽象、更接近现实世界。

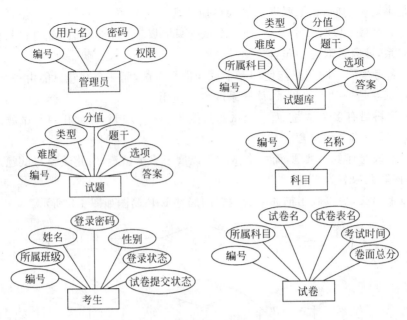

图 1-11　实体及其属性图

表 1-1　试题和组卷业务模型的相关属性列表

实体或联系	属　性
管理员	编号、用户名、密码、权限
试题库	编号、所属科目、难度、类型、分值、题干、选项、答案
试题	编号、难度、类型、分值、题干、选项、答案
科目	编号、名称
考生	编号、所属班级、姓名、登录密码、性别、登录状态、试卷提交状态
试卷	编号、所属科目、试卷名、试卷表名、考试时间、卷面总分
库存	试题编号、所属科目、数量
管理	试题库号、试题号
包含	试题号、试卷号
组卷	试题号、科目号、数量
使用	考生编号、试卷号

1.3　传统数据模型概述

　　不同的数据模型具有不同的数据结构形式。在数据库系统中，由于采用的数据模型不同，相应的数据库管理系统(DBMS)也不同。目前常用的数据模型有三种：层次模型、网状模型和关系模型。其中层次模型和网状模型统称为非关系模型。非关系模型的数据库系统在 20 世纪 70 年代非常流行，到了 20 世纪 80 年代，逐渐被关系模型的数据库系统取代，但在美国等一些国家里，由于历史的原因，目前层次数据库和网状数据库系统仍为某些用户所使用。

数据结构、数据操作和数据完整性约束条件完整地描述了一个数据模型,其中数据结构是刻画模型性质的最基本的方面。下面着重从数据结构角度介绍层次模型、网状模型和关系模型。

1.3.1　层次模型

层次模型是数据库系统中最早出现的数据模型,层次数据库系统采用层次模型作为数据的组织方式。

用树状结构来表示实体之间联系的模型称为层次模型。

构成层次模型的树是由节点和连线组成的,节点表示实体集(文件或记录型),连线表示相连两个实体之间的联系,这种联系只能是一对多的。通常把表示"一"的实体放在上方,称为父节点;而把表示"多"的实体放在下方,称为子节点。根据树结构的特点,建立数据的层次模型需要满足下列两个条件:

(1) 有且仅有一个节点没有父节点,这个节点即树根节点。

(2) 其他数据记录有且仅有一个父节点。

现实世界中许多实体之间的联系本来就呈现一种很自然的层次关系,如行政机构、家族关系等。图 1-12 为学院行政机构的层次模型。

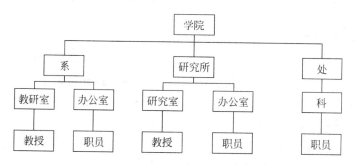

图 1-12　学院行政机构的层次模型

层次模型的一个基本特点是,任何一个给定的记录值只有按其路径查看时,才能展现出它的全部意义,没有一个子女记录值能够脱离双亲记录值而独立存在。

层次模型最明显的特点是层次清楚、构造简单以及易于实现,它可以很方便地表示出一对一和一对多这两种实体之间的联系。但由于层次模型需要满足上面两个条件,这样就使得多对多联系不能直接用层次模型表示。如果要用层次模型来表示实体之间的多对多的联系,则必须将实体之间多对多的联系先分解为几个一对多联系。分解方法有两种:冗余节点法和虚拟节点法。

层次模型的主要优点:

(1) 层次数据模型本身比较简单。

(2) 对于实体间联系是固定的,且预先定义好的应用系统,采用层次模型来实现,其性能优于关系模型,不低于网状模型。

(3) 层次数据模型提供了良好的完整性支持。

层次模型的主要缺点:

（1）现实世界中很多联系是非层次性的，如多对多联系、一个节点具有多个双亲等，层次模型表示这类联系的方法很笨拙，只能通过引入冗余数据（易产生不一致性）或创建非自然组织（引入虚节点）来解决。

（2）对插入和删除操作的限制比较多。

（3）查询子节点必须通过双亲节点。

（4）由于结构严密，层次命令趋于程序化。

典型的层次数据库系统是 IMS 数据库管理系统，这是第一个大型商用 DBMS，1968 年推出，由 IBM 公司研制。

1.3.2　网状模型

网状模型和层次模型在本质上是一样的，从逻辑上看，它们都是用连线表示实体之间的联系，用节点表示实体集；从物理上看，层次模型和网络模型都是用指针来实现两个文件之间的联系，其差别仅在于网状模型中的连线或指针更加复杂，更加纵横交错，从而使数据结构更复杂。

在网状模型中同样使用父节点和子节点的术语，并且同样把父节点安排在子节点的上方。在数据库中，把满足以下两个条件的基本层次联系集合称为网状模型：

（1）允许一个以上的节点无双亲。

（2）一个节点可以有多于一个的双亲。

网状模型是一种比层次模型更具普遍性的结构，它去掉了层次模型的两个限制，允许多个节点没有双亲节点，允许节点有多个双亲节点，此外它还允许两个节点之间有多种联系（称为复合联系）。因此网状模型可以更直接地去描述现实世界。而层次模型实际上是网状模型的一个特例。

与层次模型一样，网状模型中每个节点表示一个记录类型（实体），每个记录类型可包含若干个字段（实体的属性），节点间的连线表示记录类型（实体）之间一对多的父子联系。

网状模型是以记录型为节点的网状结构，它的特点是：

（1）可以有一个以上的节点无"父亲"。

（2）至少有一个节点多于一个"父亲"。

由这两个特点可知，网状模型可以描述数据之间的复杂关系。例如，学院的教学情况可以用图 1-13 所示的网状模型来描述。

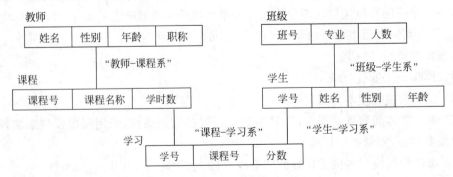

图 1-13　学院教学情况的网状模型

网状模型和层次模型都属于格式化模型。格式化模型是指在建立数据模型时,根据应用的需要,事先将数据之间的逻辑关系固定下来,即先对数据逻辑结构进行设计使数据结构化。

由于网状模型所描述的数据之间的关系要比层次模型复杂得多,在层次模型中子节点与双亲节点的联系是唯一的,而在网状模型中这种联系可以不唯一。因此,为了描述网状模型的记录之间的联系,引进了"系(Set)"概念。所谓"系"可以理解为命名了的联系,它由一个父记录型和一个或多个子记录型构成。每一种联系都用"系"来表示,并将其标以不同的名称,以便相互区别,如图 1-13 中的"教师-课程系"、"课程-学习系"、"学生-学习系"和"班级-学生系"等。从图中可以看到教师的属性有姓名、性别、年龄、职称;班级的属性有班号、专业、人数;课程的属性有课程号、课程名、学时数;学生的属性有学号、姓名、性别、年龄;在课程与学生的联系学习中也有其相关属性为学号、课程号、分数。

用网状模型设计出来的数据库称为网状数据库。网状数据库是目前应用较为广泛的一种数据库,它不仅具有层次模型数据库的一些特点,而且也能方便地描述较为复杂的数据关系。

网状数据模型的优点主要有:

(1) 能够更为直接地描述现实世界,如一个节点可以有多个双亲。

(2) 具有良好的性能,存取效率较高。

网状数据模型的缺点主要有:

(1) 结构比较复杂,而且随着应用环境的扩大,数据库的结构就变得越来越复杂,不利于用户最终掌握。

(2) 其 DDL、DML 语言复杂,用户不容易使用。

典型的网状数据库系统是 DBTG 系统,亦称 CODASYL 系统,由 DBTG 提出的一个系统方案,奠定了数据库系统的基本概念、方法和技术,20 世纪 70 年代推出。实际系统包括 Cullinet Software 公司的 IDMS、Univac 公司的 DMS1100、Honeywell 公司的 IDS/2、HP 公司的 IMAGE 等。

1.3.3　关系模型

关系模型是目前最重要的一种数据模型。关系数据库系统采用关系模型作为数据的组织方式。

在关系模型中,把数据看成一个二维表,每一个二维表称为一个关系。例如,表 1-2 所示的二维表就是一个关系。表中的每一列称为属性,相当于记录中的一个数据项,对属性的命名称为属性名;表中的一行称为一个元组,相当于记录值。

表 1-2　考生基本信息表

考生编号(S#)	所属部门(C#)	考生姓名(SN)	登录密码(SP)	...
2206103301	2708405	周三	123	...
2206103302	2708402	房子	123	...
⋮	⋮	⋮	⋮	⋮
2206103330	2708404	何雪	123	...

对于表示关系的二维表,其最基本的要求是,表中元组的每一个分量必须是不可分的数据项,即不允许表中再有表。关系是关系模型中最基本的概念。

关系模型较之格式化模型有以下几个方面的优点:

(1) 数据结构比较简单。

(2) 具有很高的数据独立性。

(3) 可以直接处理多对多的联系。

(4) 有坚实的理论基础。

在层次模型中,一个 n 元关系有 n 个属性,属性的取值范围称为值域。

一个关系属性名的表称为关系模式,也就是二维表的框架,相当于记录型。若某一关系的关系名为 R,其属性名为 A1,A2,…,An,则该关系的关系模式记为:

R(A1,A2,…,An)

例如,表 1-3 所示的二维表为一个三元关系,其关系名为 ER,关系模式(即二维表的表框架)为 ER(S♯,C♯,SN)。其中 S♯,C♯,SN 分别是这个关系中的三个属性的名字,{2206103301,2206103302,2206103303,2206103304,2206103305}是属性 S♯(考生编号)的值域,{2708401,2708402,2708403,2708404,2708405}是属性 C♯(所属班级)的值域,{周三,房子,周丹,徐雪梅,何雪}是属性 SN(学生姓名)的值域。

表 1-3　考生部分基本信息表

考生编号(S♯)	所属部门(C♯)	考生姓名(SN)
2206103301	2708405	周三
2206103302	2708402	房子
⋮	⋮	⋮
2206103305	2708404	何雪

术语"父"与"子"不属于关系数据库操作语言,但也常使用该术语来说明关系之间的关系,即使用术语"父"关系和"子"关系。在关系数据操作语言中用连接字段值的等与不等来说明和实现联系。

现在耳闻目睹的数据库管理系统,全部都是关系数据库管理系统,像 Sybase、Oracle、MS SQL Server、MySQL 以及 FoxPro 和 Access 等。

1.4　数据库系统结构和组成

1.4.1　模式的概念

模式是数据库中全体数据的逻辑结构和特征的描述,它仅仅涉及型的描述,不涉及具体的值。模式反映的是数据的结构及其联系。

尽管实际的数据库管理系统产品种类很多,它们支持不同的数据模型、使用不同的数据库语言、建立在不同的操作系统上,数据的存储结构也不相同,但它们的体系结构具有相同的特征,即采用三级模式结构,并提供两级映像功能,如图 1-14 所示。

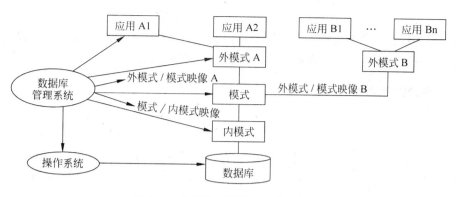

图 1-14　数据库系统的三级模式结构

1.4.2　数据库系统的三级模式结构

数据库的三层模式结构是数据的三个抽象级别，用户只须抽象地处理数据，而不必关心数据在计算机中如何表示和存储。

1．外模式

外模式（External Schema）又称为用户模式，是数据库用户和数据库系统的接口，是数据库用户的数据视图（View），是数据库用户可以看见和使用的局部数据的逻辑结构和特征描述，是与某一应用有关的数据的逻辑表示。

一个数据库通常都有多个外模式。当不同用户在应用需求、保密级别等方面存在差异时，其外模式描述就会有所不同。一个应用程序只能使用一个外模式，但同一外模式可为多个应用程序所使用。外模式是保证数据安全的重要措施。每个用户只能看见和访问所对应的外模式中的数据，而数据库中的其他数据均不可见。

2．模式

模式（Schema）又可分为概念模式（Conceptual Schema）和逻辑模式（Logical Schema），是所有数据库用户的公共数据视图，也是数据库中全部数据的逻辑结构和特征的描述。

3．内模式

内模式（Internal Schema）又称为存储模式（Storage Schema），是数据库物理结构和存储方式的描述，也是数据在数据库内部的表示方式。例如，记录的储存方式是顺序方式、按照 B 树结构储存还是按照 Hash 方法储存；索引按照什么方式组织；数据是否压缩储存，是否加密；数据的储存记录结构有何规定等。

一个数据库只有一个内模式。内模式描述记录的存储方式、索引的组织方式、数据是否压缩、是否加密等。但内模式并不涉及物理记录，也不涉及硬件设备。

1.4.3　数据独立性

为了能够在内部实现这三个抽象层次的联系和转换，数据库管理系统在这三级模式之间提供了两层映像：外模式/模式映像和模式/内模式映像。

这两层映像保证了数据库系统中的数据能够具有较高的逻辑独立性和存储独立性。所谓映像(Mapping)就是一种对应规则，说明映像双方如何进行转换。

1. 逻辑数据独立性

为了实现数据库系统的外模式与模式的联系和转换，在外模式与模式之间建立映像，即外模式/模式映像。通过外模式与模式之间的映像把描述局部逻辑结构的外模式与描述全局逻辑结构的模式联系起来。由于一个模式与多个外模式对应，因此，对于每个外模式，数据库系统都有一个外模式/模式映像，它定义了该外模式与模式之间的对应关系。这些映像定义通常包含在各自外模式的描述中。

有了外模式/模式映像，当模式改变时，如增加新的属性、修改属性的类型，只要对外模式/模式的映像做相应的改变，可使外模式保持不变，则以外模式为依据编写的应用程序就不受影响，从而应用程序不必修改，保证了数据与程序之间的逻辑独立性，也就是逻辑数据独立性。

逻辑数据独立性说明模式变化时一个应用的独立程度。现今的系统，可以提供下列几个方面的逻辑数据独立性：

(1) 在模式中增加新的记录类型，只要不破坏原有记录类型之间的联系。

(2) 在原有记录类型之间增加新的联系。

(3) 在某些记录类型中增加新的数据项。

2. 存储数据独立性

为了实现数据库系统模式与内模式的联系和转换，在模式与内模式之间提供了映像，即模式/内模式映像。通过模式与内模式之间的映像把描述全局逻辑结构的模式与描述物理结构的内模式联系起来。由于数据库只有一个模式，也只有一个内模式，因此，模式/内模式映像也只有一个，通常情况下，模式/内模式映像放在内模式中描述。

有了模式/内模式映像，当内模式改变时，如存储设备或存储方式有所改变，只要对模式/内模式映像做相应的改变，使模式保持不变，则应用程序就不受影响，从而保证了数据与程序之间的物理独立性，称为存储数据独立性。

物理数据独立性说明在数据物理组织发生变化时一个应用的独立程度，例如不必修改或重写应用程序。现今的系统，可以提供以下几个方面的物理数据独立性：

(1) 改变存储设备或引进新的存储设备。

(2) 改变数据的存储位置，例如把它们从一个区域迁移到另一个区域。

(3) 改变物理记录的体积。

(4) 改变数据物理组织方式，例如增加索引，改变 Hash 函数，或从一种结构改变为另一种结构。

1.4.4　数据库管理系统 DBMS 的组成

DBMS 的主要职责就是有效地实现数据库三级模式之间的转换，即把用户(或应用程序)对数据库的一次访问，从用户级带到概念级，再导向物理级，转换为对存储数据的操作。

　　数据库管理系统是数据库系统的核心,是建立 DBS 的保证,一个数据库应用系统一般都需要选择某个 DBMS 来完成数据管理工作。数据库管理系统产品有很多种,各产品版本更新很快,技术和性能发展快。不同数据库管理系统所基于的原理和理论有共同点。当前主要是关系型,支持面向对象、Internet、数据仓库、数据挖掘等。

　　DBMS 的功能主要包括以下六个方面:

　　(1) 数据定义:包括定义库结构的模式、存储模式、外模式、映像、约束条件、存取权限。

　　(2) 数据操纵:包括对数据库数据的检索、插入、修改、删除等基本操作。

　　(3) 数据库运行管理:包括并发控制、安全性、完整性、内部维护。

　　(4) 数据组织、存储和管理:DBMS 负责分门别类地组织、存储和管理数据库中的数据字典、用户数据、存取路径等数据,确定以何种文件结构和存取方式物理地组织这些数据,实现数据间的联系,以提高空间和时间效率。

　　(5) 数据库建立和维护:建立包括初始数据输入和数据转换等。维护包括数据的转储恢复、重组织、重构造、性能监视与分析。

　　(6) 数据通信接口:与其他软件系统的通信。

　　DBMS 一般至少由以下四个部分组成:

　　(1) 数据定义语言及其翻译处理程序。

　　(2) 数据操纵语言及其编译(或解释)程序。

　　(3) 数据库运行控制程序。

　　(4) 实用程序。

　　DBMS 的主要组成部分如图 1-15 所示。

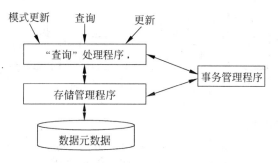

图 1-15　DBMS 的主要组成部分

1.4.5　数据库系统的组成

1. 硬件平台

对硬件的要求具体如下:

(1) 足够大的内存。

(2) 有足够大的磁盘存放数据库。

(3) 有较高的通道能力,提高数据传输率。

2. 软件

数据库系统的软件的要求具体如下：

（1）DBMS。

（2）支持 DBMS 运行的操作系统。

（3）具有与数据库接口的高级语言及其编译系统。

（4）以 DBMS 为核心的应用开发工具。

（5）为特定应用环境开发的数据库应用系统。

3. 人员

人员主要包括数据库管理员、系统分析员、数据库设计人员、应用程序员和用户。

1.5　数据库系统的体系结构和工作流程

1. 数据库系统的体系结构

数据库系统的体系结构主要包括以下三种：

（1）单用户式结构的数据库系统。

整个数据库系统（应用程序、DBMS、数据）装在一台计算机上，为一个用户独占，不同计算机之间不能共享数据。早期的最简单的数据库系统示例如图 1-16 所示。

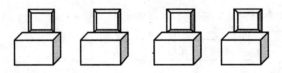

图 1-16　单用户式结构示例

（2）主从式结构的数据库系统。

主从式结构是指一个主机带多个终端的多用户结构。在这种结构中，数据、数据库管理系统、应用程序等集中存放在主机上，所有的任务都由主机完成，各个用户通过主机的终端并发地存取数据库，共享数据资源。该系统示例如图 1-17 所示。

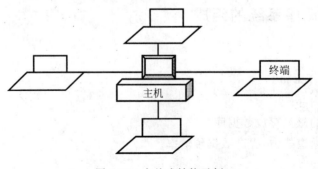

图 1-17　主从式结构示例

　　主从式结构的数据库系统的优点是结构简单,数据易于维护和管理。其缺点是当用户增加到一定程度后,主机的任务过于繁重则会成为瓶颈,从而使系统的性能大大下降。此外,当主机出现故障时,整个系统就不能使用,也就是说系统的可靠性不高。

　　(3) 分布式结构的数据库系统。

　　分布式结构的数据库系统是指数据库中的数据在逻辑上是一个整体,但物理分布在计算机网络的不同节点上,网络的每一个节点都可以独立地处理本地数据库中的数据,也可以同时存取和处理多个异地数据库中的数据,它适应了地理上分散的公司、团体或者组织对于数据库应用的需求。分布式结构的数据库系统示例如图 1-18 所示。

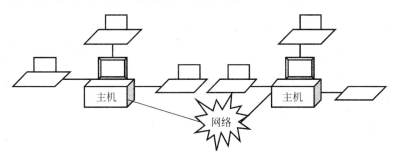

图 1-18　分布式结构示例

　　典型分布式结构示例:客户/服务器结构的数据库系统。该系统主要包括服务器和客户机两部分。其中服务器的作用是数据库管理系统功能和应用程序分开,网络中的某个(些)节点上的计算机专门用于执行 DBMS 功能;而客户机的作用是在其他节点上的计算机安装 DBMS 的外围应用工具以支持用户的应用。

2. 数据库系统的工作流程

　　整个数据库系统的工作流程大致可以分为三个阶段:

　　(1) 第一阶段是数据库管理员建立并维护数据库。DBA 利用模式 DDL、子模式 DDL 等语言描述数据库的总体逻辑结构,决定数据在数据库中存放的方式及位置,并通过各种维护管理程序来建立、更新、删除有关数据,维护管理和控制系统运行及日常工作。

　　(2) 第二阶段是用户编写应用程序。当用户想要通过应用程序访问数据库有关内容时,就可以利用模式 DDL 语言定义自己的子模式,并用 DML 语言编写所需要的操作命令,并将其嵌入到用宿主语言写的程序中。

　　(3) 第三阶段是应用程序在 DBMS 支持下运行,当模式、子模式、物理模式、用户源程序翻译为目标代码后,即可启动目标程序执行。

1.6　数据库方向的职业、高校研究方向和认证

1. 数据库方向上的十种职业

　　除去那些数据库研发等太过专业的方向,数据库方向上大致有十种职业,前面五种的重点是设计和应用,侧重于软件和数据逻辑层面。后面五种的重点是运营和维护,侧重于硬件

和数据物理层面。不过这些职位不是孤立,反而是互相交叉的,只是侧重点不同。

(1) 数据库应用开发(DateBase Application Development)。

除了基本的 SQL 方面的知识,还要熟悉开发流程、软件工程、各种框架和开发工具等等。数据库应用开发这个方向上的机会最多,职位最多。

(2) 数据建模专家(Data Modeler)。

数据建模专家除了基本的 SQL 方面的知识,还非常熟悉数据库原理、数据建模。负责将用户对数据的需求转化为数据库物理设计和物理设计。这个方向上在大公司(如金融、保险、研究、软件开发等公司)有专门职位,在中小公司则可能由程序员承担。

(3) 商业智能专家(Business Intelligence,BI)。

商业智能专家主要从商业应用、最终用户的角度从数据中获得有用的信息,涉及 OLAP (OnLine Analytical Processing),需要使用 SSRS、Cognos、Crystal Report 等报表工具,或者其他一些数据挖掘、统计方面的软件工具。

(4) ETL 开发(ETL Developer)。

ETL 开发是使用 ETL 工具或者自己编写程序在不同的数据源之间对数据进行导入、导出、转换,所接触的数据库一般数据量非常大,要求进行的数据转换也比较复杂。和数据仓库和商业智能的关系比较密切。在一些数据库应用规模很大的公司里面有专门的职位,中小公司里面则可能由程序员或者 DBA 负责这方面的工作。

注意:ETL 分别是 Extract(数据抽取)、Transform(转换)、Loading(装载)三个英文单词的首字母缩写。

ETL 是数据抽取(Extract)、转换(Transform)、清洗(Cleansing)、装载(Load)的过程,是构建数据仓库的重要一环,用户从数据源抽取出所需的数据,经过数据清洗,最终按照预先定义好的数据仓库模型,将数据加载到数据仓库中去。ETL 的含义具体解释如下:

① 抽取:将数据从各种原始的业务系统中读取出来,这是所有工作的前提。

② 转换:按照预先设计好的规则将抽取的数据进行转换、清洗,以及处理一些冗余、歧义的数据,使本来异构的数据格式能统一起来。

③ 装载:将转换完的数据按计划增量或全部的导入到数据仓库中。

(5) 数据构架师(Data Architect)。

数据构架师主要从全局上制定和控制关于数据库在逻辑这一层的大方向,也包括数据可用性、扩展性等长期性战略,协调数据库的应用开发、建模、DBA 之间的工作。这个方向上在大公司(如金融、保险、研究、软件开发等公司)有专门职位,在中小公司或者没有这个职位,或者由开发人员、DBA 负责。

(6) 数据库管理员(DataBase Administrator,DBA)。

数据库管理员负责数据库的安装、配置、优化、备份/恢复、监控、自动化等,协助应用开发(有些职位还要求优化 SQL,写存储过程和函数等)。这个方向上的职位相对少一些,但一般有点规模的公司还是会有这样的职位。

(7) 数据仓库专家(Data Warehouse,DW)。

数据仓库专家应付超大规模的数据,历史数据的存储、管理和使用,和商业智能关系密切,很多时候 BI 和 DW 是放在一个大类里面的,但是我觉得 DW 更侧重于硬件和物理层上的管理和优化。

（8）存储工程师（Storage Engineer）。

存储工程师专门负责提供数据存储方案，使用各种存储技术满足数据访问和存储需求，与 DBA 的工作关系比较密切。对高可用性有严格要求（如通信中心、金融中心、数据中心等）的公司通常有这种职位，这种职位也非常少。

（9）性能优化工程师（Performance Engineer）。

性能优化工程师专长数据库的性能调试和优化，为用户提供解决性能瓶颈方面的问题。IBM、微软和 Oracle 公司都有专门的数据库性能实验室（Database Performance Lab），也有专门的性能优化工程师，负责为其数据库产品和关键应用提供这方面的技术支持。

对数据库性能有严格要求的公司（如金融行业）可能会有这种职位。因为针对性很强，甚至要求对多种数据库非常熟悉，所以职位极少。

（10）高级数据库管理员（Senior DBA）。

在 DBA 的基础上，高级数据库管理员还涉及上面三种职位的部分工作，具体内容如下：

① 对应用系统的数据（布局、访问模式、增长模式、存储要求等）比较熟悉。

② 对性能优化非常熟悉，可以发现并优化从 SQL 到硬件 I/O，网络等各个层面上的瓶颈。

③ 对于存储技术相对熟悉，可能代替存储工程师的一些工作。

④ 对数据库的高可用性技术非常熟悉（例如 MSSQL 的集群、Oracle RAC/FailSafe、IBM 的 DPF、HADR 等）。

⑤ 对大规模数据库进行有效物理扩展（例如表分区）或者逻辑扩展（如数据库分区，联合数据库等）。

⑥ 熟悉各种数据复制技术，例如单向、双向、点对点复制技术，以满足应用要求。

⑦ 灾难数据恢复过程的建立、测试和执行。

这种职位一般只在对数据库要求非常高并且规模非常大（如金融、电信、数据中心等）的公司需要，而且这种公司一般有一个专门独立负责数据库的部门或组。这种职位非常少。

2. 高校研究方向

数据库高校研究方向主要包括以下几种：

（1）数据库与 Web 智能。

主要研究内容：数据库理论、机器学习、数据挖掘与 Web 挖掘、网络搜索引擎。

（2）数据库与智能网络。

主要研究内容：面向高维、海量数据的智能处理理论，数据挖掘基础理论与应用，Internet 组播路由技术，并行程序设计，并行工程与工程数据库系统，计算机支持协同工作与设计。目前的研究重点在于嵌入式数据库理论与技术，数据挖掘与信息融合技术，面向网络计算的大规模仿真和海量数据处理技术。

3. 计算机软件资格考试（Nit）

全国计算机技术与软件专业技术资格（水平）考试（简称计算机软件资格考试）中专业类别、资格名称和级别对应关系具体如下：

（1）高级资格。

高级资格主要包括信息系统项目管理师、系统分析师（原系统分析员）、系统架构设计师。

（2）中级资格。

中级资格主要包括以下几个方面：

① 计算机软件：软件评测师、软件设计师（原高级程序员）。

② 计算机网络：网络工程师。

③ 计算机应用技术：多媒体应用设计师、嵌入式系统设计师、计算机辅助设计师、电子商务设计师。

④ 信息系统：信息系统监理师、数据库系统工程师、信息系统管理工程师。

⑤ 信息服务：信息技术支持工程师。

（3）初级资格。

初级资格主要包括以下几个方面：

① 计算机软件：程序员（原初级程序员、程序员）。

② 计算机网络：网络管理员。

③ 计算机应用技术：多媒体应用制作技术员，电子商务技术员。

④ 信息系统：信息系统运行管理员。

⑤ 信息服务：信息处理技术员。

4. 数据库工程师和数据库认证

数据库工程师和数据库的认证主要包括以下几种：

（1）微软数据库管理员认证。

证书名称：Microsoft DataBase Administrator，简称 MCDBA。

主办机构：Microsoft 微软公司。

适用人群：数据库管理员、应用程序开发员、技术支持专业人员、系统管理员、系统分析员。

报考条件：拥有至少一年使用 Microsoft SQL Server 软件的经验。

考试内容：共设置 SQL 及 T-SQL 语言、SQL Server 管理、数据库设计、Windows 2003 操作系统管理这 5 门课程。考题约 40～60 题，以多项选择题、仿真操作题为主。

（2）Oracle 数据库专家认证。

证书名称：Oracle 9i DBA OCP。

主办机构：Oracle（甲骨文）公司，是仅次于微软的全球第二大软件公司，同时是全球最大的数据库管理系统（RDBMS）供应商。

适用人群：数据库管理员、应用程序开发员、技术支持专业人员、系统管理员、系统分析员，以及数据库性能调整专家。

报考条件：具有基本的计算机使用技能，对数据库有初步认识，英语水平达到高中以上。

考试内容：设置 4 门课程，内容涉及 SQL 语言、Oracle 体系结构、Oracle 物理与逻辑结构管理、数据库备份与还原、数据库性能调整。考题以选择题为主。

（3）Oracle 数据库开发专家认证。

证书名称：Oracle 9i DEV OCP。

主办机构：Oracle（甲骨文）公司。

适用人群：数据库开发工程师、Oracle ERP 开发工程师、数据库开发工程师。

报考条件：具有基本的计算机使用技能，对数据库有初步认识，英语水平达到高中以上。

考试内容：涉及 PL/SQL、Oracle Porm、Oracle Relport 等内容，考题以选择题为主。

（4）DB2 解决方案专家认证。

证书名称：IBM DB2 Certified Solution Expert，简称 CSE。

主办机构：IBM 公司，是全球最大的信息工业跨国企业。DB2 通用数据库是目前最开放的数据库平台之一。

适用人群：数据库 DBA、IBM 数据库开发人员，以及有意涉足该领域的在校大学生。

报考条件：对数据库原理及 SQL 语句有一定的了解，而且，报考前须通过入门考试"DB2 系列基础（512）"。

考试内容：主要涉及 DB2 基本操作、备份、还原、性能优化，在不同平台下的数据库维护等内容。每门考试约有 60 道题目。

（5）Sybase Adaptive 服务器专家认证。

证书名称：Sybase Certified Adaptive Server Administrator-Professional，简称 CASA-Professional。

主办机构：Sybase 公司，是全球最大的独立软件厂商之一，同时也是全球领先的企业集成解决方案供应商。

适用人群：数据库 DBA、Sysbase 开发人员。

报考条件：Sybase 认证考试分为 Associate 和 Professional 两个级别，考生可跨级考试。报考者必须熟悉 Sybase 相关软件，具有高中以上英语水平。

考试内容：设置系统管理、性能优化、系统排错、数据结构排错这 4 门课程。

特别提醒：数据库技术人才职业前景看好，导致专业认证需求水涨船高，越来越多的人想通过认证跻身热门人才行列。

对此，上海银河教育中心资深数据库专家唐涛提醒说，参加数据库技术认证，需要注意以下两点：

（1）量力而行。数据库方面的认证在 IT 领域内属于高端认证，认证考试难度相对较大，对考生专业素质的要求较高。考生不仅应具备基本的计算机使用技能，而且对数据库要有一定的认识，同时熟悉 UNIX、Linux 等操作系统。此外，目前的认证考试大多采用英文，而且涉及许多计算机相关词汇，对考生英语能力的要求较高。因此，虽然数据库相关认证含金量高，但并非人人适合。建议有兴趣的人认真考虑自身的知识储备和专业能力，谨慎报考。

（2）先易后难。从目前的情况看，微软数据库管理员（MCDBA）认证已成为这一领域的入门级认证，考试难度相对较低。因此，建议一些数据库方面的"门外汉"，可以通过考 MCDBA 证书进入数据库管理领域，打好专业基础，再报考难度大的考试。

5. 含金量高的数据库认证

数据库认证中含金量高的具体如下：

(1) Oracle 数据库专家认证。

Oracle 9i DBA OCP 认证是 Oracle 认证体系的核心部分,被誉为"Oracle 认证的皇冠"。因此,Oracle 9i DBA OCP 是代表数据库管理领域最高水平的资质证书,在全球业界具有极高的权威性和广泛的认可度。目前,大部分跨国公司都采用了 Oracle 数据库系统,所以对这方面人才的需求非常大,而如今真正熟悉 Oracle 数据库的人较少,拿到专业证书的就更少。所以,获得这个认证对 IT 人士的职业发展大有帮助,目前,在所有的 IT 认证专家中,Oracle 的 OCP 的平均收入是最高的。

(2) Oracle 数据库开发专家认证。

Oracle 9i DEV OCP 是 Oracle 数据库开发领域高级别的认证,持证者被公认为能熟练使用 Developer/2000 的工具建立各种 ORACLE Forms 应用程序,和建立各种标准及自定义的报表。和 DBA OCP 一样,熟悉 Oracle 开发工具的人少之又少,而市场需求非常之大,所以,持证者的职业前景看好,薪酬待遇也会高人一等。

(3) 微软数据库管理员认证。

持有 MCDBA 证书者被公认为对 Windows 系统和 SQL Server 数据库非常熟悉,现在大部分中小企业都采用 SQL Server 数据库,因此对这方面人才的需求较大。但是,由于该证书属于入门级证书,考试难度不大,持证者人数较多,该证书的含金量已不如两三年前。

(4) DB2 解决方案专家认证。

IBM 公司的 DB2 软件是通用型数据库管理工具,通过这个认证,可让持证者在不同的操作系统中自如完成数据库管理任务,从而成为真正的数据库技术专才。同时,由于 IBM 公司的数据库在金融、航空、电信、政府等大型机构中的普遍使用,持证者还可在这些领域发展。

(5) Sybase Adaptive 服务器专家认证。

Sybase 公司的数据库系统软件以高度保密性和准确性为特色,很受对数据安全要求较高的企业的青睐,国内金融业、航空业、电信业企业和机构及政府部门,对相关专业人才的需求较大。获得该证书,被公认为具有一流的数据保护与纠错能力,在以上领域就业时,将被另眼相待。

1.7 本章小结

本章首先详细介绍了数据库的概念和特征,以及数据管理技术的发展;接着讨论了描述信息存在的三个范畴(客观世界、信息世界和机器世界),应该掌握机器世界中实体的基本概念,尤其是实体间相互联系,并能够区分实体间的联系是属于一对一联系、一对多联系还是多对多联系。概念数据模型是一种与具体的数据库管理系统无关的模型,概念数据模型是理解数据库设计和进行数据库设计的基础。把数据库管理系统支持的实体间联系的表示方式称作具体的数据模型。

传统的三大数据模型是层次模型、网状模型和关系模型。层次模型用层次关系表示联系,网状模型用网状结构表示联系,关系模型用关系表示联系。接下来介绍了数据库的三级模式结构和数据独立性。数据库的三级模式结构是外模式、模式和内模式。

最后还介绍了数据库系统的体系结构、工作流程以及数据库方向上十种职业、高校研究方向和数据库认证的相关知识。通过学习本章,要充分理解数据库、数据库管理系统、数据库系统等概念,以及数据库系统结构的组成。

习题 1

1. 单项选择题

(1) 在数据管理技术的发展过程中,经历了人工管理阶段、文件系统阶段和数据库系统阶段。在这几个阶段中,数据独立性最高的是_____阶段。

    A. 数据库系统　　　　B. 文件系统　　　　C. 人工管理　　　　D. 数据项管理

(2) 数据库的基本特点是_____。

    A. 数据可以共享(或数据结构化)　　　B. 数据冗余大,易移植

    C. 数据独立性　　　　　　　　　　　D. 统一管理和控制

(3) 在数据中,下列说法_____是不正确的。

    A. 数据库避免了一切数据的重复

    B. 若系统是完全可以控制的,则系统可确保更新时的一致性

    C. 数据库中的数据可以共享

    D. 数据库减少了数据冗余

(4) _____是存储在计算机内有结构的数据的集合。

    A. 数据库系统　　　　　　　　　　　B. 数据库

    C. 数据库管理系统　　　　　　　　　D. 数据结构

(5) 在数据库中存储的是_____。

    A. 数据　　　　　　　　　　　　　　B. 数据模型

    C. 数据以及数据之间的关系　　　　　D. 信息

(6) 数据库的特点之一是数据的共享,严格地讲,这里的数据共享是指_____。

    A. 同一个应用中的多个程序共享一个数据集合

    B. 多个用户、同一种语言共享数据

    C. 多个用户共享一个数据文件

    D. 多种应用、多种语言、多个用户相互覆盖地使用数据集合

(7) 数据库系统的核心是_____。

    A. 数据库　　　　　　　　　　　　　B. 数据库管理系统

    C. 数据模型　　　　　　　　　　　　D. 软件工具

(8) 下述关于数据库系统的正确叙述是_____。

    A. 数据库中只存在数据项之间的联系

    B. 数据库的数据项之间和记录之间都存在联系

      C. 数据库的数据项之间无联系,记录之间存在联系

      D. 数据库的数据项之间和记录之间都不存在联系

(9) 数据库(DB)、数据库系统(DBS)和数据库管理系统(DBMS)三者之间的关系是_____。

      A. DBS 包括 DB 和 DBMS   B. DBMS 包括 DB 和 DBS

      C. DB 包括 DBS 和 DBMS   D. DBS 就是 DB,也就是 DBMS

(10) 在数据库中,产生数据不一致的根本原因是_____。

      A. 数据存储量太大   B. 没有严格保护数据

      C. 未对数据进行完整性控制   D. 数据冗余

(11) 数据库管理系统(DBMS)是_____。

      A. 一个完整的数据库应用系统   B. 一组硬件

      C. 一组软件   D. 既有硬件,也有软件

(12) 数据库管理系统(DBMS)的主要功能是_____。

      A. 数学软件   B. 应用软件

      C. 计算机辅助设计   D. 系统软件

(13) 数据库系统的核心是_____。

      A. 编译系统   B. 数据库

      C. 操作系统   D. 数据库管理系统

(14) 数据库管理系统能实现对数据库中数据的查询、插入、修改和删除等操作,这种功能称为_____。

      A. 数据定义功能   B. 数据管理功能

      C. 数据操纵功能   D. 数据控制功能

(15) 为使程序员编程时既可使用数据库语言又可使用常规的程序设计语言,数据库系统需要把数据库语言嵌入到_____中。

      A. 编译程序   B. 操作系统   C. 中间语言   D. 宿主语言

(16) 数据库系统的最大特点是_____。

      A. 数据的三级抽象和二级独立性   B. 数据共享性

      C. 数据的结构化   D. 数据独立性

(17) 在数据库的三级模式结构中,描述数据库中全体数据的全局逻辑结构和特征的是_____。

      A. 外模式   B. 内模式   C. 存储模式   D. 模式

(18) 实体是信息世界中的术语,与之对应的数据库术语为_____。

      A. 文件   B. 数据库   C. 字段   D. 记录

(19) 层次型、网状型和关系型数据库的划分原则是_____。

      A. 记录长度   B. 文件的大小

      C. 联系的复杂程度   D. 数据之间的联系

(20) 按照传统的数据模型分类,数据库系统可以分为_____三种类型。

      A. 大型、中型和小型   B. 中文、英文和兼容

  C. 层次、网状和关系   D. 数据、图形和多媒体

(21) 数据库的网状模型应满足的条件是_____。

  A. 允许一个以上的无双亲,也允许一个节点有多个双亲

  B. 必须有两个以上的节点

  C. 有且仅有一个节点无双亲,其余节点都只有一个双亲

  D. 每个节点有且仅有一个双亲

(22) 在数据库的非关系模型中,基本层次联系是_____。

  A. 两个记录型以及它们之间的多对多联系

  B. 两个记录型以及它们之间的一对多联系

  C. 两个记录型之间的多对多的联系

  D. 两个记录型之间的一对多的联系

(23) 按所使用的数据模型来分,数据库可分为_____三种模型。

  A. 层次、关系和网状   B. 网状、环状和链状

  C. 大型、中型和小型   D. 独享、共享和分时

(24) 通过指针链接来表示和实现实体之间联系的模型是_____。

  A. 关系模型   B. 层次模型

  C. 网状模型   D. 层次和网状模型

(25) 层次模型不能直接表示,_____。

  A. 只能表示实体间的 $1:1$ 联系   B. 只能表示实体间的 $1:n$ 联系

  C. 只能表示实体间的 $m:n$ 联系   D. 可以表示实体间的上述三种联系

(26) 数据库三级模式体系结构的划分,有利于保持数据库的_____。

  A. 数据独立性   B. 数据安全性   C. 结构规范化   D. 操作可行性

(27) 数据库的概念模型独立于_____。

  A. 具体的机器和 DBMS   B. E-R 图

  C. 信息世界   D. 现实世界

(28) 数据库中,数据的物理独立性是指_____。

  A. 数据库与数据库管理系统的相互独立

  B. 用户程序与 DBMS 的相互独立

  C. 用户的应用程序与存储在磁盘上数据库中的数据是相互独立的

  D. 应用程序与数据库中数据的逻辑结构相互独立

(29) 在数据库技术中,为提高数据库的逻辑独立性和物理独立性,数据库的结构被划分成用户级、_____ 和存储级三个层次。

  A. 管理员级   B. 外部级   C. 概念级   D. 内部级

2. 填空题

(1) 数据独立性可分为_____和_____。

(2) 当数据的物理存储改变了,应用程序不变,而由 DBMS 处理这种改变,这是指数据的_____。

(3) 按照数据结构的类型来命名,数据模型分为_____、_____和_____。

（4）层次数据模型中，只有一个节点，无父节点，它称为_____。

（5）层次模型中，根节点以外的节点至多可有_____个父节点。

（6）关系数据库是采用_____作为数据的组织方式。

（7）现实世界的事物反映到人的头脑中经过思维加工成数据，这一过程要经过三个领域，依次是_____、_____和_____。

（8）数据库系统的软件管理人员称为数据库管理员，简称_____。

（9）现实世界中存在的可以相互区分的事物或概念称为_____。

（10）数据库是根据_____建立的，它是数据库系统的基础。

（11）_____是对象的数据表示，是同类记录的集合。

（12）数据库系统中最常使用的数据模型是层次模型、网状模型和_____。

（13）在关系模型中，数据的逻辑结构是一张_____，它由行和列组成。

（14）_____是关系模型中可唯一标识元组的属性或属性集。

（15）关系的型称为_____，是对关系的描述，一般表示是：关系名（属性1，属性2，…，属性 n）。

（16）数据管理技术经历了_____、_____、_____三个阶段。

（17）数据库是长期存储在计算机内、有_____的、可_____的数据集合。

（18）DBMS 是指_____，它是位于_____和_____之间的一层管理软件。

（19）数据库管理系统的主要功能有_____、_____数据库的运行管理和数据库的建立以及维护四个方面。

（20）指出下列缩写的含义：

① DML _____

② DBMS _____

③ DDL _____

④ DBS _____

⑤ SQL _____

⑥ DB _____

⑦ DD _____

⑧ DBA _____

⑨ SDDL _____

⑩ PDDL _____

3. 简答题

（1）什么是数据库？

（2）什么是数据库管理系统？

（3）数据库管理系统有哪些功能？

（4）什么是数据库的数据独立性？

（5）什么是数据模型？数据模型的三要素是什么？

（6）为某百货公司设计一个 E-R 模型。

百货公司管辖若干连锁商店，每家商店经营若干商品，每家商店有若干职工，但每个职工只能服务于一家商店。

实体类型"商店"的属性有店号、店名、店址、店经理。

实体类型"商品"的属性有商品号、品名、单价、产地。

实体类型"职工"的属性有工号、姓名、性别、工资。

在联系中应反映出职工参加某商店工作的开始时间、商店销售商品的月销售量。

试画出反映商店、商品、职工实体类型及其联系类型的 E-R 图。

（7）简述数据库方向上的十种职业。

第2章

Microsoft SQL Server 2005系统概述

教学目标：

- 掌握 Microsoft SQL Server 2005 的安装与配置。
- 掌握 SQL Server 2005 的体系结构。
- 了解 SQL Server 2005 故障分析与解决方法。
- 了解客户/服务器结构的数据库系统。

教学重点：

本章将详细介绍 SQL Server 2005 的安装方法，带领读者将 SQL Server 2005 安装到计算机，并检查安装的有效性，排查安装过程中和安装结束后的故障，使读者初步认识 SQL Server 2005 的服务、管理和数据库单元。

2.1 SQL Server 2005 概述

SQL Server 2005 是一个全面、集成、端到端的数据解决方案，它为企业中的用户提供了一个安全、可靠和高效的平台，用于企业数据管理和商业智能应用。SQL Server 2005 为 IT 专家和信息工作者带来了强大的、熟悉的工具，同时减少了在从移动设备到企业数据系统的多平台上创建、部署、管理及使用企业数据和分析应用程序的复杂度。通过全面的功能集、现有系统的集成性，以及对日常任务的自动化管理能力，SQL Server 2005 为不同规模的企业提供了一个完整的数据解决方案。图 2-1显示了 SQL Server 2005 数据平台的组成架构。

SQL Server 2005 数据平台包括以下工具：

（1）关系数据库：安全、可靠、可伸缩、高可用的关系数据库引擎，提升了性能且支持结构化和非结构化（XML）数据。

图 2-1　SQL Server 2005 数据平台的
　　　　组成框架

（2）复制服务：数据复制可用于数据分发、处理移动数据应用、系统高可用、企业报表解决方案的后备数据可伸缩存储、与异构系统的集成等，包括已有的 Oracle 数据库等。

（3）通知服务：用于开发、部署可伸缩应用程序的先进的通知服务能够向不同的连接和移动设备发布个性化、及时的信息更新。

（4）集成服务：可以支持数据仓库和企业范围内数据集成的抽取、转换和装载能力。

（5）分析服务：联机分析处理（OLAP）功能可用于多维存储的大量、复杂的数据集的快速高级分析。

（6）报表服务：全面的报表解决方案，可创建、管理和发布传统的、可打印的报表和交互的、基于 Web 的报表。

（7）管理工具：SQL Server 2005 包含的集成管理工具可用于高级数据库管理和调谐，它也和其他微软工具，如 MOM 和 SMS 紧密集成在一起。标准数据访问协议大大减少了 SQL Server 2005 和现有系统间数据集成所花的时间。此外，构建于 SQL Server 2005 内的内嵌 Web Service 支持确保了和其他应用及平台的互操作能力。

（8）开发工具：SQL Server 2005 为数据库引擎、数据抽取、转换和装载（ETL）、数据挖掘、OLAP 和报表提供了与 Microsoft Visual Studio 相集成的开发工具，以实现端到端的应用程序开发能力。SQL Server 2005 中每个主要的子系统都有自己的对象模型和 API，能够以任何方式将数据系统扩展到不同的商业环境中。

SQL Server 2005 数据平台为不同规模的组织提供了以下好处：

（1）充分利用数据资产：除了为业务线和分析应用程序提供一个安全可靠的数据库之外，SQL Server 2005 也使用户能够通过嵌入的功能，如报表、分析和数据挖掘等从他们的数据中得到更多的价值。

（2）提高生产力：通过全面的商业智能功能，与熟悉的微软 Office 系统之类的工具集成，SQL Server 2005 为组织内信息工作者提供了关键的、及时的商业信息以满足他们特定的需求。SQL Server 2005 目标是将商业智能扩展到组织内的所有用户，并且最终允许组织内所有级别的用户能够基于他们最有价值的资产——数据来做出更好的决策。

（3）减少 IT 复杂度：SQL Server 2005 简化了开发、部署和管理业务线和分析应用程序的复杂度，它为开发人员提供了一个灵活的开发环境，为数据库管理人员提供了集成的自动管理工具。

（4）更低的总体拥有成本（TCO）：对产品易用性和部署上的关注以及集成的工具提供了工业上最低的规划、实现和维护成本，使数据库投资能快速得到回报。

2.2 SQL Server 2005 版本说明

目前，SQL Server 2005 有六个版本，分别为：Enterprise Edition（32 位和 64 位，缩写为 EE），Standard Edition（32 位和 64 位，缩写为 SE），Workgroup Edition（只适用于 32 位，缩写为 WG），Developer Edition（32 位和 64 位，缩写为 DE），Express Edition（只适用于 32 位，缩写为 SSE），Mobile Edition（以前的 Windows CE Edition 2.0，缩写为 CE 或 ME）。根据实际应用的需要，如性能、价格和运行时间等，可以选择安装不同版本的 SQL Server 2005。大部分用户喜欢选择安装 EE 版、SE 版或 WG 版，因为这几个版本可以应用于产品服务器环境。下面将简要说明各版本的差异，并建议大家针对具体环境选择使用对应的版本。还有一个企业评估版，可以从微软网站下载，但试用期只有 180 天。

1. Enterprise Edition(32 位和 64 位)——企业版

企业版 SQL Server 2005 支持多达几十个 CPU 的多进程处理,而且支持聚类(两个独立服务器之间提供自动接管功能并分担工作量),允许 HTTP 访问联机分析处理(OLAP)多维集。企业版支持超大型企业进行联机事务处理(OLTP),高度复杂的数据分析,数据仓库系统和网站所需的性能水平。企业版的全面商业智能和分析能力及其高可用性功能(如故障转移群集),使它可以处理大多数关键业务的企业工作负荷。企业版是最全面的 SQL Server 2005 版本,是超大型企业的理想选择,能够满足最复杂的要求。

可以根据企业版特性,价值和许可(企业版每个处理器许可权的价钱是标准版的 4 倍)等因素而自由决定是否需要采用企业版软件,但是,如果需要支持聚类,则一定要使用企业版。

企业版的特征包括聚类、分布式分区视图、索引视图、分区多维集、支持超过 4GB 的 RAM、日志传输(一种自动接管策略)、支持 4 个以上的 CPU。

另外,还有一些特性只有企业版具有,在此不一一描述。

2. Standard Edition 版(32 位和 64 位)——标准版

SE 版是 SQL Server 的主流版本,大多数 SQL Server 用户都会选择安装这一版本。它支持多进程处理,还可支持多个 CPU 和 2GB 以上的 RAM。为了安装 SE 版实例,客户需要为每个 Standard 版实例购买独立许可证。SE 版是中、小企业或组织管理数据并进行分析的平台。它包含了电子商务,数据仓库等技术需要的重要功能。SE 版的综合业务性能和高可靠特性深受广大使用者青睐,是中、小企业进行完整数据管理和分析的理想选择。

3. Workgroup Edition 版(只适用于 32 位)——工作组版

WG 版是中、小组织数据管理的理想解决方案,这种方案可以满足对数据库大小或用户数量无特定限制的需要。WG 版既可以充当前端 Web 服务器,也可以满足部门和分支机构运营的需要。它具有 SQL Server 产品的核心数据库特点,容易升级为标准版和企业版。WG 版是一种理想的入门级数据库,不仅使用可靠,而且耐用,易于管理。

4. Developer Edition(32 位和 64 位)——开发版

系统默认安装为 DE 版,而企业版和标准版则应视为应用服务器的解决方案。利用 DE 版软件,可以开发和测试应用程序。由于该版本具有企业版的所有特性,因此可以将在开发版上成功开发的解决方案顺利移植到产品环境下而不会产生任何问题。DE 版是进行软件开发的一种理想解决方案,DE 版可以根据生产需要升级至 EE 版。这个版本与企业版之间的唯一差别是:开发版只能用作开发环境。

5. Express Edition 版——个人版

SSE 版是一种免费,易用而且管理简单的数据库系统。它集成在 Microsoft Visual Studio 2005 之中,利用它可以轻松地开发出兼容性好,功能丰富,存储安全,可快速部署的数据驱动应用程序。不仅可以免费使用 SSE 版软件,而且可以再分发,就像一个基本的服务器端数据库一样。SSE 版是低端独立软件开发商,低端服务器用户,建立 Web 应用程序的非专业开发者和开发客户端应用程序的业余爱好者的理想选择。

6. Windows CE(或 ME)版——移动版

这个版本将用于 Windows CE 设备,其功能完全限制在给定范围内,显然这些设备的容量极其有限。目前,使用 Windows CE 和 SQL Server 的应用程序非常少,实际上只可能在更昂贵的 CE 产品上拥有更有用的应用程序。CE 版是一种专为开发基于 Microsoft Windows Mobile 的设备的开发人员而提供的移动数据库平台。其特有的功能包括强大的数据存储功能,优化的查询处理器,以及可靠,可扩展的连接功能。

2.3 SQL Server 2005 Express Edition 简介

SQL Server 2005 Express 是基于 SQL Server 2005 技术的一款免费易用的数据库产品,旨在提供一个非常便于使用的数据库平台,可以针对其目标情况进行快速部署。之所以便于使用,首先是因为它具有一个简单可靠的图形用户界面(GUI)安装程序,可以引导用户完成安装过程。SQL Server 2005 Express 附带的免费 GUI 工具包括:SQL Server Management Studio Express Edition(启动时可以使用的技术预览版本)、Surface Area Configuration Tool 和 SQL Server Configuration Manager。这些工具可以简化基本的数据库操作。通过与 Visual Studio 项目的集成,数据库应用程序的设计和开发也变得更加简单。

SQL Server 2005 Express 使用与其他 SQL Server 2005 版本同样可靠的、高性能的数据库引擎,也使用相同的数据访问 API(如 ADO.NET、SQL Native Client 和 T-SQL)。事实上,它与其他 SQL Server 2005 版本的不同仅体现在以下方面:

(1) 缺乏企业版功能支持。

(2) 仅限一个 CPU。

(3) 缓冲池内存限制为 1GB。

(4) 数据库最大为 4GB。

默认情况下,在 SQL Server 2005 Express 中,启用诸如自动关闭和像复制文件一样复制数据库的功能,而禁用高可用性和商业智能功能。如果需要,也容易进行伸缩,因为 SQL Server 2005 Express 应用程序可以无缝地与 SQL Server 2005 Workgroup Edition、SQL Server 2005 Standard Edition 或 SQL Server 2005 Enterprise Edition 一起使用。通过 Web 下载文件可以进行免费、快速、方便的部署。

开发 SQL Server 2005 Express 是为了满足以下两个不同的用途:第一个用途是用作服务器产品,特别是作为 Web 服务器或数据库服务器;第二个用途是用作本地客户端数据存储区,其中应用程序数据访问不依赖于网络。易用性和简单性是主要设计目标。

SQL Server 2005 Express 主要用于以下三种情况:

(1) 非专业开发人员生成 Web 应用程序。

(2) ISV 将 SQL Server 2005 Express 重新发布为低端服务器或客户端数据存储区。

(3) 爱好者生成基本的客户端/服务器应用程序。

SQL Server 2005 Express 提供的易用、可靠的数据库平台功能丰富,可用于这些情况。特别要注意安装和部署的易用性和可靠性使 ISV 的使用和重新发布变得轻松。

2.3.1　SQL Server 2005 Express Edition 的功能

SQL Server 2005 Express 使用的数据库引擎与其他 SQL Server 2005 版本相同,并且所有编程功能也相同。有关上述主题的其他信息,请参阅 SQL Server 2005 联机丛书。下面详细介绍了 SQL Server 2005 Express 特有的,并且/或者对客户有较显著影响的功能。

1. 引擎规范

SQL 引擎支持 1 个 CPU、1GB RAM 和 4GB 的数据库大小。此机制允许通过定义适当的断点来轻松区别于其他 SQL Server 2005 版本。另外,没有工作负荷中止值,并且引擎的执行方式与其他版本相同。对可以附着到 SQL Server 2005 Express 的用户数没有硬编码限制,但其 CPU 和内存限制实际上限制可以从 SQL Server 2005 Express 数据库获取可接受响应次数的用户数。

SQL Server 2005 Express 可以安装并运行在多处理器计算机上,但是不论何时,只使用一个 CPU。在内部,引擎将用户调度程序线程数限制为 1,这样一次只使用 1 个 CPU。因为一次只能使用一个 CPU,所以不支持执行诸如并行查询这样的功能。

1GB RAM 限制是对缓存池的内存限制。缓存池用于存储数据页和其他信息。但是,跟踪连接、锁等所需的内存不计入缓存池限制。因此,服务器使用的总内存有可能大于 1GB,但用于缓存池的内存绝不会超过 1GB。不支持或不需要地址窗口化扩展插件(AWE)或 3GB 数据访问。

4GB 数据库大小限制仅适用于数据文件,而不适用于日志文件。但是,不限制可以附着到服务器的数据库数。SQL Server 2005 Express 的启动略有变化。用户数据库不会自动启动,分布式事务处理协调器也不会自动初始化。虽然对于用户体验而言,除了启动速度更快之外,感觉不出什么变化。仍建议要使用 SQL Server 2005 Express 的编程人员在设计自己的应用程序时,牢记这些变化。

多个 SQL Server 2005 Express 安装可以与其他 SQL Server 2000、SQL Server 2005 或 Microsoft Desktop Engine(MSDE)安装共存于同一台计算机上。通常,最好将 SQL Server 2000 实例升级到 Service Pack 4(SP4)。在同一台计算机上,最多可以安装 16 个 SQL Server 2005 Express 实例。这些实例的名称必须是唯一的,以便标识它们。

默认情况下,SQL Server 2005 Express 安装为一个名为 SQLEXPRESS 的命名实例。这个特殊的实例可以在多个应用程序和应用程序供应商之间共享。建议用户使用此实例,除非用户的应用程序具有特殊配置要求。

可用于编程 SQL Server 2005 Express 的 API 与用于编程 SQL Server 2005 的 API 相同,这样如果用户选择转到其他 SQL Server 2005 版本,他们也不会感到有任何不适应。支持 SQL Server 2005 中的所有新功能(例如公共语言运行时 ——CLR 集成)、新数据类型(例如 VARCHAR(MAX)和 XML)、用户定义类型和用户定义聚合。此外,SQL Server 2005 Express 数据库可以附着到 SQL Server 2005,而且使用 SQL Server 2005 Express 实例编写的应用程序同样可以与 SQL Server 2005 实例一起协调运行。还支持和复制 SQL

Service 2005 Broker 功能,该功能将在后面详细介绍。

2. 工具支持

SQL Server 2005 Express 是以易于使用为目的而设计的,其图形用户界面(GUI)工具甚至可以使数据库初学者轻松使用 SQL Server 2005 Express 中的基本数据库功能。名为 SQL Server Management Studio Express Edition(SSMS-EE) 的新 GUI 工具可以作为独立的 Web 下载文件获得。SSMS-EE 可以使用户轻松管理数据库、执行查询分析功能,并且可以免费重新发布。

SSMS-EE 可以连接到 SQL Server 2005 Express 和其他 SQL Server 2005 版本、SQL Server 2000 以及 MSDE 2000。连接时,会显示一个简单的连接对话框,引导用户选择要使用的实例和身份验证方法。可以进行本地连接和远程连接。对象资源管理器将以分层方式枚举并显示使用的公共对象(例如实例、表、存储过程等),有助于用户实现对数据库访问的可视化。

3. 网络支持

尽管用户可以显式打开其他支持的协议(例如 TCP/IP 和 Named Pipes),但默认情况下,SQL Server 2005 Express 只能访问本地计算机上的共享内存连接类型。SQL Server 2005 Express 不支持 VIA 协议和 HTTP 协议。因为默认情况下只能使用共享内存,所以除非打开网络,否则无法从远程计算机连接到 SQL Server 2005 Express。可以通过以下方式打开网络:

(1)使用外围应用配置器工具启用网络,并启用和启动 SQL Browser 服务。

(2)使用 SQL Server 2005 配置管理器启用相关协议,并启动 SQL Browser。图 2-2 介绍了如何使用此工具启用网络协议。

(3) 如果预先知道需要网络支持,就可以在安装命令行中使用 DISABLENETWORKPROTOCOLS=0。

(4)使用基于 SMO 的脚本启用协议。

在 SQL Server 2005 中,SQL Browser 是一项新服务,用于标识命名实例监听的端口。由于共享内存不使用该服务,因此默认情况下,该服务在 SQL Server 2005 Express 中处于关闭状态。这意味着用户必须启动该服务,网络访问才可以进行。

注意:一个有趣的事实是 SQL Browser 监听 UDP 1434 端口。但是,占用 UDP 1434 端口的早于 SQL Server 2000 SP3 之前的版本可能会导致 SQL Browser 名称解析失败,因为它们可能拒绝放弃该端口。

解决方法是将计算机上的所有 SQL Server 2000/MSDE 实例都升级到 SP3 版本或更高版本。

4. 数据访问支持

SQL Server 2005 Express 支持的本机提供程序和托管提供程序与其他 SQL Server 2005 版本相同。这样会有巨大的好处:为 SQL Server 2005 Express 编写的应用程序可以无缝用于其他 SQL Server 2005 版本。

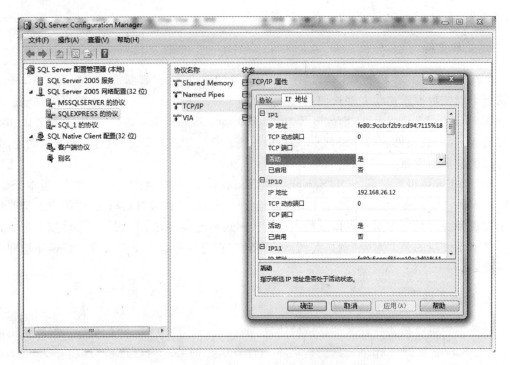

图 2-2   使用 SQL Server 2005 配置管理器启用协议

SQL Server 2005 Express 支持使用 ADO.NET 进行托管访问。ADO.NET 2.0 数据提供程序(Visual Studio 2005 中提供)支持 Varchar(MAX) 和 XML 之类的新 SQL Server 2005 数据类型以及用户定义类型。

从 SQL Server 2005 开始,服务器中的逻辑会话与物理连接分离。客户端传输层和服务器传输层都将更新为提供多路复用功能,这样只使用一个物理连接就可以建立多个逻辑会话。这使得客户端针对同一个连接可以有多个活动的结果集（MARS）。

注意:一般而言,MARS 并不是为了避免使用多个连接。在 SQL Server 2005 中,MARS 默认情况下处于关闭状态,使用 MARS 可以交替执行 SQL 操作。

例如,用户可以对一个结果集进行操作,也可以在处理该结果集时对数据库执行语句,而无须打开新的连接。在许多情况下,MARS 可以有效替代服务器游标,当数据检索操作和更新操作在同一个事务中进行时,尤为有用。

SQL Server 2005 客户端也支持异步输入输出(I/O),这样应用程序线程不会再被数据传输操作阻塞,客户端应用程序就可以尽快作出响应。

SQL Server 2005 时间范围内的数据访问组件将分成两部分:MDAC 堆栈(属于操作系统)和 SQL Native Client 提供程序(向 SQL Server 2005 提供用于本机数据访问的特定数据访问库)。SQL Native Client 针对 SQL OLEDB、SQL ODBC 和 ADO 客户,这些客户正在编写新的应用程序或增强现有应用程序以利用 SQL Server 2005 的新功能。

通常,对于 SQL Server 2005,如果共享内存连接失败,将使用网络协议(如 TCP/IP)。但是,对于 SQL Server 2005 Express,因为网络在默认情况下是关闭的,所以这些应用程序将完全无法连接。解决办法是:将应用程序改为使用 SQL Native Client 提供程序,或者启用网络传输控制协议（TCP）并启动 SQL Browser。

5. 安全性

对于 SQL Server 2005 Express，我们的一个目标是为不同组件提供安全的默认值。例如，关闭网络协议（如 TCP/IP 和 Named Pipes）。不启动 SQL Browser 服务，除非用户在安装命令行中显式请求启动。如果使用 Windows 身份验证，则默认情况下禁用 sa 账户或系统管理员账户。计算机上的普通用户几乎没有对 SQL Server 2005 Express 实例的权限。服务器上的本地管理员必须向普通用户显式授予相关权限，这些用户才能使用 SQL 功能。

在 SQL Server 2005 中，sa 登录账户是一个特殊的登录账户，是系统管理员（sysadmin）角色的成员。主要用于使用 SQL 身份验证模式的配置中，而不用于 Windows 身份验证模式。出于安全原因，SQL 验证模式要求输入强 sa 密码，在 GUI 安装和无提示 SQL 身份验证模式安装期间，用户必须输入强 sa 密码。但是，对于无提示 Windows 身份验证安装，不需要 sa 密码。原因是使用 Windows 身份验证模式时，如果用户未指定密码，无提示 SQL Server 2005 Express 安装程序会提供一个随机的强 sa 密码。在这种情况下，安装程序也会禁用 sa 账户，因此如果用户想要使用 sa 账户，必须稍后使用 T-SQL 显式启用该账户。这样，在使用 Windows 身份验证时，ISV 就不必提供密码了，从而不会阻塞大规模部署情况。在将来的版本中，此功能可能还会扩展到基于 GUI Windows 的安装。

6. 复制支持

用户通过复制可以使用"发布服务器-订阅服务器"模式以用户定义的间隔保持多个站点的数据副本同步。SQL Server 2005 Express 支持订阅合并发布、快照发布和事务性发布，但不允许自己发布。在 SQL Server 2005 Express 中，复制订阅完全正常运行。但是，因为 SQL Server 2005 Express 不附带 SQL 代理，所以计划订阅比较困难。可以通过以下方法同步 SQL Server 2005 Express 订阅：

（1）使用复制管理对象（RMO）以编程方式同步。

（2）将 Windows 同步管理器用于计划同步。

7. SQL Service 2005 Broker

SQL Service 2005 Broker(SSB)是 SQL Server 2005 中一个新的、可靠的消息传送基础结构。该服务程序可以选择通过对等消息交换约定（称为对话框）进行通信。此功能可以通过 T-SQL 语言的扩展插件来访问。

SQL Server 2005 Express 只有在与其他 SQL Server 2005 版本一起使用时，才可以使用 Service Broker。如果 SQL Server 2005 Express 接收到一条来自另一个 SQL Server 2005 Express 实例的 Broker 消息，并且另一个 SQL Server 2005 版本未处理该消息，则该消息将被删除。因此，消息可以源于一个 SQL Server 2005 Express 实例而终止于另一个 SQL Server 2005 Express 实例，但是如果要这样，该消息必须通过非 SQL Server 2005 Express 实例进行路由。可以检查 Message Drop 跟踪事件，该事件可以通过事件探查器访问，也可以使用跟踪存储过程来跟踪此类事件。与删除的消息关联的错误消息包括与以下消息类似的消息："This message has been dropped due to licensing restrictions. "（"由于授权限制,此消息已被删除。")

8. 用户实例

用户实例是 SQL Server 2005 Express 中的新功能,可以像处理文件一样处理数据库。现在,本地数据库可以随应用程序一起移动、复制或通过电子邮件传送。在新的位置,不需要进行额外配置就可以使其正常运行。用于在 SQL Server 2005 Express 中启用应用程序用户实例支持的主要功能有三个:连接字符串中的 AttachDBFilename 选项、不需要指定逻辑数据库名称和"用户实例"选项。

9. AttachDBFileName

可以为 AttachDBFileName 连接字符串条目指定相对文件路径或绝对文件路径。当打开连接时,将附着指定的数据库文件,此数据库用作该连接的默认数据库。如果调用 AttachDBFileName 时该数据库已附着,则附着操作不会产生任何影响。此关键字支持称为 |DataDirectory| 的特定字符串,该字符串在运行时指向存储数据库文件的应用程序的数据目录。此特定字符串应位于文件路径的起始处,仅对本地文件系统有效,并且会检查 \..\ 语法以便该文件路径不高于替换字符串指向的目录。

使用 AttachDBFileName 时,日志文件的用法有些变化。日志文件名的格式必须为:<database-File-Name>_log.ldf,并且在使用 AttachDBFileName 时,没有用于指定日志文件名的选项。例如,如果数据库文件名为 myDb.mdf 且位于 c:\myApp,则日志文件名应为 myDb_log.ldf。如果 SQL 在数据库文件所在的目录中找不到此文件,则在附着过程中将创建一个新的日志文件。这意味着,在使用 AttachDBFileName 时,不支持用户定义的日志文件名。

10. 逻辑数据库名称

如果在连接字符串中未指定逻辑数据库名称,则将为要附着的数据库自动生成一个名称。该名称是基于 .mdf 文件的相对文件路径生成的。例如,如果文件位于 C:\myDocuments\Myapp\myDB.mdf,则逻辑数据库名称将基于完整路径。如果文件路径的字符多于 128 个,则此功能将使用现有路径和一个哈希来生成逻辑数据库名称。这是 SQL Server 2005 Express 中的新功能,因为在 SQL Server 2000 中不指定数据库名称将导致出现错误。支持的语法包括 database=; 或 initial catalog=;,或者用户也可以在连接字符串中完全省略它们。

在同一台计算机上移动或复制数据库时,此功能非常有用,因为基于文件路径的逻辑名称是唯一的。如果没有此功能,则在使用同一个逻辑名称打开两个不同目录中的数据库时,SQL Server 2005 中将会发生命名冲突。计算机之间还支持应用程序 XCopy。

注意:仍然可以使用关键字 database 或 Initial Catalog 来显式指定逻辑数据库名称。用户在使用复制、使用 SQL Service 2005 Broker、在 T-SQL 查询中使用多个部分组成的名称或使用跨数据库方案时,可能想要显式指定逻辑数据库名称。

11. 自动关闭

SQL Server 2000 具有自动关闭功能,此功能在 SQL Server 2005 Express 中,默认情

况下处于启用状态。此功能在不存在到用户数据库的活动连接时,解除对用户数据库的文件锁定。这样,在使用该数据库的应用程序关闭后,就可以移动或复制该数据库了。

2.3.2 SQL Server 2005 Express Edition 的下载地址

SQL Server 2005 Express Edition 中文版下载页面及下载地址见表 2-1。

表 2-1　SQL Server 2005 Express Edition 中文版下载页面及下载地址

软 件 版 本		下 载 地 址
Microsoft SQL Server 2005 Express Edition Service Pack 2		http://www. microsoft. com/downloads/details. aspx? familyid = 31711D5D-725C-4AFA-9D62-E4465CDFF1E7&displaylang=zh-cn
	32 位	http://download. microsoft. com/download/1/0/2/102d51e1-cf9d-4e7b-bc75-fbb5f8d52c59/SQLEXPR32_CHS. EXE
	64 位	http://download. microsoft. com/download/1/0/2/102d51e1-cf9d-4e7b-bc75-fbb5f8d52c59/SQLEXPR_CHS. EXE
Microsoft SQL Server Management Studio Express Service Pack 2		http://www. microsoft. com/downloads/details. aspx? familyid = 6053C6F5-82C5-479C-B25B-9ACA13141C9E&displaylang=zh-cn
	32 位	http://download. microsoft. com/download/0/f/9/0f9d8ac6-d9a2-4233-ae75-4f957f0361e8/SQLServer2005_SSMSEE. msi
	64 位	http://download. microsoft. com/download/0/f/9/0f9d8ac6-d9a2-4233-ae75-4f957f0361e8/SQLServer2005_SSMSEE_x64. msi
具有高级服务的 Microsoft SQL Server 2005 Express Edition Service Pack 2		http://www. microsoft. com/downloads/details. aspx? familyid = 5B5528B5-13E1-4DB5-A3FC-82116D598C3D&displaylang=zh-cn
	32/64 位	http://download. microsoft. com/download/c/6/b/c6bc0c06-0e01-4362-8552-1ecb5f186462/SQLEXPR_ADV_CHS. EXE
Microsoft SQL Server 2005 Express Edition 工具包 Service Pack 2		http://www. microsoft. com/downloads/details. aspx? familyid = E8AD606A-0960-4EFD-8BD5-B21370C7BE2B&displaylang=zh-cn
	32/64 位	http://download. microsoft. com/download/c/5/d/c5d60051-f125-4ab2-a341-87fb22577b9a/SQLEXPR_TOOLKIT_CHS. EXE
Microsoft SQL Server 2005 功能包		http://www. microsoft. com/downloads/details. aspx? displaylang=zh-cn&FamilyID=d09c1d60-a13c-4475-9b91-9e8b9d835cdc

2.4　SQL Server 2005 Express Edition 安装与配置

2.4.1　关键安装参数的考虑

虽然大多数的 SQL Server 2005 安装都使用了默认的参数,但是如果没有理解安装参数的意义,也会导致困惑或者将来安全攻击方面的问题。下面列出了一些关键的思考点,供用户在安装 SQL Server 2005 的时候思考。

(1) 只安装必要的 SQL Server 2005 组件来限制服务的数量。这也同时限制了忘记打关键补丁的可能性,因为用户没有实现 SQL Server 2005 的必要组件。

(2) 对于 SQL Server 2005 服务账号,确保要选择一个拥有域内适当权限的账号。不要只是选择域管理员来运行 SQL Server 2005 服务账号。平衡最小权限和只分配所需权限给账号的原则。与此同时,确保给 SQL Server 2005 服务账号分配了一个复杂的密码。针对以上各项,在用户进行完成安装之前确保选择了正确的参数。

(3) 选择认证模式。有两个选项:Windows 认证模式和混合模式(Windows 和 SQL Server 2005 认证)。在 Windows 认证模式下,只有 Windows 账号才可以拥有登录 SQL Server 2005 的权限。在混合模式下,Windows 和 SQL Server 2005 的账号都可以理所当然地拥有登录到 SQL Server 2005 的权限。

(4) 当选中混合模式认证的时候,就是分配系统管理员密码的时机。因为是服务账号,确保使用一个强有力的密码或者密码段,并且正确保护密码。

(5) 接下来要考虑在 SQL Server 2005 安装过程中调整设置。在 SQL Server 2005 中,Windows 和 SQL Server 2005 的调整都是可用的。这些调整应该是基于应用程序语言支持需求的。另外,在所在环境中检查当前 SQL Server 2005 的配置,可以保证它们满足特殊应用程序需求,以及 SQL Server 2005 的一致性。

(6) 最后的一个考虑就是察看所有安装的输出,以此确保过程是成功的。确保在把 SQL Server 2005 发布到环境之前验证输出。

安装 SQL Server 2005 实例环境的步骤如下:

(1) 开始 SQL Server 2005 实例安装。

(2) 选择 SQL Server 2005 安装组件。

(3) 指定账号认证模式和设置。

(4) 单击 Install 并且检查总结日志。

(5) 安装 SQL Server 2005 Service Pack 1。

2.4.2 SQL Server 2005 Express Edition 的安装

随着 SQL Server 2005 Express Edition、SQL Server Management Studio Express 以及 Microsoft SQL Desktop Edition 的发布,微软公司已经步入小型数据库市场领域。SQL Server Management Studio Express 是一款拥有各种特征的管理工具,完全能够与 SQL Server Enterprise Manager 相媲美。特别是,它是非常适合小程序、小 Web 站点使用的小型数据库软件。以下是安装 SQL Server 2005 Express Edition 的详细过程。

第一步:下载 SQL Server 2005 Express Edition。

SQL Server 2005 Express Edition 下载页面提供了三个独立的下载地址,可从这三个地址中下载 SQL Server 2005 Express 版本。确定安装需要的特征如表 2-2 所示。

表 2-2 确定安装需要的特征

版 本 特 征	SQL Server 2005 Express Edition SP1	SQL Server 2005 Express Edition with Advanced Services SP1	SQL Server 2005 Express Edition Toolkit SP1
数据库引擎	×	×	—
客户软件	×	×	×
全文本搜索	—	×	—
报表服务	—	×	—
Management Studio Express	—	×	—

注:×为具有此项功能,—为不具有此项功能。

第二步：确定系统要求。

SQL Server 2005 Express Edition 没有明显的系统要求，尤其在服务器功能非常强大的今天更是如此。其最低的系统要求如表 2-3 所示。

表 2-3　SQL Server 2005 Express Edition 的最低系统要求

版 本 特 征	SQL Server 2005 Express Edition SP1	SQL Server 2005 Express Edition with Advanced Services SP1	SQL Server 2005 Express Edition Toolkit SP1
RAM（最小）	192MB	512MB	512MB
RAM（推荐）	512MB	1GB	1GB
Drive space	600MB		
Processor（最小）	600MHz		
Processor（推荐）	1GHz		
IIS 5 或更高	No	Yes	No
操作系统支持	Microsoft Windows 2000 SP4 Professional Microsoft Windows 2000 SP4 Server Microsoft Windows 2000 SP4 Advanced Microsoft Windows 2000 SP4 Data Center Microsoft Windows XP SP1 Professional 或更高版本 Microsoft Windows 2003 Server 或更高版本 Microsoft Windows 2003 Enterprise 或更高版本 Microsoft Windows 2003 Data Center 或更高版本 Microsoft Windows Small Business Server 2003 Standard 或更高版本 Microsoft Windows Small Business Server 2003 Premium 或更高版本		
软件条件	Microsoft Internet Explorer 6.0 SP1 或更高版本 Microsoft .NET Framework 2.0		
其他要求	服务器连接到活动目录域		

注意：不要使用已有其他作用的服务器用于安装本软件。如果没有多余的硬件设备，可以考虑使用 VMware Server 或 Virtual Server 2005 R2，并且创建一个虚拟机。

这两个产品都是免费的，而且用于创建测试平台非常好。SQL Server 2005 需要 .NET Framework 2.0，它能暂停某些程序，以保持数据库分离。

第三步：安装数据库软件的必要条件。

在上面已经提到 SQL Server 2005 Express Edition 有很多软件要求。在安装数据库软件之前，必须准备好这些必要条件。

依次按照以下顺序安装相应的内容：

（1）因特网信息服务器 IIS 5.0 或更高。如果 Windows 服务器没有安装 IIS，请从"开始"|"控制面板"|"添加删除程序"|"添加删除 Windows 组件"进行安装。

（2）.NET Framework 2.0。下载 .NET Framework 2.0（x86），然后执行 dotnetfx.exe 文件，最后根据提示一步一步地操作完成安装。

（3）MSXML6。下载 MSXML6.msi，执行 msxml6.msi，进行快速安装。

第四步：创建 SQL Server 2005 Service 账户。

从安全方面考虑，最好是作为常规用户运行 SQL Server 2005。倘若有可能，不要在

SQL Server 2005 上使用 built-in 服务账户。

创建一个域账户,命名为 SQLExpressUser,如果连接到另一个域,则应该使用"活动目录用户"和"计算机"。如果仅仅进行本地测试,使用"计算机管理"添加账户,并为账户指定合适的口令。

第五步:安装 SQL Server 2005 Express Edition。

可以根据需要来选择一次安装,不必分别安装每个组件。SQL Server 2005 标准版有两张安装盘:第一张为系统安装盘,第二张为工具安装盘。具体安装步骤如下:

(1) 将第一张盘放入光驱,运行 setup. exe 文件,出现安装 SQL Server 2005 的启动界面,如图 2-3 所示。

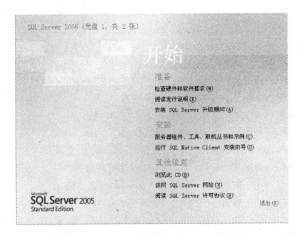

图 2-3   SQL Server 2005 启动界面

(2) 单击"服务器组件、工具、联机丛书和示例"选项,进入"最终用户许可协议"对话框,阅读许可协议。再选中"我接受许可条款和条件"复选框。接受许可协议后即可单击"下一步"按钮。

(3) 出现"安装必备组件"对话框,安装程序将安装 SQL Server 2005 必需的软件。若要开始执行组件更新,单击"安装"按钮,如图 2-4 所示。

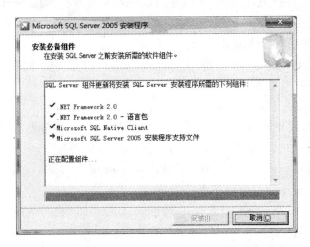

图 2-4   "安装必备组件"对话框

（4）更新完成之后若要继续，单击"完成"按钮，出现"欢迎使用 Microsoft SQL Server 2005 安装向导"对话框，如图 2-5 所示。

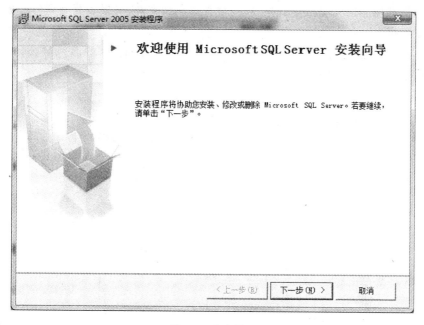

图 2-5　欢迎界面

（5）单击"下一步"按钮，进入系统配置检查界面。在"系统配置检查"对话框中，将扫描要安装 SQL Server 2005 的计算机，以检查是否存在可能妨碍安装程序的条件，如图 2-6 所示。

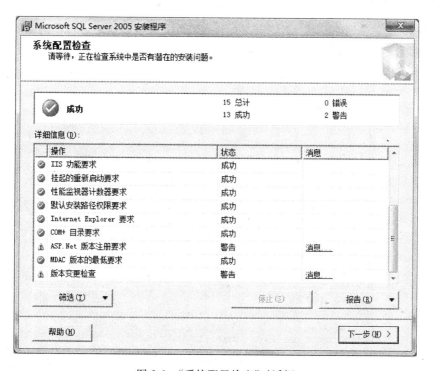

图 2-6　"系统配置检查"对话框

　　若要中断扫描,单击"停止"按钮。若要显示按结果进行分组的检查项列表,单击"筛选"按钮,然后从下拉列表中选择类别。若要查看 SCC 结果的报表,单击"报告"按钮,然后从下拉列表中选择选项。选项包括查看报表、将报表保存到文件、将报表复制到剪贴板和以电子邮件形式发送报表。

　　(6)单击"下一步"按钮,出现"注册信息"对话框。在其上的"姓名"和"公司"文本框中输入相应的信息,并输入产品密钥,如图 2-7 所示。

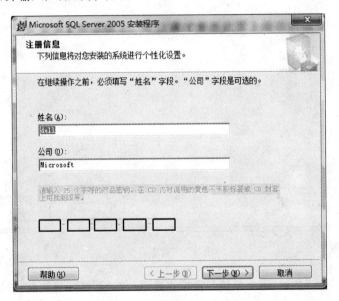

图 2-7　"注册信息"对话框

　　(7)单击"下一步"按钮,进入"要安装的组件"对话框。在此对话框中可以选择本次要安装的组件,如图 2-8 所示。

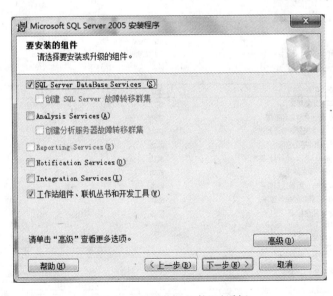

图 2-8　"要安装的组件"对话框

　　选择各个组件时,在"要安装的组件"窗格中会显示相应的说明,可以选中任意一些复选框。当选择"SQL Server 2005 DataBase Services"或"Analysis Services"复选框时,如果安装程序检测到正将组件安装到虚拟服务器,则将启用"作为虚拟服务器进行安装"复选框。注意,必须选择此选项才可以安装故障转移群集。

　　(8)单击"下一步"按钮,进入"实例名"对话框,如图2-9所示,为安装的软件选择默认实例或已命名的实例。

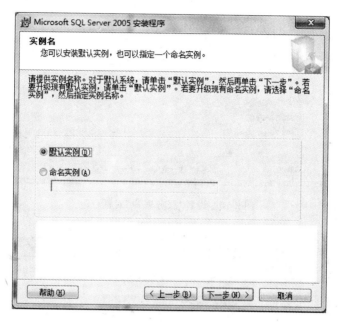

图2-9　设置"实例名"对话框

　　选择"默认实例"单选按钮,将以计算机的名字作为实例的名字。计算机上必须没有默认实例,才可以安装新的默认实例。若要安装新的命名实例,选择"命名实例"单选按钮,然后在其下的文本框内输入一个唯一的实例名。

　　如果已经安装了默认实例或已命名实例,并且为安装的软件选择了现有实例,安装程序将升级所选的实例,并提供安装其他组件的选项。

　　(9)单击"下一步"按钮,在出现的"服务账户"对话框中为SQL Server 2005服务账户指定用户名、密码和域名,如图2-10所示。

　　可以对所有服务使用同一个账户。根据需要,也可以为各个服务指定单独的账户。若要为各个服务指定单独的账户,选中"为每个服务账户进行自定义"复选框,从下拉列表框中选择服务名称,然后为该服务提供登录凭据。这里选择"使用内置系统账户"单选按钮。

　　(10)单击"下一步"按钮,进入"身份验证模式"对话框,如图2-11所示。在此对话框中可以选择要用于SQL Server 2005安装的身份验证模式。

　　如果选择"Windows身份验证模式"单选按钮,安装程序会创建一个sa账户,该账户在默认情况下是被禁用的。选择"混合模式(Windows身份验证和SQL Server身份验证)(M)"时,输入并确认系统管理员(sa)的登录名。密码是抵御入侵者的第一道防线,因此设

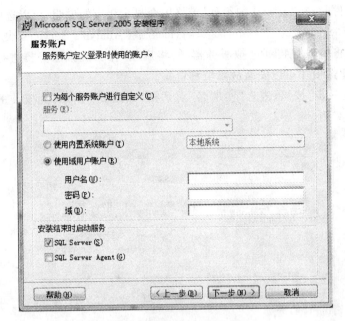

图 2-10 设置"服务账户"对话框

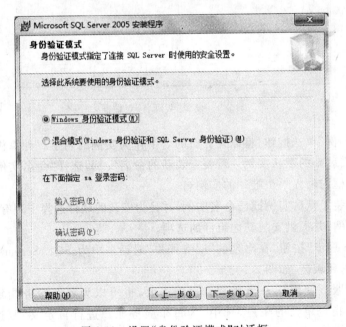

图 2-11 设置"身份验证模式"对话框

置密码对于系统安全是绝对必要的。

(11) 单击"下一步"按钮,进入"排序规则设置"对话框,如图 2-12 所示。在此对话框可以设置服务器的排序方式。

(12) 单击"下一步"按钮,出现"错误和使用情况报告设置"对话框,如图 2-13 所示。取消选择复选框可以禁用错误报告。

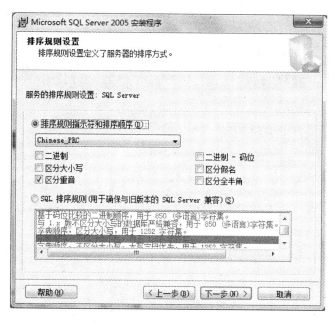

图 2-12　"排序规则设置"对话框

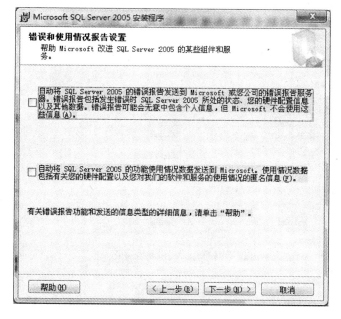

图 2-13　"错误和使用情况报告设置"对话框

（13）单击"下一步"按钮，出现"准备安装"对话框，如图 2-14 所示。在此对话框中可以查看要安装的 SQL Server 2005 功能和组件的摘要。

（14）单击"安装"按钮，开始安装 SQL Server 2005 的各个组件，如图 2-15 所示，可以在安装过程中监视安装进度。若要在安装期间查看某个组件的日志文件，单击"安装进度"对话框上的产品或状态名称的超链接即可。

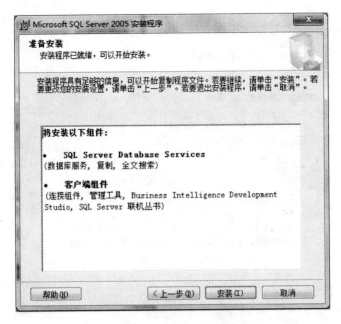

图 2-14 "准备安装"对话框

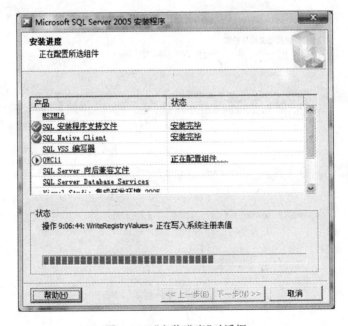

图 2-15 "安装进度"对话框

(15) 在安装过程中,系统会提示"插入第二张光盘"。当完成安装后,进入"完成 Microsoft SQL Server 2005 安装"对话框,可以通过单击此页上提供的链接查看安装摘要日志。若要退出 SQL Server 2005 安装向导,单击"完成"按钮,如图 2-16 所示。

SQL Server 2005 安装完成后,系统会提示重新启动计算机。完成安装后,阅读来自安装程序的消息是很重要的。如果未能重新启动计算机,可能会导致以后运行安装程序失败。

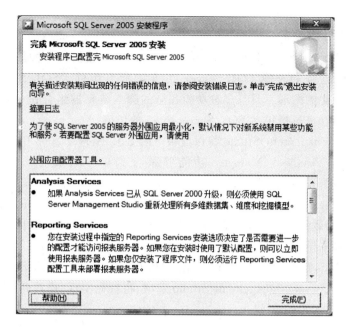

图 2-16 "完成 Microsoft SQL Server 2005 安装"对话框

在某些情况下,当出现 SQL Native Client 和 SQL Server Database Services 错误时,则导致安装失败。另外,工作站组件也会提示失败。如果发生这种情况,则有可能是计算机上存在相冲突的 SQL Server 2005 服务,并且以前安装的 Native Client 产生了问题。如果确实是这样,请参看下面的步骤进行修正:

(1) 将工作目录转换到存放下载的 SQL Server 2005 Express 2005 installer 位置。

(2) 释放安装程序中的内容到一个新的目录:SQLEXPR_ADV. EXE /x:c:\sqltmp。如果下载的文件没有包含这个高级服务,请使用下面的命令:SQLEXPR. EXE /x:c:\sqltmp 进行代替。

(3) 转换到 C:\sqltmp\setup。

(4) 运行 sqlncli. msi。

(5) 选择"卸载 Uninstal"选项。

(6) 重启服务器。

(7) 再次运行 SQL Server 2005 Express 2005 installer,安装应该会成功了。

此时,SQL Server 2005 Express Edition 安装完毕,并且可以使用与数据库服务器一起安装的 SQL Server Management Studio Express 工具进行管理。一旦 SQL Server 2005 环境安装完成后,还应该安装最新的服务包 SQL Server 2005 Service Pack 2。安装以后可以通过执行"开始"|"所有程序"|Microsoft SQL Server 2005|SQL Server Management Studio Express 命令运行此工具。

2.4.3 SQL Server 2005 Express Edition 组件

SQL Server 2005 产品中提供了多种数据库工具,可以完成数据库的配置、管理和开发等多种任务。

1. SQL Server Management Studio

SQL Server Management Studio 是 SQL Server 2005 提供的一种新的集成环境,用于访问、配置、控制、管理和开发 SQL Server 2005 的所有组件。SQL Server Management Studio 将一组多样化的图形工具与多种功能齐全的脚本编辑器组合在一起,可为各种技术级别的开发人员和管理员提供对 SQL Server 2005 的访问。

SQL Server Management Studio 将以前版本的 SQL Server 2005 中所包括的企业管理器、查询分析器和 Analysis Manager 功能等整合到单一环境中。此外,SQL Server Management Studio 还可以和 SQL Server 2005 的所有组件协同工作,如 Reporting Services、Integration Services、SQL Server Mobile 和 Notification Services。开发人员可以获得熟悉的体验,而数据库管理员可获得功能齐全的单一实用工具,其中包含易于使用的图形工具和丰富的脚本撰写功能。

若要启动 SSMS,在任务栏中单击"开始"|"所有程序"|Microsoft SQL Server 2005 命令,然后单击 SQL Server Management Studio 选项,将首先出现"连接到服务器"对话框,如图 2-17 所示。

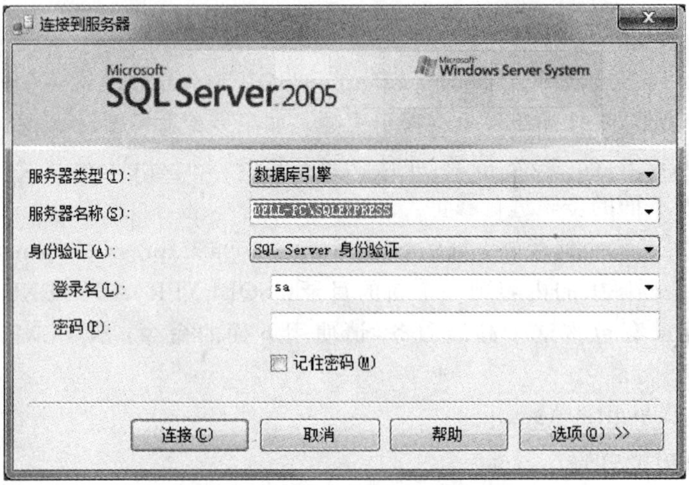

图 2-17 "连接到服务器"对话框

在"服务器类型"、"服务器名称"、"身份验证"组合框中输入或选择正确的方式后,单击"连接"按钮,即可注册登录到 Microsoft SQL Server Management Studio 窗口中,如图 2-18 所示。

SQL Server Management Studio 的常用工具组件包括已注册的服务器、对象资源管理器、解决方案资源管理器、模板资源管理器、摘要页和文档窗口。若要显示某个工具,在"视图"菜单上单击该工具的名称。若要显示查询编辑器工具,还可以单击工具栏上的"新建查询"按钮。

为了在保持功能的同时增大编辑空间,所有窗口都提供了自动隐藏功能,该功能可使窗口显示为 Management Studio 环境中边框栏上的选项卡。在将指针放在其中一个选项卡之上时,将显示其对应的窗口。通过单击"自动隐藏"按钮(以窗口右上角的图钉标识),可以开

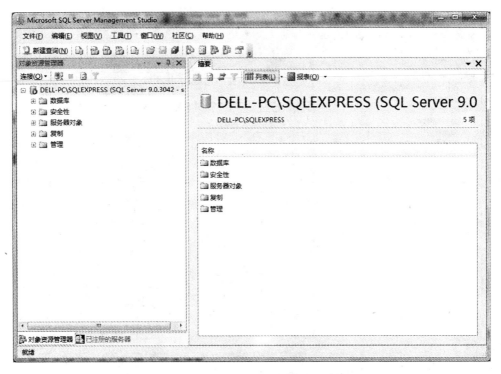

图 2-18　Microsoft SQL Server Management Studio 主窗口

关窗口的自动隐藏。"窗口"菜单上还提供了一个"自动全部隐藏"命令。

SQL Server 2005 提供了两种模式来操作图形界面：

（1）一种是选项卡式模式，在该模式下组件作为选项卡出现在相同的停靠位置，图 2-17 所示的界面就是采用了这种模式。

（2）另一种是多文档界面（MDI）模式，在该模式下每个文档都有其自己的窗口。用户可以根据自己的喜好来选择使用哪种模式。若要配置该功能，依次选择"工具"|"选项"菜单命令，在"选项"对话框中，选择"环境"选项卡下的"常规"选项，然后在右侧的"环境布局"选项中选择"MDI 模式"单选项，单击"确定"按钮完成设置。

选择多文档界面（MDI）模式后，SQL Server Management Studio 中的组件可以作为独立的界面任意拖动，如图 2-19 所示。

2."对象资源管理器"组件

对象资源管理器中对象主要包括 SQL Server Management Studio Analysis Services、Integration Services、Reporting Services 和 SQL Server Mobile。它提供了服务器中所有对象的视图，并具有管理这些对象的用户界面，如图 2-20 所示。

若要使用对象资源管理器，必须先将其连接到服务器上。单击"对象资源管理器"对话框工具栏上的"连接"按钮，并从出现的下拉列表中选择连接服务器的类型，将打开"连接到服务器"对话框。

对象资源管理器使用树状结构将信息分组到文件夹中。若要展开文件夹，单击加号（＋）或双击文件夹。右击文件夹或对象，以执行常见任务。双击对象以执行最常见的任务。

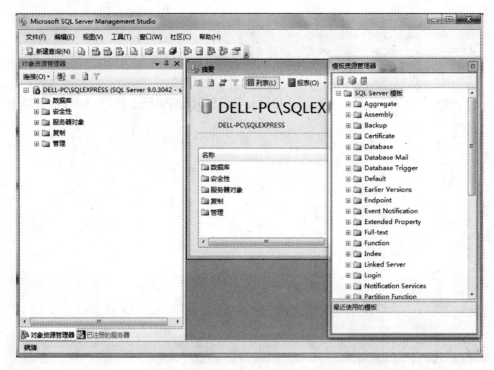

图 2-19　多文档界面模式的 SQL Server Management Studio

3. "查询编辑器"组件

SQL Server Management Studio 查询编辑器的主要功能具体如下：

（1）提供了可用于加快 SQL Server、SQL Server 2005 Analysis Services（SSAS）和 SQL Server Mobile 脚本的编写速度的模板。模板是包含创建数据库对象所需的语句基本结构的文件。

（2）在语法中使用不同的颜色，以提高复杂语句的可读性。

（3）以文档窗口中的选项卡形式或在单独的文档中显示查询窗口。

图 2-20　"对象资源管理器"窗口

（4）以网格或文本的形式显示查询结果，或将查询结果重定向到一个文件中。

（5）以单独的选项卡式窗口的形式显示结果和消息。

（6）以图形方式显示计划信息，该信息显示构成 T-SQL 语句的执行计划的逻辑步骤。

在 SQL Server Management Studio 中，打开"查询编辑器"的方法有以下几种：

（1）单击菜单栏上的"新建查询"按钮，可以打开一个新的"查询编辑器"窗口。

（2）进入 SSMS，选择某个数据库节点如 trybooks，单击右键，在弹出的快捷菜单中选择"新建查询"菜单命令,也可以打开一个新的"查询编辑器"窗口。

　　(3) 进入 SSMS,选择某个数据库节点如 trybooks,单击右键,选择"编写数据库脚本为"|"CREATE 到"|"新查询编辑器窗口"菜单命令,如图 2-21 所示,也可以打开一个已有的"查询编辑器"窗口。

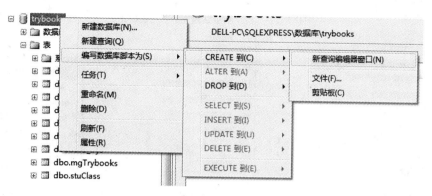

图 2-21　利用数据库节点打开"查询编辑器"

　　(4) 进入 SSMS,可以选择数据库 trybooks 的 Admin 表节点,单击右键,选择"编写表脚本为"|"SELECT 到"|"新查询编辑器窗口"菜单命令,如图 2-22 所示,也可以打开一个已有的"查询编辑器"窗口。

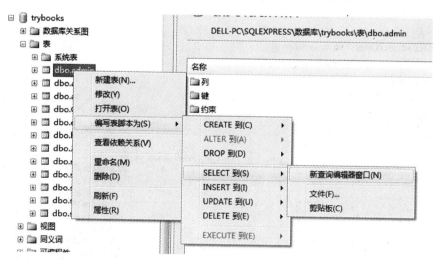

图 2-22　利用数据表节点打开"查询编辑器"

　　添加一个"查询编辑器"后,可以利用菜单栏中的"查询"菜单,还可以通过鼠标右键或"SQL 编辑器"工具栏实现 SQL 语句的编辑任务,可以进行查询编辑的工具如图 2-23所示。

　　在打开一个新的"查询编辑器"的"代码编辑器"窗口中,通过按 Shift＋Alt＋Enter 组合键可以切换全屏显示模式。

　　接着,在"代码编辑器"窗口中输入一个简单的查询语句,例如:SELECT ＊ FROM sysobjects,单击 ✓ 按钮分析成功后,再单击 ❗ 按钮,执行结果如图 2-24 所示。

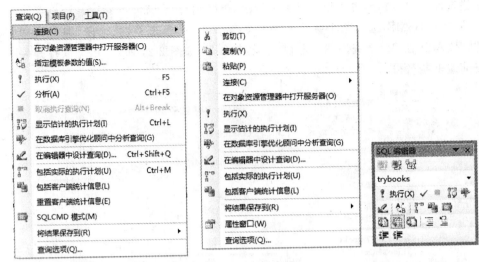

(a) "查询"菜单 (b) 右键快捷菜单 (c) "SQL编辑器"

图 2-23 进行查询编辑的工具

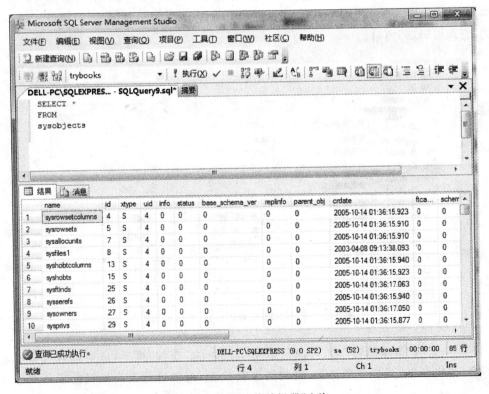

图 2-24 利用"查询编辑器"查询

4. "模板资源管理器"组件

Microsoft SQL Server Management Studio 提供了大量脚本模板,其中包含了许多常用

任务的 T-SQL 语句。这些模板包含用户提供的值(如表名称)的参数。使用该参数,可以只输入一次名称,然后自动将该名称复制到脚本中所有需要的位置。在 Management Studio 的"视图"菜单上,选择"模板资源管理器"菜单命令,弹出对话框如图 2-25 所示。

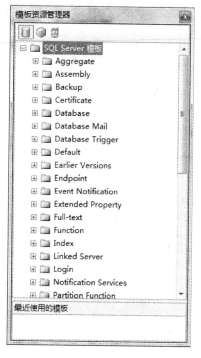

图 2-25 "模板资源管理器"对话框

2.4.4 常见故障分析

安装 SQL Server 2005 过程中的常见故障及其分析如下。

1. SQL Server 2005 重装失败

(1) 问题描述。

SQL Server 2005 卸载之后重新安装,在执行检查时报错:对性能监视器计数器注册表值执行系统配置检查失败。有关详细信息,请参阅自述文件或 SQL Server 联机丛书中的"如何在 SQL Server 2005 中为安装程序增加计数器注册表项值"的内容。

(2) 解决方案。

执行"开始"|"运行"命令,在文本框中输入 regedit.exe,单击"确定"按钮打开注册表对话框。在注册表里依次选择 HKEY_LOCAL_MACHINE|SOFTWARE|Microsoft|Windows NT|CurrentVersion|Perflib 文件夹,选择对话框右侧中的 Last Counter 和 Last Help 选项,查看其相应的值。

如果安装的是中文版,依次选择 HKEY_LOCAL_MACHINE|SOFTWARE|Microsoft|Windows NT|CurrentVersion|Perflib|004 文件夹,选择对话框右侧中的 Counter 和 Help 选项,查看它们的最大值,在它们的最大值基础上加 2 赋给 Last Counter 和 Last Help,确定即可,无须重启。

如果安装的是英文版,依次选择 HKEY_LOCAL_MACHINE|SOFTWARE|Microsoft|Windows NT|CurrentVersion|Perflib|009 文件夹,找到 Counter 和 Help 选项,查看它们的最大值,执行上面的操作即可。

2. 安装后可能禁用了 TCP/IP 导致 IP 方式不能访问

执行"所有程序"|Microsoft SQL Server 2005|"配置工具"|SQL Server Configuration Manager 命令,在弹出的对话框中将 SQL Server 2005 网络配置修改为 MS SQL Server 协议,并将 TCP/IP 启用。

3. 安装报表支持

需要先安装 SP2 补丁,然后安装 SQL Server 2005_Performance Dashboard.msi,接着执行 C:\Program Files\Microsoft SQL Server 90\Tools\Performance\Dashboardsetup.sql。

2.5　客户/服务器体系结构

1. 数据库系统的体系结构分类

数据库系统的体系结构分为单用户、主从式和分布式系统。

单用户数据库系统是由同一台计算机完成所有数据库系统的工作,包括存储、处理、管理及使用数据库系统等。

在主从式数据库系统中,客户终端和主机之间传递数据的方式非常简单:一是用户从客户终端键盘输入的信息到主机;二是由主机返回到终端上的字符。这个时期的计算机的所有资源(数据)都在主机上,所有处理(程序)也在主机上完成。这种结构的优点是可以实现集中管理,安全性很好。但这种计算机的费用非常昂贵,并且应用程序和数据库都存放在主机中,没有办法真正划分应用程序的逻辑。

分布式数据库系统由一个概念数据库组成,这个概念数据库的数据存储在网络中多个节点的物理数据库中。

典型分布式结构示例:客户/服务器结构的数据库系统。客户/服务器数据库系统的软件按逻辑功能分为客户端软件和服务器端软件,它们运行在各自的节点上,各负其责,协调工作。

2. 客户/服务器结构的数据库系统

通常所说的客户/服务器(Client/Server,C/S)结构既可以指硬件的结构,也可以指软件的结构。这里主要指的是后者。

C/S结构的数据库系统中,客户与服务器通过消息传递机制进行对话,客户请求程序首先通过网络协议(如 TCP/IP 及 IPX/SPX 等)与服务器程序进行连接,然后将用户的需求某种方式传送给服务器。服务器针对客户的请求提供数据服务(这些服务包括数据插入、修改和查询等),并将服务结果返回给客户端。客户端应用程序接收到数据库服务器返回的数据后,分析并呈现给用户。因此,C/S结构的主要特点是客户机与服务器之间的职责明确,客户机主要负责服务请求和数据表示的工作,而服务器主要负责数据处理。即由客户端发出请求给服务器端,服务器进行相应的处理,然后送回客户端。C/S消息传递如图 2-26 所示。

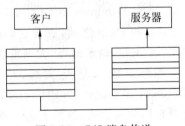

图 2-26　C/S 消息传递

在一个 C/S 应用中,网络上的信息传输减到最少,因而可以改善系统的性能。

典型 C/S 计算的特点:

(1) 服务器负责数据管理及程序处理。

(2) 客户机负责界面描述和界面显示。

(3) 客户机向服务器提出处理要求。

(4) 服务器响应后将处理结果返回客户机。

(5) 网络数据传输最小。

客户端开发工具有很多,如 Visual C++、Visual Basic、Delphi 等,但它们都不是专用的,对于复杂的数据库应用,还是选择专用工具较好。PowerBuilder 就是流行的专用数据库应用开发工具之一,它也是目前市场占有率最高的专用数据库应用开发工具。

2.6　本章小结

本章主要介绍了 SQL Server 2005 的新特色、安装及配置、客户/服务器体系结构,这对于了解 SQL Server 2005 系统很有帮助,并对其中最常用的组件进行了简单介绍。通过本章学习应该重点掌握 SQL Server 2005 的系统组成及安装。

习题 2

简答题

(1) SQL Server 2005 数据平台包括哪些工具?

(2) SQL Server 2005 拥有哪些版本?

(3) SQL Server 2005 Express Edition 组件有哪些?

第3章

SQL语言概述

教学目标:

- 理解 SQL 的三级模式结构以及 SQL 的主要功能,了解 T-SQL 的概念。
- 掌握数据库的定义,包括数据库的创建、修改及删除等操作。
- 掌握基本表的定义,包括数据表表结构的创建、修改、删除等操作。
- 掌握如何利用 SSMS 和 T-SQL 更新基本表中的数据,包括插入、修改和删除。
- 学会利用 SQL 语句实现简单的数据查询。
- 理解如何利用 SQL 语句实现子查询和组合查询。
- 了解视图的定义和维护,理解索引的定义和作用。
- 了解数据库完整性的相关概念和分类。
- 理解如何实现数据的完整性,如约束、规则和默认。

教学重点:

本章主要阐述 SQL 的功能和使用,重点阐述了如何利用 SQL 语言实现数据库和数据表的定义,包括创建、修改和删除。接着重点介绍了如何利用 SQL 语言实现数据更新(插入、修改和删除)和数据查询。最后简单介绍了视图、索引和数据完整性的定义和维护。

3.1 SQL 概述

SQL 是 Structured Query Language 的缩写,全称即"结构化查询语言",是一种介于关系代数与关系演算之间的语言。其功能包括数据查询、操纵、定义和控制四个方面,是一个通用的、功能极强的关系数据库语言。目前已成为关系数据库的标准语言。

3.1.1 SQL 支持关系数据库三级模式结构

SQL 语言支持关系数据库三级模式结构。其中视图对应于外模式,基本表对应于模式,存储文件对应于内模式,如图 3-1 所示。

基本表是本身独立存在的表,在 SQL 中一个关系就是一个基本表。一个基本表对应一个存储文件,一个表可以带若干索引,索引也存放在存储文件中。

存储文件的逻辑结构组成了关系数据库的内模式。存储文件的物理结构是任意的,对用户是透明的。

视图是从一个或几个基本表导出的表。它本身不独立存储在数据库中,即数据库中只

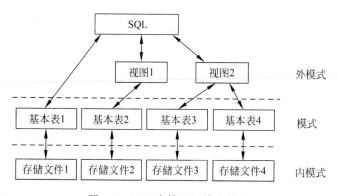

图 3-1　SQL 支持三级模式结构

存放视图的定义而不存放视图对应的数据,这些数据仍存放在导出视图的基本表中,因此视图是一个虚表。视图在概念上与基本表等同,用户可以在视图上再定义视图。

3.1.2　SQL 语言的特点

SQL 语言具有下述五个方面的特点:

1. 综合统一

数据库系统的语言主要功能是通过数据库支持的数据语言来实现的。

非关系模型(层次模型、网状模型)的数据语言一般都分为模式数据定义语言、外模式数据定义语言与数据存储有关的描述语言及数据操纵语言,分别用于定义模式、外模式、内模式和进行数据的存取与处置。当用户数据库投入运行后,如果需要修改模式,必须停止现有数据库的运行,转储数据,修改模式并编译后再重装数据库,十分麻烦。

SQL 语言则集数据定义语言 DDL、数据操纵语言 DML、数据控制语言 DCL 的功能于一体,语言风格统一,可以独立完成数据库生命周期中的全部活动,包括定义关系模式、插入数据建立数据库、查询、更新、维护、数据库重构、数据库安全性控制等一系列操作要求,这就为数据库应用系统的开发提供了良好的环境。用户在数据库系统投入运行后,还可根据需要随时地修改模式,并且不影响数据库的运行,从而使系统具有良好的可扩展性。

2. 高度非过程化

非关系数据模型的数据操纵语言是面向过程的语言,用其完成某项请求,必须指定存取路径。而用 SQL 语言进行数据操作,只要提出“做什么”,而无须指明“怎么做”,因此无须了解存取路径,存取路径的选择以及 SQL 语句的操作过程由系统自动完成。这不但大大减轻了用户负担,而且有利于提高数据独立性。

3. 面向集合的操作方式

非关系数据模型采用的是面向记录的操作方式,操作对象是一条记录。

例如,查询所有平均成绩在 80 分以上的学生姓名,用户必须一条一条地把满足条件的学生记录找出来。

SQL 语言采用集合操作方式,不仅操作对象、查找结果可以是元组的集合,而且一次插入、删除、更新操作的对象也可以是元组的集合。

4. 以同一种语法结构提供两种使用方式

SQL 语言既是自含式语言,又是嵌入式语言。作为自含式语言,它能够独立地用于联机交互的使用方式,用户可以在终端键盘上直接输入 SQL 命令对数据库进行操作;作为嵌入式语言,SQL 语句能够嵌入到高级语言程序中,供程序员设计程序使用。

在两种不同的使用方式下,SQL 语言的语法结构基本上是一致的。这种以统一的语法结构提供两种不同的使用方式的做法,提供了极大的灵活性与方便性。

5. 语言简捷,易学易会

SQL 语言功能极强,但由于设计巧妙,语言简捷,完成核心功能用了九个动词,如表 3-1 所示。SQL 语言接近英语口语,因此容易学习和使用。

表 3-1 　SQL 语言的动词

SQL 功能	动　　　词
数据定义	CREATE、ALTER、DROP
数据查询	SELECT
数据更新	INSERT、UPDATE、DELETE
数据控制	GRANT、REVOKE

3.1.3 　SQL 语言的组成

SQL 语言主要由以下几部分组成:

(1) 数据定义语言(DDL——Data Definition Language)。

(2) 数据操纵语言(DML——Data Manipulation Language)。

(3) 数据控制语言(DCL——Data Control Language)。

(4) 其他语言要素(Additional Language Elements)。

SQL 语句数目、种类较多,其主体大约由 40 条语句组成。

所有的 SQL 语句均有自己的格式,如图 3-2 所示每条 SQL 语句均由一个动词(Verb)开始,该动词描述这条语句要产生的动作,如图 3-2 中的 SELECT 关键字。动词后紧接着一个或多个子句(Clause),子句中给出了被动词作用的数据或提供谓词动作的详细信息。每一条子句由一个关键字开始,如图 3-2 中的 WHERE。

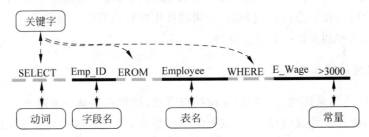

图 3-2 　SQL 语句基本结构

在使用数据库时用得最多的是数据操纵语言（Data Manipulation Language，DML）。DML 包含了最常用的核心 SQL 语句，即 SELECT、INSERT、UPDATE 和 DELETE 语句。

3.1.4 Transact-SQL 语言概述

Transact-SQL 是 SQL Server 功能的核心。应用程序的用户界面以及与数据库服务器的交互，都必然体现为 Transact-SQL 语言，Transact-SQL 一般简写为 T-SQL。

T-SQL 语言扩展 SQL 语言的功能，可以直接完成应用程序的开发，在 SQL 语言加入了程序流的控制结构（如 IF 结构和 WHILE 结构等）、局部变量和其他一些功能。

利用 T-SQL 语言可以编写复杂的查询语句；也可建立驻留在 SQL Server 服务器上基于代码的数据库对象；还可以实现对数据库的管理。

3.2 数据库的定义

3.2.1 数据库文件概述

1. 操作系统文件

SQL Server 2005 数据库使用的操作系统文件分为主数据文件、二级数据文件和日志文件。

（1）主数据文件。主数据文件是所有数据库文件的起点，包含指向其他数据库文件的指针。每个数据库都必须包含一个也只能一个数据文件。默认扩展名是 .mdf。

（2）二级数据文件。除主数据文件以外的其他数据文件。数据库可以有 0 个或多个二级数据文件。默认扩展名是 .ndf。

（3）日志文件。日志文件用于存放恢复数据库用的所有日志信息。每个数据库至少拥有一个日志文件，也可以拥有多个日志文件。日志文件的默认扩展名是 .ldf。

2. 数据库文件组

为了便于分配和管理，SQL Server 2005 允许将多个文件归纳为同一组，并赋予此组一个名称，这就是文件组。SQL Server 2005 提供了三种文件组类型，分别是主文件组、用户自定义文件组、默认文件组。

（1）主文件组：包含主数据文件和所有没有被包含在其他文件组里的文件。数据库的系统表都包含在主文件组里。

（2）自定义文件组：包括所有在使用 CREATE DATABASE 或 ALTER DATABASE 时使用 FILEGROUP 关键字来进行约束的文件。

（3）默认文件组：容纳所有在创建时没有指定文件组的表、索引以及 text，ntext，image 数据类型的数据。任何时候，只能有一个文件组被指定为默认文件组。默认情况下，主文件组被当作默认文件组。

3. 使用数据文件和文件组的建议

使用数据文件和文件组的几点建议如下：

（1）主文件组必须足够大以容纳所有的系统表，如果没有另外指定默认文件组，则主文件组还要负责容纳所有未指定用户自定义文件组的任何数据库对象。如果主文件组空间不够，新的信息将无法添加到系统表里，这就妨碍了任何要对系统表进行修改的数据库操作。

（2）在具体应用的时候，建议把特定的表、索引和大型的文本或者图像数据放到专门的文件组里，特别要把频繁查询的文件和频繁修改的文件分开，这样可以减少驱动器的竞争。

（3）日志文件是被频繁修改的，因此应该把日志文件放到查询工作量较轻的驱动器上。日志文件不属于任何文件组。

（4）系统管理员在进行备份操作时，可以备份和恢复单个的文件或文件组而不是备份或恢复整个数据库。

3.2.2　使用 SQL Server Management Studio 定义数据库

使用 SQL Server Management Studio 主要实现数据库的创建、修改和删除。

1. 用 SQL Server Management Studio 创建数据库

（1）进入 SQL Server Management Studio（简称 SSMS）中，在"对象资源管理器"中选择当前服务器，选择"数据库"节点，单击鼠标右键，选择"新建数据库"菜单命令，打开"新建数据库"对话框，如图 3-3 所示。

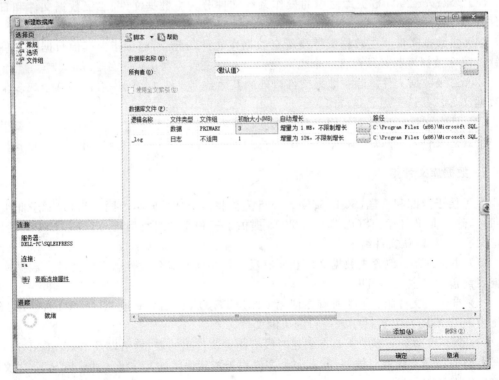

图 3-3　"新建数据库"对话框

（2）选择"常规"选项卡，这里要求用户必须输入数据库名称（如 trybooks），以及数据库文件的逻辑名称、存储位置、初始容量大小和所属文件组名称，还可以单击"添加"按钮添加多个数据库文件,利用"删除"按钮可以删除多余的数据库文件。

（3）选择"选项"选项卡,这里主要可以实现数据库的排序规则、恢复模式和兼容级别的设置,一般选择默认方式。

（4）选择"文件组"选项卡,可完成文件组的设置,一般选择默认方式。

（5）单击"确定"按钮,则完成新数据库的创建。

2. 使用 SSMS 修改数据库

使用 SSMS 向数据库中添加一个数据文件,其实现步骤如下:

（1）启动 SSMS,连接上数据库实例,展开"对象资源管理器"中"数据库"节点的树状目录,选择刚创建的数据库如 trybooks。

（2）单击右键选择"属性"菜单命令,打开"数据库属性-trybooks"对话框。

（3）选择"文件"选项卡,单击"添加"按钮,设置新添文件的逻辑名称（如 trybooks_data）、文件类型（如数据）、文件组（如 PRIMARY）、初始大小（如 3）、自动增长（如增量为 2,上限为 10）、路径（如 D:\）和文件名（如 trybooks_data.ndf）,如图 3-4 所示。

图 3-4　"数据库属性-trybooks"对话框

（4）单击"确定"按钮完成数据库的修改。

利用图 3-4 的属性对话框还可以修改数据库的文件组、排序规则、恢复模式、使用权限和扩展属性等属性。

3. 使用 SSMS 删除数据库

使用 SSMS 删除数据库的实现步骤如下：

（1）启动 SSMS，连接上数据库实例，展开"对象资源管理器"中"数据库"节点的树状目录，选择刚创建的数据库如 trybooks。

（2）单击右键选择"删除"菜单命令，打开数据库的删除对话框。

（3）单击"确定"按钮，完成数据库的删除。

3.2.3 使用 SQL 语言定义数据库

使用 SQL 语言主要实现数据库的创建、修改和删除。

1. 使用 CREATE DATABASE 语句创建数据库

利用 SQL 语言的 CREATE DATABASE 语句创建数据库，其语法格式如下：

```
CREATE DATABASE database_name
  [ON [PRIMARY]
    [,<filespec> [1,…n] ]
    [,<filegroupspec> [,…n] ]
  ]
  [LOG ON { <filespec> [1,…n]} ]
  [FOR RESTORE| FOR ATTCH]

<filespec>::=
  ([NAME = logical_file_name,]
    FILENAME = 'os_file_name'
    [,SIZE = size]
    [,MAXSIZE = { max_size | UNLIMITED }]
    [,FILEGROWTH = growth_increment] )  [1,…n]

<filegroupspec>::= FILEGROUP filegroup_name <filespec> [,…n]
```

该语法中各要素的具体含义如下：

（1）database_name：数据库的名称，最长为 128 个字符。

（2）PRIMARY：该选项是一个关键字，指定主文件组中的文件。

（3）LOG ON：定义数据库的日志文件。

（4）NAME：指定数据库的逻辑名称，这是在 SQL Server 系统中使用的名称，是数据库在 SQL Server 中的标识符。只在 T-SQL 语句中使用，是实际磁盘文件名的代号。

（5）FILENAME：指定数据库所在文件的操作系统文件名称和路径。

（6）SIZE：指定数据库的初始容量大小。

（7）MAXSIZE：指定操作系统文件可以增长到的最大尺寸。

（8）FILEGROWTH：指定文件每次增加容量的大小，当指定数据为 0 时，表示文件不增长。可以用 MB、KB，或使用％来设置增长的百分比。SQL SERVER 使用 MB 作为增长速度的单位，最少增长 1MB。

(9) FOR LOAD：为了和过去的 SQL Server 版本兼容，FOR LOAD 标识计划将备份直接装入新建的数据库。

(10) FOR ATTACH：表示一组已经存在的操作系统文件中建立一个新的数据库。

【**例 3-1**】 创建一个名为 trybooks 的数据库。

创建 trybooks 数据库的具体步骤如下：

(1) 单击菜单栏上的"新建查询"按钮，打开一个新的"查询编辑器"。

(2) 在"代码编辑器"窗口中，输入以下 T-SQL 代码：

```
USE master
GO
CREATE DATABASE trybooks
ON  PRIMARY
( NAME = 'trybooks',
   FILENAME = 'C:\Program Files\Microsoft SQL Server\MSSQL.3\MSSQL
                        \DATA\trybooks.mdf',
   SIZE = 3072KB ,
   MAXSIZE = UNLIMITED,
   FILEGROWTH = 1024KB
)
LOG ON
( NAME = 'trybooks_log',
   FILENAME = 'C:\Program Files \Microsoft SQL Server\MSSQL.3\MSSQL
                     \DATA\trybooks_log.ldf',
   SIZE = 1024KB ,
   MAXSIZE = 2048GB ,
   FILEGROWTH = 10 %
)
GO
```

(3) 单击代码编辑器窗口上方的 ✔ 按钮，对已输入的代码进行分析。若出现错误，需要重新修改代码。

(4) 分析成功后，可单击代码编辑器窗口上方的"执行"按钮，执行编辑器中代码，即可完成 trybooks 数据库的创建。

注意：新创建的数据库不能立刻显示在"对象资源管理器"树状目录中，需要刷新。

【**例 3-2**】 创建一个名叫 Archive 的数据库，该数据库建立了一个 Primary 文件组，定义了一个主文件、两个二级文件以及两个日志文件。

创建 Archive 数据库的具体步骤如下：

(1) 单击菜单栏上的"新建查询"按钮，打开一个新的"查询编辑器"。

(2) 在"代码编辑器"窗口中，输入以下 T-SQL 代码：

```
USE  master
GO
CREATE DATABASE Archive
ON  PRIMARY
( NAME = 'arch1',
   FILENAME = 'd:\archdat1.mdf',
   SIZE = 10MB,
```

```
    MAXSIZE = 20,
    FILEGROWTH = 2
),
( NAME = 'arch2',
    FILENAME = 'd:\archdat2.ndf',
    SIZE = 10,
    MAXSIZE = 20,
    FILEGROWTH = 2
),
( NAME = 'arch3',
    FILENAME = 'd:\archdat3.ndf',
    SIZE = 10,
    MAXSIZE = 20,
    FILEGROWTH = 2
)
LOG ON
( NAME = 'archlog1',
    FILENAME = 'd:\archlog1.ldf',
    SIZE = 10,
    MAXSIZE = 20,
    FILEGROWTH = 2
),
( NAME = archlog2,
    FILENAME = 'd:\archlog2.ldf',
    SIZE = 10,
    MAXSIZE = 20,
    FILEGROWTH = 2
)
GO
```

（3）单击 ✓ 按钮，对已输入的代码进行分析。

（4）分析成功后，可单击"执行"按钮，执行编辑器中代码，即可完成 Archive 数据库的创建。

2. 使用 ALTER DATABASE 语句修改数据库

使用 SQL 语言的 ALTER DATABASE 语句修改数据库，其语法格式如下：

```
ALTER  DATABASE database_name
{   ADD FILE < filespec >[, … n] [to FILEGROUP filegroup_name]
    | ADD LOG FILE < filespec >[, … n]
    | REMOVE FILE logical_file_name
    | ADD FILEGROUP filegroup_name
    | MODIFY FILE < filespec >
    | MODIFY FILEGROUP filegroup_name   filegroup_property
}

< filespec >::=
    (NAME = logical_file_name
    [,FILENAME = 'os_file_name' ]
    [,SIZE = size]
```

```
[,MAXSIZE = {max_size | UNLIMITED }]
[,FILEGROWTH = growth_increment] )  [1,…n]
```

该语法的各元素的具体含义如下：

（1）ADD FILE ＜filespec＞[,...n] [to FILEGROUP filegroup_name：表示向指定的文件组里增加新的数据文件。

（2）ADD LOG FILE ＜filespec＞[,...n]：增加新的日志文件。

（3）REMOVE FILE logical_file_name：删除某一操作系统文件。

（4）ADD FILEGROUP filegroup_name：增加一个文件组。

（5）MODIFY FILE ＜filespec＞：修改某操作系统文件的属性。

（6）MODIFY FILEGROUP filegroup_name　filegroup_property：修改某文件组的属性。

文件组的属性可分为以下三种：

（1）READONLY：只能读取该文件组中的数据。

（2）READWRITE：既可以读取又可以修改该文件组中的数据。

（3）DEFAULT：设置该文件组为默认文件组。

【例3-3】　在trybooks数据库的默认文件组Primary文件组里，增加一个数据文件。

修改数据库的具体步骤如下：

（1）打开"对象资源管理器"中"数据库"节点的树状目录，选中trybooks数据库，单击右键执行"新建查询"菜单命令，打开一个新的"查询编辑器"。

（2）在"代码编辑器"窗口中，输入以下T-SQL代码：

```
USE  master
GO
ALTER DATABASE trybooks
ADD  FILE
( NAME = trybooks_data,
  FILENAME = 'd:\trybooks_data.ndf',
  SIZE = 3MB,
  MAXSIZE = 10MB,
  FILEGROWTh = 2MB
)
GO
```

（3）单击 ✓ 按钮，对已输入的代码进行分析。

（4）分析成功后，可单击"执行"按钮，执行编辑器中代码，即可完成trybooks数据库的修改。

3. 使用 DROP DATABASE 语句删除数据库

使用SQL语言的DROP DATABASE语句删除数据库，其语法格式如下：

```
DROP DATABASE  database_name[,…n]
```

注意：绝对不能删除系统数据库，否则会导致SQL Server服务器无法使用。

【例3-4】　删除数据库trybooks。

删除trybooks数据库具体步骤如下：

（1）选中 trybooks 数据库，右击，执行"新建查询"菜单命令，打开"查询编辑器"。

（2）在"代码编辑器"窗口中，输入以下 T-SQL 代码：

```
USE  master
GO
DROP DATABASE trybooks
GO
```

（3）单击 ✔ 分析代码，再单击"执行"按钮，执行编辑器中代码，即可完成 trybooks 数据库的删除。

3.2.4　常用的系统数据库

SQL Server 2005 安装以后，每个 SQL Server 都包括两类数据库：系统数据库和用户数据库。系统数据库存储 SQL Server 的整体信息，SQL Server 使用系统数据库来操作和管理系统；而用户数据库是用户创建的数据库。

默认的系统数据库包括以下四个数据库：

（1）Master 数据库：是 SQL Server 系统最重要的数据库，它记录了 SQL Server 系统的所有系统信息。这些系统信息包括所有的登录信息、系统设置信息、SQL Server 的初始化信息和其他系统数据库及用户数据库的相关信息。

（2）Model 数据库：是所有用户数据库和 Tempdb 数据库的模板数据库，它含有 Master 数据库所有系统表的子集，这些系统数据库是每个用户定义数据库需要的。

（3）Msdb 数据库：是代理服务数据库，为其警报、任务调度和记录操作员的操作提供存储空间。

（4）Tempdb 数据库：是一个临时数据库，它为所有的临时表、临时存储过程及其他临时操作提供存储空间。

另外，AdventureWorks 数据库是提供用作学习的样本数据库（如 pubs 和 Northwind），它们可以作为 SQL Server 的学习工具。而 distribution 数据库是存储在复制过程中使用的历史记录和事务数据。

SQL Server 系统数据库的数据文件和日志文件如表 3-2 所示。

表 3-2　SQL Server 系统数据库的数据文件和日志文件

数据库名称	数据文件	日志文件
Master	Master. mdf	Mastlog. ldf
Model	Model. mdf	Modellog. ldf
Tempdb	Msdb. mdf	msdblog. ldf
Msdb	Tempdb. mdf	templog. ldf

3.3　基本表的定义

3.3.1　使用 SSMS 定义基本表

使用 SQL Server Management Studio 主要实现数据表的创建、修改和删除。

1. 用 SSMS 创建数据表

（1）进入 SSMS，在"对象资源管理器"中选择当前服务器，依次展开"数据库"|trybooks 数据库节点，选择"表"节点，右击选择"新建表"菜单命令，如图 3-5 所示。

（2）打开"表设计器"窗口，依次添加表中各列的列名、数据类型和允许空选项，添加完成后如图 3-6 所示。

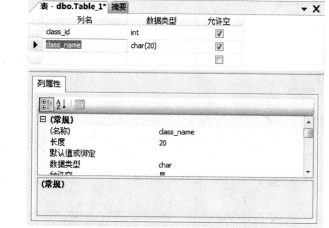

图 3-5　"新建表"菜单命令　　　　　　　图 3-6　表设计器

（3）设置各列的属性和约束，从而保证数据的完整性，选中 class_id 列，单击右键选择"主键"菜单命令，将 class_id 列设置为主键。

（4）单击"表设计器"窗口右上角的 ✖ 按钮关闭"表设计器"窗口，在弹出的对话框中单击"是"按钮，在出现的"选择名称"对话框中输入表名，如 stuClass，如图 3-7 所示。

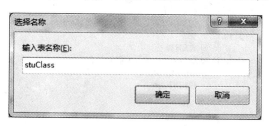

图 3-7　"选择名称"对话框

（5）单击"确定"按钮完成新表 stuClass 的创建。

（6）利用上述方法创建一个基本表，表名为 students，表结构如图 3-8 所示。

（7）选中 stu_num 列，单击右键选择"主键"菜单命令，将 stu_num 列设置为主键。

（8）选中 class_id 列，单击右键选择"关系"菜单命令，如图 3-9 所示，打开"外键关系"对话框。

（9）在"外键关系"对话框中，单击"添加"按钮，然后单击右侧"表和列规范"选项最右侧的形状如 ▨ 的搜索按钮，如图 3-10 所示，打开"表和列"对话框。

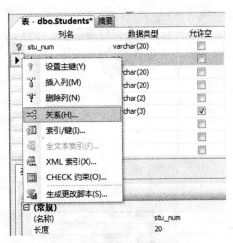

图 3-8　students 表结构示意图　　　　图 3-9　设置列的外键菜单命令

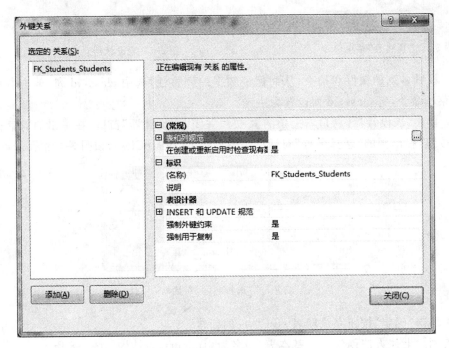

图 3-10　"外键关系"对话框

（10）在"表和列"对话框中，首先在"主键表"中，选择表名为 stuClass，列名为 class_id；接着在"外键表"中选择对应列名为 class_id，如图 3-11 所示，单击"确定"按钮返回"外键关系"对话框。

（11）单击"关闭"按钮返回"表设计器"窗口。

（12）接着选中 stu_sex 列，右击选择"CHECK 约束"菜单命令。

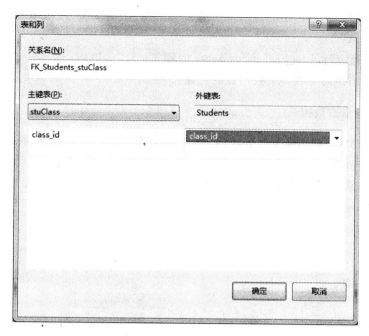

图 3-11　"表和列"对话框

（13）在弹出的"CHECK 约束"对话框中，单击"添加"按钮，将"常规"选项中"表达式"的值设置"stu_sex ＝ '男'　OR stu_sex ＝ '女'"，如图 3-12 所示，单击"关闭"按钮返回"表设计器"窗口。

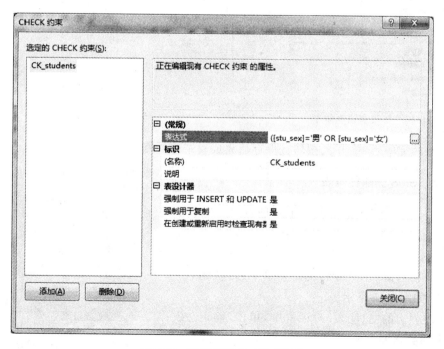

图 3-12　"CHECK 约束"对话框

（14）单击 ✖ 按钮，在弹出的对话框中单击"是"按钮，在出现的"选择名称"对话框中输入表名，如 students。

（15）单击"确定"按钮完成新表 students 的创建。

利用同样的方法可完成多个数据表的创建。

2．用 SSMS 修改数据表

（1）进入 SSMS，在"对象资源管理器"中选择当前服务器，依次展开"数据库"|trybooks|"表"节点，选择 students 表节点。

（2）右击，在弹出的快捷菜单中选择"修改"菜单命令，如图 3-13 所示。

（3）打开表设计器，进行修改，操作方法和创建表的时候一样，如图 3-14 所示。

图 3-13　修改表菜单命令

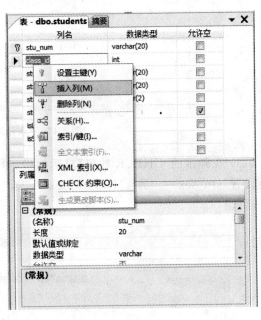

图 3-14　修改表结构

（4）修改完毕后，单击 ✖ 按钮且保存后完成表结构的修改。

3．用 SSMS 删除数据表

（1）进入 SSMS，在"对象资源管理器"中选择当前服务器，依次展开"数据库"|trybooks|"表"节点，选择 students 表节点。

（2）单击右键，在弹出的快捷菜单中选择"删除"菜单命令，如图 3-15 所示。

（3）在弹出的"删除表"对话框中，单击"确定"按钮即可删除数据表。

图 3-15　删除表菜单命令

3.3.2 使用 SQL 语言定义基本表

使用 SQL 语言主要实现数据表的创建、修改和删除。

1. 使用 CREATE TABLE 语句创建数据表

使用 SQL 语言的 CREATE TABLE 语句创建基本表,其一般语法格式如下:

```
CREATE TABLE table_name
(column_name data_type
  [[ CONSTRAINT constraint_name ]
  {
  [ NULL/NOT NULL ]
  | PRIMARY KEY [ CLUSTERED | NONCLUSTERED ]
  | UNIQUE [ CLUSTERED | NONCLUSTERED ]
  | [ FOREIGN KEY ] REFERENCES ref_table [(ref_column) ]
  | DEFAULT constant_expression
  | CHECK(logical_expression)
  }][ , ... n ]
  [,PRIMARY KEY (<column_name>[{,<column_name >}])]
  [,UNIQUE (<column_name>[{,<column_name >}]) ]
  [ , ... n ]
)
```

在 CREATE TABLE 语句中使用 CONSTRAINT 引出完整性约束的名字,该完整性约束的名字必须符合 SQL Server 的标识符规则,并且在数据库中是唯一的。

该语法的各要素具体含义如下:

(1) table_name:用户给定的标识符,即所要定义的表名。表名最好取有意义的名字,如 students,做到见名知意。同一个数据库中,表名不允许同名。

(2) column_name:用户给定的列名,最好取有意义的列名,如 Sno、Cno,做到见名知意。

(3) data_type:指定该列存放数据的数据类型。

(4) constraint_name:指定列级完整性约束的名字,该完整性约束的名字必须符合 SQL Server 的标识符规则,并且在数据库中是唯一的。紧接着是六种类型的约束。

(5) NULL/NOT NULL:空值约束,用来指定某列的取值是否可以为空值。NULL 不是 0 也不是空白,而是表示"不知道"、"不确定"或"没有数据"的意思。空值约束只能用于定义列级约束。

(6) PRIMARY KEY:定义列级主键约束。

(7) UNIQUE:定义列级唯一约束。

(8) [FOREIGN KEY] REFERENCES ref_table[(<ref_column>)]:外键约束和参照约束既可以用于定义列级约束,又可以用于定义表级约束。一般情况下,外键约束和参照约束一起使用,来保证参照完整性。要求指定的列(外键)中正被插入或更新的新值,必须在被参照表(主表)的相应列(主键)中已经存在。

（9）DEFAULT constant_expression：缺省值约束，当向数据库中的表插入数据时，如果用户没有明确给出某列的值时，SQL Server 自动为该列输入指定值。

（10）CHECK(logical_expression)：检查约束用来指定某列可取值的清单，或可取值的集合，或某列可取值的范围。检查约束主要用于实现域完整性，它在 CREATE TABLE 和 ALTER TABLE 语句中定义。当对数据库中的表执行插入或更新操作时，检查新行中的列值必须满足的约束条件。检查约束既可以用于定义列级约束，又可以用于定义表级约束。

（11）PRIMARY KEY（<column_name>[{,<column_name >}]）：定义表级主键约束。

（12）UNIQUE（<column_name>[{,<column_name >}]）：用于定义表级唯一约束。

上述约束中，NOT NULL 和 DEFAULT 只能是列级约束，即只能在列的数据类型之后定义。其他约束如 DEFAULT（默认值约束）、UNIQUE（唯一值约束）、CHECK（检查约束）、PRIMARY KEY（主键约束）和 FOREIGN KEY（外键约束），既可作为列级约束，也可作为表级约束。

如果约束只用到表中的一列，则可以在列级完整性约束处定义，即在每一列的 data_type 之后定义。也可以在所有列定义完后定义。如果完整性约束涉及表中多个列，则必须在所有列定义完后定义。

【例 3-5】　要在当前数据库 trybooks 中定义两个表，表名为 stuClass 和 students，表结构如表 3-3 和表 3-4 所示。

表 3-3　stuClass 表的结构

字段名称	数据类型	允许空	主/外键	备　注
class_id	int	非空	主键	部门 ID（自动编号）
class_name	varchar（20）	非空	—	部门名称

表 3-4　students 表的结构

字段名称	数据类型	允许空	主/外键	备　注
stu_num	varchar(20)	非空	主键	考生编号
class_id	int	非空	外键	考生所属部门/班级（主表：stuClass）
stu_name	varchar(20)	非空	—	考生姓名
stu_pass	varchar(20)	非空	—	考生的登录密码
stu_sex	varchar(2)	非空	—	考生性别
stu_age	varchar(3)	—	—	考生年龄
isLogin	int	非空	—	登录状态（0：未登录、1：已经登录）
isSubmit	int	非空	—	试卷提交状态（0：未提交、1：已提交）

创建 stuClass 和 students 数据表的具体步骤如下：

（1）在"对象资源管理器"中选择当前服务器，展开"数据库"节点，选中 trybooks 数据库，单击右键执行"新建查询"菜单命令，打开一个新的"查询编辑器"窗口。

（2）在"代码编辑器"窗口中,输入以下 T-SQL 代码:

```
USE   trybooks
GO
CREATE TABLE stuClass(
    class_id int NOT NULL PRIMARY KEY,
    class_name varchar (20) NOT NULL
)
GO
CREATE TABLE students(
    stu_num varchar(20) NOT NULL PRIMARY KEY,
    class_id int NOT NULL,
    stu_name   varchar (20) NOT NULL,
    stu_pass varchar(20) NOT NULL,
    stu_sex   varchar(2) NOT NULL CHECK (stu_sex = '男' OR stu_sex = '女'),
    stu_age int,
     isLogin int   NOT NULL,
    isSubmit int   NOT NULL,
    CONSTRAINT FK_students_subClass FOREIGN KEY (class_id)
                    REFERENCES subClass (class_id)
  )
GO
```

（3）单击 ✔ 按钮,对已输入的代码进行分析。

（4）分析成功后,可单击"执行"按钮,执行编辑器中代码,即可完成 subClass 和 students 数据表的创建。

【例 3-6】 要在当前数据库 trybooks 中加入 Admin 表和 allObject 表,表的结构如表 3-5 和表 3-6 所示。

表 3-5　Admin 表的结构

字段名称	数据类型	允许空	主/外键	备　　注
admin_num	int	非空	主键	管理员 ID
admin_name	varchar(20)	非空	—	管理员的用户名
admin_pass	varchar(20)	非空	—	管理员的登录密码
mgTry	int	—	—	试题管理（0：不具备权限；1：具备权限）
mgstudents	int	—	—	考生管理（0：不具备权限；1：具备权限）
mgSystem	int	—	—	系统管理（0：不具备权限；1：具备权限）

表 3-6　allObject 表的结构

字段名称	数据类型	允许空	主/外键	备　　注
object_id	int	非空	主键	考试科目编号
object_name	varchar(50)	非空	—	考试科目名称

创建 Admin 和 allObject 数据表的具体步骤如下:

（1）打开一个新的"查询编辑器",在"代码编辑器"窗口中,输入以下 T-SQL 代码:

```
USE   trybooks
GO
CREATE TABLE Admin (
    admin_num int NOT NULL PRIMARY KEY ,
    admin_name   varchar(20) NOT NULL,
    admin_pass varchar(20) NOT NULL,
    mgTry int   ,
    mgstudents int,
     mgSystem   int
  )
GO
CREATE TABLE allObject (
    object_id int NOT NULL PRIMARY KEY ,
    object_name   varchar(50) NOT NULL
)
GO
```

（2）单击 ✓ 按钮分析成功后，可单击"执行"按钮，完成 Admin 数据表的创建。

【例 3-7】 要在当前数据库 trybooks 中加入 mgTrybooks 表，表的结构见表 3-7。

表 3-7　mgTrybooks 表结构

字段名称	数据类型	允许空	主/外键	备　　注
tbs_id	int	非空	主键	试卷编号（自动编号）
object_id	int	非空	外键	所属科目（主表：allObject）
tbs_name	varchar(50)	非空	—	试卷名
tbsDB_NAME	varchar(50)	非空	—	试卷表名
try_time	varchar(50)	非空	—	考试时间
try_score	int	非空	—	卷面总分

创建 mgTrybooks 数据表的具体步骤如下：

（1）打开一个新的"查询编辑器"，在"代码编辑器"窗口中，输入以下 T-SQL 代码：

```
USE   trybooks
GO
CREATE TABLE mgTrybooks (
    tbs_id int NOT NULL   ,
    object_id int NOT NULL ,
    tbs_name   varchar(50) NOT NULL,
    tbsDB_NAME varchar(50) NOT NULL,
    try_time varchar(50) NOT NULL,
    try_score int NOT NULL ,
    CONSTRAINT PK_mgTrybooks  PRIMARY KEY (tbs_id ),
    CONSTRAINT FK_mgTrybooks_allObject FOREIGN KEY (object_id)
                REFERENCES  allObject (object_id)
)
GO
```

（2）单击 ✓ 按钮分析成功后，可单击"执行"按钮，完成 mgTrybooks 数据表的创建。

注意：在定义一个表结构时，除定义各列的列名、数据类型外，也定义了各列的约束条件。列的约束条件可以防止不合理的数据插入到表中，也能防止不该删除的数据被删除。

例如，在 students 表中，定义了 stu_num 为该表的主键约束，表示该列的值非空且唯一。因此，如果要向表中插入一行，但没有给出 stu_num 的值或给出空值，则无法插入该行。

又如，假设表中已有一行，该行的 stu_num 值为 2206103301，则不能再插入一行，它的 stu_num 值也为 2206103301。因为主键约束要求表中每行的主键值唯一。

再如，表中外键的约束保证了表间参照关系的正确性。如一个表中某一行的主键被另一个表的外键参照时，就不能删除该表中的行。

关系模型要求关系实现实体完整性和参照完整性。即表必须有主键约束，并且如果表间有参照关系，则必须定义外键约束。遗憾的是 SQL Server 2005 中允许定义没有主键约束的表。

试一试：利用 SSMS 独立完成例 3-6 和例 3-7 中数据表的创建。

2. 使用 ALTER TABLE 语句修改数据表

使用 SQL 语言的 ALTER TABLE 语句修改基本表，其一般语法格式如下：

```
ALTER TABLE <表名>
[ ADD <新列名><数据类型>[完整性约束条件]]
[ DROP <完整性约束名>]
[ ALTER COLUMN <列名> <数据类型>]
```

该语法各要素的具体含义如下：

(1) <表名>：指定需要修改的基本表。

(2) ADD 子句：用于增加新列和新的完整性约束条件。

(3) DROP 子句：用于删除指定的完整性约束条件。

(4) ALTER COLUMN 子句：用于修改原有的列定义。

但在 SQL Server 2005 中增加了删除列的语句，其语法格式如下：

```
ALTER TABLE <表名> DROP COLUMN <列名>;
```

注意：标准 SQL 语言没有提供删除属性列的语句，用户只能间接实现这一功能，即首先把表中要保留的列及其内容复制到一个新表中，然后删除原表，再将新表重新命名为原表名。

【例 3-8】 将 students 表的 stu_age 列由原来的 varchar(3)类型改为 int 类型。

修改 students 数据表的具体步骤如下：

(1) 打开一个新的"查询编辑器"，在"代码编辑器"窗口中，输入以下 T-SQL 代码：

```
USE    trybooks
GO
ALTER TABLE   students
     ALTER COLUMN stu_age int
GO
```

（2）单击 ✓ 按钮分析成功后，单击"执行"按钮，完成 students 数据表的修改。

【例 3-9】 为 students 表添加一个列，列的定义为：stu_memo varchar(200)。

修改 students 数据表的具体步骤如下：

（1）打开一个新的"查询编辑器"，在"代码编辑器"窗口中，输入以下 T-SQL 代码：

```
USE  trybooks
GO
ALTER TABLE  students
    ADD  stu_memo varchar(200)
GO
```

（2）单击 ✓ 按钮分析成功后，单击"执行"按钮，完成 students 数据表的修改。

注意：向表中添加一列时，要么指定默认值约束，要么指定 NULL 约束。

【例 3-10】 删除 students 表中已添加的 stu_memo 列。

修改 students 数据表的具体步骤如下：

（1）打开一个新的"查询编辑器"，在"代码编辑器"窗口中，输入以下 T-SQL 代码：

```
USE  trybooks
GO
ALTER TABLE students
  DROP  COLUMN  stu_memo
GO
```

（2）单击 ✓ 按钮分析成功后，单击"执行"按钮，完成 students 数据表的修改。

注意：在删除一列时，必须先删除与该列有关的所有约束，否则该列不能被删除。

【例 3-11】 为 students 表的 isLogin 列添加检查约束，要求 isLogin 的值为 0 或 1。

修改 students 数据表的具体步骤如下：

（1）打开一个新的"查询编辑器"，在"代码编辑器"窗口中，输入以下 T-SQL 代码：

```
USE  trybooks
GO
ALTER TABLE students
  ADD  CONSTRAINT SCK2 CHECK (isLogin = 0 OR isLogin = 1)
GO
```

（2）单击 ✓ 按钮分析成功后，单击"执行"按钮，完成 students 数据表的修改。

【例 3-12】 删除 students 表中已添加的约束 SCK2。

修改 students 数据表的具体步骤如下：

（1）打开一个新的"查询编辑器"，在"代码编辑器"窗口中，输入以下 T-SQL 代码：

```
USE  trybooks
GO
ALTER TABLE students
  DROP  CONSTRAINT SCK2
GO
```

（2）单击 ✓ 按钮分析成功后，单击"执行"按钮，完成 students 数据表的修改。

3. 使用 DROP TABLE 语句修改数据表

注意：在例 3-12 中，SCK2 为约束名。可见，删除约束时，必须给出约束名。所以在定义约束时，最好有约束名。

使用 SQL 语言 DROP TABLE 语句删除基本表，其一般语法格式如下：

```
DROP TABLE <表名>
```

【**例 3-13**】 删除考生信息表 students。

删除 students 数据表的具体步骤如下：

（1）打开一个新的"查询编辑器"，在"代码编辑器"窗口中，输入以下 T-SQL 代码：

```
USE   trybooks
GO
DROP  TABLE  students
GO
```

（2）单击 ✓ 按钮分析成功后，单击"执行"按钮，完成 students 数据表的删除。

注意：如果要删除的表被另一个表的 REFERENCES 子句参照，则不允许删除。

若要删除当前数据库 trybooks 中的 allObject 表时，就会出现出错提示。原因在于在定义 mgTrybooks 表时，定义了一个外键为：FOREIGN KEY（object_id）REFERENCES allObject(object_id)，则表示 allObject 表被 mgTrybooks 表参照，此时，不能删除 allObject 表。若一定要删除 allObject 表，则必须先删除 mgTrybooks 表，然后才能删除 allObject 表。

基本表定义一旦删除，表中的数据和在此表上建立的索引都将自动被删除掉，而建立在此表上的视图虽仍然保留，但已无法引用。因此执行删除操作一定要格外小心。

3.4 数据更新

当定义表结构后，此时的表只是一个空表。接下来，最好，先向表中添加若干行，然后进行数据查询。向表中添加数据有两种方法：一种方法是利用数据库产品提供的 SSMS 工具，通过它可直接向表中添加、修改、删除数据；另一种是用 SQL 的插入语句（INSERT 语句）、修改语句（UPDATE 语句）、删除语句（DELETE 语句）来向表中插入、修改、删除数据。

3.4.1 利用 SSMS 更新数据

使用 SSMS 直接向表中添加、修改、删除数据的具体步骤如下：

（1）进入 SSMS，选择 trybooks 数据库的 students 表节点。

（2）右击，在弹出的快捷菜单中选择"打开表"菜单命令，打开"表数据编辑器"窗口，根据表中各个列类型，依次输入相应数据，如图 3-16 所示。利用鼠标可以随时地"修改"已输入数据。

（3）右击某列，选择"删除"、"复制"或"执行"等菜单命令，实现数据的删除、复制和执行更新，如图 3-17 所示。

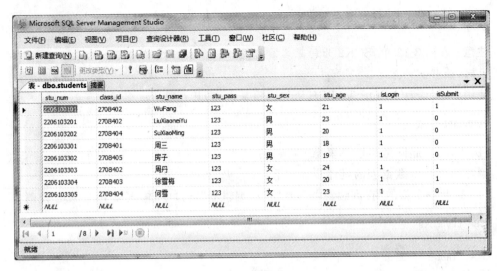

图 3-16　表数据编辑器

（4）数据输入完毕后，单击"✕"关闭按钮后，单击"是"按钮完成数据的更新。

3.4.2　使用 SQL 语言更新数据

SQL 的数据更新语句主要包括插入语句（INSERT 语句）、修改语句（UPDATE 语句）和删除语句（DELETE 语句）。

1. 使用 INSERT INTO 语句插入数据

使用 SQL 语言的 INSERT INTO 语句插入单行数据，其语法格式如下：

```
INSERT INTO <表名>
[(<列名表>)]
VALUES  (<值表>)
```

单行插入语句的功能是向表添加一行数据，也称单行插入语句。

使用 SQL 语言的 INSERT INTO 语句插入多行数据，其语法格式如下：

```
INSERT INTO <表名>
[(<列名表>)]
<子查询>
```

图 3-17　数据编辑命令

多行插入语句的功能是将子查询的查询结果加入到<表名>指定的表中，也称多行插入语句。

INSERT INTO 语句中各要素具体含义说明如下：

（1）INSERT 或 INSERT INTO、VALUES：为关键字。

(2)＜表名＞：为接收数据的表的名称。

(3)＜列名表＞：用来指定接收数据的若干个列名。列名必须是表中已有的列名,各列之间用逗号分隔。当表中所有列都接收数据时,＜列名表＞可以省略。

(4)＜值表＞：指定插入的各列值,值表不能省略。＜值表＞中值的个数与＜列名表＞中列名的个数要相同,并且＜值表＞中的各个值的数据类型与＜列名表＞对应列的数据类型要一致。值表中的各个值为常量,如为字符串常量,日期常量,则要用单引号括起来。例如,字符串常量'Computer';如为数值,则不要用单引号括起来,如 20。

【例 3-14】　向 students 表中添加一个考生记录,考生编号为 2206103301,所在部门为2708401,姓名为周三,登录密码为 123,性别为男,年龄为 21,登录状态为 1,试卷提交状态为 0。

向 students 数据表中插入一条记录的具体步骤如下：

(1)打开一个新的"查询编辑器",在"代码编辑器"窗口中,输入以下 T-SQL 代码：

```
USE   trybooks
GO
INSERT INTO students
    VALUES ('2206103301',2708401, '周三', '123', '男', 21,1,0 )
GO
```

(2)单击 ✔ 按钮分析成功后,单击"执行"按钮,完成 students 表数据的插入。

【例 3-15】　向 students 表中添加两个考生记录,考生编号为 2206103304,所在部门为2708403,姓名为徐雪梅,登录密码为 123,性别为女,登录状态为 1,试卷提交状态为 0。

向 students 数据表中插入一条记录的具体步骤如下：

(1)打开一个新的"查询编辑器",在"代码编辑器"窗口中,输入以下 T-SQL 代码：

```
USE   trybooks
GO
INSERT INTO students (stu_num,class_id,stu_name,stu_pass,
                      stu_sex,isLogin,isSubmit)
VALUES ('2206103304',2708403, '徐雪梅', '123', '女',1,0 )
GO
```

(2)单击 ✔ 按钮分析成功后,单击"执行"按钮,完成 students 表数据的插入。

【例 3-16】　假定当前数据库中有一个与 students 数据表结构完全一样的临时表Tempstudents,把所有女考生记录一次性地加到 students 表中。

向 students 数据表中插入多条记录的具体步骤如下：

(1)打开一个新的"查询编辑器",在"代码编辑器"窗口中,输入以下 T-SQL 代码：

```
USE   trybooks
GO
INSERT INTO students
    SELECT *
    FROM Tempstudents
    WHERE  stu_sex = '女'
GO
```

（2）单击 ✔ 按钮分析成功后，单击"执行"按钮，完成 students 表数据的插入。

注意：若两个表的表结构不同；SELECT 语句中明确地指定相关的列的列名。

2．使用 UPDATE 语句修改数据

使用 SQL 语言的 UPDATE 语句修改数据，其语法格式如下：

```
UPDATE <表名>
SET <列名 = 常量值> [, … n]
    [WHERE <查询条件>]
```

UPDATE 语句的功能是按查询条件找到表中满足条件的行并根据 SET 子句对数据修改。

UPDATE 语句语法各要素具体含义如下：

（1）UPDATE、SET 为关键字。

（2）<表名>：给出了需要修改数据的表的名称。

（3）<列名＝常量值>：指定要修改的列名和相应的值，该值就是相应列修改后的新值，值的类型要与相应列的数据类型一致。

（4）WHERE 子句：指定表中需要修改的行要满足的条件。如果 WHERE 子句省略，则表示要修改表中的所有行。

【例 3-17】　将 stuScore 表中所有考生的考试成绩 stu_score 加 5。

修改 stuScore 表中数据的具体步骤如下：

（1）打开一个新的"查询编辑器"，在"代码编辑器"窗口中，输入以下 T-SQL 代码：

```
USE  trybooks
GO
UPDATE stuScore
SET stu_score = stu_score + 5
GO
```

（2）单击 ✔ 按钮分析成功后，单击"执行"按钮，完成 stuScore 数据的修改。

【例 3-18】　将 stuScore 表中试卷名 tbs_name 为"Java 程序设计"的试卷表名 tbsDB_NAME 改为"JavaBase_trys"。

修改 stuScore 表中数据的具体步骤如下：

（1）打开一个新的"查询编辑器"，在"代码编辑器"窗口中，输入以下 T-SQL 代码：

```
USE· trybooks
GO
UPDATE stuScore
    SET tbsDB_NAME = 'JavaBase_trys'
    WHERE tbs_name = 'Java 程序设计'
GO
```

（2）单击 ✔ 按钮分析成功后，单击"执行"按钮，完成 stuScore 数据的修改。

【例 3-19】　将 mgTrybooks 表中参加了考试科目名 object_name 为"Java 程序设计"的课程考试的考试时间 try_time 修改为"20110712-13：00-15：00"。

修改 mgTrybooks 表中数据的具体步骤如下：

（1）打开一个新的"查询编辑器"，在"代码编辑器"窗口中，输入以下 T-SQL 代码：

```
USE   trybooks
GO
UPDATE mgTrybooks
SET try_time = '20110712-13:00-15:00'
WHERE object_id = (SELECT object_id FROM allObject
                WHERE object_name = 'Java 程序设计')
GO
```

（2）单击 ✓ 按钮分析成功后，单击"执行"按钮，完成 mgTrybooks 数据的修改。

3. 使用 DELETE　FROM 语句删除数据

SQL 语言的 DELETE 语句删除数据，其语法格式如下：

```
DELETE
[ FROM ] <表名>
[ WHERE <删除条件>]
```

DELETE 语句的功能是删除表中满足条件的行。

DELETE 语句中各要素的具体含义说明如下：

（1）DELETE 或 DELETE FROM 关键字，FROM 可省略。

（2）<表名>：指定需要删除数据的表的名称。

（3）［WHERE <删除条件>］：指定要删除的行应满足的条件，DELETE 语句只删除满足条件的行。如果省略 WHERE 子句，则删除表中的全部行，因此要小心使用。

【例 3-20】　删除 stuScore 表中考试成绩 stu_score 为空的数据。

删除 stuScore 表中数据的具体步骤如下：

（1）打开一个新的"查询编辑器"，在"代码编辑器"窗口中，输入以下 T-SQL 代码：

```
USE   trybooks
GO
DELETE   FROM stuScore
     WHERE   stu_score IS NULL
GO
```

（2）单击 ✓ 按钮分析成功后，单击"执行"按钮完成 stuScore 表数据的删除。

【例 3-21】　删除 students 表中考生班级 class_id 为"2708403"的考生信息。

删除 students 表中数据的具体步骤如下：

（1）打开一个新的"查询编辑器"，在"代码编辑器"窗口中，输入以下 T-SQL 代码：

```
USE   trybooks
GO
DELETE FROM students
     WHERE class_id = 2708403
GO
```

（2）单击 ✔ 按钮分析成功后，单击"执行"按钮，完成 students 表数据删除。

【例 3-22】 删除 mgTrybooks 表中参加了考试科目名 object_name 为"操作系统原理"，且卷面总分为小于 100 的试卷信息。

删除 mgTrybooks 表中数据的具体步骤如下：

（1）打开一个新的"查询编辑器"，在"代码编辑器"窗口中，输入以下 T-SQL 代码：

```
USE   trybooks
GO
DELETE FROM mgTrybooks
    WHERE try_score < 100
        AND object_id IN (SELECT object_id
                          FROM allObject
                          WHERE object_name = '操作系统原理')
GO
```

（2）单击 ✔ 按钮分析成功后，单击"执行"按钮，完成 mgTrybooks 数据删除。

3.5 SQL 查询

假定已建好 Admin、students、stuScore、stuClass、allObject、mgTrybooks 六个表，并已向各个表添加了数据，见表 3-8 至 3-13 所示。

表 3-8 Admin 表数据

admin_num	admin_name	admin_pass	mgTry	mgStudents	mgSystem
1040201	王猛	1040201	1	1	1
1040202	张超	1040202	1	0	1
1040203	李平	1040203	0	1	1
1040204	金蛟剪	1040204	1	1	0
1040205	王薇	1040205	1	0	0
1040206	王丹	1040206	0	1	0
1040207	雅思生	1040207	0	0	1

表 3-9 students 表数据

stu_num	class_id	stu_name	stu_pass	stu_sex	stu_age	isLogin	isSubmit
2206100101	2708402	WuFang	123	女	21	1	1
2206103201	2708402	LiuXiaoneiYu	123	男	23	1	0
2206103202	2708404	SuXiaoMing	123	男	20	1	0
2206103301	2708401	周三	123	男	18	1	0
2206103302	2708405	房子	123	男	19	1	0
2206103303	2708402	周丹	123	女	24	1	1
2206103304	2708403	徐雪梅	123	女	20	1	1
2206103305	2708404	何雪	123	女	23	1	0

表 3-10 stuScore 表数据

stu_num	tbsdb_name	tbs_name	try_date	stu_keys	stu_score	submitTime
2206103301	Java_trys	Java程序设计	20110705-8:30-10:30	abcd ddaadda	75	20110705-8:30-...
2206103302	Java_trys	Java程序设计	20110705-8:30-10:30	adbdaadccdaa	90	20110705-8:30-...
2206103303	Java_trys	Java程序设计	20110705-8:30-10:30	accdccddaabbcd...	66	20110705-10:20
2206103304	Java_trys	Java程序设计	20110705-8:30-10:30	accdccddaabbcd...	89	20110705-10:30
2206103305	Java_trys	Java程序设计	20110705-8:30-10:30	accdccddaabbcd...	84	20110705-10:30
2206103301	OS_trys	操作系统原理	20110628-8:00-10:00	aaCCCDDDBSS...	67	20110628-9:50
2206103302	OS_trys	操作系统原理	20110628-8:00-10:00	ddaeeaaabbdcc...	77	20110628-10:00
2206103301	DB_trys	数据库原理及应用	20110627-13:00-15:00	ddssaaabbbnnn...	79	20110627-14:50
2206103303	OS_trys	操作系统原理	20110628-8:00-10:00	ddddaabbcccdd...	78	20110628-9:40
2206103304	OS_trys	操作系统原理	20110628-8:00-10:00	ddddaabbcccdd...	88	20110628-9:40
2206103305	OS_trys	操作系统原理	20110628-8:00-10:00	ddddaabbcccdd...	70	20110628-9:40
2206103305	DB_trys	数据库原理及应用	20110629-13:00-15:00	ddddaabbcccdd...	73	20110628-14:40
2206103304	DB_trys	数据库原理及应用	20110629-13:00-15:00	ddddaabbcccdd...	56	20110628-14:40
2206103303	DB_trys	数据库原理及应用	20110629-13:00-15:00	ddddaabbcccdd...	79	20110628-14:40
2206103302	DB_trys	数据库原理及应用	20110629-13:00-15:00	ddddaabbcccdd...	58	20110628-14:40
2206103202	DB_trys	数据库原理及应用	20110629-13:00-15:00	ddddaabbcccdd...	64	20110628-14:40
2206103201	DB_trys	数据库原理及应用	20110629-13:00-15:00	ddddaabbcccdd...	85	20110628-14:40
2206103201	OS_trys	操作系统原理	20110629-13:00-15:00	ddddaabbcccdd...	89	20110628-14:40
2206103202	OS_trys	操作系统原理	20110629-13:00-15:00	ddddaabbcccdd...	84	20110628-14:40
2206103202	Java_trys	Java程序设计	20110705-8:30-10:30	ddddaabbcccdd...	69	20110705-9:40

表 3-11 stuClass 表数据

class_id	class_name
2708401	软件08401
2708402	软件08402
2708403	软件08403
2708404	人事部
2708405	财务部

表 3-12 allObject 表数据

object_id	object_name
27010005	计算机应用基础
27010034	Java程序设计
27010155	操作系统原理
27010022	数据库原理及应用

表 3-13 mgTrybooks 表数据

tbs_id	object_id	tbs_name	tbsdb_name	try_time	try_score
1	27010005	计算机基础应用	Comp_trys	20110629-13:00-15:00	100
2	27010034	Java程序设计	Java_trys	20110705-8:30-10:30	100
3	27010155	操作系统原理	OS_trys	20110628-8:00-10:00	100
4	27010022	数据库原理及应用	DB_trys	20110629-13:00-15:00	100

数据查询用来描述怎样从数据库中获取所需的数据。数据查询用到的语句就是查询语句，即 SELECT 语句，它是数据库操作中最基本、最重要的语句之一。SELECT 语句的功能就是从一个或多个表或视图（一种虚拟表）中查到满足条件的数据。它的数据源是表或视图，而结果是另一个表。

SQL 语言的 SELECT 语句的语法格式如下：

```
SELECT [ALL|DISTINCT]<目标列表达式>[,<目标列表达式>]...
```

```
FROM <表名或视图名>[,<表名或视图名>] …
[WHERE <条件表达式>]
[GROUP BY <列名1>[HAVING <条件表达式>]]
[ORDER BY <列名2> [ASC|DESC]]
[COMPUTE <统计表达式> [BY <列名3>]];
```

SELECT 语句中各要素具体含义说明如下:

(1) SELECT <目标列名表>:称为 SELECT 子句。用于指定整个查询结果表中包含的列。假定已经执行完 FROM、WHERE、GROUPBY、HAVING 子句,从概念上来说得到了一个表,若将该表称为 T,从 T 表中选择 SELECT 子句指定的目标列组成表就为整个查询的结果表。

(2) FROM <数据源表>:称为 FROM 子句。用于指定整个查询语句用到的一个或多个基本表或视图,是整个查询语句的数据来源,通常称为数据源表。

(3) WHERE <查询条件>:称为 WHERE 子句。用于指定多个数据源表的连接条件和单个源表中行的筛选条件或选择条件。如果只有一个源表,则没有表间的连接条件,只有行的筛选条件。

(4) GROUP BY <分组列>:称为 GROUP BY 子句。假定已经执行完 FROM、WHERE 子句,则从概念上来说得到了一个表,若将表称为 T1 表,则 GROUP BY 用于指定 T1 表按哪些列(称为分组列)进行分组,对每一个分组进行运算,产生一行。所有这些行组成一个表,不妨把它称为 T2 表,T2 表实际上是一个组表。

(5) HAVING <组选择条件>:称为 HAVING 子句。与 GROUP BY 子句一起使用。用于指定组表 T2 表的选择条件,即选择 T2 表中满足<组选择条件>的行,组成一个表就是 SELECT 子句中提到的表 T。

(6) ORDER BY <排序列>:称为 ORDER BY 子句。若有 ORDER BY 子句,则用于指定查询结果表 T 中按指定列进行升序或降序排序,得到整个查询的结果表。

注意:SELECT 语句的结果表不一定满足关系的性质,也就是说,它不一定是一个关系,但是本章中仍然称为表。

SELECT 语句包含了关系代数中的选择、投影、连接、笛卡儿积等运算。

SELECT 语句中必须有:SELECT 子句、FROM 子句。其余子句:WHERE 子句、GROUP BY 子句、HAVING 子句、ORDER BY 子句是可选的。

3.5.1　利用 SSMS 查询数据

使用 SSMS 进行数据查询的具体步骤如下:

(1) 单击菜单栏中"新建查询"按钮,或者选择某个数据库节点如 trybooks,单击右键选择"新建查询"菜单命令,均可以打开一个新的"查询编辑器"窗口。

(2) 可以在"代码编辑器"窗口中输入查询 T-SQL 代码,或者单击右键选择"在编辑器中设计查询"菜单命令,打开如图 3-18 所示"添加表"对话框,在"添加表"对话框中选择需要进行查询的表或视图,如 Admin、students、stuScore、stuClass、allObject 和 mgTrybooks 等,单击"添加"按钮即可添加到"查询设计器"中,最后可单击"关闭"按钮关闭该对话框。

(3) 在"查询设计器"对话框中,从上到下依次包括四个窗格:关系图、条件、SQL 和结

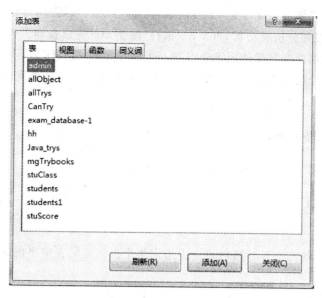

图 3-18 "添加表"对话框

果,可通过快捷键关闭/显示这些窗格,如图 3-19 所示。在"关系图"窗格中通过鼠标可从各表中选择需要查询的列;在"条件"窗格中可以设置选择列的别名、排序类型、筛选器以及条件表达式等信息;在"SQL"窗格中可以编辑 SQL 语句,也可以直接修改该 SELECT 语句;执行后的结果显示在"结果"窗格中。

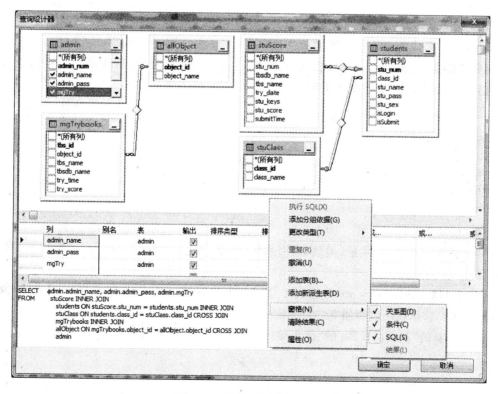

图 3-19 "查询设计器"对话框

（4）SELECT 查询语句设计完成后，单击"确定"按钮返回"查询编辑器"窗口。

（5）单击 ✓ 按钮分析成功后，再单击"执行"按钮即可完成查询。

通过上述介绍用户会发现使用 SSMS 进行数据查询的核心还是 SELECT 语句的编写和设计。下面重点介绍单表查询、多表连接查询、子查询以及组合查询的 SELECT 语句中的各个子句。

3.5.2 单表查询

单表查询指的是在一个源表中查找所需的数据。

1. SELECT 子句

（1）选择表中若干列。

在 SELECT 子句的＜目标列名表＞中指定整个查询结果表中出现的若干个列名，各列名之间用逗号分隔。

【例 3-23】 查询 students 数据表中全体考生的编号与姓名。

在一个新的"查询编辑器"的"代码编辑器"窗口中，输入并执行以下 T-SQL 代码：

```
USE   trybooks
GO
SELECT stu_num, stu_name
FROM students
GO
```

（2）选择表中所有列。

可以用 * 来代替表的所有列。

【例 3-24】 查询 students 数据表中全体考生的信息，如编号、所在部门、姓名、登录密码、性别、登录状态、考试提交状态等。

在一个新的"查询编辑器"的"代码编辑器"窗口中，输入并执行以下 T-SQL 代码：

```
USE   trybooks
GO
SELECT *
FROM students
GO
```

（3）使用表达式。

表达式可以是列名、常量、函数，或用列名、常量、函数等经过＋（加）、－（减）、*（乘）、/（除）等组成的公式。

【例 3-25】 查询 stuScore 数据表中全体考生的编号 stu_num、试卷名 tbs_name 及成绩 stu_score，这里成绩值都加 5。

在一个新的"查询编辑器"的"代码编辑器"窗口中，输入并执行以下 T-SQL 代码：

```
USE   trybooks
GO
SELECT stu_num, tbs_name , stu_score + 5
```

```
FROM stuScore
GO
```

（4）设置列的别名。

所谓别名，就是给出另一个名字，主要是为了方便阅读。设置列别名的方法有两个：

原列名 [AS] 列别名

或者

列别名 = 原列名

【例 3-26】 查询 students 数据表中全体考生的编号 stu_num、所在部门 class_id 和姓名 stu_name，并为原来的英文列名设置中文别名。

在一个新的"查询编辑器"的"代码编辑器"窗口中，输入并执行以下 T-SQL 代码：

```
USE   trybooks
GO
SELECT stu_num '考生编号', class_id '所在部门', stu_name '姓名'
FROM students
GO
```

与上述 SELECT 语句等价的语句有：

```
SELECT stu_num AS '考生编号', class_id AS '所在部门',
      stu_name AS '姓名'
FROM students
```

或者

```
SELECT '考生编号' = stu_num , '所在部门' = class_id , '姓名' = stu_name
FROM students
```

【例 3-27】 查询 stuScore 数据表中全体考生的编号 stu_num、试卷名 tbs_name 及成绩 stu_score，其成绩列值都加 5，并为各列设置中文的别名。

在一个新的"查询编辑器"的"代码编辑器"窗口中，输入并执行以下 T-SQL 代码：

```
USE   trybooks
GO
SELECT stu_num '考生编号', tbs_name '试卷名',stu_score + 5   '成绩'
FROM stuScore
GO
```

（5）使用 DISTINCT 消除结果表中完全重复的行。

【例 3-28】 显示 stuScore 数据表中全体考生的编号，并去掉重复行。

在一个新的"查询编辑器"的"代码编辑器"窗口中，输入并执行以下 T-SQL 代码：

```
USE   trybooks
GO
SELECT DISTINCT stu_num
FROM stuScore
GO
```

与 DISTINCT 相反的是 ALL，ALL（默认值）表示保留结果表中的重复行。

2．FROM 子句

单表查询中，数据源表只有一个，因此，FROM 子句语法格式如下：

`FROM <单个数据源表名>`

例如，要查找考生有关的信息，用到 students 表，则 FROM 子句为：FROM students。

例如，要查找管理员有关的信息，用到 Admin 表，则 FROM 子句为：FROM Admin。

例如，要查找试卷有关的信息，用到 mgTrybooks 表，则 FROM 子句为：FROM mgTrybooks。

3．WHERE 子句

WHERE 子句的语法格式如下：

`WHERE <查询条件>`

其中<查询条件>是由列名、运算符、常量、函数等构成的一个表达式。<查询条件>中常用的运算符：比较运算符和逻辑运算符。

（1）比较运算符用于比较两个数值之间的大小是否相等。常用的比较运算符有九种：

$$=、>、<、>=、<=、!=、<>、!>、!>$$

（2）逻辑运算符主要有：

① 范围比较运算符：BETWEEN…AND…，NOT BETWEEN…AND。

② 集合比较运算符：IN、NOT IN。

③ 字符匹配运算符：LIKE、NOT LIKE。

④ 空值比较运算符：IS NULL、IS NOT NULL。

⑤ 条件连接运算符：AND、OR、NOT。

下面举例说明 WHERE 子句的使用。

（1）基于比较运算符的查询。

【例 3-29】　查询 stuScore 数据表中考生成绩大于 80 分的编号、试卷名及成绩。

在一个新的"查询编辑器"的"代码编辑器"窗口中，输入并执行以下 T-SQL 代码：

```
USE  trybooks
GO
SELECT stu_num, tbs_name, stu_score
FROM stuScore
WHERE stu_score > 80
GO
```

（2）基于 BETWEEN…AND 的查询。

基于 BETWEEN…AND 的查询的语法格式如下：

`列名　BETWEEN 下限值 AND 上限值`

等价于：

列名>=下限值 AND 列名<=上限值

BETWEEN…AND…一般用于数值型范围的比较。表示当列值在指定的下限值和上限值范围内时,条件为 TRUE,否则为 FALSE。NOT BETWEEN…AND…与 BETWEEN…AND…正好相反,表示列值不在指定的下限值和上限值范围内时,条件为 TRUE,否则为 FALSE。

注意:列名类型要与下限值或上限值的类型一致。

【例3-30】 查询 stuScore 数据表中考生成绩在 80~90 分之间的考生编号 stu_num、试卷名 tbs_name 及成绩 stu_score。

在一个新的"查询编辑器"的"代码编辑器"窗口中,输入并执行以下 T-SQL 代码:

```
USE   trybooks
GO
SELECT stu_num, tbs_name,stu_score
FROM stuScore
WHERE stu_score BETWEEN 80 AND 90
GO
```

上述 SELECT 语句等价于:

```
SELECT stu_num, tbs_name,stu_score
FROM stuScore
WHERE stu_score>=80 AND stu_score<=90
GO
```

(3) 基于 IN 的查询。

IN 用于测试一个列值是否与常量表中的任何一个值相等。

IN 条件的语法格式如下:

列名 IN (常量1, 常量2, …,常量n)

当列值与 IN 中的任一常量值相等时,则条件为 TRUE,否则为 FALSE。

【例3-31】 查询 stuScore 数据表中试卷名 tbs_name 为"Java 程序设计"、"操作系统原理"和"数据库原理及应用"的考生编号 stu_num,及成绩 stu_score。

在一个新的"查询编辑器"的"代码编辑器"窗口中,输入并执行以下 T-SQL 代码:

```
USE   trybooks
GO
SELECT stu_num, stu_score
FROM stuScore
WHERE tbs_name IN ('Java 程序设计','操作系统原理','数据库原理及应用')
GO
```

上述 SELECT 语句等价于:

```
SELECT stu_num, stu_score
FROM stuScore
WHERE tbs_name = 'Java 程序设计' OR tbs_name = '操作系统原理'
     OR tbs_name = '数据库原理及应用'
```

GO

（4）基于 LIKE 的查询。

LIKE 用于测试一个字符串是否与给定的模式匹配。模式是一种特殊的字符串，其中可以包含普通字符，也可以包含特殊意义的字符，通常叫通配符。

LIKE 运算符的一般语法格式如下：

列名 LIKE <模式串>

其中模式串中可包含如下四种通配符：

① _：匹配任意一个字符。注意，在这里一个汉字或一个全角字符也算一个字符。如'_u_'表示第二个字符为 u，第一、第三个字符为任意字符的字符串。

② %：匹配任意 0 个或多个字符。如'S%'表示以 S 开头的字符串。

③ [ ]：匹配[ ]中的任意一个字符，如[SDJ]。

④ [^]：不匹配[ ]中的任意一个字符，如[^SDJ]。

可以用 LIKE 来实现模糊查询。

【例 3-32】 查询 students 数据表中姓名的第二个字符是 u 并且只有三个字符的所有考生的编号 stu_num、姓名 stu_name。

在一个新的"查询编辑器"的"代码编辑器"窗口中，输入并执行以下 T-SQL 代码：

```
USE  trybooks
GO
SELECT stu_num '考生编号', stu_name '姓名'
FROM students
WHERE stu_name LIKE '_u_'
GO
```

【例 3-33】 查询 students 数据表中姓名以 S 开头的所有考生的编号 stu_num、姓名 stu_name。

在一个新的"查询编辑器"的"代码编辑器"窗口中，输入并执行以下 T-SQL 代码：

```
USE  trybooks
GO
SELECT stu_num '考生编号', stu_name '姓名'
FROM students
WHERE stu_name LIKE 'S%'
GO
```

【例 3-34】 查询 students 数据表中姓名以 S、D 或 J 开头的所有考生的编号 stu_num、姓名 stu_name。

在一个新的"查询编辑器"的"代码编辑器"窗口中，输入并执行以下 T-SQL 代码：

```
USE  trybooks
GO
SELECT stu_num '考生编号', stu_name '姓名'
FROM students
```

```
WHERE stu_name LIKE '[SDJ]%'
GO
```

（5）基于 NULL 空值的查询。

空值是尚未确定或不确定的值。判断某列值是否为 NULL 值只能使用专门判断空值的子句。判断列值为空的语法格式如下：

列名 IS NULL

判断列值不为空的语法格式如下：

列名 IS NOT NULL

【例 3-35】　查询 stuScore 数据表中无考试成绩的考生的编号 stu_num 和试卷名 tbs_name。

在一个新的"查询编辑器"的"代码编辑器"窗口中，输入并执行以下 T-SQL 代码：

```
USE   trybooks
GO
SELECT stu_num , tbs_name
FROM stuScore
WHERE stu_score IS NULL
GO
```

上述 SELECT 语句不等价于：

```
SELECT stu_num   , tbs_name
FROM stuScore
WHERE stu_score = 0
GO
```

【例 3-36】　查询 stuScore 数据表中有考试成绩（即成绩不为空值）的考生的编号 stu_num 和试卷名 tbs_name。

在一个新的"查询编辑器"的"代码编辑器"窗口中，输入并执行以下 T-SQL 代码：

```
USE   trybooks
GO
SELECT stu_num , tbs_name
FROM stuScore
WHERE stu_score IS NOT NULL
GO
```

（6）基于多个条件的查询。

可以使用 AND、OR 逻辑谓词来连接多个条件，构成一个复杂的查询条件。使用语法格式如下：

<条件 1> AND <条件 2> AND … <条件 n>

或

<条件 1> OR <条件 2> OR … <条件 n>

该语法中各要素具体含义说明如下：

① 用 AND 连接的所有的条件都为 TRUE 时，整个查询条件才为 TRUE。

② 用 OR 连接的条件中，只要其中任一个条件为 TRUE，整个查询条件就为 TRUE。

【例 3-37】 查询 stuScore 数据表中试卷名 tbs_name 为"Java 程序设计"且考试成绩在 75 分以上的考生的编号 stu_num 和成绩 stu_score。

在一个新的"查询编辑器"的"代码编辑器"窗口中，输入并执行以下 T-SQL 代码：

```
USE   trybooks
GO
SELECT stu_num , stu_score
FROM stuScore
WHERE stu_score >= 75 AND tbs_name = 'Java 程序设计'
GO
```

【例 3-38】 查询 stuScore 数据表中参加了"Java 程序设计"或"操作系统原理"考试的编号 stu_num 和成绩 stu_score。

在一个新的"查询编辑器"的"代码编辑器"窗口中，输入并执行以下 T-SQL 代码：

```
USE   trybooks
GO
SELECT stu_num   , stu_score
FROM stuScore
WHERE tbs_name = 'Java 程序设计'   OR   tbs_name = '操作系统原理'
GO
```

(7) 使用统计函数的查询。

统计函数也称为集合函数或聚集函数，其作用是对一组值进行计算并返回一个值，如表 3-14 所示。

表 3-14 统计函数

函 数 名	含 义
COUNT(*)	求表中或组中记录个数
COUNT(<列名>)	求不是 NULL 的列值个数
SUM(<列名>)	求该列所有值的总和(必须是数值列)
AVG(<列名>)	求该列所有值的平均值(必须是数值列)
MAX(<列名>)	求该列所有值的最大值(必须是数值列)
MIN(<列名>)	求该列所有值的最小值(必须是数值列)

【例 3-39】 查询 stuScore 数据表中考生的总人数。

在一个新的"查询编辑器"的"代码编辑器"窗口中，输入并执行以下 T-SQL 代码：

```
USE   trybooks
GO
SELECT COUNT( * ) AS   '考生的总人数'
FROM stuScore
GO
```

【例 3-40】　查询 stuScore 数据表中参加"Java 程序设计"课程考试的考生的平均成绩。

在一个新的"查询编辑器"的"代码编辑器"窗口中,输入并执行以下 T-SQL 代码:

```
USE   trybooks
GO
SELECT AVG(stu_score) AS  '平均成绩'
FROM stuScore
WHERE tbs_name = 'Java 程序设计'
GO
```

【例 3-41】　查询 stuScore 数据表中考生编号为"2206103301"考生的总成绩之和。

在一个新的"查询编辑器"的"代码编辑器"窗口中,输入并执行以下 T-SQL 代码:

```
USE   trybooks
GO
SELECT SUM(stu_score) AS   '2206103301 考生总成绩'
FROM stuScore
WHERE stu_num = '2206103301'
GO
```

【例 3-42】　求 stuScore 数据表中参加"Java 程序设计"考试的考生的最高分和最低分。

在一个新的"查询编辑器"的"代码编辑器"窗口中,输入并执行以下 T-SQL 代码:

```
USE   trybooks
GO
SELECT MAX(stu_score) AS '最高分', MIN(stu_score) AS '最低分'
FROM stuScore
WHERE tbs_name = 'Java 程序设计'
GO
```

4. GROUP BY 子句

有时需要把 FROM、WHERE 子句产生的表按某种原则分成若干组,然后对每个组进行统计,一组形成一行,最后把所有这些行组成一个表,称为组表。

GROUP BY 子句在 WHERE 子句后边,其一般语法格式如下:

GROUP BY <分组列> [, ... n]

其中<分组列>是分组的依据。分组原则是<分组列>的列值相同,就为同一组。当有多个<分组列>时,则先按第一个列值分组,然后对每一组再按第二个列值进行分组,依次类推。

【例 3-43】　求 stuScore 数据表中每门考试课程的考生人数。

在一个新的"查询编辑器"的"代码编辑器"窗口中,输入并执行以下 T-SQL 代码:

```
USE   trybooks
GO
SELECT tbs_name AS '考试课程',COUNT(tbs_name) AS '考试人数'
FROM stuScore
GROUP BY   tbs_name
GO
```

【例 3-44】 输出 stuScore 数据表中每个考生和他/她的各门课程的总成绩。

在一个新的"查询编辑器"的"代码编辑器"窗口中,输入并执行以下 T-SQL 代码:

```
USE   trybooks
GO
SELECT stu_num '考号', Sum(stu_score) '总成绩'
FROM stuScore
GROUP BY stu_num
GO
```

注意:包含 GROUP BY 子句的查询语句中,SELECT 子句指定的列名,要么是统计函数,如例 3-43 中的 COUNT(tbs_name),要么是包含在 GROUP BY 子句中的列名,如例 3-44 中的 stu_num,否则将出错。

5. HAVING 子句

HAVING 子句指定 GROUP BY 生成的组表的选择条件。其一般语法格式如下:

HAVING <组选择条件>

HAVING 子句在 GROUP BY 子句之后,并且必须与 GROUP BY 子句一起使用。

【例 3-45】 求 stuScore 数据表中考试课程大于等于两门课的考生的编号 stu_num、平均成绩、考试的门数。

在一个新的"查询编辑器"的"代码编辑器"窗口中,输入并执行以下 T-SQL 代码:

```
USE   trybooks
GO
SELECT stu_num ,AVG(stu_score) AS '平均成绩',COUNT( * ) AS '考试门数'
FROM stuScore
GROUP BY   stu_num
HAVING COUNT( * ) >= 2
GO
```

6. ORDER BY 子句

指定 SELECT 语句的输出结果中记录的排序依据。ORDER BY 排序子句的语法格式如下:

ORDER BY <列名>
[ASC | DESC] [,…n]

其中<列名>指定排序的依据,ASC 表示按列值升序方式排序,DESC 表示按列值降序方式排序。如果没有指定排序方式,则默认的排序方式为升序排序。

在 ORDER BY 子句中,可以指定多个用逗号分隔的列名。这些列出现的顺序决定了查询结果排序的顺序。当指定多个列时,首先按第一个列值排序,如果列值相同的行,则对这些值相同的行再依据第二列进行排序,依次类推。

【例 3-46】 查询 stuScore 数据表中所有考生的信息,并按考生的成绩值从小到大排序。

在一个新的"查询编辑器"的"代码编辑器"窗口中,输入并执行以下 T-SQL 代码:

```
USE   trybooks
GO
SELECT *
FROM stuScore
ORDER BY stu_score
GO
```

【例 3-47】 查询 stuScore 数据表中参加"Java 程序设计"考试的编号 stu_num 和成绩,查询结果按成绩降序排列。

在一个新的"查询编辑器"的"代码编辑器"窗口中,输入并执行以下 T-SQL 代码:

```
USE   trybooks
GO
SELECT stu_num ,   stu_score
FROM stuScore
WHERE tbs_name = 'Java 程序设计'
ORDER BY stu_score DESC
GO
```

【例 3-48】 查询 stuScore 数据表中全体考生信息,查询结果按所参加科目名升序排列,同科目的考生按成绩降序排列。

在一个新的"查询编辑器"的"代码编辑器"窗口中,输入并执行以下 T-SQL 代码:

```
USE   trybooks
GO
SELECT *
FROM stuScore
ORDER BY tbs_name ASC, stu_score DESC
GO
```

【例 3-49】 求 stuScore 数据表中考试科目大于等于两门课的考生的编号 stu_num、平均成绩、考试的门数,并按平均成绩降序排列。

在一个新的"查询编辑器"的"代码编辑器"窗口中,输入并执行以下 T-SQL 代码:

```
USE   trybooks
GO
SELECT stu_num AS '编号', AVG(stu_score) AS '平均成绩',
      COUNT( * ) AS '考试门数'
FROM stuScore
GROUP BY   stu_num
HAVING COUNT( * ) >= 2
ORDER BY AVG (stu_score) DESC
GO
```

3.5.3　多表连接查询

多表查询指的是从多个源表中检索数据。因此多表查询时,FROM 子句中的<数据源表>要给出所有源表表名,各个表名之间要用逗号分隔。

1. 多表查询的 FROM 子句

多表查询的 FROM 子句语法格式如下：

FROM <源表表名集>

例如，若一个查询用到三个表，表名分别为 students、stuScore，stuClass。FROM 子句应为：

```
FROM students、stuScore,stuClass
```

2. 多表查询中的 SELECT 子句

与单表查询的 SELECT 子句功能基本相同，也是用来指定查询结果表中包含的列名。

不同的是：如果多个表中有相同的列名，则需要用<表名>.<列名>来限定列是哪个表的列。

例如，students 表和 stuScore 表中都有 stu_num 列，为了在结果表中包含 students 表的 stu_num 列，则要用 students. stu_num 表示。还可用<表名>. * 表示<表名>指定的表中的所有列。

例如，students. * 表示 students 表的所有列。

3. 多表查询中的 GROUP BY、HAVING、ORDER BY 子句

与单表查询中的用法基本相同。

不同的是：如果列名有重复，则要用<表名>.<列名>来限定列是哪个表的列。

4. 多表查询中的 WHERE 子句与单表查询中的用法差别较大

多表查询中往往要有多表的连接条件，当然还有表的一个或多个行选择条件，多个行选择条件两者用 AND 组合。这里着重介绍多表的连接条件。

按连接条件的不同，连接分为内连接、外连接。外连接又分为左外连接、右外连接。SQL Server 2005 默认情况下为内连接。

（1）内连接。

内连接可分为等值连接与自然连接。

等值连接是指根据两个表的对应列值相等的原则进行连接。连接条件的形式往往是"主键＝外键"，即按一个表的主键值与另一个表的外键值相同的原则进行连接。

自然连接是指在连接条件中使用等于(＝)运算符比较被连接列的列值，但它使用选择列表指出查询结果集合中所包括的列，并删除连接表中的重复列。

常用的等值连接条件语法格式如下：

<表名 1>.<列名 1>＝<表名 2>.<列名 2>

【例 3-50】 查询每个考生的基本信息以及他/她考试的情况。

在一个新的"查询编辑器"的"代码编辑器"窗口中，输入并执行以下 T-SQL 代码：

```
USE  trybooks
```

```
GO
SELECT stuScore. * , students. *
FROM   stuScore , students
WHERE  stuScore.stu_num = students.stu_num
GO
```

执行上述语句的查询结果如图 3-20 所示。上述结果表中含有 stuScore 表的所有列和 students 表的所有列,存在一个重复的列 stu_num,这说明是等值连接。

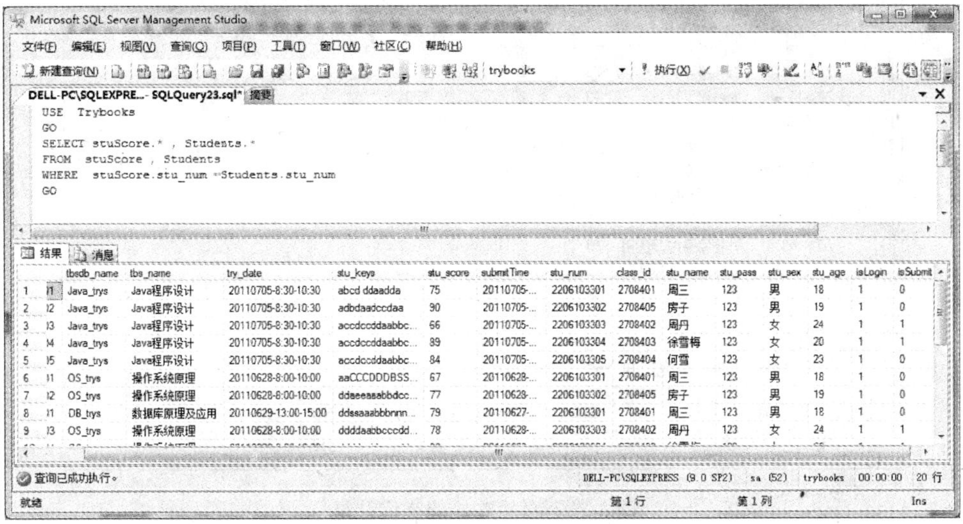

图 3-20　等值连接的查询结果

如果要去掉重复列,就要用 SELECT 子句指定结果表中包含的列名,这样就成为自然连接。SELECT 语句代码如下:

```
SELECT students.stu_num, tbs_name, stu_score, try_date
FROM   stuScore ,students
WHERE  stuScore.stu_num = students.stu_num
```

执行上述语句后的查询结果如图 3-21 所示。

【例 3-51】　查询每个考生的编号、姓名、所在部门、成绩。

在一个新的"查询编辑器"的"代码编辑器"窗口中,输入并执行以下 T-SQL 代码:

```
USE  trybooks
GO
SELECT students.stu_num, stu_name, class_name,stu_score
FROM stuScore, students,stuClass
WHERE students.stu_num = stuScore.stu_num AND
       students.class_id  = stuClass.class_id
GO
```

【例 3-52】　查询参加了"Java 程序设计"且成绩大于 85 分的考生的编号、姓名、成绩。

在一个新的"查询编辑器"的"代码编辑器"窗口中,输入并执行以下 T-SQL 代码:

```
USE  trybooks
```

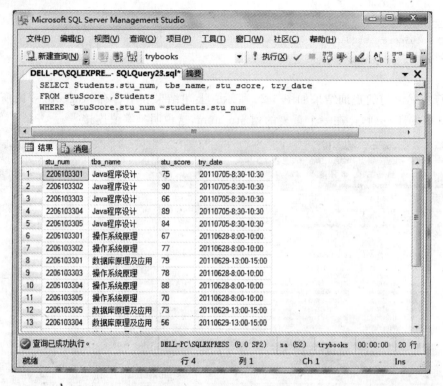

图 3-21 自然连接的查询结果

```
GO
SELECT students.stu_num, stu_name, stu_score
FROM stuScore ,students
WHERE   stuScore.stu_num = students.stu_num
    AND tbs_name = 'Java 程序设计'  AND stu_score > 85
GO
```

这里:用 AND 将一个连接条件和两个行选择条件组合成为查询条件。

【例 3-53】 求 stuScore 数据表中班级为"2708402"的参加考试课程大于等于两门课的考生的编号 stu_num、姓名、平均成绩,并按总成绩从高到低排序。

在一个新的"查询编辑器"的"代码编辑器"窗口中,输入并执行以下 T-SQL 代码:

```
USE   trybooks
GO
SELECT students.stu_num AS '编号' , AVG(stu_score) AS '平均成绩', stu_name
FROM stuScore ,students
WHERE stuScore.stu_num = students.stu_num AND class_id = 2708402
GROUP BY students.stu_num, stu_name
HAVING COUNT( * ) > = 2
ORDER BY SUM(stu_score) DESC
GO
```

(2) 自身连接。

自身连接是一种特殊的内连接,可以看作是同一个表的两个副本之间进行的连接。为

了给两个副本命名,必须为每一个表副本设置不同的别名,使之在逻辑上成为两张表。表设置别名的方式如下:

```
<源表名> [ AS ] <表别名>
```

【例 3-54】 查询 students 数据表中与"周丹"来自同一部门的所有考生的编号和姓名。

在一个新的"查询编辑器"的"代码编辑器"窗口中,输入并执行以下 T-SQL 代码:

```
USE   trybooks
GO
SELECT S1.stu_num , S1.stu_name
FROM students S1, students S2
WHERE S1.class_id = S2.class_id AND S2.stu_name = '周丹'
GO
```

说明:当给表指定别名后,在查询语句的其他所有用到表名的地方都要使用别名,而不能再使用源表名,并且输出的列一定要加上表的别名来限定是哪个逻辑表中的列。

(3)外连接。

外连接不仅包括满足连接条件的行,还包括其中某个表中不满足连接条件的行。

标准 SQL 中,外连接分为左外连接、右外连接。

在 SQL Server 2005 的 T-SQL 语言中,在 FROM 子句中表示外连接,其语法格式如下:

```
FROM   表 1  LEFT | RIGHT JOIN  表 2
ON <连接条件>
```

【例 3-55】 查询所有考生的参加考试情况,要求包括参加考试的考生和参加考试的考生,显示他们的编号、姓名、考试名、成绩。

在一个新的"查询编辑器"的"代码编辑器"窗口中,输入并执行以下 T-SQL 代码:

```
USE   trybooks
GO
SELECT students.stu_num , stu_name, tbs_name, stu_score
FROM students LEFT JOIN stuScore
ON students.stu_num = stuScore.stu_num
GO
```

左外连接查询结果如图 3-22 所示。

3.5.4 子查询

子查询是一个 SELECT 查询语句,但它嵌套在 SELECT、WHERE、INSERT、UPDATE、DELETE 语句或其他子查询语句中。例如,嵌套在一个 WHERE 子句中的子查询如下:

```
SELECT stu_num,stu_name
FROM students
WHERE stu_num IN ( SELECT stu_num
               FROM stuScore
               WHERE tbs_name = 'Java 程序设计' )
```

图 3-22　左外连接的查询结果

通常把外层的 SELECT 语句叫外查询,内层的 SELECT 语句叫内查询(或子查询)。子查询要用圆括号括起来,它可以出现在允许使用表达式的任何地方。

子查询可分为非相关子查询和相关子查询。

1. 非相关子查询

非相关子查询的执行不依赖于外查询。执行过程是,先执行子查询,子查询的结果并不显示出来,而是作为外查询的条件值,然后执行外查询。

非相关子查询的特点是子查询只执行一次,其查询结果不依赖于外查询。而外查询的查询条件依赖于子查询的结果。

非相关子查询的结果可以是单值或多值。返回单值的非相关子查询通常用在比较运算符之后;返回多值的非相关子查询通常用在比较运算符与 ANY、ALL 组成的运算符、IN、NOT IN 之后。

(1) 返回单值的非相关子查询依赖。

【例 3-56】　查询与"周丹"来自同一部门的所有考生的编号和姓名。

在一个新的"查询编辑器"的"代码编辑器"窗口中,输入并执行以下 T-SQL 代码:

```
USE  trybooks
GO
SELECT stu_num, stu_name
FROM students
WHERE class_id = ( SELECT class_id  FROM students WHERE stu_name = '周丹')
GO
```

（2）返回多值的非相关子查询。

如果子查询返回多个值，即一个集合，则外查询条件中不能直接用比较运算符，因为某一行的一个列值不能与一个集合比较。必须在比较运算符之后加 ANY 或 ALL 关键字，其语法格式如下：

<列名><比较符>[ANY|ALL]<子查询>

该语法中各要素的具体含义说明如下：

① ANY：将一个列值与子查询返回的一组值中的每一个比较。若在某次比较中结果为 TRUE，则 ANY 测试返回 TRUE，若每一次比较的结果均为 FALSE，则 ANY 测试返回 FALSE。

② ALL：将一个列值与子查询返回的一组值中的每一个比较。若每一次比较中结果均为 TRUE，则 ALL 测试返回 TRUE，只要有一次比较的结果为 FALSE，则 ALL 测试返回 FALSE。

【例 3-57】　查询 students 数据表中其他部门中比 2708402 任一考生年龄都小的考生基本情况。

在一个新的"查询编辑器"的"代码编辑器"窗口中，输入并执行以下 T-SQL 代码：

```
 USE   trybooks
 GO
 SELECT    *
 FROM students
WHERE   class_id!= 2708402
     AND stu_age < ALL ( SELECT stu_age
                    FROM students
                 WHERE class_id = 2708402)
 GO
```

【例 3-58】　查询 students 数据表中其他部门中比 2708402 某一个考生年龄小的考生基本情况。

在一个新的"查询编辑器"的"代码编辑器"窗口中，输入并执行以下 T-SQL 代码：

```
 USE   trybooks
 GO
 SELECT    *
 FROM students
WHERE   class_id!= 2708402
    AND stu_age < ANY ( SELECT stu_age
                   FROM students
                WHERE class_id = 2708402)
 GO
```

【例 3-59】　查询成绩大于 80 分的考生的编号、姓名。

在一个新的"查询编辑器"的"代码编辑器"窗口中，输入并执行以下 T-SQL 代码：

```
USE   trybooks
GO
SELECT stu_num , stu_name
```

```
FROM students
WHERE stu_num = ANY ( SELECT stu_num   FROM stuScore
                      WHERE stu_score > 80 )

GO
```

【例 3-60】 查询来自"人事部"并且成绩大于 80 分的考生编号、姓名。

在一个新的"查询编辑器"的"代码编辑器"窗口中,输入并执行以下 T-SQL 代码:

```
USE   trybooks
GO
SELECT stu_num , stu_name
FROM students
WHERE stu_num IN ( SELECT stu_num   FROM stuScore
                   WHERE stu_score > 80
                   AND class_id = ( SELECT class_id
                            FROM stuClass
                            WHERE class_name = '人事部' )
                   )

GO
```

2. 相关子查询

相关子查询,即子查询的执行依赖于外查询。

相关子查询执行过程是先外查询,后内查询,然后又外查询,再内查询,如此反复,直到外查询处理完毕。

使用 EXSISTS 或 NOT EXSISTS 关键字来表达相关子查询,其语法格式如下:

EXISTS <子查询>

其中 EXISTS 表示存在量词,用来测试子查询是否有结果,如果子查询的结果集中非空(至少有一行),则 EXISTS 条件为 TRUE,否则为 FALSE。

由于 EXISTS 的子查询只测试子查询的结果集是否为空,因此,在子查询中指定列名是没有意义的。所以在有 EXISTS 的子查询中,其列名序列通常都用" * "表示。

【例 3-61】 查询参加"Java 程序设计"考试的考生的编号和姓名。

在一个新的"查询编辑器"的"代码编辑器"窗口中,输入并执行以下 T-SQL 代码:

```
USE   trybooks
GO
SELECT stu_num , stu_name
FROM students
WHERE EXISTS ( SELECT   *
            FROM stuScore
            WHERE stu_num = students.stu_num
               AND tbs_name = 'Java 程序设计')
GO
```

【例 3-62】 查询没参加"Java 程序设计"考试的考生的编号和姓名。

在一个新的"查询编辑器"的"代码编辑器"窗口中,输入并执行以下 T-SQL 代码:

```
USE   trybooks
```

```
GO
SELECT stu_num , stu_name
FROM students
WHERE NOT EXISTS ( SELECT  *
            FROM stuScore
            WHERE stu_num = students.stu_num
                AND tbs_name = 'Java 程序设计')
GO
```

3.5.5　组合查询

在标准 SQL 中,集合运算的关键字分别为 UNION(并)、INTERSECT(交)、MINUS(或 EXCEPT)(差)。因为一个查询的结果是一个表,可以看作是行的集合,因此,可以利用 SQL 的集合运算关键字,将两个或两个以上查询结果进行集合运算,这种查询通常称为组合查询(也称为集合查询)。

1. 将两个查询结果进行并运算

并运算用 UNION 运算符。它将两个查询结果合并,并消去重复行而产生最终一个结果表。

【例 3-63】　查询参加"Java 程序设计"或"操作系统原理"考试的考生的编号。

在一个新的"查询编辑器"的"代码编辑器"窗口中,输入并执行以下 T-SQL 代码:

```
USE  trybooks
GO
SELECT stu_num
FROM  stuScore
WHERE  tbs_name = 'Java 程序设计'
UNION
SELECT stu_num
FROM  stuScore
WHERE  tbs_name = '操作系统原理'
GO
```

使用 UNION 运算符的几点说明如下:

(1) 两个查询结果表必须是兼容的,即列的数目相同且对应列的数据类型相同。

(2) 组合查询最终结果表中的列名来自第一个 SELECT 语句。

(3) 可在最后一个 SELECT 语句之后使用 ORDER BY 子句来排序。

(4) 在两个查询结果合并时,将删除重复行。若 UNION 后加 ALL,则结果集中包含重复行。

2. 将两个查询结果进行交运算

交运算符是 INTERSECT。它将同时属于两个查询结果。表的行,作为整个查询的最终结果表。

【例 3-64】　查询参加"Java 程序设计"和"操作系统原理"考试的考生的编号。

在一个新的"查询编辑器"的"代码编辑器"窗口中,输入并执行以下 T-SQL 代码:

```
USE   trybooks
GO
SELECT stu_num
FROM    stuScore
WHERE   tbs_name = 'Java 程序设计'
INTERSECT
SELECT stu_num
FROM    stuScore
WHERE   tbs_name = '操作系统原理'
GO
```

SQL Server 2000 没有关键字 INTERSECT，而是用 EXISTS 来实现查询结果的交运算。因此，上面的 SQL 语句在 SQL Server 2000 中不能运行。若要在 SQL Server 2000 中实现相同的功能，应表示为：

```
SELECT stu_num
FROM    stuScore   S1
WHERE   tbs_name = 'Java 程序设计' AND
    EXISTS( SELECT stu_num
            FROM    stuScore   S2
            WHERE   S1.stu_num = S2.stu_num
                AND tbs_name = '操作系统原理')
GO
```

3. 将两个查询结果进行差运算

差运算符是 MINUS 或 EXCEPT。它将属于第一个查询结果表，而不属于第二个查询结果表的行组成最终的结果表。

【例 3-65】 查询参加"Java 程序设计"考试但没参加"操作系统原理"考试的考生编号。在一个新的"查询编辑器"的"代码编辑器"窗口中，输入并执行以下 T-SQL 代码：

```
USE   trybooks
GO
SELECT stu_num
FROM    stuScore
WHERE   tbs_name = 'Java 程序设计'
EXCEPT
SELECT stu_num
FROM    stuScore
WHERE   tbs_name = '操作系统原理'
GO
```

3.6 视图和索引

3.6.1 视图概述

1. 视图的基本概念

视图是 SELECT 语句的执行结果。视图有表名，表中包含若干列，各个列有列名，给用户的感觉视图就是一个表。

视图与 CREATE TABLE 语句所建立的表具有本质的区别。CREATE TABLE 语句所建立的表和表中的数据是实实在在存储在磁盘上的,通常称为基本表。视图是 SELECT 语句的执行结果,由 SELECT 语句从基本表中导出的数据组成的表,这种表结构与数据并不实际存储在磁盘上,即并不存在。因此,视图这种表称为虚表。

2. 基本表与视图的关系

基本表与视图的关系如图 3-23 所示。

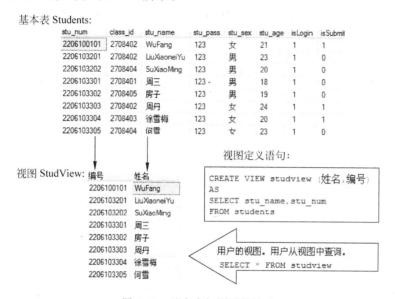

图 3-23 基本表与视图的关系

3. 视图的优点

视图的优点具体如下:

(1)简化查询操作。视图一旦定义好,就可以用 SELECT 语句像对真实表一样查询,某些情况下可以使用 INSERT、DELETE、UPDATE 语句十分方便地修改通过视图得到的数据。

(2)提供安全保护机制。可以通过视图屏蔽基本表中的一些数据,普通用户只能查看和修改视图数据,基本表中的其他数据对他们是不可见和不可修改的,这样保证了数据库中数据的安全。

(3)不同的用户以不同的方式看待同一数据库。因为不同用户使用不同的视图,也就是说,不同用户使用的数据只是同一个数据库的一部分,他们看到的数据库是不同的,但实际上使用的是同一个物理数据库。因此,视图机制为不同用户提供了各自所需的数据。视图是用户角度看到的数据库。

3.6.2 视图的创建和删除

创建和删除视图也有两种途径:直接使用 SSMS 和编写并执行 T-SQL 命令。

1. 用 SSMS 创建和删除视图

（1）进入 SSMS，选择 trybooks 数据库的"视图"节点。

（2）单击右键，在弹出的快捷菜单中选择"新建视图"菜单命令，打开"视图设计器"窗口和"添加表"对话框。

（3）首先选择需要建立视图的表 students，单击"添加"按钮，如图 3-24 所示。基本表选择完成后，单击"关闭"按钮，返回到"视图设计器"窗口。

图 3-24 "添加表"对话框

（4）在"视图设计器"窗口中，从上到下依次包括四个窗格：关系图、条件、SQL 和结果，可通过快捷键关闭/显示这些窗格，如图 3-25 所示。在"关系图"窗格中可以选择所需的列，如 stu_num，stu_name，stu_age 等。

（5）在"条件"窗格中可以设置各列的排序类型、排序顺序、筛选器、分组依据等条件。在"SQL"窗格中可以编辑 SQL 语句，可在 SELECT 语句中添加条件语句，如 WHERE class_id＝2708402。

（6）选择"文件"|"关闭"菜单命令关闭"视图设计器"窗口，在弹出的对话框中单击"是"按钮，并在"选择名称"对话框中输入视图名称，如 StudentView，单击"确定"按钮完成视图的创建。

（7）展开 SSMS 中 trybooks 数据库节点的"视图"节点，选择新创建的视图如StudentView，单击右键，弹出如图 3-26 所示的快捷菜单。

（8）若需要修改视图，则选择"修改"菜单命令，打开"视图设计器"窗口，进行视图的修改。若需要删除视图，则选择"删除"菜单命令，就可以删除该视图。

2. 使用 CREATE VIEW 语句创建视图

使用 CREATE VIEW 语句创建视图，其一般语法格式如下：

CREATE VIEW <视图名> [<视图列名表>]

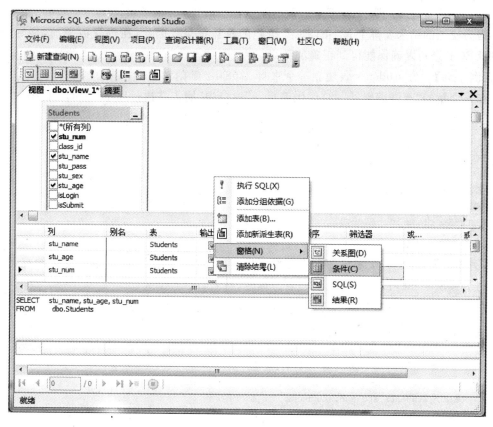

图 3-25 "视图设计器"窗口

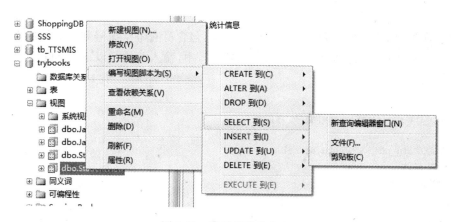

图 3-26 视图的菜单命令

AS ＜子查询＞

该语法的各要素的具体含义如下：

（1）＜视图名＞：指定新创建的视图的名字。

（2）＜视图列名表＞：指定在视图中包含的列名。若省略，则视图的列名与 SELECT 子句中的列名相同。

(3) ＜子查询＞：即 SELECT 语句不能包含 ORDER BY 子句。

因为视图的结果实际上是 SELECT 语句的执行结果。因此，在创建视图前，最好先测试 SELECT 语句以确保能得到正确的结果。

【例 3-66】 为 students 表建立一个来自 2708402 部门考生的视图。

在一个新的"查询编辑器"的"代码编辑器"窗口中，输入并执行以下 T-SQL 代码：

```
USE   trybooks
GO
CREATE VIEW StudentView
AS
 SELECT stu_num , stu_name, stu_age
 FROM students
     WHERE class_id = 2708402
GO
```

【例 3-67】 建立一个来自 2708402 部门且参加"Java 程序设计"考试的考生的视图，视图名为 JavaStudentView，该视图的列名为编号、姓名、成绩。

在一个新的"查询编辑器"的"代码编辑器"窗口中，输入并执行以下 T-SQL 代码：

```
USE   trybooks
GO
CREATE VIEW JavaStudentView (编号,姓名,成绩)
AS
    SELECT students.stu_num, stu_name, stu_score
    FROM   students, stuScore
    WHERE students.stu_num = stuScore.stu_num
        AND class_id = 2708402   AND tbs_name  =  'Java 程序设计'
GO
```

【例 3-68】 创建一个名为 studentsSumView，包含所有考生编号和总成绩的视图。

在一个新的"查询编辑器"的"代码编辑器"窗口中，输入并执行以下 T-SQL 代码：

```
USE   trybooks
GO
CREATE VIEW studentsSumView(编号,总成绩)
AS
    SELECT stu_num, SUM (stu_score)
    FROM stuScore
    GROUP BY stu_num
GO
```

【例 3-69】 建立一个来自 2708402 部门且参加"Java 程序设计"考试并且成绩大于 60 分的考生的视图，视图名为 JavaStudentView1，该视图的列名为编号、姓名、成绩。

在一个新的"查询编辑器"的"代码编辑器"窗口中，输入并执行以下 T-SQL 代码：

```
USE   trybooks
GO
CREATE VIEW JavaStudentView1
AS
    SELECT   *
```

```
FROM    JavaStudentView
WHERE   成绩> 60
GO
```

视图的主要用于用户查询。即一旦定义了视图,用户就可以用 SELECT 语句从视图中查找数据。

【例 3-70】 查询来自"2708402"部门且参加"Java 程序设计"考试并且成绩大于 70 分的考生的姓名、成绩。

在一个新的"查询编辑器"的"代码编辑器"窗口中,输入并执行以下 T-SQL 代码:

```
USE    trybooks
GO
SELECT 姓名,成绩
FROM JavaStudentView1
WHERE 成绩> 70
GO
```

3. 使用 DROP VIEW 语句删除视图

使用 DROP VIEW 语句删除视图,其语法格式如下:

DROP VIEW <视图名>

【例 3-71】 删除 JavaStudentView1 视图。

在一个新的"查询编辑器"的"代码编辑器"窗口中,输入并执行以下 T-SQL 代码:

```
USE    trybooks
GO
DROP VIEW JavaStudentView1
GO
```

注意:如果被删除的视图是其他视图或 SELECT 语句的数据源,则其他视图或 SELECT 语句将无法使用。

3.6.3 索引概述

1. 索引的概念

索引是为了加速对表中数据行的检索而创建的一种关键字与其相应地址的对应表。索引是针对一个表而建立的,且只能由表的所有者创建。一个索引可以包含一列或多列(最多 16 列)。不能对 bit、text、image 数据类型的列建立索引。一般考虑建立索引的列有表的主关键字列、外部关键字列和在某一范围内频繁搜索的列或按排序顺序频繁检索的列。

2. 索引的类型

索引按结构可分为两类:聚集索引和非聚集索引。

(1) 聚集索引(Clustered Index)。

聚集索引按照索引的属性列排列记录,并且依照排好的顺序将记录存储在表中。一个表中只能有一个聚集索引。

（2）非聚集索引（NonClustered Index）。

非聚集索引按照索引的属性列排列记录，但是排列的结果并不会存储在表中，而是另外存储（索引文件）。表中的每一列都可以有自己的非聚集索引。

3.6.4　索引的创建和删除

创建和删除索引均有两种途径：直接使用 SSMS 和编写并执行 T-SQL 命令。

1. 用 SSMS 创建和删除索引

（1）进入 SSMS，选择 trybooks 数据库的 students 表节点。

（2）单击右键，在弹出的快捷菜单中选择"修改"菜单命令，打开"表设计器"窗口。

（3）选中需要建立索引的 stu_name 列，右击"索引/键"菜单命令，如图 3-27 所示。

（4）在弹出的"索引/键"对话框中，单击"添加"按钮，设置"常规"选项中的列为 stu_name（ASC），如图 3-28 所示。单击"关闭"按钮完成索引的创建。

（5）若需要删除索引，先在"表设计器"窗口中单击右键选择"索引/键"菜单命令，打开"索引/键"对话框，选中某个索引后，单击"删除"按钮就可以完成索引的删除。

图 3-27　"索引/键"菜单命令

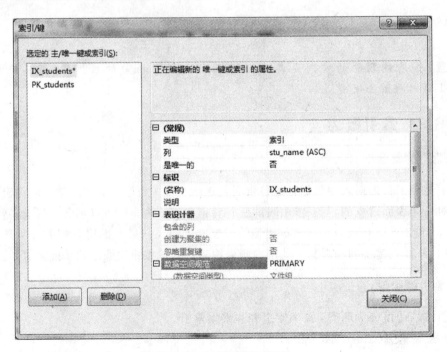

图 3-28　"索引/键"对话框

2. 使用 CREATE INDEX 语句创建索引

在 SQL 语言中,建立索引使用 CREATE INDEX 语句,其一般语法格式如下:

```
CREATE [UNIQUE] [CLUSTER]
INDEX <索引名>
ON <表名> (<列名>[<次序>][,<列名>[<次序>]]...);
```

该语法中各要素的具体含义如下:

(1) <表名>:指定要建立索引的基本表的名字。

(2) 索引可以建在该表的一列或多列上,各列名之间用逗号分隔。

(3) 每个<列名>后面还可以用<次序>指定索引值的排列次序,包括 ASC(升序)和 DESC(降序)两种,缺省值为 ASC。

(4) [UNIQUE]:表示要建立的索引是唯一索引,即此索引的每一个索引值只对应唯一的数据记录(包括 NULL)。

(5) [CLUSTER]:表示要建立的索引是聚集索引。

无参数时建立普通索引(非聚集索引)。

【例 3-72】 为 students 表在 stu_name 上建立一个非聚集索引 sname_idx。

在一个新的"查询编辑器"的"代码编辑器"窗口中,输入并执行以下 T-SQL 代码:

```
USE   trybooks
GO
CREATE INDEX sname_idx
ON students(stu_name)
GO
```

【例 3-73】 为 stuScore 表在 stu_num 上建立聚集索引 sn_idx。

在一个新的"查询编辑器"的"代码编辑器"窗口中,输入并执行以下 T-SQL 代码:

```
USE   trybooks
GO
CREATE CLUSTERED INDEX sn_idx
ON stuScore(stu_num)
GO
```

【例 3-74】 为 stuClass 表在课程号 class_name 上建立唯一索引 cname_idx。

在一个新的"查询编辑器"的"代码编辑器"窗口中,输入并执行以下 T-SQL 代码:

```
USE   trybooks
GO
CREATE UNIQUE INDEX cname_idx
ON stuClass (class_name)
GO
```

复合索引是将两个属性列或多个属性列组合起来建立的索引。对复合索引列作为一个单元进行搜索。创建复合索引中的列序不一定与表定义列序相同。应首先定义最具唯一性的列。

【例 3-75】　为 students 表在 stu_name 和 class_id 上建立索引 sc_idx。

在一个新的"查询编辑器"的"代码编辑器"窗口中,输入并执行以下 T-SQL 代码:

```
USE  trybooks
GO
CREATE INDEX sc_idx
ON students(stu_name,class_id)
GO
```

3. DROP INDEX 语句删除索引

在 SQL 语言中,删除索引使用 DROP INDEX 语句,其一般语法格式如下:

DROP INDEX <表名>.<索引名>

【例 3-76】　删除 students 表的 sname_idx 索引。

在一个新的"查询编辑器"的"代码编辑器"窗口中,输入并执行以下 T-SQL 代码:

```
USE  trybooks
GO
DROP INDEX students.sname_idx
GO
```

删除索引时,系统会同时从数据字典中删去有关该索引的描述。

3.7　数据库的完整性

3.7.1　数据库完整性概述

数据库的完整性是指数据的正确性(Correctness)、有效性(Validity)和相容性(Consistency)。完整性检查是围绕完整性约束条件进行的,因此完整性约束条件是完整性控制机制的核心。

完整性约束条件作用的对象可以是关系、元组和列三种。其中列约束主要是列的类型、取值范围、精度、排序等约束条件。元组的约束是元组中各个字段间的联系的约束。关系的约束是若干元组间、关系集合以及关系之间的联系的约束。

完整性约束条件分为以下六类。

1. 静态列级约束

静态列级约束是对一个列的取值域的说明,这是最常用也是最容易实现的一类完整性约束,包括以下几个方面:

(1) 对数据类型的约束(包括数据的类型、长度、单位、精度等)。

(2) 对数据格式的约束。

(3) 对取值范围或取值集合的约束。

(4) 对空值的约束。

（5）其他约束。

2．静态元组约束

一个元组是由若干个列值组成的，静态元组约束就是规定元组的各个列之间的约束关系。例如订货关系中包含发货量、订货量等列，规定发货量不得超过订货量。

3．静态关系约束

在一个关系的各个元组之间或者若干关系之间常常存在各种联系或约束。常见的静态关系约束有：

（1）实体完整性约束。在关系模式中定义主键，一个基本表中只能有一个主键。

（2）参照完整性约束。在关系模式中定义外部键。

（3）函数依赖约束。大部分函数依赖约束都在关系模式中定义。

（4）统计约束。统计约束是指某个属性值与另外一个关系多个元组的统计值之间的约束关系。如部门经理的工资是本部门职工的平均工资的 2 倍以上，高工的最低工资要高于工程师的最高工资。

4．动态列级约束

动态列级约束是修改列定义或列值时应满足的约束条件，包括以下两个方面：

（1）修改列定义时的约束。例如，将允许空值的列改为不允许空值时，如果该列目前已存在空值，则拒绝这种修改。

（2）修改列值时的约束。修改列值有时需要参照其旧值，并且新旧值之间需要满足某种约束条件。例如，职工工资调整不得低于其原来工资，学生年龄只能增长等等。

5．动态元组约束

一个元组值改变时新旧数据之间应满足的关系。如职工的工龄增加时工资不能减少。

6．动态关系约束

动态关系约束是加在关系变化前后状态上的限制条件，例如事务一致性、原子性等约束条件。

3.7.2　数据完整性的实现

SQL Server 有两种方法实现数据完整性：

（1）声明型数据完整性。在 CREATE TABLE 和 ALTER TABLE 定义中使用约束限制表中的值。使用这种方法实现数据完整性简单且不容易出错，系统直接将实现数据完整性的要求定义在表和列上。

（2）过程型数据完整性。由默认值、规则和触发器实现。由视图和存储过程支持。

下面重点对约束、规则和默认进行详细介绍。

1. 约束

约束(Constraint)是 Microsoft SQL Server 提供的自动保持数据库完整性的一种方法，定义了可输入表或表的单个列中的数据的限制条件。在 SQL Server 中有六种约束：空值约束、主键约束(Primary Key Constraint)、外键约束(Foreign Key Constraint)、唯一性约束(Unique Constraint)、检查约束(Check Constraint)和默认约束(Default Constraint)。

约束的定义是在 CREATE TABLE 语句中的，相关内容请参看本章 3.3.2 小节的阐述。

2. 规则

规则是数据库对象之一。它指定当向表的某列（或使用与该规则绑定的用户定义数据类型的所有列）插入或更新数据时，限制输入新值的取值范围。一个规则可以是值的清单或值的集合、值的范围、必须满足的单值条件和用 LIKE 子句定义的编辑掩码。

下面简单介绍一下有关规则的管理和使用方法。

(1) 使用 CREATE RULE 语句创建规则。

规则可用于表中列或用户定义数据类型。规则在实现功能上等同于 CHECK 约束。创建规则的语法格式如下：

```
CREATE RULE rule_name
AS condition_expression
```

该语法的各要素具体含义如下：

① rule_name：为创建的规则的名字，应遵循 SQL Server 标识符和命名准则。

② condition_expression：指明定义规则的条件，在这个条件表达式中不能包含列名或其他数据库对象名，但它带有一个@为前缀的参数（即参数的名字必须以@为第一个字符），也称空间标识符(spaceholder)。

创建规则时需要考虑以下几点：

① 用 CREATE RULE 语句创建规则，然后用 SP_BINDRULE 把它绑定至一列或用户定义的数据类型。

② 规则可以绑定到一列、多列或数据库中具有给定的用户定义数据类型的所有列。

③ 在一个列上至多有一个规则起作用，如果有多个规则与一列相绑定，那么只有最后绑定到该列的规则是有效的。

【例 3-77】 用规则限制数据取值范围为 1～150。

在一个新的"查询编辑器"的"代码编辑器"窗口中，输入并执行以下 T-SQL 代码：

```
USE    trybooks
GO
CREATE RULE   range_rule
AS
@range>=$1   AND   @range<$150
GO
```

【例 3-78】 用规则限制数据的取值范围可限制在有限的几个数据（如男、女）中。

在一个新的"查询编辑器"的"代码编辑器"窗口中,输入并执行以下 T-SQL 代码:

```
USE   trybooks
GO
CREATE RULE list_rule
AS
@list   IN ('男', '女')
GO
```

【例 3-79】 采用规则对数据的格式进行限制。

在一个新的"查询编辑器"的"代码编辑器"窗口中,输入并执行以下 T-SQL 代码:

```
USE   trybooks
GO
CREATE RULE pattern_rule
AS
 @value LIKE'[0-9][0-9][0-9][0-9]-%:[0-9][0-9]-[0-9][0-9]:[0-9][0-9]'
GO
```

(2) 使用 SP_BINDRULE 语句实现规则绑定。

规则创建之后,使用系统存储过程 SP_BINDRULE 与表中的列捆绑,也可与用户定义数据类型捆绑,其语法格式如下:

```
SP_BINDRULE   rule_name,object_name [,FUTUREONLY]
```

该语法的各要素具体含义如下:

① rule_name:是由 CREATE RULE 语句创建的规则名字,它将与指定的列或用户定义数据类型相捆绑。

② object_name:是指定要与该规则相绑定的列名或用户定义数据类型名。如果指定的是表中的列,其格式为 table.column;否则被认为是用户定义数据类型名。如果名字中含有空格或标点符号或名字是保留字,则必须将它放在引号中。

【例 3-80】 将规则 range_rule、list_rule、pattern_rule 分别绑定到 students 表中的 stu_age 字段、students 表中的 stu_sex 字段和 stuScore 表中的 try_date 字段。

在一个新的"查询编辑器"的"代码编辑器"窗口中,输入并执行以下 T-SQL 代码:

```
USE   trybooks
GO
SP_BINDRULE range_rule,'students.stu_age'
GO
SP_BINDRULE list_rule,'students.stu_sex'
GO
SP_BINDRULE pattern_rule,'stuScore.try_date'
GO
```

(3) 使用 SP_UNBINDRULE 语句解除绑定规则。

使用系统存储过程 SP_UNBINDRULE 可以解除由 SP_BINDRULE 建立的缺省与列或用户定义数据类的绑定,其语法格式如下:

```
SP_UNBINDRULE objname [,FUTUREONLY]
```

【例 3-81】 解除 students. stu_age 和 stuScore. try_date 列上的规则。

在一个新的"查询编辑器"的"代码编辑器"窗口中，输入并执行以下 T-SQL 代码：

```
USE   trybooks
GO
SP_UNBINDRULE 'students.stu_age'
GO
SP_UNBINDRULE   'stuScore.try_date'
GO
```

（4）使用 DROP RULE 语句删除规则。

不再使用的规则可用 DROP RULE 语句删除，其语法格式如下：

```
DROP RULE [owner.] rule_name[,[owner.] rule_name...]
```

【例 3-82】 删除规则 range_rule、list_rule 和 pattern_rule。

在一个新的"查询编辑器"的"代码编辑器"窗口中，输入并执行以下 T-SQL 代码：

```
USE   trybooks
GO
DROP RULE range_rule
GO
DROP RULE list_rule
GO
DROP RULE pattern_rule
GO
```

注意：例 3-82 在执行时会出现"无法删除规则 'list_rule'，因为它已绑定到一个或多个列。"的错误提示，原因在于要删除规则，必须先解除与之绑定的所有列才可以。

3. 默认值

默认值也是数据库对象之一，它指定在向数据库中的表插入数据时，如果用户没有明确给出某列的值，SQL Server 自动为该列（包括使用与该默认值相绑定的用户定义数据类型的所有列）输入的值。它是实现数据完整性的方法之一。在关系数据库中，每个数据元素（即表中的某行某列）必须包含有某值，即使这个值是个空值。对不允许空值的列，就必须输入某个非空值，它要么由用户明确输入，要么由 SQL Server 输入默认值。

（1）使用 CREATE DEFAULT 语句创建默认值。

默认值可用于表中的列或用户定义数据类型。创建默认值的语法格式如下：

```
CREATE DEFAULT[owner] default_name
AS constant_expression
```

该语法的各要素具体含义如下：

① default_name：是新建默认值的名字，它必须遵循 SQL Server 标识符和命名规则。

② constant_expression：是一个常数表达式，在这个表达式中不含有任何列名或其他数据库对象名，但可使用不涉及数据库对象的 SQL Server 内部函数。

创建默认值时需要考虑以下几点：

① 确定列对于该默认值足够大。

② 默认值需和它要绑定的列或用户定义数据类型具有相同的数据类型。

③ 默认值需符合该列的任何规则。

④ 默认值还需符合所有 CHECK 约束。

【例 3-83】 创建三个值为 20110912-8：00-10：00、0 和 UNKNOWN 的默认值。

在一个新的"查询编辑器"的"代码编辑器"窗口中，输入并执行以下 T-SQL 代码：

```
USE   trybooks
GO
CREATE DEFAULT def_date
AS    '20110912 - 8:00 - 10:00'
GO
CREATE DEFAULT def_zero
AS     0
GO
CREATE DEFAULT def_unknow
AS    'UNKNOWN'
GO
```

（2）使用 SP_BINDEFAULT 语句实现默认值绑定。

默认值创建之后，应使用系统存储过程 SP_BINDEFAULT 与表中的列捆绑，也可与用户定义数据类型捆绑，其语法格式如下：

SP_BINDEFAULT default_name, object_name [, FUTUREONLY]

该语法的各要素具体含义如下：

① default_name：是由 CREATE DEFAULT 语句创建的默认值名字，它将与指定的列或用户定义数据类型相捆绑。

② object_name：是指定要与该默认值相绑定的列名或用户定义数据类型名。如果指定的是表中的列，其格式为"table. column"；否则被认为是用户定义数据类型名。如果名字中含有空格或标点符号或名字是保留字，则必须将它放在引号中。

默认值绑定时需要考虑以下几点：

① 绑定的默认值只适用于受 INSERT 语句影响的行。

② 绑定的规则只适用于受 INSERT 和 UPDATE 语句影响的行。

③ 不能将默认值或规则绑定到系统数据类型或 timestamp 列。

④ 若绑定了一个默认值或规则到一用户定义数据类型，又绑定了一个不同的默认值或规则到使用该数据类型的列，则绑定到列的默认值和规则有效。

【例 3-84】 将 def_date、def_zero 和 def_unknow 默认值与 stuScore 数据表中列绑定。

在一个新的"查询编辑器"的"代码编辑器"窗口中，输入并执行以下 T-SQL 代码：

```
USE   trybooks
GO
SP_BINDEFAULT def_date, 'stuScore.try_date'
GO
SP_BINDEFAULT def_zero, 'stuScore.stu_score'
GO
```

```
SP_BINDEFAULT  def_unknow, 'stuScore.submitTime'
GO
```

（3）使用 SP_UNBINDEFAULT 语句解除默认值绑定。

使用系统存储过程 SP_UNBINDEFAULT 可以解除由 SP_BINDEFAULT 建立的默认值与列或用户定义数据类的绑定。解除默认值绑定的语法格式如下：

SP_UNBINDEFAULT objname [,FUTUREONLY]

【例 3-85】 解除与 def_date 和 def_unknow 绑定的列。

在一个新的"查询编辑器"的"代码编辑器"窗口中，输入并执行以下 T-SQL 代码：

```
USE   trybooks
GO
SP_UNBINDEFAULT 'stuScore.try_date'
GO
SP_UNBINDEFAULT  'stuScore.submitTime'
GO
```

（4）使用 DROP DEFAULT 语句删除默认值。

不再使用的默认值可用 DROP DEFAULT 语句删除，其语法格式如下：

DROP DEFAULT [owner.] default_name[,[owner.] default_name...]

3.8 本章小结

本章主要对 SQL 的基本结构作了详细介绍，对 SQL 中经常用到的命令动词需要熟练掌握，数据库、基本表、视图和索引的建立和删除是本章内容的重点和难点。同时对 SQL 的数据查询作了比较详细的介绍，其一般格式是以后学习各种查询语句的基础，务必牢固掌握。

组合查询、连接查询在数据库的查询方面有很大的实践意义，在以后的数据库系统管理都要用到它，需认真掌握。EXIST 动词的用法在 SELECT 语句中占有相当重要的地位，在很多查询语句中都要用到它，并且 EXIST 能和 IN、多表连接相互交换使用。数据的更新功能在数据库表的维护中使用较多，对于使用命令进行数据维护也很方便、简单，应当熟练掌握。视图和索引是关系数据库系统中的重要概念，合理地使用视图会给系统带来很多好处，读者应熟练掌握。

数据库的完整性是为了保证数据库中存储的数据是正确的，所谓正确的是指符合现实世界语义的。DBMS 完整性实现的机制包括完整性约束定义机制、完整性检查机制和违背完整性约束条件时 DBMS 应采取的动作等。

最重要的完整性约束是实体完整性和参照完整性，其他完整性约束条件则可以归入用户定义的完整性。DBMS 产品都提供了完整性机制，不仅能保证实体完整性和参照完整性，而且能在 DBMS 核心定义、检查和保证用户定义的完整性约束条件。读者应注意，不同的数据库产品对完整性的支持策略和支持程度是不同的。

习题 3

1. 单项选择题

(1) SQL 语言是_____是语言,易学习。

　　A. 过程化　　　　　　B. 非过程化　　　　C. 格式化　　　　D. 导航式

(2) SQL 语言是_____语言。

　　A. 层次数据库　　　　B. 网络数据库　　　C. 关系数据库　　D. 非数据库

(3) SQL 语言具有_____的功能。

　　A. 关系规范化、数据操纵、数据控制

　　B. 数据定义、数据操纵、数据控制

　　C. 数据定义、关系规范化、数据控制

　　D. 数据定义、关系规范化、数据操纵

(4) SQL 语言的数据操纵语句包括 SELECT,INSERT,UPDATE 和 DELETE 等。其中最重要的,也是使用最频繁的语句是_____。

　　A. SELECT　　　　　B. INSERT　　　　　C. UPDATE　　　D. DELETE

(5) SQL 语言具有两种使用方式,分别称为交互式 SQL 和_____。

　　A. 提示式 SQL　　　B. 多用户 SQL　　　C. 嵌入式 SQL　　D. 解释式 SQL

(6) SQL 语言中,实现数据检索的语句是_____。

　　A. SELECT　　　　　B. INSERT　　　　　C. UPDATE　　　D. DELETE

(7) 下列 SQL 语句中,修改表结构的是_____。

　　A. ALTER　　　　　B. CREATE　　　　　C. UPDATE　　　D. INSERT

第(8)到第(11)题基于这样的三个表即学生表 S、课程表 C 和学生选课表 SC,它们的结构如下:

```
S(S#, SN ,SEX ,AGE, DEPT)
C(C# ,CN)
SC(S#,C#,GRADE)
```

其中: S# 为学号,SN 为姓名,SEX 为性别,AGE 为年龄,DEPT 为系别,C# 为课程号,CN 为课程名,GRADE 为成绩。

(8) 检索所有比"王华"年龄大的学生姓名、年龄和性别。正确的 SELECT 语句是_____。

A. `SELECT SN, AGE, SEC`
　`FROM S`
　`WHERE AGE >(SELECT WGE`
　　　`FROM S`
　　　`WHERE SN = "王华")`

B. `SELECT SN, AGE,SEX FROM S`
　`WHERE SN = "王华"`

C. `SELECT SN, WGE, SEX FROM S`
　`WHERE AGE >(SELECT AGE`
　　　`WHERE SN = "王华")`

D. `SELECT SN, AGE, SEX FROM S`
　`WHERE AGE >王华.AGE`

（9）检索选修课程"C2"的学生中成绩最高的学生的学号。正确的 SELECT 语句是_____。

A. SELECT S# FORM SC
WHERE C# = "C2"AND GRADE > =
(SELECT GRADE FORM SC
WHERE C# = "C2")

B. SELECT S# FORM SC
WHERE C# = "C2"AND GRADE IN
(SELECT GRADE FORM SC
WHERE C# = "C2")

C. SELECT S# FORM SC
WHERE C# = "C2"AND GRADE NOT IN
(SELECT GRADE FORM SC
WHERE C# = "C2")

D. SELECT S# FORM SC
WHERE C# = "C2"AND GRADE > = ALL
(SELECT GRADE FORM SC
WHERE C# = "C2")

（10）检索学生姓名及其所选修课程的课程号和成绩。正确的 SELECT 语句是_____。

A. SELECT C. SN,SC.C#,SC.GRADE
FROM S
WHERE S.S# = SC.S#

B. SELECT S.SN,SC.C#,SC.GRADE
FROM SC
WHERE S.S# = SC.GRADE

C. SELECT S.SN,SC.C#,SC.GRADE
FROM S, SC
WHERE S.S#,SC.GRADW

D. SELECT S.SN, SC.C#, SC.GRADE
FROM S, SC

（11）检索选修四门以上课程的学生总成绩（不统计不及格的课程），并要求按总成绩的降序排列出来。正确的 SELECT 语句是_____。

A. SELECT S#, SUM(GRADE) FROM SC
WHERE GRADE > 60
GROUP BY S#
ORDER BY 2 DESC
HAVING COUNT(*)> = 4

B. SELECT S#, SUM(GRADE) FROM SC
WHERE GRADE > = 60
GROUP BY S#
HAVING COUNT(*)> = 4
ORDER BY 2 DESC

C. SELECT S#, SUM(GRADE) FROM
SC
WHERE GRADE > = 60
HAVING COUNT(*) = 4
GROUP BY S#
ORDER BY 2 DESC

D. SELECT S#, SUM(GRADE) FROM SC
WHERE GRADE > = 60
ORDER BY 2 DESC
GROUP BY S#
HAVIMG COUNT(*)> = 4

（12）假定学生关系是 S(S#, SNAME, SEX, AGE)，课程关系是 C (C#, CNAME, TEACHER)，学生选课关系是 SC(S#,C#,GRADE)。要查找选修"COMPUTER"课程的"女"学生姓名，将涉及到关系_____。

A. S   B. SC,C   C. S,SC   D. S,C,SC

（13）若用如下 SQL 语句创建一个 student 表；

```
CRRATE TABLE student(NO Char(4) NOT NULL,
                NAME Char(8) NOT NULL,
                SEX Char(2),
                AGE Int(2))
```

可以插入到 student 表中的是_____。

A. ('1031', '曾华',男,23)

B. ('1031', '曾华',NULL,NULL)

C. (NULL, '曾华', '男',23)

D. ('1031', 'NULL', '男',23)

2. 填空题

(1) SQL 是_____。

(2) SQL 语言的数据定义功能包括_____、_____、_____和_____。

(3) 视图是一个虚表,它是从_____中导出的表。在数据库中,只存放视图_____,不存放视图的_____。

(4) 设有如下关系表 R:

R(NO, NAME, SEX, AGE, CLASS)

主关键是 NO,其中 NO 为学号,NAME 为姓名,SEX 为性别,AGE 为年龄,CLASS 为班号。写出实现下列功能的 SQL 语句。

① 插入一个记录(25,"李明","男",21,"95031");_____。

② 插入"95031"班学号为 30、姓名改为"郑和"的学生记录;_____。

③ 将学号为 10 的学生姓名改为"王华";_____。

④ 将所有"95101"班号改为"95091";_____。

⑤ 删除学号为 20 的学生记录;_____。

⑥ 删除姓"王"的学生记录;_____。

3. 简答题

(1) 叙述 SQL 语言支持的三级结构。

(2) 设有如表 3-15 至表 3-17 所示的三个关系,并假定这个关系框架组成的数据模型就是用户子模式。其中各个属性的含义如下:A♯(商店代号)、ANAME(商店名)、WQTY(店员人数)、CITY(所在城市)、B♯(商品号)、BNAME(商品名称)、PRICE(价格)、QTY(商品数量)。试用 SQL 语言写出下列查询,并给出执行结果:

① 找出店员人数超过 100 人或者在长沙市的所有商店的代号和商店名。

② 找出供应书包的商店名。

③ 找出供应代号为 256 的商店所供应的全部商品名和所在城市。

表 3-15 关系 A

A♯	ANAME	WQTY	CITY
101	韶山商店	15	长沙
204	前门面货商店	89	北京
256	东风商场	501	北京
345	铁道商店	76	长沙
620	第一百货公司	413	上海

表 3-16 关系 B

B♯	BNAME	PRICE	B♯	BNAME	PRICE
1	毛笔	21	3·	收音机	1325
2	羽毛球	784	4	书包	242

表 3-17 关系 AB

A#	B#	QTY	A#	B#	QTY
101	1	105	256	2	91
101	2	42	345	1	141
101	3	25	345	2	18
101	4	104	345	4	74
204	3	61	602	4	125
256	1	241			

(3) 设有图书登记表 TS,具有属性:BNO(图书编号),BC(图书类别),BNA(书名),AU(著者),PUB(出版社)。按下列要求用 SQL 语言进行设计:

① 按图书馆编号 BNO 建立 TS 表的索引 ITS。

② 查询按出版社统计其出版图书总数。

③ 删除索引 ITS。

(4) 已知三个关系 R、S 和 T 如表 3-18 至表 3-20 所示。

表 3-18 关系 R

A	B	C
a1	b1	20
a1	b2	22
a2	b1	18
a2	b3	a2

表 3-19 关系 S

A	D	E
a1	d1	15
a2	d2	18
a1	d2	24

表 3-20 关系 T

D	F
d2	f2
d3	f3

试用 SQL 语句实现如下操作:

① 将 R,S 和 T 三个关系按关联属性建立一个视图 R-S-T。

② 对视图 R-S-T 按属性 A 分组后,求属性 C 和 E 的平均值。

(5) 设有关系 R 和 S 如表 3-21 和表 3-22 所示。

表 3-21 关系 R

A	B
a1	b1
a2	b2
a3	b3

表 3-22 关系 S

A	C
a1	40
a2	50
a3	55

试用 SQL 语句实现如下操作:

① 查询属性 C>50 时,R 中与相关联的属性 B 之值。

② 当属性 C=40 时,将 R 中与之相关连的属性 B 值修改为 b4。

(6) 已知学生表 S 和学生选课表 SC。其关系模式如下:

S(SNO, SN, SD, PROV)
SC(SNO, CN, GR)

其中,SNO 为学号,SN 为姓名,SD 为系名,PROV 为省区,CN 为课程名,GR 为分数。

试用 SQL 语言实现下列操作:

① 查询"信息系"的学生来自哪些省区。

② 按分数降序排序,输出"英语系"学生选修了"计算机"课程的学生的姓名和分数。

(7) 设有学生表 S(SNO,SN)(其中 SNO 为学生号,SN 为姓名)和学生选修课程表 SC(SNO,CNO,CN,G)(其中 SNO 为课程号,CN 为课程名,G 为成绩),用 SQL 语言完成以下各题:

① 建立一个视图 V-SSC(SNO,SN,CNO,CN,G),并按 CNO 升序排序;

② 从视图 V-SSC 上查询平均成绩在 90 分以上的 SN、CN 和 G。

(8) 叙述数据库实现完整性检查的方法。

第4章 Transact-SQL程序设计基础

教学目标：
- 了解 Transact-SQL 程序设计的基本概念。
- 掌握 Transact-SQL 程序设计基本语法的使用。
- 理解 Transact-SQL 中常用函数的使用。
- 理解 Transact-SQL 中程序流程控制的使用。

教学重点：

本章主要阐述 T-SQL 程序设计的基本概念，以及 T-SQL 程序设计的基本语法、程序控制流程和常用函数。

4.1 Transact-SQL 概述

4.1.1 Transact-SQL 简介

SQL 是结构化查询语言（Structure Query Language，SQL）的英文缩写，它是使用关系模型的数据库应用语言，由 IBM 公司在 20 世纪 70 年代开发出来，作为 IBM 关系数据库原型 System R 的原型关系语言，实现了关系数据库中的信息检索。

由于 Transact-SQL（T-SQL）语言直接来源于 SQL 语言，因此它具有 SQL 语言的几个特点：

（1）一体化特点。T-SQL 语言集数据定义语言、数据操作语言、数据控制语言和附加语言元素为一体。

（2）两种使用方式，统一的语法结构。两种使用方式即联机交互式和嵌入高级语言的使用方式。

（3）高度非过程化。T-SQL 语言一次处理一个记录，对数据提供自动导航；允许用户在高层的数据结构上工作，可操作记录集，而不是对单个记录进行操作；所有的 SQL 语句接受集合作为输入，返回集合作为输出，并允许一条 SQL 语句的结果作为另一条 SQL 语句的输入。

（4）类似于人的思维习惯，容易理解和掌握。

4.1.2 Transact-SQL 语法格式

T-SQL 语句中由标识符、数据类型、函数、表达式、运算符、注释、关键字等语法元素组

成。在编写 T-SQL 程序时,常采用不同的书写格式来区分这些语法元素。这些语法格式的约定具体包括以下几种:

1. 大写字母

大写字母代表 T-SQL 保留的关键字。例如,语句 SELECT * FROM titles 中的 SELECT 和 FROM 等。

2. 小写字母

小写字母表示用户标识符(数据库对象名称等)、表达式等。如上面语句中的 titles 标识符。

3. 大、小写字母混用

大、小写字母混用表示 T-SQL 中可简写的关键字,其中大写部分是必须输入的内容,而小写部分可以省略。例如:DUMP TRANsaction 语句中的 saction 部分可以省略。

4. 大括号{}

大括号中的内容为必选参数,其中可包含多个选项,各选项之间用竖线 | 分隔,用户必须从这些选项中选择使用一项。

【例 4-1】 写出 BACKUP DATABASE 语句的语法格式。
BACKUP DATABASE 语句的语法格式如下:

```
BACKUP DATABASE { database_name | @database_name_var }
TO backup_devicel [,dump_device2 [, …, backup_devicen]]
[WITH OPTIONS ]
```

在 BACKUP DATABASE 语句中,数据库名称为基本项,用户必须用字符串格式或局部变量格式指定数据库名称。

5. 方括号[ ]

方括号所列出的项为可选项,用户可根据需要选择使用。例如 BACKUP DATABASE 语句中在指定备份设备时,除第一个设备外,其余设备均为选项。

6. 竖线 |

竖线表示参数之间是"或"的关系,可以从中选择使用一个。如在 BACKUP DATABASE 语句中用户可以用 database_name 或@database_name_var 格式指定数据库名称。

7. 省略号…

省略号表示重复前面的语法单元。

8. 注释

注释是指程序中用来说明程序内容的语句,它不执行而且也不参与程序的编译。在程序中使用注释是良好的编程习惯,它不但可以帮助他人了解自己编写程序的具体内容,而且还便于对程序总体结构的掌握。可以使用下面两种语法形式表示注释内容:

(1) 单行注释。使用两个连字符"--"作为注释的开始标志,到本行行尾即最近的回车结束之间的所有内容为注释信息。

【**例 4-2**】 为某个 T-SQL 语句添加单行注释。

打开一个新的"查询编辑器",在"代码编辑器"窗口中,输入以下 T-SQL 代码:

```
USE master -- 打开 master 数据库
GO
-- 检索 spt_values 表的数据
SELECT * FROM spt_values
GO
```

(2) 块注释。块注释的格式为"/ * … * /",其间的所有内容均为注释信息。块注释与单行注释不同的是它可以跨越多行,并且可以插入在程序代码中的任何地方。

【**例 4-3**】 将例 4-2 中单行注释修改为块注释。

打开一个新的"查询编辑器",在"代码编辑器"窗口中,输入以下 T-SQL 代码:

```
USE master / * 打开 master 数据库 * /
GO
/ * 检索 spt_values 表的数据 * /
SELECT * FROM spt_values
GO
```

4.1.3　Transact-SQL 系统元素

Transact-SQL 主要包括的系统元素具体如下:

1. 数据类型

T-SQL 的数据类型分为基本数据类型和用户自定义数据类型两大类。基本数据类型是指系统提供的数据类型,用户自定义数据类型由基本数据类型导出。

2. 标识符

标识符是指用户在 SQL Server 中定义的服务器、数据库、数据库对象(如表、视图、索引、存储过程、触发器、约束、规则等)、变量等对象名称。标识符的命名遵守以下命名规则:

(1) 标识符长度可以为 1~128 个字符,不区分大小写。

(2) 标识符的第一个字符必须为字母或_、@、♯符号。其中@和♯符号具有特殊意义:

① 当标识符开头为@时,表示它是一局部变量。

② 标识符首字符为♯时,表示一临时数据库对象,对于表或存储过程,名称开头含一个♯号时表示为局部临时对象,含两个♯ 号时表示为全局临时对象。

(3) 标识符中第一个字符后面的字符可以为字母、数字或♯、$、_符号。

(4) 默认情况下,标识符内不允许有空格,也不允许使用关键字等作为标识符,但可以使用引号来定义特殊标识符。

【例 4-4】　设置允许使用引号定义特殊标识符。

（1）打开一个新的"查询编辑器"，在"代码编辑器"窗口中，输入以下 T-SQL 代码：

```
SET QUOTED_IDENTIFIER ON / *  允许使用引号定义特殊标识符 * /
GO
CREATE TABLE "table"
( column1 char(10) NOT NULL
column2 smallint(10) NOT NULL
)
GO
```

（2）单击 ✓ 按钮分析成功后，可单击"执行"按钮，完成系统元素的设置。

3. 变量

变量是 SQL Server 用来在其语句间传递数据的方式之一，它由系统或用户定义并赋值。SQL Server 中变量分局部变量和全局变量两类，其中局部变量是用户自己定义和赋值，全局变量是由系统定义和维护。

（1）局部变量。

局部变量用 DECLARE 语句声明，在声明时它初始化为 NULL，用户可在与定义它的DECLARE 语句的同一批中用 SET 语句为其赋值。局部变量只能用在声明该变量的批、存储过程体和触发器。局部变量的声明的语法格式如下：

DECLARE @variable_name datatype [,@variable_name datatype …]

该语法各要素的具体含义如下：

① @variable_name：是所声名的变量名，局部变量遵守 SQL Server 的标识命名规则，并且其首字符必须为@。

② datatype：变量的数据类型。

③ 在同一个 DECLARE 语句中可以同时声明多个局部变量，它们相互之间用逗号分隔。

局部变量还可以用 SET 语句赋值，其语法格式如下：

SET @variable_name = expression [,@variable_name = expression …]

其中，表达式是与局部变量的数据类型相匹配的表达式，SET 语句的功能是将该表达式的值赋给指定的变量。除了使用 SET 语句为局部变量赋值外也可以使用 SELECT 语句为局部变量赋值。

【例 4-5】　声明两个变量@var1 和@course_name，它们的数据类型分别为 int 和 char。打开一个新的"查询编辑器"，在"代码编辑器"窗口中，输入并执行以下 T-SQL 代码：

```
DECLARE @var1 int,@course_name char(15)
```

【例 4-6】　使用常量直接为变量@var1 和@var2 赋值。打开一个新的"查询编辑器"，在"代码编辑器"窗口中，输入并执行以下 T-SQL 代码：

```
-- 声明局部变量
```

```
DECLARE @var1 int,@var2 money
 -- 给局部变量赋值
SET @var1 = 100
SET @var2 = $ 29.95
GO
```

【例 4-7】 定义一个变量@Max_price,并将其赋值为全体出版物中最高的价格。

打开一个新的"查询编辑器",在"代码编辑器"窗口中,输入并执行以下 T-SQL 代码:

```
USE pubs
GO
 -- 声明局部变量
DECLARE @Max_Price int
 -- 将其赋值为图书出版物中价格最大值
SELECT @Max_Price = MAX(price)
FROM titles
GO
```

(2) 全局变量。

SQL Server 使用全局变量来记录 SQL Server 服务器的活动状态。它是一组由 SQL Server 事先定义好的变量,这些变量不能由用户参与定义。因此,用户只能读它,以便了解 SQL Server 服务器当前的活动状态的信息。

由于全局变量是由 SQL Server 系统提供的并赋值给变量,用户不能建立全局变量,也不能使用 SET 语句修改全局变量的值。全局变量的名字以@@开头。大多数全局变量的值是报告本次 SQL Server 启动后发生的系统活动。通常应该将全局变量的值赋给局部变量,以便保存和处理。

SQL Server 提供的全局变量共 33 个,分为以下两类:

① 与当前的 SQL Server 连接有关的全局变量,与当前的处理相关的全局变量。

如@@rowcount 表示最近一个语句影响的记录数。

【例 4-8】 在 UPDATA 语句中使用@@rowcount 变量来检测是否存在发生更改记录。

打开一个新的"查询编辑器",在"代码编辑器"窗口中,输入并执行以下 T-SQL 代码:

```
USE pubs
GO
 -- 将图书信息表的计算机书籍价格设置为 50 元
UPDATE titles
SET price = 50
WHERE type = '计算机'
 -- 如果没有发生记录更新,则发生警告信息
IF @@rowcount = 0
PRINT '警告:没有发生记录更新!' / * PRINT 语句将字符串返回给客户端 * /
```

② 与系统内部信息有关的全局变量。

如@@version 表示 SQL Server 的版本信息。有关 SQL Server 其他全局变量及其功能可参看系统帮助。

4．运算符

运算符用来执行列间或变量间的数学运算和比较操作。SQL Server 中，运算符有算术运算符、位运算符、比较运算符和连接运算符等。

（1）算术运算符。

运算符用来执行列间或变量间的算术运算，算术运算符包括加（＋）、减（－）、乘（＊）、除（／）和取模（％）运算等。算术运算符所操作的数据类型及其含义如表 4-1 所示。

表 4-1　算术运算符

运　算　符	含　　义	可用于数据类型
＋	加	int、smallint、tinyint、numeric、decimal、real、money、smallmoney
－	减	同上
＊	乘	同上
／	除	同上
％	取模	int、smallint、tinyint

（2）位运算符。

位运算符对数据进行按位与（&）、或（｜）、异或（＾）、求反（～）等运算。在 T-SQL 语句中对整数数据进行位运算时，首先把它们转换为二进制数，然后进行运算。操作数的数据类型及其含义如表 4-2 所示。

表 4-2　位运算符

运　算　符	含　　义	可用于数据类型
&	按位与（二元运算）	仅用于 int、smallint、tinyint
｜	按位或（二元运算）	同上
＾	按位异或（二元运算）	同上
～	按位取反（一元运算）	int、smallint、tinyint、bit

（3）比较运算符。

比较运算符用来比较两个表达式之间的差别。SQL Server 中的比较运算有大于（＞）、等于（＝）、小于（＜）、大于等于（＞＝）、小于等于（＜＝）和不等于（＜＞）等。比较运算符及其含义如表 4-3 所示。

表 4-3　比较运算符

运　算　符	含　　义	运　算　符	含　　义
＝	等于	＜＞	不等于
＞	大于	！＝	不等于（非 SQL-92 标准）
＜	小于	！＞	不大于（非 SQL-92 标准）
＞＝	大于或等于	！＜	不小于（非 SQL-92 标准）
＜＝	小于或等于		

比较运算符可比较列或变量的值。

【例 4-9】 利用 SELECT 语句列出书价高于 $20.0 的书目。

打开一个新的"查询编辑器",在"代码编辑器"窗口中,输入并执行以下 T-SQL 代码:

```
USE pubs
GO
SELECT *
FROM titles
WHERE price > $ 20.0
GO
```

（4）逻辑运算符。

逻辑运算符用来对某个条件进行测试,以获得其真实情况。逻辑运算符和比较运算符一样,返回带有 TRUE 或 FALSE 值的布尔数据类型。逻辑运算符及其含义如表 4-4 所示。

表 4-4 逻辑运算符

运　算　符	含　　义
ALL	如果一系列的比较都为 TRUE,那么就为 TRUE
AND	如果两个布尔表达式都为 TRUE,那么就为 TRUE
ANY	如果一系列的比较中任何一个为 TRUE,那么就为 TRUE
BETWEEN	如果操作数在某个范围之内,那么就为 TRUE
EXISTS	如果子查询包含一些行,那么就为 TRUE
IN	如果操作数等于表达式列表中的一个,那么就为 TRUE
LIKE	如果操作数与一种模式相匹配,那么就为 TRUE
NOT	对任何其他布尔运算的值取反
OR	如果两个布尔表达式中的一个为 TRUE,那么就为 TRUE
SOME	如果在一系列比较中,有些为 TRUE,那么就为 TRUE

（5）字符串运算符。

字符串运算符（＋）实现字符之间的连接操作。SQL Server 中,字符串之间的其他操作通过字符串函数实现。字符串连接运算符可操作的数据类型有 char、varchar 和 text 等。

【例 4-10】 用字符串运算符实现两字符串间的连接。

实现语句为'abe'＋'243345'。

表达式结果为"abe243345"。

（6）运算符的优先级。

各种运算符具有不同的优先级,同一表达式中包含不同的运算符时,运算符的优先级决定了表达式的计算和比较顺序。SQL Server 中各种运算符的优先级由大到小的顺序如下:

① 括号：()、取反运算：～;

② 乘、除、求模运算：＊、/、％;

③ 加减运算：＋、－;

④ 异或运算：＾;

⑤ 与运算：&;

⑥ 或运算：|;

⑦ NOT 连接；

⑧ AND 连接；

⑨ ALL、ANY、BETWEEN、IN、LIKE、OR、SOME 连接。

排在前面的运算符优先级别较高，在一个表达式中，先计算优先级高的运算符，后计算优先级低的运算符。相同优先级的运算则是按自左至右的顺序依次处理的。

4.2　Transact-SQL 函数

4.2.1　函数的分类

T-SQL 提供了大量的函数供用户使用，主要分为以下三大类。

（1）行集函数：该类函数返回一个结果集（可以看作是表或视图），该结果集可在 T-SQL 语句中当做表来使用。有关这些函数的详细介绍请参看相关的书籍。

（2）聚合函数：用于 SQL 查询中，对一组值进行计算，并返回单一的汇总值。如求一个结果集合的最大值、最小值、平均值和所有元素之和等。

（3）标量函数：这是常用的一类函数，这些函数根据指定的参数（或无参数）完成指定的操作，返回单个数值。这类函数可以在表达式中使用。

4.2.2　类型转换函数

1. CONVERT 函数

CONVERT 函数并非标准的 SQL 函数，而是 T-SQL 的一种语言扩展。CONVERT 函数将表达式的结果从一种数据类型转换为另外一种数据类型，或特定的日期格式。如果不能完成转换，则收到错误消息。CONVERT 函数语法格式如下：

CONVERT(<数据类型>[(<长度>)],<表达式>[,<格式>])

该语法各要素的具体含义说明如下：

（1）长度的默认值为 30。

（2）不能使用 DATETIME 到 SMALLDATETIME 转换中出现的无法识别的值。

（3）从其他类型转换到 BIT 时，其方法是将 0 转换为 0，非 0 转换为 1，并以 BIT 类型存储。

（4）从 INT、SMALLINT 或 TINYINT 类型转换到 MONEY 或 TINYINT 类型时，按定义的国家的货币单位处理。

（5）从 TEXT 转换到 CHAR 或 VARCHAR 时，最多转换 8000 个字符，如果没有提供长度，则为 30。

（6）从 IMAGE 转换到 BINARY 或 VARBINARY 时，最多转换 8000 个字符，如果没有提供长度，则为 30。

【例 4-11】　利用 CONVERT 函数将 BIT，pub_id 转换为 'BIT'。

打开一个新的"查询编辑器"，在"代码编辑器"窗口中，输入并执行以下 T-SQL 代码：

```
USE pubs
GO
SELECT pub_id,
CONVERT(BIT, pub_id) AS 'BIT'
FROM publishers
GO
```

2. CAST 函数

CAST 函数的语法格式如下：

CAST(表达式 AS 数据类型)

CAST 函数的作用是把表达式转换成相应的数据类型。

注意事项是在 CAST 对 MONEY 或 SMALLMONEY 数据类型转换成字符型数据时，将保留两位小数。如果要保留 MONEY 或 SMALLMONEY 数据类型的四位小数，可先其转换成 DECIMAL 数据，再将其转换成 VARCHAR 类型，此时须用嵌套的 CAST 函数。

【例 4-12】 查询 money 数据类型的变量@price 的值，要求有两个：一个是将其直接转换成 varchar 类型；另一个是先转换成 decimal 类型，然后转换成 varchar 类型。

打开一个新的"查询编辑器"，在"代码编辑器"窗口中，输入并执行以下 T-SQL 代码：

```
DECLARE @price money
SET @price = $ 12.345678
SELECT CAST( @price AS varchar)
SELECT CAST (CAST (@price AS decimal(10,4)) AS varchar)
GO
```

4.2.3 日期和时间函数

日期和时间函数主要包括以下几种：

1. GETDATE 函数

GETDATE 函数的作用是用 SQL Server 中 DATETIME 值的默认格式返回当前日期和时间，其自变量可为 NULL。

【例 4-13】 查询当前日期和时间。

打开一个新的"查询编辑器"，在"代码编辑器"窗口中，输入并执行以下 T-SQL 代码：

```
SELECT GETDATE()
GO
```

2. DATEADD 函数

DATEADD 函数的语法格式如下：

DATEADD(<日期部分>,<间隔>,<日期>)

DATEADD 函数的作用是将日期的指定部分加上指定的间隔，返回值是 DATETIME 类型。

DATEADD 函数的说明：日期部分的选择是年，月，日。"间隔"可以为任何整数。

【例 4-14】 查询后天的日期和时间。

打开一个新的"查询编辑器"，在"代码编辑器"窗口中，输入并执行以下 T-SQL 代码：

```
SELECT DATEADD(DAY,2,GETDATE())
GO
```

3. DATEDIFF 函数

DATEDIFF 函数的语法格式如下：

DATEDIFF (<日期部分>,<日期 1>,<日期 2>)

DATEDIFF 函数的作用是返回两个日期之间的间隔（返回一个带符号的整数值，它等于两个日期的间隔，以日期部分为计量单位的数值）。

【例 4-15】 利用 DATEDIFF 函数求前后 5 天的时间间隔。

打开一个新的"查询编辑器"，在"代码编辑器"窗口中，输入并执行以下 T-SQL 代码：

```
SELECT datediff(hour,GETDATE(),DATEADD(DAY,5,GETDATE()))
GO
```

4. GETUTCDATE 函数

GETUTCDATE 函数的作用是返回当前世界时日期和时间。

5. YEAR 函数

YEAR 函数的作用是返回表示指定日期中年份的整数。例如：SELECT YEAR (GETDATE())。

6. MONTH 函数

MONTH 函数的作用是返回代表指定日期中月份的整数。例如：SELECT MONTH (GETDATE())。

7. DAY 函数

DAY 函数的作用是返回代表指定日期中的整数。例如：SELECT DAY(GETDATE())。

4.2.4 数学函数

数学函数对数字表达式进行数学运算并返回运算结果。数学函数对 SQL Server 2005 系统提供的数字数据进行运算：decimal、integer、float、real、money、smallmoney、smallint 和 tinyint。默认情况下，对 float 数据类型数据的内置运算的精度为六个小数位数。

默认情况下，传递到数学函数的数字将被解释为 decimal 数据类型。可用 CAST 或 CONVERT 函数将数据类型更改为其他数据类型，如 float 类型。例如，FLOOR 函数返回值的数据类型与输入值的数据类型相同。

数学函数主要可以分为以下几种：

（1）CEILING 函数：返回大于或等于指定数值表达式的最小整数。

（2）FLOOR 函数：返回小于或等于指定数值表达式的最大整数。例如，假设有一个数值表达式 12.9273，则 CEILING 返回 13，而 FLOOR 返回 12。FLOOR 和 CEILING 返回值的数据类型都与输入的数值表达式的数据类型相同。

（3）POWER 函数：返回指定数值表达式的指定幂的值。例如 POWER(2,3) 返回 2 的 3 次幂，即值 8。指定的幂可以为负数。因此，POWER(2.000,-3) 返回 0.125。

（4）EXP 函数：使用科学记数法返回指定 float 表达式的指数值。例如 EXP(198.1938327) 的返回值为 1.18710159597953e+086。

（5）LOG 函数：返回指定的 float 表达式的自然对数。自然对数是使用底数为 2 的体系计算的。

（6）LOG10 函数：返回底数为 10 的对数。LOG 和 LOG10 都可用于三角应用程序。

（7）RAND 函数：用于计算 0～1 之间的随机浮点数，并可以选择以 tinyint、int 或 smallint 值作为要计算的随机数的起始点。

（8）ACOS 和 COS 三角函数：ACOS 函数返回以弧度表示的角度，其余弦是指定的 float 表达式。COS 函数返回以弧度表示的指定角度的余弦（使用 float 表达式）。

（9）ASIN 和 SIN 使用 float 表达式的三角函数：ASIN 函数计算以弧度表示的角度，其正弦是指定的 float 表达式。SIN 函数计算以弧度表示的角度的三角正弦值（使用 float 表达式）。

4.2.5　字符串函数

字符串函数主要包括以下几种：

1. ASCII 函数

ASCII 函数的语法格式如下：

```
ASCII(<字符表达式>)
```

ASCII 函数作用：返回字符串表达式最左边字符的 ASCII 码值。

例如：

```
SELECT ASCII('sdfjks')
```

2. CHAR 函数

CHAR 函数的语法格式如下：

```
CHAR(<整型表达式>)
```

CHAR 函数的作用：把 ASCII 码转换成字符。

例如：

```
SELECT CHAR(65)
```

3. UNICODE 函数

UNICODE 函数的语法格式如下：

```
UNICODE(UNICODE <字符表达式>)
```

UNICODE 函数的作用：按照 UNICODE 标准的定义，返回表达式的第一个字符的整数值。

例如：

```
SELECT UNICODE ('abcde')
```

4. CHARINDEX 函数

CHARINDEX 函数的语法格式 1 如下：

```
CHARINDEX(<子字符串>, <字符串> )
```

CHARINDEX 函数的作用：返回一个子串在字符串表达式中的起始位置。

CHARINDEX 函数的说明：不能用于 TEXT 和 IMAGE 数据类型。

CHARINDEX 函数的语法格式 2 如下：

```
CHARINDEX(<子字符串>,<列名>)
```

【例 4-16】　查询出版商编号为 0736 的出版商名称以及 new 在出版商名称中的位置以及 new 在 chinanews 中的位置。

打开一个新的"查询编辑器"，在"代码编辑器"窗口中，输入并执行以下 T-SQL 代码：

```
USE pubs
GO
SELECT CHARINDEX ('new','chinanews'),pub_name, CHARINDEX ('New',pub_name)
FROM publishers
WHERE pub_id = '0736'
GO
```

5. LOWER 函数

LOWER 函数的作用：把大写字母转换成小写字母。例如：

```
SELECT LOWER ('A')
```

6. UPPER 函数

UPPER 函数的作用：将小写字母转换成大写字母。例如：

```
SELECT UPPER ('b')
```

7. LTRIM 函数

LTRIM 函数的作用：删除字符串的前导空格。例如：

```
SELECT LTRIM(' cbw')
```

8. RTRIM 函数

RTRIM 函数的作用：删除字符串的尾部空格。例如：

```
SELECT rTRIM(' caobuwen ')
```

9. REVERSE 函数

REVERSE 函数作用：取字符串的逆序。

【例 4-17】　查询出版商的编号，并将'abcdefg'和编号逆序输出。

```
USE pubs
GO
SELECT REVERSE('abcdefg'),pub_id, REVERSE(pub_id)
FROM publishers
GO
```

10. LEN 函数

LEN 函数的作用：返回给定字符串表达式的字符个数。

【例 4-18】　查询出版商的姓名长度以及姓名。

打开一个新的"查询编辑器"，在"代码编辑器"窗口中，输入并执行以下 T-SQL 代码：

```
USE pubs
GO
SELECT LEN(pub_name) AS 'Length',pub_name
FROM publishers
GO
```

11. SUBSTRING 函数

SUBSTRING 函数的语法格式如下：

SUBSTRING(字符串表达式,起始位置,长度)

SUBSTRING 函数的作用：在目标字符串或列值中，返回指定起始位置和长度的子字符串。

12. LEFT 函数

LEFT 函数的语法格式如下：

LEFT(字符串表达式,整数)

LEFT 函数的作用：从字符串的左边取子串。

13. RIGHT 函数

RIGHT 函数的语法格式如下：

RIGHT(字符串表达式,整数)

RIGHT 函数的作用：从字符串的右边取子串。

RIGHT 函数的说明：SUBSTRING，LEFT，RIGHT 函数不能用于 text 和 image 数据类型。

【例 4-19】　利用 SUBSTRING，LEFT，RIGHT 截取字符串。

打开一个新的"查询编辑器",在"代码编辑器"窗口中,输入并执行以下 T-SQL 代码:

```
SELECT '1234567890', LEFT ('1234567890',4),
    RIGHT ('1234567890',4), SUBSTRING ('1234567890',3,4)
```

14. SPACE 函数

SPACE 函数的作用: 产生空格字符串。

【例 4-20】 利用 RTRIM、LTRIM 和 SPACE 函数拼接字符串。

打开一个新的"查询编辑器",在"代码编辑器"窗口中,输入并执行以下 T-SQL 代码:

```
SELECT RTRIM('cao ') + LTRIM(' buwen'),
        RTRIM('cao  ') + SPACE(3) + LTRIM('  buwen')
USE pubs
GO
SELECT  RTRIM(au_lname) + SPACE(4) + LTRIM(au_fname)
FROM  authors
GO
```

15. STR 函数

STR 函数作用: 将数值转换成字符串。

STR 函数的语法格式如下:

STR(<浮点型表达式>[,<长度[,<小数长度>]>])

STR 函数的说明如下:

① "长度""和"小数长度"应为非负整数,"小数长度"的默认值为 0。

② 长度的默认值为 10,返回值默认情况下四舍五入为整数。

③ 指定"长度"应该大于等于整数部分的位数加上正负号。

④ 如果"<浮点型表达式>"超过了指定的"长度",则返回指定长度的以"*"构成的字符串。

【例 4-21】 利用 STR 函数实现数值的转换。

打开一个新的"查询编辑器",在"代码编辑器"窗口中,输入并执行以下 T-SQL 代码:

```
SELECT STR(-123.45),STR(-123.45,7,2),
    STR(-123.45,6,2), STR(123.45,6,2), STR(123.45,2,2)
```

4.2.6 系统函数

系统函数用于检索数据库对象和 SQL Server 服务器设置的一些特殊的系统信息。主要的系统函数具体如下:

(1) HOST_ID(): 返回工作站 ID 号。

(2) HOST_NAME(): 返回工作站名称。

(3) DB_NAME(): 数据库名。

(4) DB_ID(): 数据库 ID 号。

(5) USER_NAME(): 用户数据库的用户名。

（6）SUSER_NAME()：用户的登录名。

【例 4-22】　利用系统函数显示数据库系统信息。

打开一个新的"查询编辑器"，在"代码编辑器"窗口中，输入并执行以下 T-SQL 代码：

```
SELECT HOST_NAME() AS  'Database Server', HOST_ID() AS 'Database ID',
       DB_NAME() AS 'Database', DB_ID() AS 'Database ID',
       USER_NAME () AS 'User',  SUSER_NAME() AS  'Login'
GO
```

4.2.7　文本和图像函数

文本（text）和图像（image）函数在文本和图像数据上执行操作。具体包括以下几种：

1. TEXTPTR 函数

TEXTPTR 函数的语法格式如下：

TEXTPTR(列名)

TEXTPTR 函数的作用：返回一个 VARBINARY 格式的值，作为一个 16 字符组成的二进制串。返回值是指向存储文本的第一个数据项页的指针。

【例 4-23】　以 VARBINARY 格式显示出版信息表 logo 字段的信息。

```
USE pubs
GO
SELECT TEXTPTR(logo)
FROM pub_info
GO
```

2. TEXTVALID 函数

TEXTVALID 函数的语法格式如下：

TEXTVALID('表名.列名',数据页指针)

TEXTVALID 函数的作用：判断指定的文本数据页指针是否有效，如果有效，则返回 1，否则返回 0。

【例 4-24】　判断出版编号为 9912 的 pr_info 数据指针是否有效。

打开一个新的"查询编辑器"，在"代码编辑器"窗口中，输入并执行以下 T-SQL 代码：

```
USE pubs
GO
SELECT   TEXTVALID('pub_info.pr_info',
                  ( SELECT TEXTPTR(pr_info)
                    FROM pub_info
                    WHERE pub_id = '9912')
            )
GO
```

用 TEXTVALID 函数检测 pub_id 为"9912"时，存储 text 类型列值的数据页指针的有效性。

4.2.8 其他函数

1. 配置函数

配置函数返回当前配置选项设置的信息，T-SQL 提供了 15 个该类函数，如为当前数据库返回当前 timestamp 值的函数@@DBTS()，返回运行 SQL Server 的本地服务器名称的函数@@SERVERNAME 等。

2. 游标函数

游标函数返回游标状态和操作信息，主要包括以下几种：

（1）CURSOR_ROWS 函数。返回最后打开的游标中当前存在的行的数量。

（2）CURSOR_STATUS 函数。该函数用于设置存储过程调用是否返回游标和结果集。

（3）FETCH_STATUS 函数。返回被 FETCH 语句执行的最后游标的状态。

3. 元数据函数

元数据函数检索 SQL Server 数据库和数据库对象的信息，T-SQL 提供了 23 个该类函数，如返回列名的函数 COL_NAME()、返回数据库名的函数 DB_NAME()等。

4. 安全函数

安全函数能够检索 SQL Server 服务器登录标识、数据库用户及角色信息，T-SQL 提供了 10 个该类函数，如指明当前的用户登录是否是指定的服务器角色成员的函数 IS_SRVROLEMEMBER()、返回用户标识的函数 USER_ID()等。

4.3 Transact-SQL 程序流程控制

4.3.1 IF …ELSE… 语句

IF … ELSE …语句的语法格式如下：

```
IF 布尔表达式
    { SQL 语句或语句块 }
[ELSE
    { SQL 语句或语句块}]
```

布尔表达式可以包含列名、常量和运算符所连接的表达式，也可以包含 SELECT 语句。包含 SELECT 语句时，该语句必须括在括号内。

在 SELECT 语句中，与 IF 语句结合使用的关键字是 EXISTS。关键字 EXISTS 后面通常是括号，括号中是 SELECT 语句，EXISTS 的值由 SELECT 语句返回的行数决定，如果返回一行或多行，EXISTS 的值为 TRUE，如果没有返回行，EXISTS 的值为 FALSE。

【例 4-25】 查询是否存在出版编号为 9999 的信息,并利用 IF 语句根据查询结果显示相应的提示信息。

打开一个新的"查询编辑器",在"代码编辑器"窗口中,输入并执行以下 T-SQL 代码:

```
USE pubs
GO
IF EXISTS( SELECT pub_id  FROM publishers  WHERE pub_id = '9999')
    PRINT 'Lucerne Publishing'
ELSE
    PRINT 'Not Found Lucerne Publishing'
```

【例 4-26】 设计一个 IF 语句,要求在 ELSE 语句省略的情况下,如果 IF 语句条件为真,则显示 Press OK,再显示 No Press;如果没有省略,则只显示 No Press。

打开一个新的"查询编辑器",在"代码编辑器"窗口中,输入并执行以下 T-SQL 代码:

```
USE pubs
GO
IF EXISTS(SELECT *  FROM  publishers  WHERE  pub_id = '0736')
PRINT 'Press OK'
PRINT 'No Press'
GO
```

4.3.2　BEGIN … END 语句

BEGIN … END 语句将多条 SQL 语句封装起来,构成一个语句块,用于 IF … ELSE、WHILE 等语句中,使这些语句作为一个整体被执行。

BEGIN … END 语句的语法格式如下:

```
BEGIN
    { SQL 语句或语句块}
END
```

【例 4-27】 判断图书编号为 TC5555 的图书是否存在,若存在则删除,并打印相应提示信息。

打开一个新的"查询编辑器",在"代码编辑器"窗口中,输入并执行以下 T-SQL 代码:

```
USE pubs
GO
IF EXISTS(SELECT title_id  FROM  titles  WHERE  title_id = 'TC5555')
    BEGIN
      DELETE  FROM  titles
      WHERE  title_id = 'TC5555'
      PRINT 'TC5555 is deleted'
    END
ELSE
    PRINT 'TC5555 not found'
GO
```

【例 4-28】 判断是否存在来自 USA 的出版商,若存在则查询出版商的姓名和城市,并打印相应提示信息。

打开一个新的"查询编辑器",在"代码编辑器"窗口中,输入并执行以下 T-SQL 代码:

```
USE pubs
GO
IF EXISTS(SELECT * FROM  publishers WHERE  country = 'USA')
    BEGIN
        SELECT pub_name,city
        FROM publishers
        WHERE country = 'USA'
    END
ELSE
    PRINT 'No press'
GO
```

4.3.3　GOTO 语句

GOTO 语句的语法格式如下:

GOTO　标号

GOTO 语句将 SQL 语句的执行流程无条件地转移到用户所指定的标号后执行。GOTO 语句和标号可用在存储过程、批处理或语句块中。标号名称必须遵守标识符命名规则。定义标号时,作为跳转目标的目标标号名后必须加上冒号(：)。GOTO 语句常用在WHILE 或 IF 语句内,使程序跳出循环或进行分支处理。

GOTO 语句的典型用法是构造直到型循环。直到型循环是指循环体在循环条件语句之前,循环直到不满足循环条件为止。其对应的语法格式如下:

SELECT 变量 = 初值
跳转目标标识符:
< SQL 语句>
　⋮
SELECT 变量 = 变量 + 增量
WHILE 变量<终值>
GOTO 跳转目标标识符

4.3.4　WHILE、BREAK、CONTINUE 语句

WHILE 语句根据设置条件重复执行一个 SQL 语句和语句块,只要条件成立,SQL 语句将被重复执行下去。WHILE 结构还可以与 BREAK 语句和 CONTINUE 语句一起使用,BREAK 语句导致程序从循环中跳出,而 CONTINUE 语句则使程序跳出循环体内CONTINUE 语句后面的 SQL 语句,而立即进行下次条件测试。

【例 4-29】 利用 WHILE 语句实现 1～100 之间奇数和。

打开一个新的"查询编辑器",在"代码编辑器"窗口中,输入并执行以下 T-SQL 代码:

```
DECLARE @k smallint,@sum smallint
SELECT @k = 0, @sum = 0
WHILE @k >= 0
```

```
BEGIN
    SELECT @k = @k + 1
    IF @K > 100
        BREAK
    IF ((@K % 2) = 0
        CONTINUE
    ELSE
        SELECT @sum = @sum + @k
END
SELECT @sum
GO
```

该例子能够说明 WHILE 结构的格式。

4.3.5　WAITFOR 语句

WAITFOR 语句可以指定在某一时间点或在一定的时间间隔之后执行 SQL 语句、语句块、存储过程或事务。WAITFOR 语句的语法格式如下：

WAITFOR {DELAY 'time'│ TIME 'time'}

其中，DELAY 指定 SQL Server 等待的时间间隔，TIME 指定一时间点。time 参数为 datetime 数据类型，其格式为"hh:mm:ss"，在 time 内不能指定日期。

【例 4-30】 设置在 10:00 执行一次查询操作，查看图书的销售情况：

打开一个新的"查询编辑器"，在"代码编辑器"窗口中，输入并执行以下 T-SQL 代码：

```
BEGIN
    WAITFOR  TIME  '10:00'
    SELECT  *  FROM  sales
END
```

再如，下面语句设置在 1 小时后执行一次查询操作：

```
BEGIN
  WAITFOR  DELAY  '1:00'
  SELECT  *  FROM sales
END
```

4.3.6　RETURN 语句

RETURN 语句使程序从一个查询或存储过程中无条件地返回，其后面的语句不再执行。RETURN 语句的语法格式如下：

RETURN ([整数表达式])

【例 4-31】 下面存储过程检查作者合同是否有效。如果有效，它返回 1，否则返回 −100。

打开一个新的"查询编辑器"，在"代码编辑器"窗口中，输入并执行以下 T-SQL 代码：

```
USE pubs
```

```
GO
CREATE PROCEDURE check_contact @para varchar(40)
AS
IF  (SELECT contract FROM authors WHERE au_lname = @para ) = 1
    RETURN   1
ELSE
    RETURN  − 100
GO
```

4.3.7　CASE 表达式

CASE 表达式用于条件分支选择。用于根据多个分支条件,确定执行内容。CASE 语句列出一个或多个分支条件,并对每个分支条件给出候选值。然后,按顺序测试分支条件是否得到满足。一旦发现有一个分支条件满足,CASE 语句就将该条件对应的候选值返回。

SQL Server 中的 CASE 表达式有简单 CASE 表达式、搜索型 CASE 表达式和 CASE 关系函数三种:

1. 简单 CASE 表达式

简单 CASE 表达式的语法格式如下:

```
CASE 表达式
    WHEN   表达式 1   THEN   表达式 2
    [ [ WHEN 表达式 3   THEN 表达式 4] [ … ] ]
    [ ELSE 表达式 N]
END
```

2. 搜索型 CASE 表达式

搜索型 CASE 表达式的语法格式如下:

```
CASE
    WHEN 布尔表达式 1 THEN 表达式 1
    [[ 布尔表达式 2   THEN   表达式 2] [ … ]]
    [ ELSE 表达式 N]
END
```

3. CASE 关系函数

CASE 关系函数有以下三种形式:

(1) COALESCE(表达式 1,表达式 2)。

如果"表达式 1"的值不为空,则返回"表达式 1",否则返回"表达式 2"。用搜索型 CASE 表达式表示时,其语法格式如下:

```
CASE
    WHEN   表达式 1   IS NOT   NULL   THEN 表达式 1
ELSE   表达式 2
END
```

【例 4-32】　查询各类图书的税率。

打开一个新的"查询编辑器",在"代码编辑器"窗口中,输入并执行以下 T-SQL 代码:

```
USE pubs
GO
SELECT title,'payment' = COALESCE (price * royalty/100, 0)
FROM titles
GO
```

(2) COALESCE(表达式 1,表达式 2,…,表达式 N)。

返回 N 个表达式中的第一个非空表达式,如果所有表达式的值均为空,则返回空值(NULL)。它用搜索型 CASE 表达式表示时,其语法格式如下:

```
CASE
    WHEN 表达式 1 IS NOT NULL    THEN    表达式 1
    ELSE    COALESCE(表达式 1,表达式 2, … ,表达式 N)
END
```

(3) NULLIF(表达式 1,表达式 2)。

如果"表达式 1"等于"表达式 2",则返回 NULL,否则返回"表达式 1"。它可用搜索型 CASE 表达式,其语法格式如下:

```
CASE
    WHEN    表达式 1 = 表达式 2   THEN   NULL
    ELSE    表达式 1
END
```

4.4　本章小结

本章主要介绍 T-SQL 语言一些基本概念、语法以及各种运算符的一些相关用法,这对于以后 SQL 中熟练使用 SQL 语句打下了坚实的基础。同时讨论了 T-SQL 中常见函数的使用,这是以后 T-SQL 中编程的基础,应当重点掌握。介绍了在程序中如何使用语句控制程序执行的顺序。通过本章学习,读者将能了解 SQL Server 2005 是一个优秀的关系型数据库管理系统,掌握 T-SQL 程序设计的方法和技巧。

习题 4

简答题

(1) 何为批处理? 如何标识多个批处理?

(2) T-SQL 语言附加的语言要素有哪些?

(3) 全局变量有何特点?

(4) 如何定义局部变量? 如何给局部变量赋值?

第5章

SQL高级功能

教学目标：

- 理解并掌握存储过程、触发器的概念、作用和优点。
- 掌握存储过程的定义和执行。
- 掌握触发器的定义和执行。
- 了解游标和嵌入式 SQL 的概念和应用。

教学重点：

本章主要介绍了存储过程、触发器、游标和嵌入式 SQL 的相关内容。首先重点介绍了存储过程的创建、执行、修改、删除以及查看；接着重点阐述了触发器的定义、修改和删除；最后简单地介绍了游标以及嵌入式 SQL 的概念和应用。

5.1 存储过程

5.1.1 存储过程概述

存储过程(Stored Procedure)是存储在 SQL Server 服务器上的预编译好的一组为了完成特定功能的 SQL 语句集。用户通过指定存储过程的名字并给出参数(如果该存储过程带有参数)来执行它。可以将存储过程类比为 SQL Server 提供的用户自定义函数，可以在后台或前台调用它们。

存储过程可分为以下三类：

(1) 系统存储过程。在安装 SQL Server 时，系统创建了很多系统存储过程。系统存储过程主要用于从系统表中获取信息，也为系统管理员和合适用户(即有权限用户)提供更新系统表的途径。其中大部分可在用户数据库中使用。系统存储过程的名字都以"sp_"为前缀。

(2) 用户定义的存储过程。用户定义的存储过程是由用户为完成某一特定功能而编写的存储过程。本节详细介绍用户定义的存储过程。

(3) 扩展存储过程。扩展存储过程是对动态链接库(DLL)函数的调用。

SQL Server 中的存储过程与其他编程语言中的过程类似，它们具有以下特点：

(1) 接收输入参数并以输出参数的形式为调用过程或批处理返回多个值。

(2) 包含执行数据库操作的编程语句，包括调用其他过程。

（3）为调用过程或批处理返回一个状态值，以表示成功或失败（及失败原因）。

在 SQL Server 中经常使用存储过程而不使用存储在本地客户计算机中的 T-SQL 程序，是因为存储过程具有如下优点：

（1）使用存储过程可以减少网络流量。

（2）增强代码的重用性和共享性。

（3）使用存储过程可以加快系统运行速度。

（4）使用存储过程保证安全性。

5.1.2　使用 SSMS 定义和执行存储过程

1．创建存储过程

使用 SSMS 创建存储过程的具体步骤如下：

（1）启动 SSMS，在"对象资源管理器"中选择当前服务器，依次展开"数据库"| trybooks 数据库节点，单击"＋"展开，如图 5-1 所示。

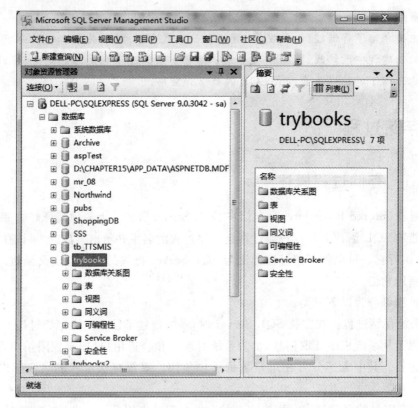

图 5-1　展开 trybooks 数据库节点

（2）选择"可编程性"节点，单击"＋"展开，如图 5-2 所示。

（3）选择"存储过程"节点，单击鼠标右键，在弹出的菜单中选择"新建存储过程"命令，在打开的存储过程编辑器中输入创建存储过程的 T-SQL 语句，如图 5-3 所示。

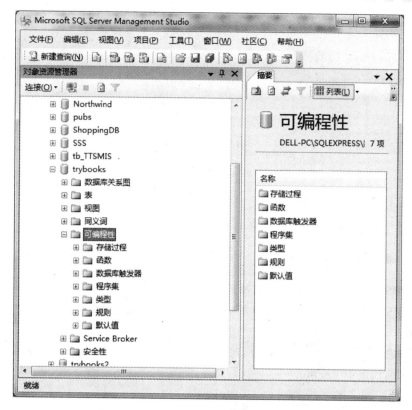

图 5-2　展开"可编程性"节点

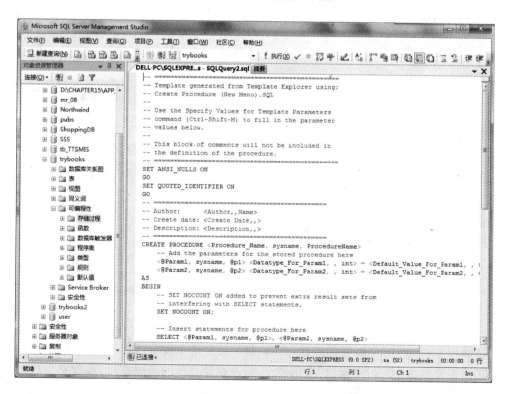

图 5-3　创建存储过程

这里的 T-SQL 语句可以输入如下代码：

```
USE   trybooks
GO
 CREATE PROCEDURE   pstuStore_info
 AS
 BEGIN
    SELECT stu_num, stu_score
    FROM stuScore
 END
GO
```

（4）可单击 ✔ 按钮分析语句。

（5）单击"执行"按钮保存存储过程。

2．查看、修改或删除存储过程

利用 SSMS 查看、修改或删除存储过程的具体步骤如下：

（1）启动 SSMS，在"对象资源管理器"中选择当前服务器，依次展开"数据库"|trybooks|"可编程性"|"存储过程"节点。

（2）单击右键选择"刷新"菜单命令，可在"存储过程"节点下看到新创建的存储过程，如 pStudents_info，如图 5-4 所示。

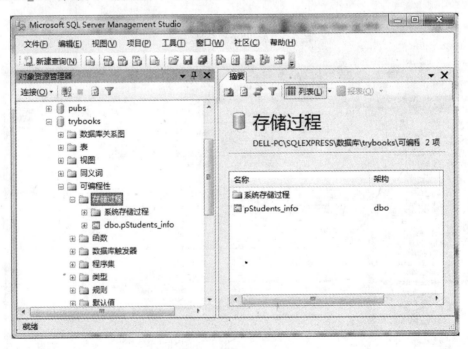

图 5-4   打开存储过程

（3）选中 pStudents_info 存储过程，右击，打开所有菜单命令，如图 5-5 所示。

（4）若需要修改，则选择"修改"菜单命令，打开存储过程的编辑窗口，修改完毕后，需要单击"执行"按钮保存存储过程。

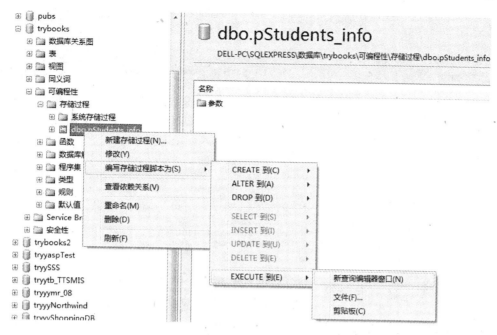

图 5-5 选择存储过程

（5）若需要删除，则选择"删除"菜单命令，在弹出的对话框中单击"确定"按钮则删除存储过程。

3. 执行存储过程

利用 SSMS 执行存储过程的具体步骤如下：

（1）启动 SSMS，在"对象资源管理器"中选择当前服务器，依次展开"数据库"|trybooks|"可编程性"|"存储过程"节点。

（2）选中 pStudents_info 存储过程，单击右键选择"编写存储过程为"|"EXECUTE 到"|"新查询编辑窗口"菜单命令，打开编辑窗口。

（3）单击"执行"按钮执行存储过程，在窗口的右下角，会看到执行的结果，以及执行存储过程的相关消息，如图 5-6 所示。

5.1.3 使用 SQL 语言定义和执行存储过程

存储过程的定义和执行，主要包括存储过程的创建、执行、查看、修改和删除等功能。

1. 使用 CREATE PROCEDURE 语句创建存储过程

使用 SQL 语言的 CREATE PROCEDURE 语句创建存储过程，其语法格式如下：

```
CREATE PROC[EDURE] procedure_name [; number]
    [{@parameter data_type}
    [VARYING] [ = default] [OUTPUT]]  [,...n]
    [WITH
    {  RECOMPILE  | ENCRYPTION  | RECOMPILE, ENCRYPTION  }
```

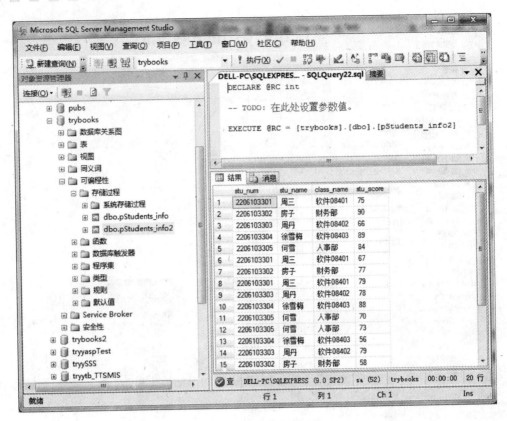

图 5-6　执行存储过程结果

```
    ]
    [FOR REPLICATION]
AS
    sql_statement [...n]
```

该语法各要素的具体含义如下：

（1）procedure_name：是新创建的存储过程的名字。它后面跟一个可选项 number，number 是一个整数，用来区别一组同名的存储过程。存储过程的命名必须符合命名规则。在一个数据库中或对其使用者而言，存储过程的名字必须唯一。

（2）parameter：如果想向存储过程传递参数，必须在存储过程的声明部分定义它们。声明包括参数名、参数的数据类型以及一些其他的特殊选项。

（3）data_type：声明参数的数据类型。它可以是任何有效的数据类型，包括文本和图像类型。但是，游标 cursor 数据类型只能被用作 OUTPUT 参数。当定义游标数据类型时，也必须对 VARYING 和 OUTPUT 关键字进行定义。对可能是游标数据类型的 OUTPUT 参数而言，参数的最大数目没有限制。

（4）[VARYING]：当把游标作为参数返回时，要指定该选项。这个选项告诉 SQL Server 对于返回游标的行集合将会发生改变。

（5）[= default]：这个选项用于指定特定参数的默认值。如果过程被执行的时候这个参数没有赋值，将使用本默认值来取代。本值可以是 NULL 值，或是其他符合该数据类型的合法常量。对于字符串数据,如果该参数是与 LIKE 参数联合使用的话,该值可以包含通配符。

(6)［OUTPUT］:可选关键字,用于指定该参数是输出参数。当过程执行完成后,该参数值能被返回到正在执行的过程里。文本或图像数据类型不能作为输出参数使用。

(7)［,…n］:指明可以在一个存储过程中指定多个参数。SQL Server 在单个存储过程中最多可有 1024 个参数。

(8) WITH RECOMPILE:这个选项强制 SQL Server 在每一次执行存储过程时都重新编译。当使用临时值和对象时,应该使用它。

(9) WITH ENCRYPTION:这一选项强制 SQL Server 对存储在系统备注表中的存储过程文本进行加密。这就允许创建和重新分布数据库,而不用担心用户会获得存储过程的原始代码。

(10) WITH RECOMPILE,ENCRYPTION:这一选项强制 SQL Server 重新编译和加密存储过程。

(11) AS:表明存储过程的定义将要开始。

(12) sql_statements:它是组成存储过程的 SQL 语句。

【例 5-1】　创建一个显示作者姓名、图书名和出版商姓名的存储过程。

打开一个新的“查询编辑器”,在“代码编辑器”窗口中,输入并执行以下 T-SQL 代码:

```
USE   pubs
GO
IF EXISTS (SELECT name
        FROM sysobjects
        WHERE name = 'au_info' AND type = 'p')
DROP PROCEDURE au_info
GO
CREATE PROCEDURE au_info
AS
BEGIN
      SELECT au_lname, au_fname, title, pub_name
      FROM authors a
      JOIN titleauthor ta ON  a.au_id = ta.au_id
      JOIN titles t ON t.title_id = ta.title_id
      JOIN publishers p   ON  t.pub_id = p.pub_id
END
GO
```

【例 5-2】　创建一个显示考生的编号、姓名、所在部门、成绩的存储过程。

在一个新的“查询编辑器”的“代码编辑器”窗口中,输入并执行以下 T-SQL 代码:

```
USE   trybooks
GO
 CREATE PROCEDURE  pstudents_info
 AS
 BEGIN
   SELECT students.stu_num, stu_name, class_name,stu_score
   FROM stuScore, students,stuClass
```

```
        WHERE students.stu_num = stuScore.stu_num AND
                students.class_id   = stuClass.class_id
END
GO
```

2．利用 EXECUTE 命令执行创建存储过程

使用 EXECUTE 命令执行已创建的存储过程，其语法格式如下：

```
[[EXEC[UTE]]
    {[@return_status = ]
    {procedure_name [;number] | @procedure_name_var}
    [[@parameter = ] {value | @variable [OUTPUT] | [DEFAULT]} [,...n]
[WITH RECOMPILE]
```

在后面详细讲解每个参数的使用。现在，只需要知道：EXECUTE 后面带上存储过程的名称就可以执行这个存储过程。

【例 5-3】 执行存储过程 au_info 和 pstudents_info。

打开一个新的"查询编辑器"，在"代码编辑器"窗口中，输入并执行以下 T-SQL 代码：

```
USE pubs
EXEC au_info
GO
USE   trybooks
GO
EXEC pstudents_info
GO
```

3．利用系统存储过程查看存储过程

存储过程被创建以后，它的名字存放在系统表 sysobjects 中，它的源代码存放在 syscomments 系统表中。可以通过 SQL Server 提供的系统存储过程来查看关于用户创建的存储过程信息。

下面介绍可供使用的系统存储过程及其语法形式。

（1）sp_help：用于显示存储过程的参数及其数据类型，其语法格式如下：

```
sp_help [[@objname = ] name]
```

其中，参数 name 为要查看的存储过程的名称。

（2）sp_helptext：用于显示存储过程的源代码，其语法格式如下：

```
sp_helptext [[@objname = ] name]
```

其中，参数 name 为要查看的存储过程的名称。

（3）sp_depends：用于显示和存储过程相关的数据库对象，其语法格式如下：

```
sp_depends [@objname = ]'object'
```

其中，参数 object 为要查看依赖关系的存储过程的名称。

（4）sp_stored_procedures：用于返回当前数据库中的存储过程列表。

4. 使用 ALTER PROCEDURE 语句修改存储过程

使用 ALTER PROCEDURE 命令修改存储过程,可以保留该存储过程的权限分配,避免重新分配权限,并且不影响其他的独立的存储过程或触发器,其语法格式如下:

```
ALTER PROCEDURE [OWNER.]procedure_name[;number]
    [({[@]parameter data_type}[varying][ = default][output])][ , ... n ]
    [WITH { RECOMPILE | ENCRYPTION | RECOMPILE , ENCRYPTION } ]
AS
sql_statements
```

其中各参数和保留字的具体含义请参看 CREATE PROCEDURE 命令。

5. 利用 DROP PROC 语句删除存储过程

删除存储过程可以使用 DROP PROCEDURE 语句,DROP PROCEDURE 语句可以将一个或者多个存储过程或者存储过程组从当前数据库中删除,其语法格式如下:

```
DROP PROCEDURE {procedure} [, ... n]
```

5.1.4 存储过程的参数

存储过程能够接受参数以提高性能和灵活性,参数在过程的第一个语句中声明。参数用于在存储过程和调用存储过程的对象之间交换数据,可以用参数向存储过程传送信息,也可以从存储过程输出参数,SQL Server 支持两类参数:输入参数和输出参数。输入参数是指由调用程序向存储过程传递的参数,输出参数是存储过程将数据值或指针变量传回调用程序。存储过程为调用程序返回一个整型返回代码。如果存储过程没有显式地指出返回代码值,结果将返回 0。

1. 创建和执行带输入参数的存储过程

输入参数是指由调用程序向存储过程传递的参数。它们在创建存储过程语句中被定义,而在执行该存储过程中给出相应的变量值。定义输入参数的具体语法格式如下:

```
@parameter dataype [ = default]
```

SQL Server 提供了以下两种方法传递参数:

(1) 按位置传送。这种方法是在执行存储过程语句中,直接给出参数的传递值。当有多个参数时,值的顺序与创建存储过程语句中定义参数的顺序相一致。也就是说,参数传递的顺序就是参数定义的顺序。其语法格式如下:

```
[EXEC[UTE]] proc_name [value...]
```

其中,proc_name 是存储过程名字,value 是传递给输入参数的值。

(2) 按参数名传送。这种方法是在执行存储过程中,指出创建该存储过程语句中的参数名字和传递给它的值。其语法格式如下:

```
[EXEC[UTE]]proc_name [@parameter = value]
```

其中,proc_name 是存储过程名字,parameter 是输入参数的名字,value 是传递给该输入参数的值。

2. 创建和执行带输出参数的存储过程

可以从存储过程中返回一个或多个值。这是通过在创建存储过程的语句中定义输出参数来实现的。为了使用输出参数,在 CREATE PROCEDURE 和 EXECUTE 语句中都必须使用 OUTPUT 关键字。

定义输出参数的具体语法格式如下:

@parameter dataype [= default] OUTPUT

值得注意的是,输出参数必须位于所有输入参数说明之后。

执行带输出参数的存储过程的语法格式如下:

[EXEC[UTE]] proc_name [@parameter =]value [OUTPUT]

3. 返回存储过程的状态

实际上,每个存储过程的执行,都将自动返回一个整型状态值(可以通过@return_status 获得),用于告诉调用程序"执行该存储过程的状况"。调用程序可根据返回状态作相应的处理。一般而言,系统使用 0 表示该存储过程执行成功;−1～−99 之间的整数表示过程执行失败。用户可以用大于 0 或小于−99 的整数来定义自己的返回状态值,以表示不同的执行结果。

用 RETURN 语句定义返回值,并在 EXECUTE 语句中用一个局部变量以接收并检查返回的状态值。RETURN 语句的语法格式如下:

RETURN [integer_status_value]

EXECUTE 语句的语法格式如下:

EXEC[UTE] @return_status = procedure_name

注意:在 EXECUTE 语句之前,要声明@return_status 变量。

【例 5-4】 创建一个执行带参数的存储过程。

(1) 打开一个新的"查询编辑器",在"代码编辑器"窗口中,输入并执行以下 T-SQL 代码:

```
USE pubs
GO
IF EXISTS (SELECT name
        FROM sysobjects
        WHERE name = 'titles_sum ' AND type = 'p')
DROP PROCEDURE titles_sum
GO
CREATE PROCEDURE titles_sum
    @title varchar (40) = '%',
    @sum money output
```

```
AS
BEGIN
    SELECT 'title_name' = title
    FROM titles
    WHERE   title LIKE @title
    SELECT @sum = SUM(price)
    FROM titles
    WHERE title LIKE @title
END
GO
```

（2）重新打开一个新的"查询编辑器"，在"代码编辑器"窗口中，输入并执行以下 T-SQL
代码：

```
DECLARE @totalcost money
EXECUTE titles_sum 'The%',@totalcost output
IF @totalcost < 200
  BEGIN
      PRINT ''
      PRINT 'All of these titles can be purchased for less than $ 200.'
  END
ELSE
    SELECT 'The total cost of these titles is $ ' +
            RTRIM (cast(@totalcost AS varchar(20)))
```

5.2　存储过程的管理

5.2.1　存储过程的处理

当 SQL Server 接收到创建一个存储过程的命令（CREATE PROCEDURE …）时，由
SQL Server 的查询处理器对该存储过程中的 SQL 语句进行语法分析，检查其是否合乎语
法规范，并将该存储过程的源代码存放在当前数据库的系统表 syscomments 中。也在
sysobjects 表中存放该存储过程的名字。

一般 SQL 语句处理的步骤如下：

（1）当存储过程第一次运行时，SQL Server 首先对该存储过程进行预编译，即为该存
储过程建立一棵查询树，这个过程被称为 Resolution——分解 SQL 语句中的对象，并为该
存储过程建立一个规范化的查询树。

（2）SQL Server 为这个存储过程完成编译（Compilation）。该步骤分成两步：查询优化
（Optimization）和在高速缓存（Procedure cache）中建立查询计划。

（3）系统可以执行这个存储过程。

5.2.2　存储过程的重编译

在某些应用中，可能改变了数据库的逻辑结构（如为表新增列），或者为表新增了索引，

这样的话,可能要求 SQL Server 在执行存储过程时对它重新编译,以便该存储过程能够重新优化并建立新的查询计划(如选择新建的索引等)。以下是重编译选项的三种方法:

1. 使用 CREATE PROCEDURE 语句中的 RECOMPILE 选项

在创建存储过程时带上重编译选项,其语法格式如下:

```
CREATE PROCEDURE...
[WITH RECOMPILE]
```

这样的话,SQL Server 对这个存储过程不重用查询计划,在每次执行时都被重新编译和优化,并创建新的查询计划。

2. 使用 EXECUTE 语句中的 RECOMPILE 选项

在执行存储过程时带上重编译选项,其语法格式如下:

```
EXECUTE procedure_name[parameter][WITH RECOMPILE]
```

作用:在执行存储过程期间创建新的查询计划,新的执行计划存放在高速缓存中。

3. 使用 sp_recompile 系统存储过程

sp_recompile 系统存储过程的语法格式如下:

```
sp_recompile 表名
```

作用:使指定表的存储过程和触发器在下一次运行时被重新编译。

5.2.3　存储过程的重命名、自动执行和获取执行状态

1. 重命名存储过程

修改存储过程的名称可以使用系统存储过程 sp_rename,其语法格式如下:

```
sp_rename 原存储过程名称,新存储过程名称
```

2. 自动执行的存储过程

在 SQL Server 启动时,可以让 SQL Server 自动执行一个或多个存储过程。那么,这些存储过程就称为自动执行的存储过程。

可以帮助创建、停止和查看自动执行的存储过程的系统存储过程如下:

(1) sp_makestartup　procedure_name:使已有的存储过程成为启动存储过程。

(2) sp_unmakestartup procedure_name:停止在启动时执行过程。

(3) sp_helpstartup:提供所有在启动时执行的存储过程的列表。

3. 确定存储过程的执行状态

SQL Server 提供了预定返回状态值的集合,但用户也可以自己定义返回的状态值,其语法格式如下:

```
RETURN [integer_expression]
```

为了获得返回状态值,用户必须按下面的格式执行存储过程:

```
EXECUTE  @parameter = procedure_name
```

5.2.4 扩展存储过程

虽然 SQL Server 的扩展存储过程听起来近似于存储过程,但是,实际上它们两者相差很远。存储过程是一系列预编译的 T-SQL 语句,而扩展存储过程是对动态链接库(DLL)函数的调用。扩展存储过程名以"xp_"开始,后跟它的名字。

虽然 SQL Server 提供了一些扩展存储过程(SQL Server 内置的扩展存储过程已经被安装到 SQL Server 中),但是扩展存储过程也可以由开发人员来编写。自行编写的扩展存储过程在使用之前必须以扩展存储过程的模式将它安装在 SQL Server 上。只有系统管理员可以安装扩展存储过程。

1．安装扩展存储过程

向 SQL Server 的 master 数据库中安装扩展存储过程是使用一个系统存储过程来实现的,其语法格式如下:

```
sp_addextendedproc function_name,dll_name
```

其中,function_name 是指 DLL 中函数的名字,这个函数名将成为这个扩展存储过程的名字。另外,dll_name 是 DLL 的名字。

2．删除扩展存储过程

如果不再需要定制的扩展存储过程,可以使用以下的语法将其从 SQL Server 中删除,其语法格式:

```
sp_dropextendedproc function_name
```

其中,function_name 既是 DLL 中函数的名字又可以说是扩展存储过程的名字。

3．使用安装过的扩展存储过程

在向 SQL Server 中添加了扩展存储过程之后,这个扩展存储过程就可以像任何内置的扩展存储过程一样被使用。只需要像执行任何其他 T-SQL 语句一样来执行扩展存储过程,可以在 Query Analyzer 或者 SQL 查询工具中运行扩展存储过程。如果要被执行的扩展存储过程需要参数,那么还需要输入相应的参数。

5.3 触发器

5.3.1 触发器概述

触发器是一种实施复杂的完整性约束的特殊存储过程,它基于一个表创建并和一个或多个数据修改操作相关联。当对它所保护的数据进行修改时自动激活,防止对数据进行不正确、未授权或不一致的修改。触发器不像一般的存储过程,不可以使用触发器的名字来调用或执行。当用户对指定的表进行修改(包括插入、删除或更新)时,SQL Server 将自动执行在相应触发器中的 SQL 语句,将这个引起触发事件的数据源称为触发表。

触发器建立在表一级,它与指定的数据修改操作相对应。每个表可以建立多个触发器,常见的有插入触发器、更新触发器、删除触发器,分别对应于 INSERT、UPDATE 和 DELETE 操作。也可以将多个操作定义为一个触发器。

SQL Server 为每个触发器都创建了两个专用表:inserted 表和 deleted 表。inserted 表是存放由于 INSERT 或 UPDATE 语句的执行而导致要加到该触发表中去的所有新行。即用于插入或更新表的新行值,在插入或更新表的同时,也将其副本存入 inserted 表中。因此,在 inserted 表中的行总是与触发表中的新行相同。deleted 表是存放由于 DELETE 或 UPDATE 语句的执行而删除或更改的所有表中的旧行。即用于删除或更改表中数据的旧行值,在删除或更改表中数据的同时,也将其副本存入 deleted 表中。因此,在 deleted 表中的行总是与触发表中的旧行相同。这是两个逻辑表,由系统来维护,不允许用户直接对这两个表进行修改。它们存放于内存中,不存放在数据库中。这两个表的结构总是与触发表的结构相同。触发器工作完成后,与该触发器相关的这两个表也会被删除。

对 INSERT 操作,只在 insterted 表中保存所插入的新行,而 deleted 表中无一行数据。对于 DELETE 操作,只在 deleted 表中保存被删除的旧行,而 insterted 表中无一行数据。对于 UPDATE 操作,可以将它考虑为 DELETE 操作和 INSERT 操作的结果,所以在 inserted 表中存放着更新后的新行值,deleted 表中存放着更新前的旧行值。

在 SQL Server 2005 中,触发器分为两大类:DML 触发器和 DLL 触发器。

1. DML 触发器

DML 触发器是当数据库服务器中发生数据操作语言事件时执行的存储过程。DML 触发器又分为两大类:AFTER 触发器和 INSTEAD OF 触发器。DML 触发器的作用是 DML 触发器是由 DML 语句触发的。

DML 触发器的基本特点:

(1) 触发时机:指定触发器的出发时间。

(2) 触发事件:引起触发器被触发的事件。

(3) 条件动词:当触发器中包含多个触发事件的组合时,为了分别针对不同的事件进行不同的处理,需要使用 Oracle 提供的条件动词,条件动词可分为 INSERTING(当触发事件是 INSERT 时为真)、UPDATING[(COLUMN—X)](当触发事件是 UPDATE 时,如果修改了 column_x 列,为真)、DELETING(当触发时间是 DELETE 时,取值为真)。

2. DDL 触发器

DDL 触发器是在响应数据定义语言事件时执行的存储过程。DDL 触发器是 SQL Server 2005 新增的一种特殊的触发器,它在响应数据定义语言(DDL)语句时触发。一般有以下几种情况可以使用 DDL 触发器:

(1) 数据库里的库架构或数据表结构很重要,不允许被修改。

（2）防止数据库或数据表被误操作删除。

（3）在修改某个数据表结构的同时在修改另一个数据表的结构。

（4）要记录对数据库结构操作的事件。

5.3.2 触发器的定义

触发器的定义，主要包括触发器的创建、查看、修改和删除等功能。

1. 使用 CREATE TRIGGER 语句创建触发器

使用 SQL 语言的 CREATE TRIGGER 语句创建触发器，其语法格式如下：

```
CREATE TRIGGER trigger_name
ON { table | view }
[ WITH ENCRYPTION ]
{{ { FOR | AFTER | INSTEAD OF }
    { [ DELETE ] [ , ] [ INSERT ] [ , ] [ UPDATE ] }
    [ WITH APPEND ][ NOT FOR REPLICATION ]
AS
    [ { IF UPDATE ( column )[ { AND | OR } UPDATE ( column ) ][ ...n ]
        | IF ( COLUMNS_UPDATED ( ) { bitwise_operator } updated_bitmask )
            { comparison_operator } column_bitmask [ ...n ]
        } ]
    sql_statement [ ...n ]
  }
}
```

该语法各要素的具体含义如下：

（1）trigger_name：是触发器的名称。触发器名称必须符合标识符规则，并且在数据库中必须唯一。

（2）table | view：是与创建的触发器相关的表的名字或视图名称。

（3）WITH ENCRYPTION：表示对包含 CREATE TRIGGER 语句文本的 syscomments 表加密。

（4）AFTER：指定触发器只有在触发 SQL 语句中指定的所有操作都已成功执行后才激发。

（5）INSTEAD OF：使不可被修改的视图能够支持修改。

（6）{ [DELETE] [,] [INSERT] [,] [UPDATE] }：是指定在表或视图上执行哪些数据修改语句时将激活触发器的关键字。必须至少指定一个选项。

（7）WITH APPEND：指定添加现有的其他触发器。只有当兼容级别不大于 65 时，才需要使用该可选子句。

（8）NOT FOR REPLICATION：表示当复制进程更改触发器所涉及的表时，不应执行该触发器。

（9）AS：是触发器要执行的操作。

（10）IF UPDATE（column）：测试在指定的列上进行的 INSERT 或 UPDATE 操作，不能用于 DELETE 操作。可以指定多列。因为在 ON 子句中指定了表名，所以在 IF

UPDATE 子句中的列名前不要包含表名。

(11) IF（COLUMNS_UPDATED()）：测试是否插入或更新了提及的列，仅用于 INSERT 或 UPDATE 触发器中。COLUMNS_UPDATED 返回 varbinary 位模式，表示插入或更新表中的哪些列。

(12) bitwise_operator：是用于比较运算的位运算符。

(13) updated_bitmask：是整型位掩码，表示实际更新或插入的列。

(14) comparison_operator：是比较运算符。使用等号（＝）检查 updated_bitmask 中指定的所有列是否都实际进行了更新。使用大于号（＞）检查 updated_bitmask 中指定的任一列或某些列是否已更新。

(15) column_bitmask：是要检查的列的整型位掩码，用来检查是否已更新或插入了这些列。

(16) sql_statement：是触发器的条件和操作。触发器条件指定其他准则，以确定 DELETE、INSERT 或 UPDATE 语句是否导致执行触发器操作。

使用 CREATE TRIGGER 语句创建触发器时要注意以下几点：

- CREATE TRIGGER 语句必须是批处理中的第一个语句。
- 创建触发器的权限默认分配给表的所有者，且不能将该权限转给其他用户。
- 触发器为数据库对象，其名称必须遵循标识符的命名规则。
- 虽然触发器可以引用当前数据库以外的对象，但只能在当前数据库中创建触发器。
- 虽然不能在临时表或系统表上创建触发器，但是触发器可以引用临时表或视图。
- 在含有用 DELETE 或 UPDATE 操作定义的外键的表中，不能定义 INSTEAD OF 和 INSTEAD OF UPDATE 触发器。
- 虽然 TRUNCATE TABLE 语句类似于没有 WHERE 子句（用于删除行）的 DELETE 语句，但它并不会引发 DELETE 触发器，因为 TRUNCATE TABLE 语句没有记录。
- WRITETEXT 语句不会引发 INSERT 或 UPDATE 触发器。
- 触发器允许嵌套，最大嵌套级数为 32。
- 触发器中不允许使用的 T-SQL 语句包括：ALTER DATABASE 、CREATE DATABASE 、DISK INIT、DISK RESIZE、DROP DATABASE 、LOAD DATABASE 、LOAD LOG、RECONFIGURE、RESTORE DATABASE 、RESTORE LOG。

【例 5-5】 创建了一个触发器，在 titles 表上创建一个插入、更新类型的触发器。

打开一个新的"查询编辑器"，在"代码编辑器"窗口中，输入并执行以下 T-SQL 代码：

```
USE pubs
GO
IF EXISTS (SELECT name FROM sysobjects
        WHERE name = 'reminder' AND type = 'TR')
    DROP TRIGGER reminder
GO
CREATE TRIGGER reminder
ON titles
```

```
FOR INSERT, UPDATE
AS
    DECLARE @msg varchar(100)
    SELECT @msg = STR(@@rowcount) + 'titles updated by this statement'
    PRINT @msg
RETURN
GO
```

【例 5-6】 创建了一个触发器,在 authors 表上创建一个删除类型的触发器。

打开一个新的"查询编辑器",在"代码编辑器"窗口中,输入并执行以下 T-SQL 代码:

```
USE pubs
GO
CREATE TRIGGER my_trigger2
ON authors
INSTEAD OF DELETE
AS
RAISERROR('你无权删除记录',10,1)
```

【例 5-7】 创建一个列级触发器,在 who_change 表上创建一个插入、修改类型的触发器。

打开一个新的"查询编辑器",在"代码编辑器"窗口中,输入并执行以下 T-SQL 代码:

```
USE pubs
GO
CREATE TABLE who_change
( change_date datetime,
  change_column varchar(50),
  who varchar(50)
)
GO
CREATE TRIGGER tr_orderdetail_insupd
ON
[order details]
FOR INSERT,UPDATE
AS
  IF UPDATE(UnitPrice)
    BEGIN
        INSERT who_change
        VALUES(GETDATE(),'UnitPrice updated',USER_NAME())
    END
  ELSE IF UPDATE(Quantity)
    BEGIN
        INSERT who_change
        VALUES(GETDATE(),'Quantity updated',USER_NAME())
    END
  ELSE IF UPDATE(Discount)
    BEGIN
        INSERT who_change
        VALUES(GETDATE(),'Discount updated',USER_NAME())
    END
GO
```

2. 使用 ALTER TRIGGER 语句修改触发器

使用 SQL 语句的 ALTER TRIGGER 语句修改触发器，其语法格式如下：

```
ALTER TRIGGER trigger_name
ON { table | view }
[ WITH ENCRYPTION ]
{{ { FOR | AFTER | INSTEAD OF }
    { [ DELETE ] [ , ] [ INSERT ] [ , ] [ UPDATE ] }
      [ WITH APPEND ][ NOT FOR REPLICATION ]
AS
    [ { IF UPDATE ( column )[ { AND | OR } UPDATE ( column ) ][ ...n ]
      | IF ( COLUMNS_UPDATED ( ) { bitwise_operator } updated_bitmask )
            { comparison_operator } column_bitmask [ ...n ]
            } ]
    sql_statement [ ...n ]
  }
}
```

其中各参数或保留字的含义参看创建触发器 CREATE TRIGGER 语句。

3. 删除触发器

用户在使用完触发器后可以将其删除，只有触发器所有者才有权删除触发器。删除已创建的触发器有两种方法：

（1）用 DROP TRIGGER 语句删除指定的触发器，其语法格式如下：

```
DROP TRIGGER trigger_name
```

（2）删除触发器所在的表时，SQL Server 将自动删除与该表相关的触发器。

5.3.3 触发器的管理和应用

1. 查看触发器信息

触发器也是存储过程，所以触发器被创建以后，它的名字存放在系统表 sysobjects 中，它的创建源代码存放在 syscomments 系统表中。可以通过 SQL Server 提供的系统存储过程 sp_help、sp_helptext 和 sp_depends 来查看有关触发器的不同信息。下面详细介绍它们。

（1）sp_help。通过该系统存储过程，可以了解触发器的一般信息，如触发器的名字、属性、类型、创建时间，其语法格式如下：

```
sp_help trigger_name
```

（2）sp_helptext。通过 sp_helptext 能够查看触发器的正文信息，其语法格式如下：

```
sp_helptext trigger_name
```

（3）sp_depends。通过 sp_depends 能够查看指定触发器所引用的表或指定的表涉及的所有触发器，其语法格式如下：

```
sp_depends trigger_name
sp_depends table_name
```

注意：用户必须在当前数据库中查看触发器的信息，而且被查看的触发器必须已经被创建。

2. 触发器的用途

触发器的主要作用就是其能够实现由主键和外键所不能保证的复杂的参照完整性和数据的一致性。除此之外，触发器还有其他许多不同的功能：

(1) 强化约束（Enforce Restriction）。触发器能够实现比 CHECK 语句更复杂的约束。

(2) 跟踪变化（Auditing Changes）。触发器可以侦测数据库内的操作，从而不允许数据库中未经许可的指定更新和变化。

(3) 级联运行（Cascaded Operation）。触发器可以侦测数据库内的操作，并自动地级联影响整个数据库的各项内容。例如，某个表上的触发器中包含有对另外一个表的数据操作（如删除、更新和插入），而该操作又导致该表上触发器被触发。

(4) 存储过程的调用（Stored Procedure Invocation）。为了响应数据库更新触发器可以调用一个或多个存储过程，甚至可以通过外部过程的调用而在 DBMS（数据库管理系统）本身之外进行操作。

3. INSTEAD OF 触发器

SQL Server 2005 支持 AFTER 和 INSTEAD OF 两种类型的触发器。当为表或视图定义了针对某一操作（INSERT、DELETE、UPDATE）的 INSTEAD OF 类型触发器且执行了相应的操作时，尽管触发器被触发，但相应的操作并不被执行，而运行的仅是触发器 SQL 语句本身。

INSTEAD OF 触发器的主要优点是使不可被修改的视图能够支持修改。

INSTEAD OF 触发器的另外的优点是，通过使用逻辑语句以执行批处理的某一部分而放弃执行其余部分。例如，可以定义触发器在遇到某一错误时，转而执行触发器的另外部分。

在使用 INSTEAD OF 触发器时应当注意以下几点：

(1) 在表或视图上，每个 INSERT、UPDATE 或 DELETE 语句最多可以定义一个 INSTEAD OF 触发器。然而，可以在每个具有 INSTEAD OF 触发器的视图上定义视图。

(2) INSTEAD OF 触发器不能在包含 WITH CHECK OPTION 选项的可更新视图上定义。

(3) 对于 INSTEAD OF 触发器，不允许在具有 ON DELETE 级联操作引用关系的表上使用 DELETE 选项。同样，也不允许在具有 ON UPDATE 级联操作引用关系的表上使用 UPDATE 选项。

4. 合并触发器与递归触发器

合并触发器就是将 INSERT、UPDATE 与 DELETE 触发器进行任意组合，使触发器管理工作简单化。递归触发器即触发器更新其他表时,可能使其他表的触发器触发,称为递归触发器。

5.4 游标

5.4.1 游标的概念

游标(Cursor)是一个与 SELECT 语句相关联的符号名,使用户可逐行访问由 SQL Server 返回的结果集。

游标包括以下两个部分(如图 5-7 所示):

(1) 游标结果集(Cursor Result Set):由定义该游标的 SELECT 语句返回的行的集合。

(2) 游标位置(Cursor Position):指向这个行集合中某一行的当前指针。

使用游标有很多优点,这些优点使游标在实际应用中发挥了重要作用:

图 5-7　游标的组成

(1) 允许程序对由查询语句 SELECT 返回的行集合中的每一行执行相同或不同的操作,而不是对整个行集合执行同一个操作。

(2) 提供对基于游标位置的表中的行进行删除和更新的能力。

(3) 游标实际上作为面向集合的数据库管理系统(RDBMS)和面向行的程序设计之间的桥梁,使这两种处理方式通过游标沟通起来。

5.4.2 游标的创建

游标的定义和执行主要包括游标的声明、打开、提取、关闭、释放、更新和删除等。

1. 使用 DECLARE CURSOR 语句声明游标

声明游标的功能是为指定的 SQL Server 语句声明或创建一个游标,其语法格式如下:

```
DECLARE cursor_name [INSENSITIVE] [SCROLL] CURSOR
FOR select_statement
[FOR {READ ONLY | UPDATE[OF column_name_list]}]
```

该语法各要素的具体含义如下:

(1) cursor_name:是游标的名字,遵循 SQL Server 命名规则。

(2) INSENSITIVE:选项说明所定义的游标使用 SELECT 语句查询结果的拷贝,对游标的所有操作都基于该拷贝进行。

(3) SCROLL:选项指定所有的游标数据提取方法均可用于所声明的游标。

(4) select_statement:是定义游标结果集的查询语句,它可以是一个完整语法和语义的 SELECT 语句,但是这个 SELECT 语句必须有 FROM 子句,且不能包含 COMPUTE、FOR BROWSE、INTO 子句。

（5）FOR READ ONLY：指出该游标结果集只能读，不能修改。

（6）FOR UPDATE：指出该游标结果集可以被修改。

（7）OF column_name_list：列出可以被修改的列的名单。

注意：游标有且只有两种方式之一：FOR READ ONLY 或 FOR UPDATE。

当游标方式指定为 FOR READ ONLY 时，游标涉及的表不能被修改。

当游标方式指定为 FOR UPDATE 时，可以删除或更新游标涉及的表中的行。通常，这也是缺省方式。

当定义游标的 select_statement 中包含如下内容时，游标的默认方式为 FOR READ ONLY，后加 DISTINCT 选项、GROUP 子句、集合函数、UNION 操作符。

声明游标的 DECLARE CURSOR 语句必须是在该游标的任何 OPEN 语句之前，而且 DECLARE CURSOR 语句必须单个组成 T-SQL 的一个批，即在含有 DECLARE CURSOR 语句的批中不可能含有其他 T-SQL 语句。

2. 使用 OPEN 语句打开游标

打开游标的功能是打开已被声明但尚未被打开的游标，分析定义这个游标的 select_statement，并使结果集对于处理是可用的，其语法格式如下：

```
OPEN cursor_name
```

其中 cursor_name 是一个已声明的尚未打开的游标名。

使用 OPEN 语句打开游标是要注意以下几点：

（1）当游标打开成功时，游标位置指向结果集的第一行之前。此时 SQL Server 暂时中止对这个查询的处理。

（2）只能打开已经声明但尚未打开的游标。

（3）全局变量@@CURSOR_ROWS 可读取游标结果集中的行数。

（4）如果所打开的为 INSENSITIVE 游标，在打开时将产生一个临时表，将定义的游标结果集从其基表中拷贝过来。

3. 使用 FETCH 语句从一个打开的游标中提取行

从一个打开的游标中提取行的功能是游标声明被打开后，游标位置位于结果集的第一行之前，由此可以从结果集中提取（FETCH）行。SQL Server 将沿着游标结果集一行或多行的向下或向上移动游标位置，不断提取结果集中的数据，并修改和保存游标当前的位置，直到结果集中行全部被提取。

FETCH 语句可以从一个打开的游标中提取行，其语法格式如下：

```
FETCH [[ NEXT | PRIOR | FIRST | LAST | ABSOLUTE n | RELATIVE n ] FROM ]
cursor_name
[ INTO @var1, @var2, … ]
```

该语法各要素的具体含义说明如下：

（1）游标位置确定了结果集中哪一行可以被提取，如果游标方式为 FOR UPDATE 的话，也就确定哪一行可以被更新或删除。

（2）NEXT｜PRIOR｜FIRST｜LAST｜ABSOLUTE n｜RELATIVE n：是游标的移动方式。默认情况下是 NEXT，即向下移动，第一次对游标实行读取操作时，NEXT 返回结果集中第一行。

（3）PRIOR、FIRST、LAST、ABSOLUTE n 和 RELATIVE n：选项只适用于 SCROLL 游标。它们分别说明读取游标中的上一行、第一行、最后一行、第 n 行和相对于当前位置向下的第 n 行。n 为负值时，ABSOLUTE n 和 RELATIVE n 说明读取游标中的最后一行或相对于当前位置向上的第 n 行。

（4）INTO：指定存放被提取的列数据的目的变量清单。这个清单中变量的个数、数据类型、顺序必须与定义该游标的 select_statement 的 select_list 中列出的列清单相匹配。

有两个全局变量可以提供关于游标活动的信息：

（1）@@FETCH_STATUS：保存着最后 FETCH 语句执行后的状态信息，其值为 0 表示成功完成 fetch 语句；值为－1 表示 fetch 语句有错误，或者当前游标位置已在结果集中的最后一行，结果集中不再有数据；值为－2 表示提取的行不存在。

（2）@@rowcount：保存着自游标打开后的第一个 FETCH 语句直到最近一次的 FETCH 语句为止，已从游标结果集中提取的行数。一旦结果集中所有行都被提取，那么@@rowcount 的值就是该结果集的总行数。每个打开的游标都与一特定的@@rowcount 有关，关闭游标时，该@@rowcount 变量也被删除。

4. 使用 CLOSE 语句关闭游标

关闭游标的功能是停止处理定义游标的那个查询。关闭游标并不改变它的定义，可以再次用 OPEN 语句打开它，SQL Server 会用该游标的定义重新创建这个游标的一个结果集。

CLOSE 语句可以关闭游标，其语法格式如下：

```
CLOSE cursor_name
```

在当退出这个 SQL Server 会话时或者从声明游标的存储过程中返回时的情况下，SQL Server 会自动地关闭已打开的游标：

5. 使用 DEALLOCATE CURSOR 语句释放游标

释放游标的功能是释放所有分配给此游标的资源，包括该游标的名字。

DEALLOCATE CURSOR 语句可以释放游标，其语法格式如下：

```
DEALLOCATE CURSOR cursor_name
```

注意：如果释放一个已打开但未关闭的游标，SQL Server 会自动先关闭这个游标，然后释放它。

关闭游标并不改变游标的定义，可不用再次声明一个被关闭的游标而重新打开它。但释放游标就释放了与该游标有关的一切资源，也包括游标的声明，就不能再使用该游标了。

游标的使用方法或步骤如图 5-8 所示。

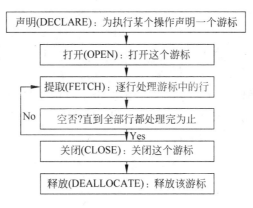

图 5-8 游标的使用方法

5.4.3 游标的使用

用户可以利用在 UPDATE 或 DELETE 语句中使用游标来更新或删除表或视图中的行,但不能用来插入新行。

1. 使用游标更新数据

使用游标更新数据的语法格式如下:

```
UPDATE { table_name | view_name }
SET clause
WHERE CURRENT OF cursor_name
```

使用游标更新数据时要注意以下几点:

(1) 紧跟 UPDATE 之后的 table_name | view_name 是要更新的表名或视图名,可以加或不加限定。但它必须是声明该游标的 select 语句中的表名或视图名。

(2) 使用 UPDATE…CURRENT OF 语句一次只能更新当前游标位置确定的那一行,OPEN 语句将游标位置定位在结果集第一行前,可以使用一个或多个 FETCH 语句把游标位置定位在要被更新的行处。

(3) 用 UPDATE…WHERE CURRENT OF 语句更新表中的行时,不会移动游标位置,被更新的行可以再次被修改,直到下一个 FETCH 语句的执行。

(4) UPDATE…WHERE CURRENT OF 语句可以更新多表视图或被连接的多表,但只能更新其中一个表的行,即所有被更新的列都来自同一个表。

2. 使用游标删除数据

使用游标删除数据的语法格式如下:

```
DELETE FROM {table_name | view_name}
WHERE CURRENT OF cursor_name
```

使用游标删除数据时要注意以下几点:

(1) table_name | view_name 为要从其中删除行的表名或视图名,可以加或不加限定。

但它必须是定义该游标的 select 语句中的表名或视图名。

（2）使用游标的 DELETE 语句，一次只能删除当前游标位置确定的那一行。OPEN 语句将游标位置定位在结果集第一行之前，可以用一个或多个 FETCH 语句把游标位置定位在要被删除的行处。

（3）在 DELETE 语句中使用的游标必须声明为 FOR UPDATE 方式。而且声明游标的 SELECT 语句中不能含有连接操作或涉及多表视图，否则即使声明中指明了 FOR UPDATE 方式，也不能删除其中的行。

（4）对使用游标删除行的表，要求有一个唯一索引。

（5）使用游标的 DELETE 语句，删除一行后将游标位置向前移动一行。

5.5　嵌入式 SQL

5.5.1　嵌入式 SQL 概述

SQL 是一种双重式语言，它既是一种交互式数据库语言，又是一种应用程序进行数据库访问时所采取的编程式数据库语言。SQL 语言在这两种方式中的大部分语法是相同的。在编写访问数据库的程序时，必须从普通的编程语言开始（如 C 语言），再把 SQL 加入到程序中。所以，嵌入式 SQL 语言就是将 SQL 语句直接嵌入到程序的源代码中，与其他程序设计语言语句混合。专用的 SQL 预编译程序将嵌入的 SQL 语句转换为能被程序设计语言（如 C 语言）的编译器识别的函数调用。然后，C 编译器编译源代码为可执行程序。

当然，嵌入式 SQL 语句完成的功能也可以通过应用程序编程接口（API）实现。通过 API 的调用，可以将 SQL 语句传递到 DBMS，并用 API 调用返回查询结果。这个方法不需要专用的预编译程序。

1. 嵌入式 SQL 特点

嵌入式 SQL 的基本特点是：

（1）每条嵌入式 SQL 语句都用 EXEC SQL 开始，表明它是一条 SQL 语句。这也是告诉预编译器在 EXEC SQL 和“；”之间是嵌入式 SQL 语句。

（2）如果一条嵌入式 SQL 语句占用多行，在 C 程序中可以用续行符“\”，在 Fortran 中必须有续行符。其他语言也有相应规定。

（3）每一条嵌入式 SQL 语句都有结束符号，例如：在 C 中是“；”。

2. 嵌入式 SQL 的 C 程序开发环境的使用

嵌入式 SQL 的 C 程序开发环境的配置过程具体如下：

（1）将文件 Caw32.lib、Sqlakw32.lib、Ntwdblib.lib 从 SQL Server 2005 的安装光盘中复制到 C 程序开发环境的 LIB 目录下。

（2）将 SQL Server 2005 的安装光盘中 DEVTOOLS\ INCLUDE 目录中的所有文件复制到 C 程序开发环境的 INCLUDE 目录下。

配置好开发环境后，就可以在此环境中进行程序开发。具体的开发步骤如下：

（1）在某种文本编辑器中编写程序，然后源程序文件以．sqc 为扩展名存盘（如 mytest．sqc）。

（2）执行安装光盘中 X86\BINN 目录下的 NSQLPREP．EXE 文件，并将上一步生成的源程序文件名写在其后，例如：F：\ X86 \ BINN ＞ NSQLPREP d：\ mytest．sqc。"NSQLPREP d：\ mytest．sqc"是 SQL Server 2005 的预编译处理。NSQLPREP．EXE 是 SQL Server 2005 的预编译器。处理的结果产生 C 的程序。这时，将会发现在 D 盘生成一个名为 mytest．c 文件。

（3）进入 C 程序开发环境，在当前项目中打开上一步生成的 C 程序文件，对该文件进行编译、链接、生成可执行文件。

5.5.2 静态 SQL 语句

嵌入式 SQL 语句分为静态 SQL 语句和动态 SQL 语句两类。

1. 声明嵌入式 SQL 语句中使用的 C 变量

（1）声明方法。

主变量就是在嵌入式 SQL 语句中引用主语言说明的程序变量（如例 5-8 中的 last_name[]变量）。在嵌入式 SQL 语句中使用主变量前，必须在 BEGIN DECLARE SECTION 和 END DECLARE SECTION 之间给主变量说明。这两条语句不是可执行语句，而是预编译程序的说明。

【例 5-8】 声明一个主变量。

SQL 语言的核心代码如下：

```
EXEC SQL BEGIN DECLARE SECTION;
char first_name[50];
char last_name[] = "White";
EXEC SQL END DECLARE SECTION;
 ⋮
```

主变量是标准的 C 程序变量。嵌入 SQL 语句使用主变量来输入数据和输出数据。C 程序和嵌入 SQL 语句都可以访问主变量。

【例 5-9】 声明一个可以输入数据和输出数据的主变量。

SQL 语言的核心代码如下：

```
EXEC SQL SELECT au_fname INTO :first_name
FROM authors WHERE au_lname = :last_name;
printf("first name: % s\n",first_name);
 ⋮
```

值得注意的是，主变量的长度不能超过 30 个字节。

为了便于识别主变量，当嵌入式 SQL 语句中出现主变量时，必须在变量名称前标上冒号（：）。冒号的作用是，告诉预编译器，这是个主变量而不是表名或列名。

（2）主变量的数据类型。

在 ESQL/C 中，不支持所有的 unicode 数据类型（如 nvarchar、nchar 和 ntext）。对于非

unicode 数据类型,除了 datetime、smalldatetime、money 和 smallmoney 外(decimal 和 numeric 数据类型部分情况下不支持),都可以相互转换。

(3) 主变量和 NULL。

大多程序设计语言(如 C)都不支持 NULL。所以对 NULL 的处理,一定要在 SQL 中完成。可以使用主机指示符变量来解决这个问题。在嵌入式 SQL 语句中,主变量和指示符变量共同规定一个单独的 SQL 类型值。

【例 5-10】 声明带有对 NULL 的处理的主变量。

SQL 语言的核心代码如下:

```
EXEC SQL SELECT titles.price
INTO: price: price_nullflag
FROM titles, titleauthor
WHERE titleauthor.au_id = "mc3026"
        AND titleauthor.title_id = titles.title_id
```

其中,price 是主变量,price_nullflag 是指示符变量。指示符变量共有两类值:-1(表示主变量应该假设为 NULL)和 0(表示主变量包含了有效值。该指示变量存放了该主变量数据的最大长度)。

所以,例 5-10 的含义是:如果不存在 mc3026 写的书,那么 price_nullflag 为-1,表示 price 为 NULL;如果存在,则 price 为实际的价格。

也可以在指示符变量前面加上 INDICATOR 关键字,表示后面的变量为指示符变量。例如:

```
EXEC SQL UPDATE closeoutsale
SET temp_price = :saleprice INDICATOR :saleprice_null;
```

值得注意的是,不能在 WHERE 语句后面使用指示符变量。例如:

```
EXEC SQL DELETE FROM closeoutsale
WHERE temp_price = :saleprice :saleprice_null;
```

可以使用下面的语句来完成上述功能:

```
IF (saleprice_null == -1)
{
  EXEC SQL DELETE FROM closeoutsale
  WHERE temp_price IS null;
}
ELSE
{
    EXEC SQL DELETE FROM closeoutsale
    WHERE temp_price = :saleprice;
}
```

2. 连接数据库

在程序中,使用 CONNECT TO 语句来连接数据库。该语句的完整语法格式如下:

```
CONNECT TO {[server_name.]database_name} [AS connection_name]
```

```
USER [login[.password] | $ integrated]
```

该语法各要素具体含义如下：

（1）server_name：为服务器名。默认为本地服务器名。

（2）database_name：为数据库名。

（3）connection_name：为连接名，可省略。如果仅仅使用一个连接，那么无须指定连接名，可以使用 SET CONNECTION 来使用不同的连接。

（4）login：为登录名。

（5）password：为密码。

例如：EXEC SQL CONNECT TO pubs USER sa.

服务器是本地服务器名，数据库为 pubs，登录名为 sa，密码为空。默认的超时时间为10秒。如果指定连接的服务器没有响应这个连接请求，或者连接超时，那么系统会返回错误信息。可以使用 SET OPTION 命令设置连接超时的时间值。

在嵌入式 SQL 语句中，使用 DISCONNECT 语句断开数据库的连接，其语法格式如下：

```
DISCONNECT [connection_name | ALL | CURRENT]
```

其中，connection_name 为连接名。ALL 表示断开所有的连接。CURRENT 表示断开当前连接。请看下面这些例子来理解 CONNECT 和 DISCONNECT 语句。

```
EXEC SQL CONNECT TO caffe.pubs AS caffe1 USER sa.;
EXEC SQL CONNECT TO latte.pubs AS latte1 USER sa.;
EXEC SQL SET CONNECTION caffe1 ;
EXEC SQL SELECT name FROM sysobjects INTO :name;
EXEC SQL SET CONNECTION latte1;
EXEC SQL SELECT name FROM sysobjects INTO :name;
EXEC SQL DISCONNECT caffe1 ;
EXEC SQL DISCONNECT latte1;
```

在上面这个例子中，第一个 SELECT 语句查询在 caffe 服务器上的 pubs 数据库。第二个 SELECT 语句查询在 latte 服务器上的 pubs 数据库。当然，也可以使用"EXEC SQL DISCONNECT ALL；"来断开所有的连接。

3. 数据的查询和更新

（1）单行数据的查询与更新。

可以使用 SELECT INTO 语句查询数据，并将数据存放在主变量中。例如：

```
EXEC SQL SELECT au_fname INTO :first_name
FROM authors WHERE au_lname = :last_name;
```

使用 DELETE 语句删除数据。其语法类似于 SQL 语言中的 DELETE 语法。例如：

```
EXEC SQL DELETE FROM authors WHERE au_lname = 'White'
```

使用 UPDATE 语句可以更新数据。其语法就是 SQL 语言中的 UPDATE 语法。例如：

```
EXEC SQL UPDATE authors SET au_fname = 'Fred' WHERE au_lname = 'White'
```

使用 INSERT 语句可以插入新数据。其语法就是 SQL 语言中的 INSERT 语法。例如：

```
EXEC SQL INSERT INTO homesales (seller_name, sale_price)
    real_estate('Jane Doe', 180000.00);
```

（2）多行数据的查询和更新。

对于多行数据的查询和更新，必须使用游标来完成。

4. SQLCA

DBMS 是通过 SQLCA(SQL 通信区)向应用程序报告运行错误信息。SQLCA 是一个含有错误变量和状态指示符的数据结构。通过检查 SQLCA，应用程序能够检查出嵌入式 SQL 语句是否成功，并根据成功与否决定是否继续往下执行。预编译器自动在嵌入 SQL 语句中包含 SQLCA 数据结构。在程序中可以使用 EXEC SQL INCLUDE SQLCA，目的是告诉 SQL 预编译程序在该程序中包含一个 SQL 通信区。也可以不写，系统会自动加上 SQLCA 结构。

（1）SQLCODE。

SQLCA 结构中最重要的部分是 SQLCODE 变量。在执行每条嵌入式 SQL 语句时，DBMS 在 SQLCA 中设置变量 SQLCODE 值，以指明语句的完成状态。SQLCODE 的值＝0 表示该语句成功执行，无任何错误或报警；SQLCODE 的值＜0 表示出现严重错误；SQLCODE 的值＞0 表示出现了报警信息。

（2）SQLSTATE。

SQLSTATE 变量也是 SQLCA 结构中的成员。它同 SQLCODE 一样，都是返回错误信息。SQLSTATE 是在 SQLCODE 之后产生的。这是因为，在制定 SQL2 标准之前，各个数据库厂商都采用 SQLCODE 变量来报告嵌入式 SQL 语句中的错误状态。但是，各个厂商没有采用标准的错误描述信息和错误值来报告相同的错误状态。所以，标准化组织增加了 SQLSTATE 变量，规定了通过 SQLSTATE 变量报告错误状态和各个错误代码。因此，目前使用 SQLCODE 的程序仍然有效，但也可用标准的 SQLSTATE 错误代码编写新程序。

5. WHENEVER

在每条嵌入式 SQL 语句之后立即编写一条检查 SQLCODE/SQLSTATE 值的程序，是一件很烦琐的事情。为了简化错误处理，可以使用 WHENEVER 语句。该语句是 SQL 预编译程序的指示语句，而不是可执行语句。它通知预编译程序在每条可执行嵌入式 SQL 语句之后自动生成错误处理程序，并指定了错误处理操作。

用户可以使用 WHENEVER 语句通知预编译程序去如何处理三种异常处理：

（1）WHENEVER SQLERROR：通知预编译程序产生处理错误的代码(SQLCODE＜0)。

（2）WHENEVER SQLWARNING：通知预编译程序产生处理警报的代码(SQLCODE＝1)。

（3）WHENEVER NOT FOUD：通知预编译程序产生没有查到内容的代码(SQLCODE＝100)。

针对上述三种异常处理,用户可以指定预编译程序采取以下 SQLSTATE 三种行为:

（1）WHENEVER…GOTO：通知预编译程序产生一条转移语句。

（2）WHENEVER…CONTINUE：通知预编译程序让程序的控制流转入到下一个主语言语句。

（3）WHENEVER…CALL：通知预编译程序调用函数。

WHENEVER 语句的语法格式如下:

```
WHENEVER {SQLWARNING | SQLERROR | NOT FOUND} {CONTINUE
       | GOTO stmt_label | CALL function() }
```

5.5.3 动态 SQL 语句

动态 SQL 语句的目的不是在编译时确定 SQL 的表和列,而是让程序在运行时提供,并将 SQL 语句文本传给 DBMS 执行。静态 SQL 语句在编译时已经生成执行计划。而动态 SQL 语句,只有在执行时才产生执行计划。动态 SQL 语句首先执行 PREPARE 语句要求 DBMS 分析、确认和优化语句,并为其生成执行计划。DBMS 还设置 SQLCODE 以表明语句中发现的错误。当程序执行完 PREPARE 语句后,就可以用 EXECUTE 语句执行执行计划,并设置 SQLCODE,以表明完成状态。

按照功能和处理上的划分,动态 SQL 应该分成两类来解释:动态修改和动态查询。

1. 动态修改

动态修改使用 PREPARE 语句和 EXECUTE 语句。PREPARE 语句是动态 SQL 语句独有的语句,其语法格式如下:

```
PREPARE 语句名 FROM 主变量
```

该语句接收含有 SQL 语句串的主变量,并把该语句送到 DBMS。DBMS 编译该语句并生成执行计划。在语句串中包含一个"?"表明参数,当执行语句时,DBMS 需要参数来替代这些"?"。PREPARE 语句执行的结果是,DBMS 把语句名赋给准备的语句。语句名类似于游标名,是一个 SQL 标识符。在执行 SQL 语句时,EXECUTE 语句后面是这个语句名。

2. 动态游标

游标分为静态游标和动态游标两类。对于静态游标,在定义游标时就已经确定了完整的 SELECT 语句。在 SELECT 语句中可以包含主变量来接收输入值,当执行游标的 OPEN 语句时,主变量的值被放入 SELECT 语句。在 OPEN 语句中,不用指定主变量,因为在 DECLARE CURSOR 语句中已经放置了主变量。

动态游标和静态游标不同。下面介绍动态游标使用的句法过程。

（1）声明游标。

对于动态游标,在 DECLARE CURSOR 语句中不包含 SELECT 语句。而是,定义了在 PREPARE 中的语句名,用 PREPARE 语句规定与查询相关的语句名称。

（2）打开游标。

打开游标的语法格式如下:

OPEN 游标名[USING 主变量名| DESCRIPTOR 描述名]

在动态游标中,OPEN 语句的作用是使 DBMS 在第一行查询结果前开始执行查询并定位相关的游标。当 OPEN 语句成功执行完毕后,游标处于打开状态,并为 FETCH 语句做准备。OPEN 语句执行一条由 PREPARE 语句预编译的语句。如果动态查询正文中包含一个或多个参数标志时,OPEN 语句必须为这些参数提供参数值。USING 子句的作用是规定参数值。

(3) 取一行值。

FETCH 语句语法格式如下:

FETCH 游标名 USING DESCRIPTOR 描述符名

动态 FETCH 语句的作用是把这一行的各列值送到 SQLDA 中,并把游标移到下一行(注意:静态 FETCH 语句的作用是用主变量表接收查询到的列值)。

在使用 FETCH 语句前,必须为数据区分配空间,SQLDATA 字段指向检索出的数据区。SQLLEN 字段是 SQLDATA 指向的数据区的长度。SQLIND 字段指出是否为 NULL。

(4) 关闭游标。

关闭游标可使用如下语句:

```
EXEC SQL CLOSE c1;
```

关闭游标的同时,会释放由游标添加的锁和放弃未处理的数据。在关闭游标前,该游标必须已经声明和打开。另外,程序终止时,系统会自动关闭所有打开的游标。

动态 DECLARE CURSOR 语句是 SQL 预编译程序中的一个命令,而不是可执行语句。该子句必须在 OPEN、FETCH、CLOSE 语句之前使用。请看下面这个例子:

```
EXEC SQL BEGIN DECLARE SECTION;
char szCommand[ ] = "SELECT au_fname FROM authors WHERE au_lname = ?";
char szLastName[ ] = "White";
char szFirstName[30];
EXEC SQL END DECLARE SECTION;
EXEC SQL DECLARE author_cursor CURSOR FOR select_statement;
EXEC SQL PREPARE select_statement FROM :szCommand;
EXEC SQL OPEN author_cursor USING :szLastName;
EXEC SQL FETCH author_cursor INTO :szFirstName;
  ⋮
```

3. SQLDA

可以通过 SQLDA 为嵌入式 SQL 语句提供输入数据和从嵌入式 SQL 语句中输出数据。

动态 SQL 语句在编译时可能不知道有多少列信息。在嵌入式 SQL 语句中,这些不确定的数据是通过 SQLDA 完成的。

4. DESCRIBE 语句

该语句只有动态 SQL 才有。该语句是在 PREPA RE 语句之后,在 OPEN 语句之前使用。该语句的作用是设置 SQLDA 中的描述信息，例如列名、数据类型和长度等。DESCRIBE 语句的语法格式如下：

DESCRIBE 语句名 INTO 描述符名

例如：

EXEC SQL DESCRIBE querystmt INTO qry_da

在执行 DESCRIBE 前，用户必须给出 SQLDA 中的 SQLN 的值（表示有多少列），该值也说明了 SQLDA 中有多少个 SQLVAR 结构。然后，执行 DESCRIBE 语句，该语句填充每一个 SQLVA R 结构。

5.6　本章小结

本章着重介绍了 SQL Server 中的存储过程和触发器，以及嵌入式 SQL 语句。

存储过程、触发器是一组 SQL 语句集，触发器就其本质而言是一种特殊的存储过程。存储过程和触发器在数据库开发过程中，在对数据库的维护和管理等任务中以及在维护数据库参照完整性等方面具有不可替代的作用。因此无论对于开发人员，还是对于数据库管理人员来说，熟练地使用存储过程，尤其是系统存储过程，深刻地理解有关存储过程和触发器的各个方面问题是极为必要的。

嵌入式 SQL 语句虽然不如存储过程和触发器那么常用，但在解决有些问题时也会用到，因此读者应了解嵌入式静态 SQL 语句和动态 SQL 语句的基本用法。

习题 5

简答题

（1）什么是存储过程？存储过程分为哪几类？使用存储过程有什么好处？

（2）修改存储过程有哪几种方法？假设有一个存储过程需要修改但又不希望影响现有的权限，应使用哪个语句来进行修改？

（3）什么是触发器？触发器分为哪几种？

（4）关闭游标与释放游标有什么不同？

第6章

数据库的安全管理

教学目标：

- 了解 SQL Server 安全控制机制。
- 掌握 SQL Server 两种身份验证模式的设置。
- 掌握 SQL Server 登录账号的设置与管理。
- 掌握 SQL Server 用户账号的设置与管理。
- 了解 SQL Server 三类角色的设置与管理。
- 掌握 SQL Server 权限管理。
- 理解事务的定义和性质，掌握 ACID 事务的意义。
- 了解数据库并发控制的相关知识。
- 理解封锁、死锁的概念。

教学重点：

数据的安全性是指保护数据以防止因非法使用而造成数据的泄密、破坏。数据库集中存放大量数据并为用户共享，所以数据的安全性显得非常重要。通过安全有效地设置可以实现用户的合法操作，又能防止数据受到未授权的访问或恶意破坏。本章从数据库的安全管理角度重点阐述 SQL Server 安全控制机制、身份验证模式、服务器安全性管理，角色设置与管理，权限管理以及事务的概念及特性，数据库并发控制。

本章主要内容见图 6-1 所示的学习导航。

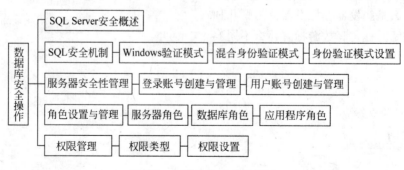

图 6-1　本章内容学习导航图

6.1 数据库安全概述

目前,数据库管理系统已成为各行各业组织、机构进行信息管理的主要形式,数据库中存放着大量重要数据,而且为许多最终用户直接共享,使得安全性问题更为突出。如果有人未经授权非法侵入数据库,并查看和修改数据,将造成重要信息泄密或数据库中数据的完整性和一致性受到破坏,给数据库的合法使用者造成无法弥补的损失和极大的危害,所以数据的安全性对个人和企业来说都是至关重要的。

数据的安全性是指创建各种安全机制保护数据库以防止不合法的操作造成数据泄密、更改或破坏。为了实现数据的安全性,SQL Server 提供了有效的安全控制机制:系统先对用户进行身份验证,合法的用户才能登录数据库系统;再用检查用户权限的手段来检查用户是否有权访问服务器上的数据,如图 6-2 所示。这种安全控制机制可以有效地防止非法用户入侵 SQL Server 服务器或不经授权用户对服务器上各种对象进行非法操作。

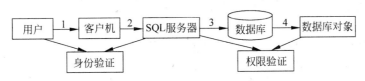

图 6-2 SQL Server 安全控制机制

6.2 SQL Server 2005 的安全机制

6.2.1 安全控制机制

SQL Server 提供的安全控制机制主要有两个阶段的验证。

(1) 身份验证阶段。用户要访问 SQL Server 2005 服务器,SQL Server 或操作系统首先对用户进行身份验证。用户必须正确地登录账户名和密码,也就是只有通过合法的身份才能登录 SQL Server 服务器,才能使用和管理 SQL Server 服务器。

(2) 权限验证阶段。用户以合法身份登录到 SQL Server 服务器上后,如果想访问服务器上的对象(基本表、数据库、视图、存储过程等),系统还将进一步验证用户是否经过授权具有访问服务器上数据的权限。

6.2.2 身份验证模式

在 SQL Server 2005 的用户登录及身份验证阶段,有两种安全模式:Windows 身份验证模式和混合身份验证模式(Windows 身份验证和 SQL Server 身份验证)。

1. Windows 身份验证模式

SQL Server 数据库系统通常运行在基于 NT 构架的 Windows 操作系统(Windows 2000 /XP/2003 等以上操作系统)上,而这类操作系统,本身就具备管理登录和验证用户合法性的能力。所以 Windows 认证模式正是利用这一用户安全性和账号管理机制，允许在 SQL Server 中使用 Windows NT 操作系统的用户名和口令登录。当然，SQL Server 系统管理员必须把 Windows NT 操作系统的账户映射成 SQL Server 登录账户。

在 Windows 验证模式下，当用户试图登录到 SQL Server 时，SQL Server 数据库系统从 Windows NT 操作系统的安全属性中获取登录用户的账号与密码，并将它们与 SQL Server 中记录的 Windows 账户相匹配。如果在 SQL Server 中找到匹配的项，则接受这个连接，允许该用户进入 SQL Server；否则，拒绝该用户的连接请求。

使用 Windows 验证模式的优点：

（1）用户只要通过 Windows 的认证就可连接到 SQL Server，而不必提交另外的用户登录名和口令密码。

（2）Windows 认证模式充分利用了 Windows NT 操作系统强大的安全性能及用户账户管理能力，如安全合法性、口令加密、对密码最小长度进行限制、设置密码期限以及多次输入无效密码后锁定账户等。

（3）在 Windows NT 操作系统中可使用用户组，所以当使用 Windows 验证模式时，可以把用户归入一定的 Windows NT 用户组，以便当在 SQL Server 中对 Windows NT 用户组进行数据库访问权限设置时，能够把这种权限传递给每一个用户。这种方法可以使用户方便地加入到系统中，并消除了逐一为每个用户进行的数据库访问权限设置而带来的不必要的工作量。

注意：尽可能使用 Windows 身份验证模式以增强 SQL Server 安全。

2. 混合身份验证模式

混合身份验证模式是指用户可以使用 Windows 身份验证或 SQL Server 身份验证的模式登录连接 SQL Server 实例。实际上混合身份验证模式是在 Windows 身份验证模式外增加一个用户认证的安全层次。

在该验证模式下，用户首先以 SQL Server 提供的登录名和密码进行身份验证，SQL Server 自己执行认证处理。如果用户输入的登录信息与 SQL Server 系统表中（用户的登录账户信息保存在 master 数据库中的 sysxlogins 系统表里）的记录相匹配，则通过验证，允许该用户登录到 SQL Server；否则，用户须再用 Windows 的账户和密码进行身份验证，如果通过验证，则登录成功。如果 SQL Server 身份验证和 Windows 身份验证都不能通过，则拒绝用户的连接请求，登录 SQL Server 服务器失败。

注意：使用混合身份验证模式主要是为了兼容和允许非 Windows NT 用户及 Internet 客户端应用程序连接 SQL Server。

3. 身份验证模式设置

身份验证模式可以在安装 SQL Server 2005 过程中指定或使用 SQL Server Management Studio 管理器。对于已经指定了验证模式的 SQL Server 服务器，也可以进行修改。设置或修改认证模式的用户必须使用系统管理员或安全管理员账户。

【例 6-1】 将当前 SQL Server 实例的验证模式由"Windows 身份验证"改为"SQL Server 和 Windows 身份验证"模式。

身份验证模式设置的具体实现步骤如下：

（1）启动 SSMS，在"对象资源管理器"中选择当前服务器，如 dell-pc，右击选择"属性"菜单命令，打开"服务器属性"对话框，如图 6-3 所示。

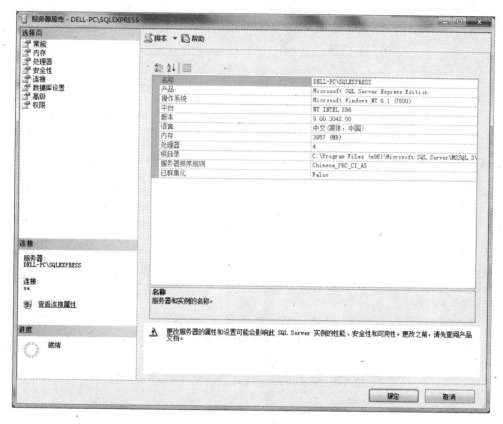

图 6-3 "服务器属性"对话框

（2）选择"安全性"选项卡，更改"服务器的身份验证"为"SQL Server 和 Windows 验证模式"，单击"确定"按钮，完成验证模式的设置，如图 6-4 所示。

注意：修改验证模式后，必须停止 SQL Server 服务，重新启动后才能使设置生效。

【例 6-2】 对当前 SQL Server 实例的 Windows 身份验证模式测试。

身份验证模式测试的具体步骤如下：

（1）启动 SSMS，在菜单栏中选择"视图"|"已注册的服务器"菜单命令，展开"数据库引擎"节点，选中当前服务器，如 dell-pc，单击右键选择"属性"菜单命令。

（2）打开"编辑服务器注册属性"窗口，如图 6-5 所示。在其"常规"选项卡中的"服务器名称"下拉列表框中选择当前的服务器名称；在"身份验证"下拉列表框中选择要使用的身份验证方式："Windows 身份验证"或"SQL Server 身份验证"，这里选择"Windows 身份验证"。

（3）设置完成后，单击"测试"按钮，验证设置是否正确。

（4）测试正确后，单击"保存"按钮，完成身份验证设置。

注意：如果选择"SQL Server 身份验证"，必须输入登录名和密码。

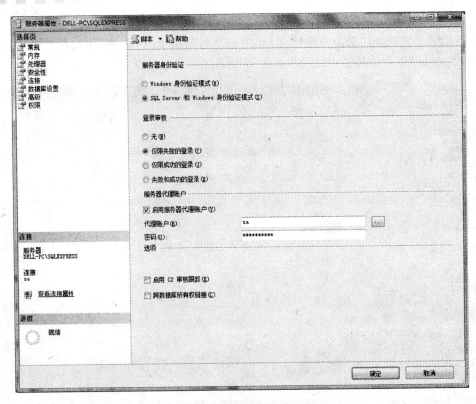

图 6-4　服务器身份验证设置

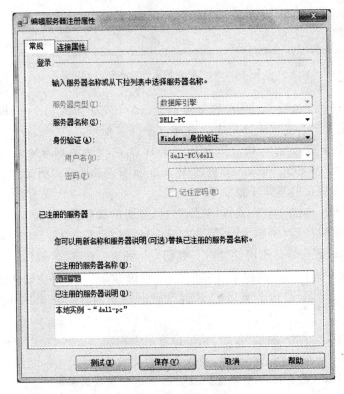

图 6-5　"编辑服务器注册属性"窗口

6.3 服务器安全性管理

　　登录数据库服务器的账户及其权限管理,是 SQL Server 数据库服务器的安全控制手段。

　　在 SQL Server 2005 中有两类账号:一类是登录到服务器的登录账号,它属于服务器的层面,用户登录到 SQL Server 后,并没有权限对数据库进行操作;另一类是使用数据库的用户账号和权限。用户通过身份验证成功登录到 SQL Server 之后,如果要访问或操作服务器中的数据库资源(数据库、基本表、视图、存储过程、约束等),则必须有相应的用户账号和经系统管理员授权后拥有的一定权限。

6.3.1 登录账号创建和管理

1. 创建登录账号

【例 6-3】 在当前数据库引擎中创建"Windows 身份验证"登录账号(对应 Windows 操作系统中用户 dell)。

　　(1) 启动 SSMS,在"对象资源管理器"中选择服务器,展开"安全性"节点。

　　(2) 选择"登录名"节点,单击右键选择"新建登录名"菜单命令,打开"登录名-新建"对话框,如图 6-6 所示。

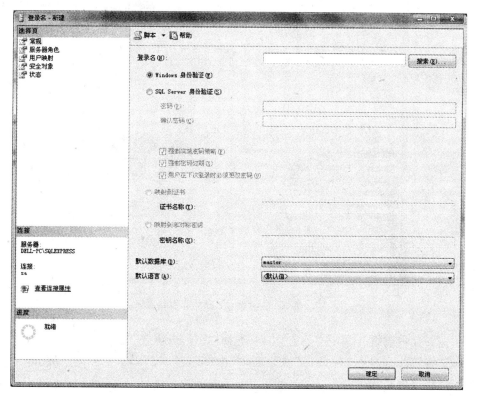

图 6-6 "登录名-新建"对话框

（3）选中"常规"选项卡，单击右侧"登录名"文本框的"搜索"按钮，打开"选择用户或组"对话框，如图 6-7 所示。

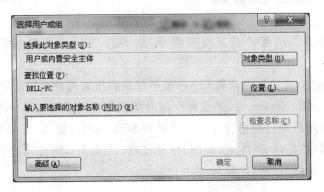

图 6-7　"选择用户或组"对话框

（4）单击"对象类型"按钮，选择"用户"选项，单击"确定"按钮返回"选择用户或组"对话框。

（5）在"选择用户或组"对话框中，单击"高级"按钮，再单击"立即查找"按钮，选择 Windows 用户如 dell，如图 6-8 所示。

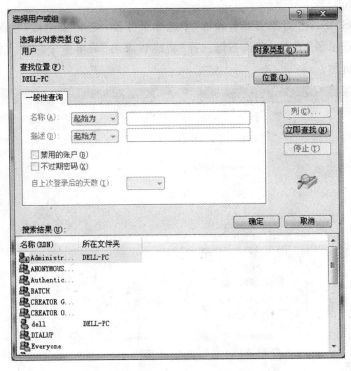

图 6-8　添加 Windows 用户 dell 为登录名

（6）选择用户或组后，单击"确定"按钮，返回"登录名-新建"对话框。

（7）选择"Windows 身份验证"登录名，单击"确定"按钮，就创建了与 Windows 用户 dell 对应的登录名 dell。

（8）展开第（2）步中的"登录名"节点，即可看到已经创建的用户名。

在创建"Windows 身份验证"登录名时（参见图 6-6），必须先创建对应的 Windows 用户，需要注意以下几点：

（1）单击"默认数据库"下拉列表框，选择该用户访问的默认数据库。

（2）单击"服务器角色"选项卡，可查看或修改登录名在固定服务器角色中的成员身份。

（3）单击"用户映射"选项卡，可以查看或修改登录名到数据库用户的映射。

（4）单击"安全对象"选项卡，可以查看或修改安全对象。

（5）单击"状态"选项卡，可以查看或修改登录名的状态信息。

【例 6-4】 在当前数据库引擎中创建"SQL Server 身份验证"（登录名：sqltx，密码：111111）。

（1）启动 SSMS，在"对象资源管理器"中选择服务器，展开"安全性"节点。

（2）右击"登录名"节点，选择"新建登录名"菜单命令，打开"登录名-新建"对话框。

（3）在默认的"常规"选项卡中，在"登录名"文本框中输入名称 sqltx，然后选中"SQL Server 身份验证"单选按钮，并输入密码"111111"，以及确认密码，如图 6-9 所示。

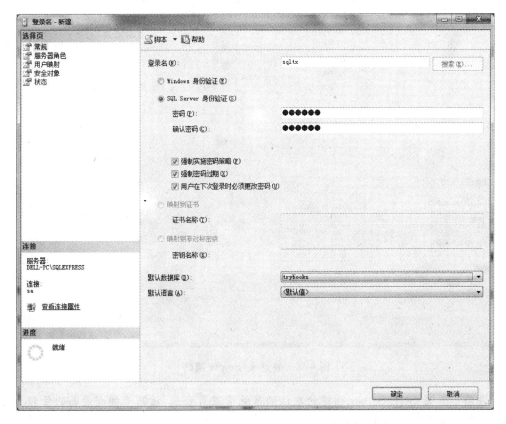

图 6-9 设置 SQL Server 身份验证登录名

（4）其他的设置和创建"Windows 身份验证"登录名一样。

（5）单击"确定"按钮，就可以创建 SQL Server 身份验证的登录名 sqltx。

注意：选择"用户在下次登录时必须更改密码"选项，表示每次使用该登录名后都必须更改密码。但如果操作系统版本不支持"用户在下次登录事必须更改密码"功能，请取消该选项。

2. 查看登录账号

【例 6-5】　查看 sqltx 用户的属性，并将登录状态设置为"启用"。

(1) 启动 SSMS，在"对象资源管理器"中，依次展开"安全性"|"登录名"节点，这时可以看到系统创建的默认登录账号及已建立的其他登录账号。

(2) 选中 sqltx 登录名，右击选择"属性"菜单命令，打开"登录属性-sqltx"对话框。

(3) 选择"状态"选项卡，如图 6-10 所示，在"登录"选项中选择"启用"单选按钮。

(4) 选择"常规"选项卡，可以查看和设置登录名的基本属性。

(5) 选择"服务器角色"选项卡，查看和设置登录名所属的服务器的角色。

(6) 选择"用户映射"选项卡，查看和设置映射到此登录名的用户和数据库角色。

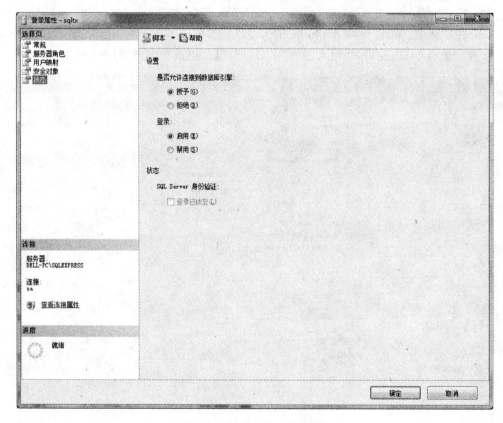

图 6-10　登录账号 sqltx 属性

注意：sa 是 SQL Server 创建的默认的系统管理员登录，该账号拥有最高的管理权限，可以执行服务器范围内所有操作。

3. 删除登录名

(1) 启动 SSMS，在"对象资源管理器"中，依次展开"安全性"|"登录名"节点。

(2) 右击要删除的登录名，如 sqltx，选择"删除"菜单命令，打开"删除对象"对话框，单击"确定"按钮即可。

6.3.2 数据库用户账号及权限

登录账号本身并不提供访问数据库对象的用户权限。一个合法的登录账号只表明该账号通过了 Windows 认证或 SQL Server 认证,允许该账号用户进入 SQL Server,但不表明可以对数据库数据和数据对象进行某种操作。所以当用户通过身份验证连接到 SQL Server 以后,还必须取得相应的数据库访问权限,才能使用该数据库。用户对数据的访问权限以及对数据库对象的所有关系都是通过用户账号来控制的。

数据库用户在定义时必须与一个登录名相关联,一个登录名可以与服务器上的所有数据库进行关联;也就是说,一个登录名可以映射到不同的数据库产生多个数据库用户,而一个数据库用户只能映射到一个登录名。

1. 创建数据库用户

【例 6-6】 创建与登录名 sqltx 对应的 trybooks 数据库用户 stutx。

(1) 启动 SSMS,在"对象资源管理器"中,依次展开"数据库"|trybooks|"安全性"节点。

(2) 选择"用户"节点,右击选择"新建用户"菜单命令,打开"数据库用户-新建"对话框。

(3) 输入数据库"用户名"为 stutx,如图 6-11 所示。

图 6-11 "数据库用户-新建"对话框

（4）单击"登录名"单选按钮右边文本框后面的浏览按钮 ![...]，打开"选择登录名"对话框，如图 6-12 所示。

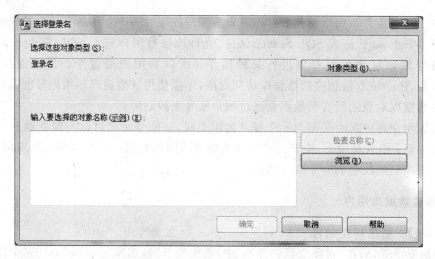

图 6-12 "选择登录名"对话框

（5）选择"浏览"按钮，打开"查找对象"对话框，选择对应的登录名 sqltx，如图 6-13 所示。

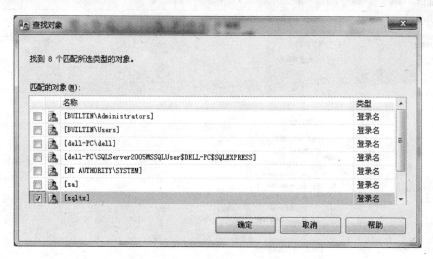

图 6-13 "查找对象"对话框

（6）单击"确定"按钮返回"选择登录名"对话框，再单击"确定"按钮返回"数据库用户-新建"对话框。

（7）在"数据库用户-新建"对话框中，根据该用户的权限要求，设置"此用户拥有的架构"选项，可以选择 db_owner,db_securityadmin 等。

（8）根据该用户的权限要求，设置"数据库角色成员身份"选项，如数据库拥有者为 db_owner。

（9）单击"安全对象"选项卡，进入"安全对象"界面，添加数据库用户能访问的数据库对象。

（10）单击"确定"按钮，完成数据库用户的创建。

注意：数据库用户必须和一个登录名相关联。建立一个数据库用户账号时，要为该账号设置某种权限，该用户账号才能访问操作数据库中的数据，设置权限可以通过为它指定适当的数据库角色来实现。

2. 查看数据库用户账号

【例 6-7】 查看数据库用户 stutx 的账号属性。

（1）启动 SSMS，在"对象资源管理器"中，依次展开"数据库"|trybooks|"安全性"|"用户"节点。

（2）选择 stutx 选项，单击右键选择"属性"菜单命令，打开"数据库用户-stutx"对话框，查看和设置数据库用户的属性，如图 6-14 所示。

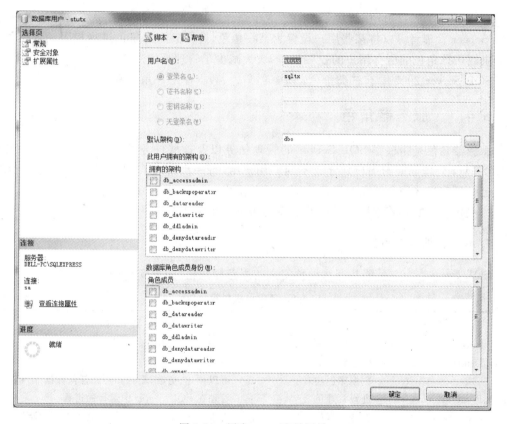

图 6-14　用户 stutx 账号属性

3. 修改数据库用户权限

修改数据库用户的权限时，可以通过修改该用户账号所属的数据库角色来实现。具体步骤如下：

（1）进入 SSMS，在"对象资源管理器"中选择服务器，依次展开"数据库"|trybooks|"安全性"|"用户"节点。

（2）右击目标用户（如 stutx），选择"属性"菜单命令，打开"数据库用户-stutx"属性窗口，如图 6-14 所示。

（3）在"此用户拥有的架构"列表框中和在"数据库角色成员身份"列表框中重新设置即可。

（4）选择左侧的"安全对象"选项卡，修改数据库用户能访问的数据库对象及其权限。

（5）单击"确定"按钮，完成数据库用户的修改。

4．删除数据库用户

启动 SSMS，在"对象资源管理器"窗口中选择服务器，依次展开"数据库"|trybooks|"安全性"|"用户"节点，选择要删除的用户名选项，单击右键选择"删除"命令即可。

6.4　角色设置与管理

在 SQL Server 2005 中提供了"角色"这个概念，角色实际是授予了一定权限的用户组。SQL Server 管理者可以将某些用户设置为某一角色，这样只需对角色进行权限设置便可实现对隶属于该角色的所有用户的权限设置，大大减少了管理员的工作量。

SQL Server 2005 中有三类角色：服务器角色、数据库用户角色和应用程序角色。

6.4.1　服务器角色

服务器角色是指根据 SQL Server 的管理任务以及这些任务相对的重要等级，把具有 SQL Server 管理职能的用户划分成不同的用户组，每一组所具有的管理 SQL Server 的权限均已被预定义。服务器角色适用在服务器范围内，并且其权限不能被修改。

一般仅指定需要管理服务器的登录者为服务器角色成员。

1．预定义服务器角色

SQL Server 2005 系统共有八种预定义的服务器角色，如表 6-1 所示。

表 6-1　预定义服务器角色

服务器角色	说　明	功　能　描　述
Bulkadmin	BULK INSERT 操作员	管理大容量数据插入
Diskadmin	磁盘管理员	可以管理磁盘文件
Dbcreator	数据库创建者	可以创建、更改、删除和还原任何数据库
Processadmin	进程管理员	管理在 SQL Server 中运行的进程
Securityadmin	安全管理员	管理登录名及其属性；可以 GRANT、DENY 和 REVOKE 服务器级权限和数据库级权限，也可以重置 SQL Server 登录名的密码
Setupadmin	安装程序管理员	可以添加和删除链接服务器，建立数据库复制，管理扩展存储过程
Serveradmin	服务器管理员	管理 SQL Server 服务器范围内的配置和关闭服务器
sysadmin	系统管理员	可以在 SQL Server 中执行任何活动；默认情况下 Administrators 组（本地管理员组）的所有成员都是 sysadmin 角色的成员

注意：用户不能再创建新的服务器角色，只能为角色添加登录成员。

2. 设置服务器角色

【例6-8】 使用SSMS，将登录名sqltx加入服务器角色securityadmin中。

（1）启动SSMS，在"对象资源管理器"中，依次展开"安全性"|"服务器角色"节点。

（2）选择securityadmin选项，单击右键选择"属性"菜单命令，打开"服务器角色属性-securityadmin"对话框。

（3）单击"添加"按钮，打开"选择登录名"对话框，单击"浏览"按钮从中选择要添加到securityadmin服务器角色的登录名如sqltx，单击"确定"按钮返回"选择登录名"对话框。

（4）单击"确定"按钮返回"服务器角色属性- securityadmin"对话框，如图6-15所示。

图6-15 "服务器角色属性- securityadmin"对话框

3. 查看登录名所属服务器角色

查看登录名所属服务器角色的具体步骤如下：

（1）启动SSMS，在"对象资源管理器"中，依次展开"数据库"|trybooks|"安全性"|"用户"节点。

（2）选择某个登录账户，如stutx，单击右键选择"属性"菜单命令，打开"登录账号属性"对话框，选择"服务器角色"选项卡，即可查看和设置登录名所属的服务器的角色。

注意：在固定服务器角色属性中可以看到选定服务器角色所包含的登录名。在登录名的属性中可以查看该登录名属于哪些服务器的角色。

4. 删除服务器角色成员

删除服务器角色成员的具体步骤如下：

（1）启动 SSMS，在"对象资源管理器"中，依次展开"安全性"|"服务器角色"节点。

（2）选择 securityadmin 选项，右击选择"属性"菜单命令，打开"服务器角色属性-securityadmin"对话框。

（3）在"角色成员"窗口中，选择相应的登录名，然后单击"删除"按钮即可。

注意：不能添加和删除服务器角色。在将登录添加到固定服务器角色时，该登录将得到与此角色相关的权限。不能更改 sa 登录和 public 的角色成员身份。

6.4.2　数据库角色

数据库角色实际上就是具有某些特定的访问数据库或数据库对象的操作权限的用户组。

使用数据库角色的好处是：通过将用户添加到某个数据库角色中去，可直接为其赋予该角色规定的权限。此外，通过修改数据库角色的权限可修改隶属于该角色的所有用户的权限。

注意：在同一数据库中，一个用户可属于多个角色。数据库角色中可以包括用户以及其他的数据库角色。在 SQL Server 2005 中提供了预定义的固定数据库角色，此外，用户也可自定义数据库角色。

1. 固定数据库角色

固定数据库角色就是在每个数据库中都存在的系统预先定义好的具有某些特定访问数据库或数据库对象的操作权限的用户组。

系统管理员可以将不同级别的用户加入到这些角色中，固定数据库角色的成员也可将其他用户添加到本角色中。

SQL Server 2005 提供了 10 个预定义的固定数据库角色，如表 6-2 所示。

表 6-2　SQL Server 中的固定数据库角色

固定数据库角色	描　述
db_owner	在特定的数据库中具有全部活动的权限
db_accessadmin	具有添加或删除数据库用户、组和角色的权限
db_securityadmin	可以管理全部权限、对象所有权、角色和角色成员资格
db_ddladmin	有权添加、修改和删除数据库对象，但无权授予、拒绝或废除权限
db_backupoperator	具有备份数据库的权限
db_datareader	可以查看来自数据库中所有用户表的全部数据
db_datawriter	有权添加、更改或删除数据库中所有用户表的数据
db_denydatareader	无权查看数据库内任何用户表或视图中的数据
db_denydatawrirer	无权更改数据库内的数据

　　除了以上固定数据库角色外，在 SQL Server 2005 中还有一个特殊的固定数据库角色 public。每个数据库用户都属于 public 数据库角色。public 数据库角色保存在每个数据库中，包括系统数据库和所有用户数据库。如果想让数据库中的每个用户都能具有某个特定的权限，则将该权限指派给 public 角色。同时，如果没有给用户专门授予某个对象的权限，用户默认只能使用 public 角色的权限。

　　【例 6-9】 将数据库用户 stutx 添加到 trybooks 数据库的固定数据库角色 db_owner 中。

　　注意：*public 数据库角色不能被删除。数据库角色是在数据库级别上定义；只能存在于一个数据库中，不能跨多个数据库。*

　　（1）启动 SSMS，在"对象资源管理器"中依次展开"数据库"|trybooks|"安全性"|"用户"|"角色"|"数据库角色"节点。

　　（2）选择 db_owner 选项，右击选择"属性"菜单命令，如图 6-16 所示，打开"**数据库角色属性-db_owner**"对话框。

　　（3）在"**数据库角色属性-db_owner**"对话框中，单击"添加"按钮，打开"**选择数据库用户或角色**"对话框，单击"浏览"按钮，选择指定登录名 stutx。

图 6-16　数据库角色

　　（4）依次单击"确定"按钮，将数据库用户 stutx 添加到 db_owner 数据库角色中。

　　注意：*在将数据库用户添加到固定数据库角色时，该数据库用户将得到与此数据库角色相关的权限。固定数据库角色不能被添加、修改和删除。*

2. 自定义数据库角色

如果系统提供的固定数据库角色不能满足要求,用户也可创建自定义数据库角色。

例如,在线考试管理数据库 trybooks 对 A、B 和 C 三类人员分别建立了不同级别的用户账户,并且将它们加入三个级别不同的固定数据库角色赋予了不同的权限。现在,A、B、C 三类人员将对数据库中的某一表进行同一特定的操作。这时,用户可以自定义创建一个数据库角色,将要对该表操作的相应权限赋予该角色,然后再将 A、B、C 三类人员加入该角色中。

【例 6-10】 在 trybooks 数据库中,创建用户定义数据库角色 db_newrole。

(1) 进入 SSMS,在"对象资源管理器"中依次展开"数据库"|trybooks|"安全性"|"用户"|"角色"节点。

(2) 选择"数据库角色"节点,右击选择"新建数据库角色",如图 6-17 所示,打开"数据库角色-新建"对话框。

(3) 在"数据库角色-新建"对话框中,输入角色名称为 db_newrole。

(4) 单击"所有者"文本框右侧的"▢"按钮,打开"选择数据库或用户角色"对话框,单击"浏览"按钮选择指定数据库角色的所有者,如 dbo,依次单击"确定"按钮返回"数据库角色-新建"对话框。

图 6-17　选择"新建数据库角色"菜单命令

（5）在"数据库角色-新建"对话框中，指定"此角色拥有的架构"为 db_owner。

（6）单击"添加"按钮，在打开的"选择数据库或用户角色"对话框中，添加此角色的成员，如 stutx，如图 6-18 所示。

（7）单击"确定"按钮，完成数据库角色的创建。

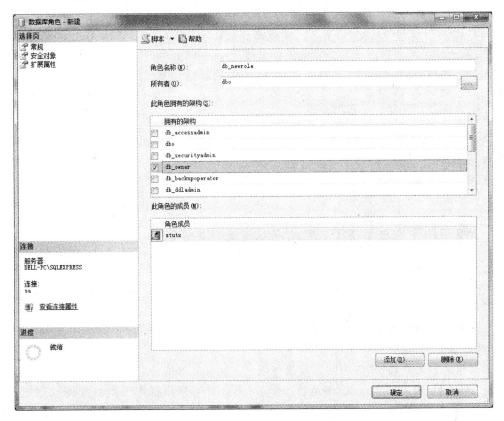

图 6-18　自定义数据库角色

要查看用户定义数据库角色属性或删除用户定义数据库角色，右击指定的用户定义数据库角色，如 db_newrole，选择"属性"或"删除"菜单命令即可。

6.4.3　应用程序角色

应用程序角色是一个数据库主体，它使应用程序能够用自身的、类似用户的特权来运行。编写数据库应用程序时，可以定义应用程序角色，让应用程序的操作者能用该应用程序来存取 SQL Server 的数据。

例如，在某些情况下，可能希望限制用户能通过特定应用程序来访问数据，防止用户使用 SQL Server 查询分析器等其他系统工具直接访问数据库中的数据，这样，不仅可实现类似视图或存储过程那样的只对用户显示指定数据、防止数据泄密或被坏的功能，还可防止用户使用 SQL 查询分析器等系统工具连接到 SQL Server 并对数据库编写质量差的查询，而造成对整个服务器性能负面影响。

SQL Server 可以通过使用应用程序角色适应这些要求。应用程序角色与数据库角色有以下不同：

(1) 应用程序角色默认情况下不包含任何成员。

(2) 默认情况下，应用程序角色是非活动的，需要用密码激活。

(3) 应用程序角色不使用标准权限，连接将失去用户权限，而获得应用程序角色权限。

应用程序角色只能应用于它们所存在的数据库中，所以连接只能通过授予其他数据库中 guest 用户账户的权限来获得对另一个数据库的访问。因此，如果数据库中没有 guest 用户账户，则连接无法获得对该数据库的访问。如果 guest 用户账户虽然存在于数据库中，但是访问对象的权限没有显式地授予 guest，那么无论是谁创建了对象，连接都不能访问该对象。

应用程序角色允许应用程序（而不是 SQL Server）接管验证用户身份的责任。但是，SQL Server 在应用程序访问数据库时仍需对其进行验证，因此应用程序必须提供密码，因为没有其他方法可以验证应用程序。

注意：应用程序角色可以和两种身份验证模式一起使用；应用程序角色被激活过程：

(1) 用户执行客户端应用程序。

(2) 客户端应用程序作为程序用户连接 SQL Server。

(3) 应用程序使用有效密码执行系统存储过程 sp_setapprole。

(4) 激活应用程序角色。

(5) 获得与数据库的应用程序角色相关联的权限。

创建应用程序角色的方法：使用"对象资源管理器"创建应用程序角色的过程与创建用户自定义数据库角色的过程基本相同，只是在"角色"节点下选择"应用程序角色"节点右击鼠标，然后选择"新建应用程序角色"命令，打开"应用程序角色-新建"窗口，在设置窗口里面除了需要输入密码以外，其他的设置方法和创建自定义数据库角色是一样的。

【例 6-11】　假设用户 stutx 要运行 trybooks_Online 应用程序访问 trybooks 数据库中的表 students，该应用程序要求在表 students 上有 SELECT、UPDATE 和 INSERT 权限，但用户 stutx 在使用 SQL Server 查询分析器或其他的工具访问 students 表时不具有这三种权限。

(1) 进入 SSMS，在"对象资源管理器"中依次展开"数据库"|trybooks|"安全性"|"用户"|"角色"|"数据库角色"节点。

(2) 单击右键选择"新建数据库角色"菜单命令，打开"数据库角色-新建"对话框。

(3) 选择"常规"选项卡，设置"角色名称"为 A_approle，指定数据库角色的"所有者"为 dbo，指定"此角色拥有的架构"为 db_owner。

(4) 单击"添加"按钮，在打开的"选择数据库或用户角色"对话框中，添加此角色的成员为 stutx。

(5) 选择"安全对象"选项卡，单击"添加"按钮，打开"添加对象"对话框，选择"属于该架构的所有对象"选项，选择"架构名称"为 dbo，如图 6-19 所示。

(6) 单击"确定"按钮返回"数据库角色-新建"对话框，在"安全对象"列表框区域选择 students 表对象，在"dbo. students 的显式权限"窗口给用户设置对象的"授予"、"具有授予权限"或"拒绝"的特定权限，设置表 students 的 SELECT、INSERT、UPDATE 的权限为"拒绝"选项，如图 6-20 所示。

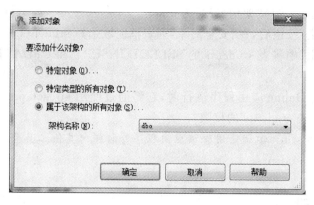

图 6-19　"添加对象"对话框

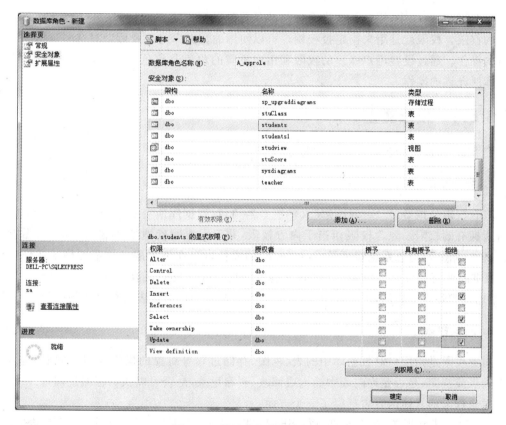

图 6-20　设置数据库角色的权限

（7）单击"确定"按钮后，完成数据库角色的创建。

（8）依次展开"数据库"|trybooks|"安全性"|"用户"|"角色"|"应用程序角色"节点，右击鼠标选择"新建应用程序角色"命令，打开"应用程序角色-新建"对话框。

（9）选择"常规"选项卡，输入"角色名称"如 A_approle2、"默认架构"、"密码"、"确认密码"以及"此角色拥有的架构"如 db_owner。

（10）选择"安全对象"选项卡，单击"添加"按钮，打开"添加对象"对话框，选择"属于该架构的所有对象"选项,选择"架构名称"为 dbo。

(11) 单击"确定"按钮后,在"安全对象"列表框区域选择 students 表对象,接着在"dbo. students 的显式权限"中将表 students 的 SELECT、INSERT 和 UPDATE 的权限所在行的 "授予"选项选中。

这样,trybooks_Online 应用程序运行时,它将通过使用 sp_setaprole 提供密码激活应用程序,并获得访问表 students 的权限。

注意:如果用户 stutx 尝试使用除该应用程序外的任何其他工具登录到 SQL Server 实例,则将无法访问表 students。

6.5 权限管理

在 SQL Server 中,用户若要进行任何涉及更改数据库定义或访问数据的活动,必须有相应的权限。权限就是用来指定授权用户可以使用的数据库对象及可以对这些数据库对象执行的操作。通过设置用户账户的权限和用户所属的角色及角色的权限,可以控制用户对数据库所允许的操作。

6.5.1 权限类型

在 SQL Server 中包括以下三种类型的权限。

1. 隐含权限

隐含权限是指 SQL Server 预定义的服务器角色、数据库所有者(dbo)和数据库对象所有者所拥有的权限。隐含权限相当于内置权限,并不需要明确地授予这些权限,也不能撤销。例如,服务器角色系统管理员(sysadmin)的成员可以在整个服务器范围内从事任何操作;数据库所有者(dbo)可以对本数据库进行任何操作;表的拥有者用户(owner)可以查看、添加或删除表中数据,更改表定义,或控制允许其他用户对该表进行操作的权限。

2. 对象权限

对象权限是指用户对数据库中的表、视图、存储过程等对象的操作权限。例如,是否可以查询表或视图,是否允许向表中插入或修改、删除记录,是否可以执行存储过程等。

对象权限的具体内容包括以下三个方面:

(1) 对于表和视图,是否允许执行 SELECT,INSERT,UPDATE 及 DELETE 语句。

(2) 对于表和视图的字段,是否可以执行 SELECT 和 UPDATE 语句。

(3) 对于存储过程,是否可以执行 EXECUTE 语句。

系统管理员或数据库所有者可以对指定用户授予以上相应的权限,以控制其所能执行的操作。例如,只授予用户使用 SELECT 语句查询数据权限,则该用户无法修改或删除数据库中数据;若授予用户 INSERT 和 UPDATE 权限,则用户就可以在相应的表中插入数据和更新数据。

3. 语句权限

语句权限是指用户创建数据库和数据库中对象（如表、视图、自定义函数、存储过程等）权限。常用的语句权限及其含义如表 6-3 所示。

表 6-3 语句权限及其含义

序 号	语 句	含 义
1	CREATE DATABASEE	允许用户创建数据库
2	CREATE TABLE	允许用户创建表
3	CREATE VIEW	允许用户创建视图
4	CREATE RULE	允许用户创建规则
5	CREATE DEFAULT	允许用户创建默认
6	CREATE PROCEDURE	允许用户创建存储过程
7	CREATE FUNCTION	允许用户创建用户定义函数
8	BACKUP DATABASE	允许用户备份数据库
9	BACKUP LOG	允许用户备份事务日志

注意：只有系统管理员、安全管理员和数据库所有者才可以授予用户语句权限。

6.5.2 使用 SSMS 管理权限

从用户/角色的角度管理对象权限，即一个用户或角色对哪些对象有哪些操作权限。

【例 6-12】 使用 SSMS 管理 trybooks 数据库用户 stutx，设置该用户对 student 数据表以及相关列的权限。

（1）启动 SSMS，在"对象资源管理器"中依次展开"数据库"|trybooks|"安全性"|"用户"节点。

（2）选择用户名 stutx 选项，右击选择"属性"菜单命令，打开"数据库用户-stutx"对话框，选择左侧"安全对象"选项卡。

（3）单击"添加"按钮，打开"添加对象"对话框，选择"属于该架构的所有对象"选项，选择"架构名称"为 dbo。

（4）单击"确定"按钮返回"数据库用户-stutx"对话框，在"安全对象"列表框区域选择 students 表对象，在"dbo. students 的显式权限"窗口给用户设置对象的"授予"、"具有授予权限"或"拒绝"的特定权限，设置表 students 的 SELECT、INSERT、UPDATE、DELETE 等权限，如图 6-21 所示。

（5）单击"列权限"按钮，打开"列权限"对话框，根据需要设置对应列的权限，如图 6-22 所示。

（6）设置权限好后，单击"确定"按钮即可。

下面举一个从数据库对象的角度管理对象权限的例子。

【例 6-13】 使用 SSMS 管理 stuScore 表的权限。

（1）启动 SSMS，在"对象资源管理器"中依次展开"数据库"|trybooks|"表"节点。

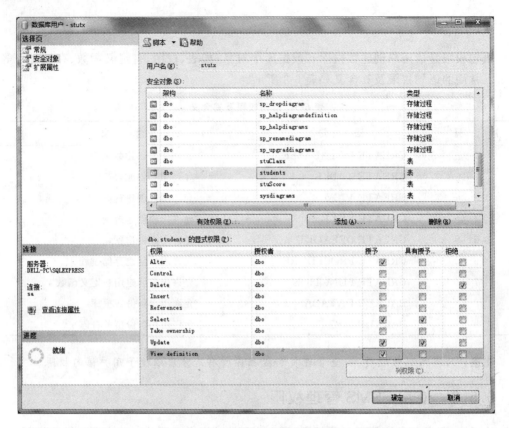

图 6-21　设置数据库用户的权限

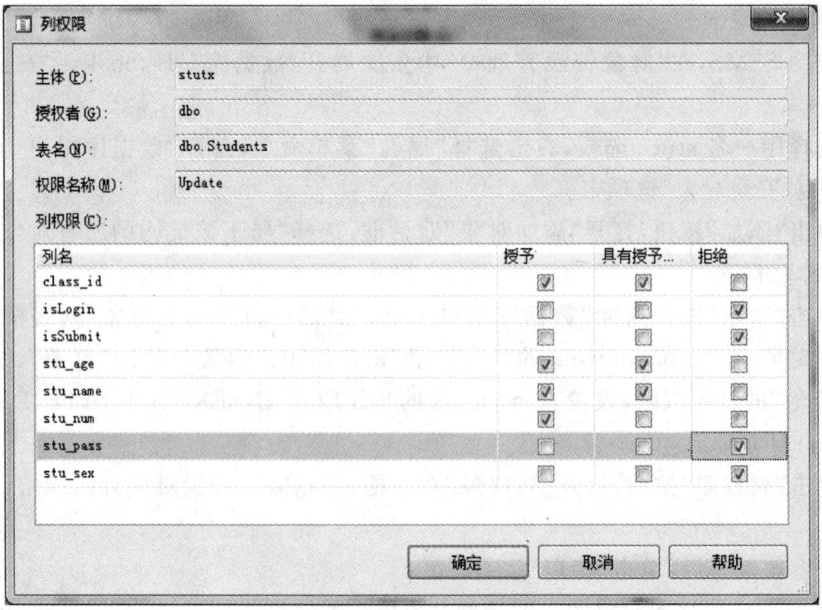

图 6-22　"列权限"对话框

（2）选择 stuScore 表节点，右击选择"属性"菜单命令，打开"表属性-stuScore"对话框，选择"权限"选项卡，如图 6-23 所示。

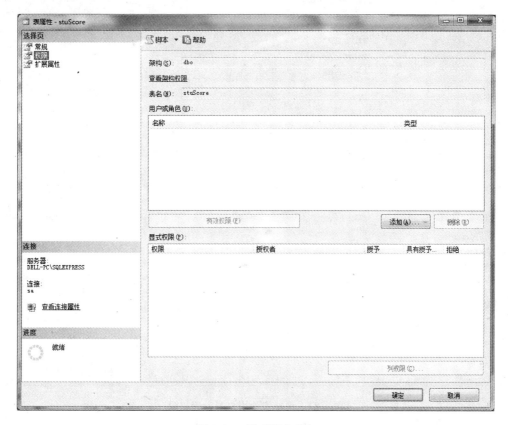

图 6-23 "权限"选项卡

（3）单击"添加"按钮，打开"选择用户或角色"对话框，单击"浏览"按钮，打开"查找对象"选择匹配的对象如 stutx，单击"确定"按钮返回"表属性-stuScore"对话框。

（4）选择指定的用户或角色，在"显式权限"窗口中对特定的权限设置"授予"、"具有授予权限"或"拒绝"，如图 6-24 所示。

注意：视图、存储过程的权限管理与表的权限管理类似。

6.5.3 使用 Transact-SQL 管理权限

在 SQL Server 中使用 GRANT、DENY、REVOKE 三条 SQL 语句实现对权限的管理。

1. 使用 GRANT 授予权限

GRANT 语句用于把权限授予某一用户，以允许该用户执行针对某数据库对象的操作或允许其运行某些语句。DBA 和表的建立者（即表的属主）可以对授予权限进行定义。

GRANT 语句的一般语法格式如下：

```
GRANT <权限>[,<权限>]...
```

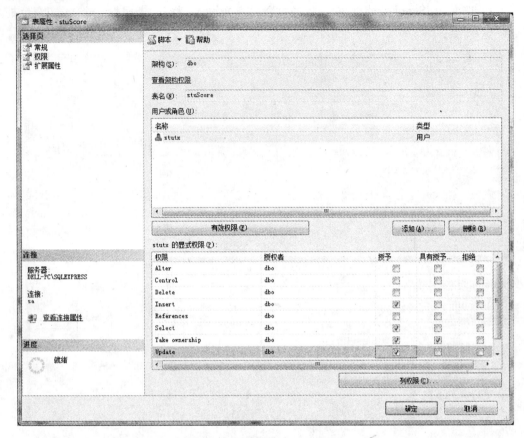

图 6-24　选择表的用户与设置权限

```
[ON <对象类型> <对象名>]
    TO <用户>[,<用户>]...
[WITH GRANT OPTION]
```

该语法的各要素具体含义如下：

（1）权限：被授予的权限可以是查询、插入、更新或删除等。

（2）对象类型：被授予权的对象，可以是表、视图、属性列或数据库。

（3）用户：被授予的用户可以是一个或多个，全体用户是 PUBLIC。

（4）WITH　GRANT OPTION：指定了该子句的，表示获得某种权限的用户还可以把这种权限再授予别的用户。

【例 6-14】　把查询 students 表权限授给用户 stutx。

打开一个新的"查询编辑器"，在"代码编辑器"窗口中，输入并执行以下 T-SQL 代码：

```
USE trybooks
GO
GRANT SELECT
ON TABLE students
TO  stutx
GO
```

【例 6-15】　把对 students 表和 stuScore 表的全部权限授予用户 stutx2 和 stutx3。

打开一个新的"查询编辑器",在"代码编辑器"窗口中,输入并执行以下 T-SQL 代码:

```
USE trybooks
GO
GRANT ALL PRIVILLGES
ON TABLE students, stuScore
TO  stutx2,stutx3
GO
```

【例 6-16】 把对表 stuScore 的插入数据权限授予 stutx4 用户,并允许它再将此权限授予其他用户。

打开一个新的"查询编辑器",在"代码编辑器"窗口中,输入并执行以下 T-SQL 代码:

```
GRANT INSERT
ON TABLE stuScore
TO  stutx4
WITH GRANT OPTION
```

2. 使用 DENY 拒绝权限

DENY 语句可以用来禁止用户对某一对象或语句的权限,它不允许该用户执行针对数据库对象的某些操作或不允许其运行某些语句。

DENY 语句的一般语法格式如下:

```
DENY <权限>[,<权限>]...
[ON <对象类型> <对象名>]
TO <用户>[,<用户>]...
```

【例 6-17】 使用 T-SQL 语句拒绝用户 stutx 对 trybooks 数据库中 stuScore 表的插入和修改权限。

打开一个新的"查询编辑器",在"代码编辑器"窗口中,输入并执行以下 T-SQL 代码:

```
USE trybooks
GO
DENY INSERT ,UPDATE
ON TABLE  stuScore
TO  stutx
GO
```

3. 使用 REVOKE 取消权限

REVOKE 语句可以用来撤销用户对某一对象或语句的权限,使其不能执行操作,除非该用户是角色成员,且角色被授权。

REVOKE 语句的一般语法格式如下:

```
REVOKE <权限>[,<权限>]...
[ON <对象类型> <对象名>]
FROM <用户>[,<用户>]...
```

【例 6-18】 收回用户 stutx4 对 stuScore 表的插入权限。

打开一个新的"查询编辑器",在"代码编辑器"窗口中,输入并执行以下 T-SQL 代码:

```
REVOKE INSERT
ON TABLE stucourse
FROM  stutx 4
GO
```

注意:收回 stutx4 的权限后,也将收回其他用户直接或间接从用户 stutx4 获得的对表 stuScore 的插入权限。

6.6 综合案例

【例 6-19】 在 SQL Server 身份验证模式下,创建一个登录账号(登录名:TeachAdmin,密码:123456),该账号是 trybooks 数据库的系统管理员,其默认访问数据库是 trybooks 数据库。

具体操作步骤如下:

(1)进入 SSMS,在"对象资源管理器"窗口中,选择当前服务器,选择"属性"菜单命令,打开"服务器属性"对话框。

(2)选择左侧的"安全性"选项卡,然后在右侧的"服务器身份验证"选项中选择"SQL Server 和 Windows 身份验证模式"单选项,并单击"确定"按钮,如图 6-25 所示。

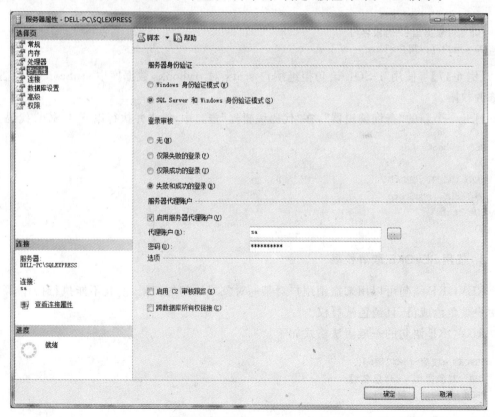

图 6-25 服务器身份验证模式设置

（3）在"对象资源管理器"窗口中，展开该服务器下的"安全性"节点，右击"登录名"选项，选择"新建登录名"命令，弹出"登录名-新建"对话框。

（4）在"登录名"文本框中输入账号名 TeachAdmin，选择"SQL Server 身份验证"单选项，并输入密码和确认密码（都是 123456）。

（5）在"默认数据库"选项中，选择该账号默认登录的 trybooks 数据库，设置如图 6-26所示。

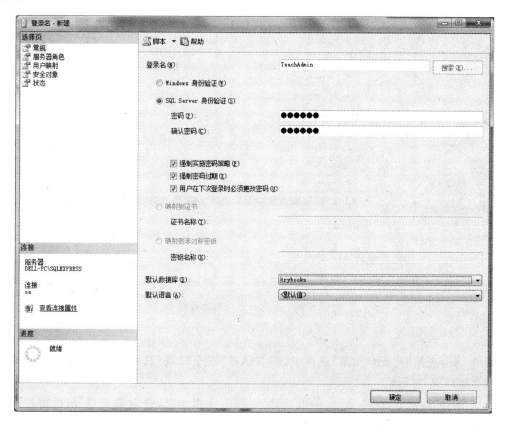

图 6-26　登录账号设置

（6）选择左侧的"用户映射"选项卡，在"映射到此登录名的用户"选项栏内，选中 trybooks 数据库前的复选框，自动生成名为 TeachAdmin 的用户。

（7）在"数据库角色成员身份"选项栏中，选择 db_owner，如图 6-27 所示。

（8）设置完毕后，单击"确定"按钮，这时，就创建好了登录账号 TeachAdmin，并在 trybooks 数据库中创建了名为 TeachAdmin 的用户。

（9）选择左侧的"状态"选项卡，在"登录名"选项下选择"启用"单选项，单击"确定"按钮完成设置。

如果该账号是普通用户，并且对该账号的权限设置要求具体到对象"属性列"，则还需要进行以下一些设置：

（1）在"对象资源管理器"窗口中，依次展开"数据库"|trybooks|"安全性"|"用户"节点。

（2）右击用户名 TeachAdmin，选择"属性"菜单命令，打开"数据库用户-TeachAdmin"

图 6-27　用户映射与角色设置

对话框。

（3）选择左侧的"安全对象"选项卡，在右侧的"安全对象"选项栏内，单击"添加"按钮，打开"添加对象"对话框。

（4）选择"特定对象"单选项，单击"确定"按钮，在弹出"选择对象类型"对话框中，单击选择"表"选项，如图 6-28 所示。

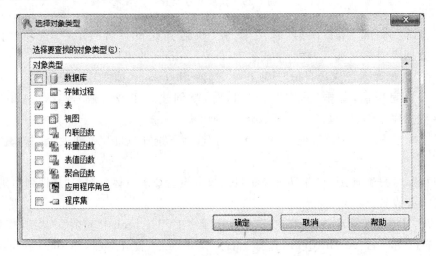

图 6-28　"选择对象类型"对话框

（5）单击"确定"按钮返回"选择对象"对话框，单击"浏览"按钮，打开"查找对象"对话框，选择数据表 stuScore，如图 6-29 所示。

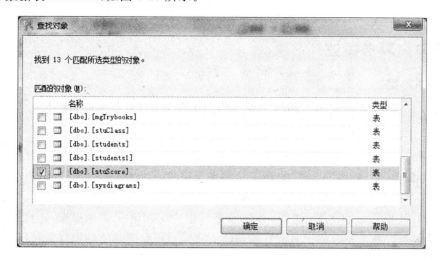

图 6-29 "查找对象"对话框

（6）单击"确定"按钮返回"选择对象"对话框。

（7）单击"确定"按钮返回到"数据库用户-TeachAdmin"对话框，在右边下面的"dbo.stuScore 的显式权限"栏内，选择具体的权限并"授予"、"具体授予权限"、"拒绝"，或单击下面的"列权限"对"属性列"进行具体的设置，如图 6-30 所示。

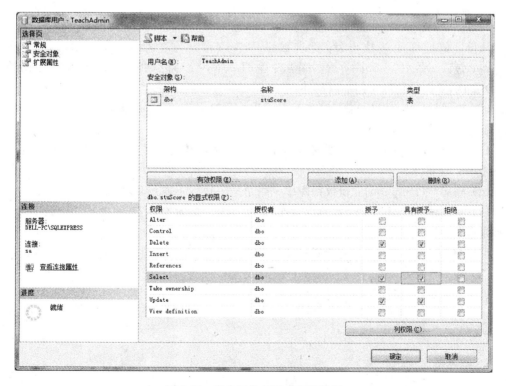

图 6-30 安全对象与显式权限设置

6.7 事务

6.7.1 事务概述

1. 事务的定义

所谓事务(Transaction)是用户定义的一个数据库操作序列,这些操作要么全部成功运行,否则,将不执行其中任何一个操作,是一个不可分割的工作单元。

在关系数据库中,一个事务可以是一条 SQL 语句、一组 SQL 语句或整个程序。事务和程序是两个概念。一般地讲,一个程序中包含多个事务。

应用程序必须用命令 BEGIN TRANSACT、COMMIT 或 ROLLBACK 来标记事务逻辑的边界。BEGIN TRANSACT 表示事务开始;COMMIT 表示提交,即提交事务的所有操作,具体地说就是将事务中所有对数据库的更新写回到磁盘上的物理数据库中,事务正常结束;ROLLBACK 表示回退,即在事务运行的过程中发生了某种故障,事务不能继续执行,系统将事务中对数据库的所有已完成的更新操作全部撤销,回退到事务开始时的状态。对于不同的 DBMS 产品,这些命令的形式有所不同。

为便于从形式上说明问题,假定事务采用以下两种操作来访问数据:

(1) read(x):从数据库读取数据项 x 到内存缓冲区中。

(2) write(x):从内存缓冲区中把数据项 x 写入数据库。

2. 事务基本性质

从保证数据库完整性出发,要求数据库管理系统维护事务的几个性质:原子性(Atomicity)、一致性(Consistency)、隔离性(Isolation)、持久性(Durability),可简称为 ACID 特性,下面分别对它们加以阐述。

(1) 原子性(Atomicity):指事务是数据库的逻辑工作单位,事务中的操作要么都做,要么都不做。

(2) 一致性(Consistency):指事务执行的结果必须是使数据库从一个一致性状态变到另一个一致性状态。

(3) 隔离性(Isolation):指数据库中一个事务的执行不能被其他事务干扰。

(4) 持久性(Durability):也称为永久性,指事务一旦提交,则其对数据库中数据的改变就是永久的。

保证事务 ACID 特性是事务处理的重要任务。事务 ACID 特性可能遭到破坏的因素有:

(1) 多个事务并发执行,不同事务的操作交叉执行。

(2) 事务在运行过程中被强行停止。

6.7.2 事务调度

1. 基本概念

一般来讲,在一个大型的 DBMS 中,可能会同时存在多个事务处理请求,系统需要确定这组事务的执行次序,即每个事务的指令在系统中执行的时间顺序,这称作事务的调度。

任何一组事务的调度必须保证两点:第一,调度必须包含所有事务的指令;第二,一个事务中指令的顺序在调度中必须保持不变。只有满足这两点才称得上是一个合法的调度。

事务调度有两种基本的调度形式:串行和并行。串行调度是在前一个事务完成之后,再开始做另外一个事务,类似于操作系统中的单道批处理作业。串行调度要求属于同一事务的指令紧挨在一起。如果有 n 个事务串行调度,可以有 $n!$ 个不同有效调度。而在并行调度中,来自不同事务的指令可以交叉执行,类似于操作系统中的多道批处理作业。如果有 n 个事务并行调度,可能的并发调度数远远大于 $n!$ 个。

定义多个事务的并发执行是正确的,当且仅当其结果与按某一次序串行地执行它们时的结果相同,称这种调度策略为可串行化(Serializable)的调度。

2. 事务的可串行性

可串行性(Serializability)是并发事务正确性的准则。按这个准则规定,一个给定的并发调度,当且仅当它是可串行化的,才认为是正确调度。

从系统运行效率和数据库一致性两个方面来看,串行调度运行效率低但保证数据库总是一致的,而并行调度提高了系统资源的利用率和系统的事务吞吐量(单位时间内完成事务的个数),但可能会破坏数据库的一致性。因为两个事务可能会同时对同一个数据库对象操作,因此即便每个事务都正确执行,也会对数据库的一致性造成破坏。这就需要某种并发控制机制来协调事务的并发执行,防止它们之间相互干扰。

3. 事务调度示例

以一个银行系统为例,假定有两个事务 T_1 和 T_2,T_1 是转账事务,从账户 A 过户到账户 B,T_2 则是为每个账户结算利息。事务 T_1 和 T_2 的详细描述如图 6-31 所示。

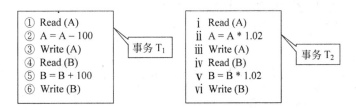

图 6-31 事务 T_1 和 T_2 描述

设 A,B 数据库中账户余额初始的金额分别为 1000,2000。下面是几种可能的调度情况:

(1)串行调度一。

先执行事务 T_1 所有语句,这时数据库中账户 A 和账户 B 的余额为(A:900,B:2100),再执行事务 T_2 所有语句,数据库中账户 A 和账户 B 的最终余额为(A:918,B:2142)。

(2)串行调度二。

先执行事务 T_2 所有语句,这时数据库中账户 A 和账户 B 的余额为(A:1020,B:2040),为再执行事务 T_1 所有语句,数据库中账户 A 和账户 B 的最终余额为(A:920,B:

2140)。

尽管这两个串行调度的最终结果不一样，但它们都是正确的。

（3）并行调度三。

先执行事务 T_1 的①、②、③语句，再执行事务 T_2 的ⅰ、ⅱ、ⅲ语句，接着是事务 T_1 的④、⑤、⑥语句，最后是事务 T_2 的ⅳ、ⅴ、ⅵ语句，数据库中账户 A 和账户 B 的最终余额为（A：918，B：2142）。

这个并行调度是正确的，因为它等价于先 T_1 后 T_2 的串行调度。

（4）并行调度四。

先执行事务 T_1 的①、②语句，再执行事务 T_2 的ⅰ、ⅱ语句，接着是事务 T_1 的③语句，然后依次是事务 T_2 的ⅲ、ⅳ、ⅴ语句，事务 T_1 的④、⑤语句，事务 T_2 的ⅵ语句，事务 T_1 的⑥语句。数据库中账户 A 和账户 B 的最终余额为（A：1020，B：2100）。

该并行调度是错误的，因为它不等价于任何一个由 T_1 和 T_2 组成的串行调度。在上面列举的各种调度中，都假定事务是完全提交的，并没有考虑因故障而造成事务中止的情况。如果一个事务中止了，那么按照事务原子性要求，它所做过的所有操作都应该被撤销，相当于这个事务从来没有被执行过。

考虑到事务中止的情况，可以扩展前面关于可串行化的定义：如果一组事务并行调度的执行结果等价于这组事务中所有提交事务的某个串行调度，则称该并行调度是可串行化的。

在并发执行时，如果事务 T_i 被中止，单纯撤销该事务的影响是不够的，因为其他事务有可能用到了 T_i 的更新结果。因此还必须确保依赖于 T_i 的任何事务 T_j（即 T_j 读取了 T_i 写的数据）也中止。

（5）并行调度五。

例如，假定有两个事务 T_3 和 T_4，T_3 是存款事务，T_4 则是为账户结算利息。T_3 往账户 A 里存入 100，然后 T_4 再结算 A 的利息，那么这其中有部分利息是由 T_3 存入的款项产生的。如果 T_3 被撤销，也应该撤销 T_4，否则那部分存款利息就是无中生有的。T_3 和 T_4 的描述如图 6-32 所示。这样的情形有可能会出现在多个事务中，这样由于一个事务的故障而导致一系列其他事务的回退，这称为级联回退。

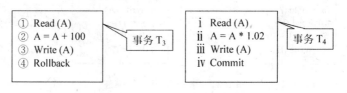

图 6-32　事务 T_3 和 T_4 描述

级联回退导致大量撤销工作，尽管事务本身没有发生任何故障，但仍可能因为其他事务的失败而回退。应该对调度作出某种限制以避免级联回退发生，这样的调度称为无级联调度。

设 A 数据库中账户余额初始的金额为 1000，再考虑下面形式的调度（事务 T_3 和 T_4 的描述如图 6-32）。

并行调度五的执行顺序为：先执行事务 T_3 的①、②、③语句，再执行事务 T_4 的ⅰ、ⅱ、ⅲ、ⅳ语句，最后是事务 T_3 的④语句。数据库中账户 A 最终余额为（A：1000）。

在上述调度中，T_3 对 A 做了一定修改，并写回到数据库中，然后 T_4 在此基础上对 A 做进一步处理。

注意：T_4 是在完成存款动作之后计算 A 的利息，并且在调度中先于 T_3 提交。

由于 T_4 读取了由 T_3 写入的数据项 A，同样必须中止 T_4，但 T_4 已经提交了，不能再中止。如果只回退 T_3，A 的值会恢复成 1000，这样加到 A 上的利息就不见了，但银行是付出了这部分利息的。这样就出现了发生故障后不能正确恢复的情形，这称作不可恢复的调度，是不允许的。

一般数据库系统都要求调度是可恢复的。可恢复调度应该满足：对于每对事务 T_i 和 T_j，如果 T_j 读取了由 T_i 所写的数据项，则 T_i 必须先于 T_j 提交。

6.7.3　SQL 事务处理模型

事务有如下两种类型：

（1）隐式事务：隐式事务是每一条数据操作语句都自动地成为一个事务。

（2）显式事务：有显式的开始和结束标记的事务。显式事务又可分为 ISO 事务处理模型和 T-SQL 事务处理模型。

下面对显示事务进行详细的介绍。

1．ISO 事务处理模型

明尾暗头是指事务的开头是隐含的，事务的结束有明确标记。

（1）事务结束符。COMMIT 为事务成功结束符；ROLLBACK 为事务失败结束符。

（2）事务提交方式。可分为自动提交和指定位置提交。自动提交是指每条 SQL 语句为一个事务。而指定位置提交是在事务结束符或程序正常结束处提交。

（3）事务起始/终止位置。可分为程序的首条 SQL 语句或事务结束符后的语句、在程序正常结束处或 COMMIT 语句处成功终止、在程序出错处或 ROLLBACK 处失败终止。

【例 6-20】 将一个转账业描述务事务处理模型。

将一个转账业描述务事务处理模型的 T-SQL 代码如下：

```
UPDATE 支付表
SET 账户总额 = 账户总额 - n
WHERE 账户名 = 'A'
UPDATE 支付表
SET 账户总额 = 账户总额 + n
WHERE 账户名 = 'B'
COMMIT
```

2．T-SQL 事务处理模型

每个事务都有显式的开始和结束标记。

（1）事务的开始标记。事务的开始标记如下：

```
BEGIN  TRANSACT | TRAN
```

（2）事务的结束标记。事务的结束标记如下：

```
COMMIT [TRANSACT|TRAN]
```

ROLLBACK [TRANSACT | TRAN]

【例 6-21】 前边的转账例子用 T-SQL 事务处理模型描述。

用 T-SQL 事务处理模型描述为:

```
BEGIN  TRANSACT
UPDATE 支付表 SET 账户总额 = 账户总额 - n
      WHERE 账户名 = 'A'
UPDATE 支付表 SET 账户总额 = 账户总额 + n
      WHERE 账户名 = 'B'
COMMIT
```

6.7.4 事务隔离级别

1. 概述

数据库中的数据是一个共享的资源,因此会有很多用户同时使用数据库中的数据,在多用户系统中,可能同时运行着多个事务,而事务的运行需要时间,并且事务中的操作是在一定的数据上进行的。当系统中同时有多个事务在运行时,特别是当这些事务是对同一段数据进行操作时,彼此之间就有可能产生相互干扰的情况。

2. 并发事务的相互干扰示例

假设 A,B 两个订票点恰巧同时办理同一架航班的飞机订票业务。设其操作过程及顺序如下:

(1) A 订票点(事务 A)读出航班目前的机票余额数,假设为 10 张。

(2) B 订票点(事务 B)读出航班目前的机票余额数,也为 10 张。

(3) A 订票点订出 6 张机票,修改机票余额为 $10-6=4$,并将 4 写回到数据库中。

(4) B 订票点订出 5 张机票,修改机票余额为 $10-5=5$,并将 5 写回到数据库中。

由此可见,这两个事务不能反映出飞机票数不够的情况,而且 B 事务还覆盖了 A 事务对数据库的修改,使数据库中的数据不可信,这种情况就称为数据的不一致性。

并发操作所带来的数据不一致性情况大致可分为四种,即丢失修改、读脏数据、不可重复读和幻想读,下面分别介绍这四种情况。

(1) 丢失修改(Lost Update)。

两个事务 T_1 和 T_2 读入同一数据并修改,T_2 提交的结果破坏了 T_1 提交的结果,导致 T_1 的修改被丢失。丢失修改又称作写-写错误,如图 6-33 所示。

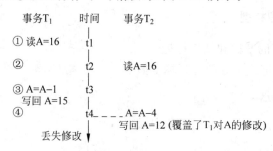

图 6-33　丢失修改

（2）读脏数据（Dirty Read）。

事务 T_1 修改某一数据,并将其写回磁盘,事务 T_2 读取同一数据后,T_1 由于某种原因被撤销,这时 T_1 已修改过的数据恢复原值,T_2 读到的数据就与数据库中的数据不一致,则 T_2 读到的数据就为"脏"数据,即不正确的数据。脏读又称作写-读错误,如图 6-34 所示。

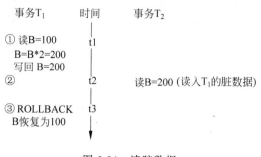

图 6-34　读脏数据

提交意味着一种确认,确认事务的修改结果真正反映到数据库中了。而在事务提交之前,事务的所有活动都处于一种不确定状态,各种各样的故障都可能导致它的中止,即不能保证它的活动最终能反映到数据库中。如果其他事务基于未提交事务的中间状态来做进一步的处理,那么它的结果很可能是不可靠的,正如不能依靠草稿上的蓝图来盖楼一样。

如果一个事务是对一张大表做统计分析,那么它读取了部分脏数据对其结果来说是无关紧要的。但如果一个存款事务正在向某账户上存入 500 元,那么取款事务这时就不能对该账户执行取款,否则很可能会出现以下情况,即存款事务失败了,它所存入账户的资金被撤销掉,但这笔资金却可能被取走。

（3）不可重复读（Non-Repeatable Read）。

事务 T_1 读取某一数据后,事务 T_2 对其做了修改,当 T_1 再次读取该数据时,得到与前次不同的值。不可重复读又称作读-写错误,如图 6-35 所示。

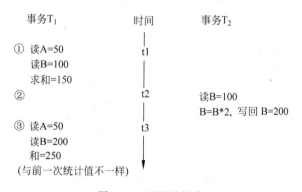

图 6-35　不可重复读

（4）幻想读（Phantom Read）。

事务 T_2 按一定条件读取了某些数据后,事务 T_1 插入（删除）了一些满足这些条件的数据,当 T_2 再次按相同条件读取数据时,发现多（少）了一些记录。

对于幻想这种情况,即使事务可以保证它所访问到的数据不被其他事务修改也还是不够的,因为如果只是控制现有数据的话,并不能阻止其他事务插入新的满足条件的元组。

产生上述四类数据不一致性的主要原因是并发操作破坏了事务的隔离性。

3. 事务隔离级别的定义

SQL Server 支持 SQL-92 中定义的四个事务隔离级别为：Read unCommitted(未提交读)、Read Committed(提交读)、Repeatableread (可重复读)和 Serializable(可串行化)。设置事务四个隔离级别的 SQL 语句分别为：

```
Set TRANSACT Isolation Level READ UNCOMMITTED
Set TRANSACT Isolation Level READ COMMITTED
Set TRANSACT Isolation Level REPEATABLE READ
Set TRANSACT Isolation Level SERIALIZABLE
```

事务隔离级别与数据不一致现象的关系如表 6-4 所示。

表 6-4 事务隔离级别

		隔 离 级 别			
		Read unCommitted	Read Committed	Repeatable read	Serializable
不一致现象	脏读	可能	不可能	不可能	不可能
	不能重复读	可能	可能	不可能	不可能
	幻想读	可能	可能	可能	不可能

6.7.5 SQL Server 中的事务模式

1. 事务定义模式

SQL Server 关于事务的定义是以 BEGIN TRANSACT 开始的,它显式地标记一个事务的起始点。其语法格式如下：

BEGIN TRAN[SACTION] [事务名 [WITH MARK ['事务描述']]]

事务名参数的作用仅仅在于帮助程序员阅读编码。WITH MARK 的作用是在日志中按指定的事务描述来标记事务,它实际上是提供了一种数据恢复的手段,可以将数据库还原到早期的某个事务标记状态。

注意：如果使用了 WITH MARK，则必须指定事务名。

BEGIN TRANSACT 代表了一点,由连接引用的数据在该点上都是一致的。如果事务正常结束,则用 COMMIT 命令提交,将它的改动永久地反映到数据库中；如果遇到错误,则用 ROLLBACK 命令撤销已做的所有改动,回退到事务开始时的一致状态。

事务提交标志一个成功的事务的结束,它有两种命令形式：COMMIT TRANSACT 或 COMMIT WORK,二者的区别在于 COMMIT WORK 后不跟事务名称,这与 SQL-92 是兼容的。两种命令的语法格式如下：

COMMIT [TRAN[SACTION] [事务名]]
COMMIT [WORK]

事务回退表示事务非正常结束,清除自事务的起点所做的所有数据修改,同时释放由事务控制的资源。它同样有两种命令形式：ROLLBACK TRANSACT 或 ROLLBACK WORK，二者的区别在于 ROLLBACK TRANSACT 可以接收事务名，还可以回退到指定的保存点，但 ROLLBACK WORK 只能回退到事务的起点。其语法格式分别如下：

```
ROLLBACK [TRAN[SACTION] [ 事务名 | 保存点名 ] ]
ROLLBACK [WORK]
```

2．事务执行模式

在 SQL Server 中，可以按显式、自动提交或隐性模式启动事务。

（1）显式事务。

显式事务可以显式地在其中定义事务的启动和结束。每个事务均以 BEGIN TRANSACT 语句显式开始，以 COMMIT 或 ROLLBACK 语句显式结束。

显式事务模式持续的时间只限于该事务的持续期。当事务结束时，连接将返回到启动显式事务前所处的事务模式，或者是隐性模式，或者是自动提交模式。

（2）隐式事务。

当连接以隐性事务模式进行操作时，SQL Server 将在当前事务结束后自动启动新事务。无须描述事务的开始，但每个事务仍以 COMMIT 或 ROLLBACK 语句显式完成。隐性事务模式生成连续的事务链。设置隐性事务模式的命令如下：

```
SET IMPLICIT_TRANSACTS {ON | OFF }
```

当选项为 ON 时，将连接设置为隐性事务模式。隐性事务模式将一直保持有效，直到执行 SET IMPLICIT_TRANSACTS OFF 语句使连接返回到自动提交模式。

在为连接将隐性事务模式设置成打开之后，当 SQL Server 首次执行如表 6-5 所示的任何语句时，都会自动启动一个事务。

表 6-5　SQL 语句

ALTER	TABLE	INSERT	CREATE	OPEN	DELETE	REVOKE
DROP	SELECT	FETCH	TRUNCATE	UPDATE	GRANT	

在发出 COMMIT 或 ROLLBACK 语句之前，该事务将一直保持有效。在第一个事务结束后，下次当连接执行这些语句中的任何语句时，SQL Server 又将自动启动一个新事务，直到隐性事务模式关闭为止。

对于因为该设置为 ON 而自动打开的事务，用户必须在该事务结束时将其显式提交或回退。否则当用户断开连接时，事务及其所包含的所有数据更改将回退。

（3）自动提交事务。

自动提交模式是 SQL Server 的默认事务管理模式，意指每条单独的语句都是一个事务。每个 T-SQL 语句在完成时，都被提交或回退。如果一个语句成功地完成，则提交该语句；如果遇到错误，则回退该语句。只要自动提交模式没有被显式或隐性事务替代，SQL Server 连接就以该默认模式进行操作。当提交或回退显式事务，或者关闭隐性事务模式时，SQL Server 将返回到自动提交模式。

3. 批处理、触发器中的事务

批处理是包含一个或多个 SQL 语句的组,从应用程序一次性地发送到服务器执行。服务器将批处理语句编译成一个可执行单元,此单元称为执行计划。事务和批处理是一种多对多的关系,即一个事务中可以包含多个批处理,一个批处理中也可以包含多个事务。

SQL Server 针对批处理中不同的错误类型做出相应处理。编译错误会使执行计划无法编译,从而导致批处理中的任何语句均无法执行。运行时错误会产生以下两种影响之一:

(1) 大多数运行时错误将停止执行批处理中当前语句和它之后的语句,但错误之前的已执行语句是有效的。也即如果批处理第二条语句在执行时失败,则第一条语句的结果不受影响,因为它已经执行。

(2) 少数运行时错误(如违反约束)仅停止执行当前语句,而继续执行批处理中其他所有语句。

触发器在更新操作执行后、提交到数据库之前被触发,系统将触发器连同触发操作一起视作隐性嵌套事务,因此触发器可以回退触发它的操作。每次进入触发器,@@ TRANCOUNT 就增加 1,即使在自动提交模式下也是如此。如果在触发器中发出 ROLLBACK TRANSACT,将回退对当前事务中的那一点所做的所有数据修改,包括触发器所做的修改。触发器继续执行 ROLLBACK 语句之后的所有其余语句。若这些语句中的任意语句修改数据,则不回退这些修改。

在存储过程中,ROLLBACK TRANSACT 语句不影响调用该过程的批处理中的后续语句,并执行批处理中的后续语句。在触发器中,ROLLBACK TRANSACT 语句终止含有激发触发器的语句的批处理,不执行批处理中的后续语句。

6.8　并发控制

6.8.1　封锁技术

封锁是实现并发控制的一个非常重要的技术。所谓封锁就是事务 T 在对某个数据对象操作之前,先向系统发出请求,对其加锁。加锁后事务 T 就对该数据对象有了一定的控制,在事务 T 释放它的锁之前,其他的事务不能更新此数据对象。封锁可以由 DBMS 自动执行,或由应用程序及查询用户发给 DBMS 的命令执行。

事务对数据库的操作可以概括为读和写。当两个事务对同一个数据项进行操作时,可能的情况有读-读、读-写、写-读和写-写。除了第一种情况,其他情况下都可能产生数据的不一致,因此要通过封锁来避免后三种情况的发生。最基本的封锁模式有两种:排它锁(eXclusive Locks,简称 X 锁)和共享锁(Share Locks,简称 S 锁)。

1. 排它锁

又称写锁,若事务 T 对数据对象 A 加上 X 锁,则只允许 T 读取和修改 A,其他任何事务都不能再对 A 加任何类型的锁,直到 T 释放 A 上的锁。这就保证了其他事务在 T 释放 A 上的锁之前不能再读取和修改 A。申请对 A 的排它锁,可以表示为 XLock(A)。

2．共享锁

又称读锁，若事务 T 对数据对象 A 加上 S 锁，则事务 T 可以读 A 但不能修改 A，其他事务只能再对 A 加 S 锁，而不能加 X 锁，直到 T 释放 A 上的 S 锁。这就保证了其他事务可以读 A，但在 T 释放 A 上的 S 锁之前不能对 A 做任何修改。申请对 A 的共享锁，可以表示为 SLock(A)。

排它锁与共享锁的控制方式可以用如表 6-6 所示的相容矩阵来表示。

表 6-6　封锁类型的相容矩阵

T_1＼T_2	X	S	—
X	N	N	Y
S	N	Y	Y
—	Y	Y	Y

6.8.2　事务隔离级别与封锁规则

在运用 X 锁和 S 锁这两种基本封锁，对数据对象加锁时，还需要约定一规则，例如何时申请 X 锁或 S 锁、持锁时间、何时释放等，称这些规则为封锁协议（Locking Protocol）。对封锁方式规定不同的规则，就达到了不同的事务隔离级别。下面介绍它们之间的关系。

当事务隔离级别设置为 Read unCommitted（未提交读）时，解决了丢失修改问题。事务 T 在修改数据 R 之前必须先对其加 X 锁，直到事务结束才释放。

隔离级别为未提交读，如果仅仅是读数据不对其进行修改，是不必等待也不需要加任何锁的，所以它不能保证不读脏数据、可重复读和无幻想读。

当事务隔离级别设置为 Read committed（提交读）时，解决了丢失修改和脏读问题。事务 T 在修改数据 R 之前必须先对其加 X 锁，直到事务结束才释放；事务 T 在读取数据 R 之前必须先对其加 S 锁，读完后即可释放 S 锁。

提交读是保证运行在该隔离级别上的事务不会读取其他未提交事务所修改的数据。如果另外一个事务在更新数据，它在所更新的数据上持有排它锁，那么此隔离级别上的事务在访问该数据之前必须等待其他事务释放掉其上的排它锁。同样的，此隔离级别上的事务必须在所访问的数据上至少要放置共享锁。共享锁不会防止其他事务读取数据，但它会防止其他事务修改数据。共享锁在数据发送给请求它的客户端之后就可以释放，它不需要保持到事务结束。由于读完数据后即可释放 S 锁，所以它不能保证可重复读和无幻想读。

当事务隔离级别设置为 Repeatable read（可重复读）时，解决了丢失修改、脏读和不可重复读问题，但允许发生幻想读。事务 T 在修改数据 R 之前必须先对其加 X 锁，直到事务结束才释放；事务 T 在读取数据 R 之前必须先对其加 S 锁，直到事务结束才释放。

可重复读保证一个事务如果再次访问同一数据，与此前访问相比，数据不会发生改变。换句话说，在事务两次访问同一数据之间，其他事务不能修改该数据。但可重复读允许发生幻想读。为保证可重复读，事务必须保持它的共享锁一直到事务结束（注意排它锁总是保持到事务结束的）。没有其他事务可以修改可重复读事务正在访问的数据，显然这会极大地降低系统的并发性。

当事务隔离级别设置为 Serializable(可串行化)时,解决了丢失修改、脏读、不可重复读问题和幻想读问题,即并发操作带来的四个不一致问题。为保证可串行化事务隔离级别,并发事务必须遵循强两段锁协议。

事务隔离级别对应的封锁规则的主要区别在于什么操作需要申请封锁,以及何时释放锁(即持锁时间)。锁持有的时间主要依赖于锁模式和事务的隔离性级别。默认的事务隔离级别是 Read committed,在这个级别,一旦读取并且处理完数据,其上的共享锁马上就被释放掉,而排它锁则一直持续到事务结束,不管是提交还是回退。如果事务的隔离性级别为 Repeatable Read 或者 Serializable,共享锁和排它锁一样,直到事务结束,它们才会被释放。这里称保持到事务结束的锁为长锁,而用完就释放的锁为短锁。表 6-7 给出了事务在不同隔离性级别下不同类型锁的持有时间长度。

表 6-7　SQL Server 中的锁持有度

隔离性级别	锁　模　式	
	S　锁	X　锁
Read unCommitted	无	长
Read Committed	短	长
Repeatable read	长	长
Serializable	长	长

6.8.3　封锁的粒度

封锁对象的大小称为粒度(Granularity)。封锁对象可以是逻辑单元,也可以是物理单元。在关系数据库中,封锁对象可以是这样一些逻辑单元:属性值、属性值的集合、元组、关系、索引项、整个索引直至整个数据库;也可以是这样一些物理单元:数据页或索引页、块等。

封锁力度与系统的并发度和并发控制的开销密切相关。直观来看,封锁的密度越大,数据库所能够封锁的数据单元就越少,并发度就越小,系统开销也越小;反之,封锁的粒度越小,并发度较高,但系统开销也就越大。

因此,如果在一个系统中同时支持多种封锁粒度供不同的事务选择是比较理想的,这种封锁方法称为多粒度封锁(Multiple Granularity Locking)。选择封锁粒度时应该同时考虑封锁开销和并发度两个因素,适当选择封锁粒度以求得最优的效果。一般来说,需要处理大量元组的事务可以以关系为封锁粒度;需要处理多个关系的大量元组的事务可以以数据库为粒度;而对于一个处理少量元组的用户事务,以元组为封锁粒度就比较合适。

1. 多粒度封锁

数据库中被封锁的资源、按粒度大小会呈现出一种层次关系,元组隶属于关系,关系隶属于数据库,称为粒度树。

多粒度封锁协议允许多粒度层次中的每个节点被独立的加锁。对一个节点加锁意味着这个节点的所有后裔节点也被加以同样类型的锁。如果将它们作为不同的对象直接封锁的话,有可能产生潜在的冲突。因此系统检查封锁冲突时必须考虑这种情况。例如事务 T 要对 R_1 关系加 X 锁。系统必须搜索其上级节点数据库、关系 R_1 以及 R_1 中的每一个元组,如果其中某一个数据对象已经加了不相容锁,则 T 必须等待。

　　一般情况下,对某个数据对象加锁,系统要检查该数据对象上有无封锁与之冲突;还要检查其所有上级节点,看本事务的封锁是否与该数据对象上的封锁冲突;还要检查其所有下级节点,看上面的封锁是否与本事务的封锁冲突。显然,这样的检查方法效率很低。为此可以引入意向锁(I 锁,Intend lock)以解决这种冲突。当为某节点加上 I 锁时,就表明其某些内层节点已发生事实上的封锁,防止其他事务再去封锁该节点。这种封锁方式称作多粒度封锁(MGL,Multi Granularity Lock)。锁的实施是从封锁层次的根开始,依次占据路径上的所有节点,直至要真正进行显式封锁的节点的父节点为止。

2. 意向锁

　　意向锁的含义是如果对一个节点加意向锁,则说明该节点的下层节点正在加锁;对任一节点加锁时,必须先对它所在的上层节点加意向锁。例如,对任一元组加锁时,必须先对它所在的关系加意向锁。于是,事务 T 要对关系 R_1 加 X 锁时,系统只要检查根节点数据库和关系 R_1 是否已加了不相容的锁,而不再需要搜索和检查 R_1 中的每一个元组是否加了 X 锁。下面介绍三种常用的意向锁:意向共享锁(Intent Share Lock,简称 IS 锁)、意向排它锁(Intent Exclusive Lock,简称 IX 锁)和共享意向排它锁(Share Intent Exclusive Lock,简称 SIX 锁)。

　　(1) IS 锁:如果对一个数据对象加 IS 锁,表示它的后裔节点拟(意向)加 S 锁。例如,要对某个元组加 S 锁,则要首先对关系和数据库加 IS 锁。

　　(2) IX 锁:如果对一个数据对象加 IX 锁,表示它的后裔节点拟(意向)加 X 锁。例如,要对某个元组加 X 锁,则要首先对关系和数据库可加 IX 锁。

　　(3) SIX 锁:如果对一个数据对象加 SIX 锁,表示对它加 S 锁,再加 IX 锁,即 SIX=S+IX。例如对某个表加 SIX 锁,则表示该事务要读整个表(所以要对该表加 S 锁),同时会更新个别元组(所以要对该表加 IX 锁)。

6.8.4　封锁带来的问题

与操作系统一样,封锁的方法可能引起活锁和死锁。

1. 活锁

　　如果事务 T_1 封锁了数据 R,事务 T_2 又请求封锁 R,于是 T_2 等待。T_3 也请求封锁 R,当 T_1 释放了 R 上的封锁之后系统首先批准了 T_3 的请求,T_2 仍然等待。然后 T_4 又请求封锁 R,当 T_3 释放了 R 上的封锁之后系统又批准了 T_4 的请求……T_2 有可能永远等待,这就是活锁的情形。避免活锁的简单方法是采用先来先服务的策略。如表 6-8 所示为锁的相容矩阵。

表 6-8　锁的相容矩阵

T₁ ＼ T₂	S	X	IS	IX	SIX	-
S	Y	N	Y	N	N	Y
X	N	N	N	N	N	Y
IS	Y	N	Y	Y	Y	Y
IX	N	N	Y	Y	N	Y
SIX	N	N	Y	N	N	Y
—	Y	Y	Y	Y	Y	Y

2．死锁

如果事务 T_1 封锁了数据 R_1，T_2 封锁了数据 R_2，然后 T_1 又请求封锁 R_2，因 T_2 已封锁了 R_2，于是 T_1 等待 T_2 释放 R_2 上的锁。接着 T_2 又申请封锁 R_1，因 T_1 已封锁了 R_1，T_2 也只能等待 T_1 释放 R_1 上的锁。这样就出现了 T_1 在等待 T_2，而 T_2 又在等待 T_1 的局面，T_1 和 T_2 两个事务永远不能结束，形成死锁，如图 6-36 所示。

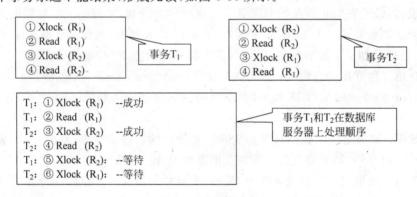

图 6-36　死锁示例

死锁的问题在操作系统和一般并行处理中已做了深入研究，目前在数据库中解决死锁问题主要有两类方法，一类方法是采取一定措施来预防死锁的发生，另一类方法是允许发生死锁，采用一定手段定期诊断系统中有无死锁，若有则解除之。下面针对死锁的预防、诊断与解除进行详细的介绍。

（1）死锁的预防。

预防死锁通常有两种方法：第一种方法是要求每个事务必须一次将所有要使用的数据全部加锁，否则就不能继续执行。这种方法称为一次封锁法。一次封锁法虽然可以有效地防止死锁的发生，但降低了系统的并发度；第二种方法是预先对数据对象规定一个封锁顺序，所有事务都按这个顺序实行封锁，这种方法称为顺序封锁法。顺序封锁法可以有效地防止死锁，但维护这样的资源的封锁顺序非常困难，成本很高，实现复杂。

因此 DBMS 在解决死锁的问题上普遍采用的是诊断并解除死锁的方法。

（2）死锁的诊断与解除。

数据库系统中诊断死锁的方法与操作系统类似，一般使用超时法或事务等待图法。

如果一个事务的等待时间超过了规定的时限，就认为发生了死锁，此方法称为超时法。

超时法实现简单,但其不足也很明显,具体包括如下两方面:

① 有可能误判死锁,事务因为其他原因使等待时间超过时限,系统会误认为发生了死锁。

② 时限若设置得太长,死锁发生后不能及时发现。事务等待图是一个有向图 $G=(T, U)$。T 为节点的集合,每个节点表示正运行的事务;U 为边的集合,每条边表示事务等待的情况。事务等待图动态地反映了所有事务的等待情况。并发控制子系统周期性地检测事务等待图,如果发现图中存在回路,则表示系统中出现了死锁。

DBMS 的并发控制子系统一旦检测到系统中存在死锁,就要设法解除。通常采用的方法是选择一个处理死锁代价最小的事务,将其撤销,释放此事务持有的所有的锁,使其他事务得以继续运行下去。当然,对撤销的事务所执行的数据修改操作必须加以恢复。

6.8.5 两段锁协议

两段锁协议(Two-Phase Locking Protocol)就是保证并发调度可串行性的封锁协议。该协议要求每个事务分两个阶段提出加锁和解锁申请:

(1) 在对任何数据进行读、写操作之前,首先要申请并获得对该数据的封锁。

(2) 在释放一个封锁之后,事务不再申请和获得任何其他封锁。

所谓"两段"锁的含义是事务分为两个阶段:第一个阶段是获得封锁,也称为扩展阶段。在这个阶段,事务可以申请获得任何数据项上的任何类型的锁,但是不能释放任何锁;第二个阶段是释放阶段,也称为收缩阶段。在这个阶段,事务可以释放任何数据项上的任何类型的锁,但是不能申请任何锁。

例如事务 T_1 遵守两段锁协议,其封锁序列是:

Slock A   Slock B   Xlock C   Unlock A   Unlock B   Unlock C
|———— 扩展阶段 ————|———————— 收缩阶段 ————————|

又如事务 T_2 不遵守两段锁协议,其封锁序列是:

Slock A   Unlock A   Slock B   Xlock C   Unlock C   Unlock B

可以证明,若并发执行的所有事务均遵守两段锁协议,则对这些事务的任何并发调度策略都是可串行化的。

注意:在两段锁协议下,也可能发生读脏数据的情况。

需要说明的是,事务遵守两段锁协议是可串行化调度的充分条件,而不是必要条件。若并发事务都遵守两段锁协议,则对这些事务的任何并发调度策略都是可串行化的;若对并发事务的一个调度是可串行化的,不一定所有事务都是符合两段锁协议。

如果事务的排它锁在事务结束之前就释放掉,那么其他事务就可能读取到未提交数据。这可以通过将两段锁修改为严格两段锁协议(Strict Two-Phase Locking Protocol)加以避免。严格两段锁协议除了要求封锁是两阶段之外,还要求事务持有的所有排它锁必须在事务提交后方可释放。这个要求保证在事务提交之前它所写的任何数据均以排它方式加锁,从而防止了其他事务读这些数据。

严格两段锁协议不能保证可重复读,因为它只要求排它锁保持到事务结束,而共享锁可以立即释放。这样当一个事务读完数据之后,如果马上释放共享锁的话,那么其他事务就可以对其进行修改;当事务重新再读时,得到与前次读取不一样的结果。为此可以将两阶段封锁协议修改为强两段锁协议（Rigorous Two-Phase Locking Protocol），它要求事务提交之前不得释放任何锁。很容易验证在强两段锁条件下，事务可以按其提交的顺序串行化。

另外要注意两段锁协议和防止死锁的一次封锁法的异同之处。一次封锁法要求每个事物都必须一次将所有要使用的数据全部加锁，否则就不能继续执行，因此一次封锁法遵守两段协议；但是两段锁协议并不要求事务必须一次将所有要使用的数据全部加锁，因此遵守两段锁协议的事务可能发生死锁。

6.8.6 悲观并发控制与乐观并发控制

1. 悲观并发控制

采用基于锁的并发控制措施，封锁所使用的系统资源，阻止用户以影响其他用户的方式修改数据。该方法主要用在资源竞争激烈的环境中，以及当封锁数据的成本低于回退事务的成本时，它立足于事先预防冲突，因此称该方法为悲观并发控制。

2. 乐观并发控制

在乐观并发控制中，用户不封锁数据，这会提高事务的并发度。在执行更新时，系统进行检查，查看与上次读取的值是否一致，如果不一致，将产生一个错误，接收错误信息的用户将回退事务并重新开始。该方法主要用在资源竞争较少的环境中，以及偶尔回退事务的成本低于封锁数据的成本的环境中，它体现了一种事后协调冲突的思想，因此称该方法为乐观并发控制。

6.8.7 SQL Server 的并发控制

下面简单介绍 SQL Server 数据库系统中的并发控制机制。

1. SQL Server 锁模式

SQL Server 支持 SQL-92 中定义的四种事务隔离级别，SQL Server 默认情况下采用严格两段锁协议，如果事务的隔离性级别为 Repeatable read 或 Serializable，那么它将采用强两段锁协议。SQL Server 同时支持乐观和悲观并发控制机制。系统一般情况下采用基于锁的并发控制，而在使用游标时可以选择乐观并发机制。在解决死锁的问题上 SQL Server 采用的是诊断并解除死锁的方法。

SQL Server 提供了六种数据锁：共享锁（S）、排它锁（X）、更新锁（U）、意向共享锁（IS）、意向排它锁（IX）、共享与意向排它锁（SIX）。SQL Server 中封锁粒度包括行级（Row）、页面级（Page）和表级（Table）。

SQL Server 还有其他的一些特殊锁。模式修改锁（Sch-M 锁）、模式稳定锁（Sch-S 锁）、大容量更新锁（BU 锁），除了 Sch-M 锁模式之外，Sch-S 锁与所有其他锁模式相容。而 Sch-M 锁与所有锁模式都不相容。BU 锁只与 Sch-S 锁及其他 BU 锁相容。

2. 强制封锁类型

在通常情况下，数据封锁由 DBMS 控制，对用户是透明的。但可以在 SQL 语句中加入锁定提示来强制 SQL Server 使用特定类型的锁。例如,如果知道查询将扫描大量的行,它的行锁或页面锁将会提升到表锁,那么事先就可以在查询语句中告知 SQL Server 使用表锁,这将会减少大量因锁升级而引起的开销。

为 SQL 语句加入锁定提示的语法格式如下:

`SELECT * FROM 表名 [(锁类型)]`

可以在 SQL 语句中指定如下类型的锁。

(1) HOLDLOCK:将共享锁保留到事务完成,等同于 SERIALIZABLE。

(2) NOLOCK:不要发出共享锁,并且不要提供排它锁。当此项生效时,可能发生脏读。仅用于 SELECT 语句。

(3) PAGLOCK:在通常使用单个表锁的地方采用页锁。

(4) READCOMMITTED:与 READ COMMITTED 相同。

(5) READPAST:跳过由其他事务锁定的行。仅用于运行在 READ COMMITTED 级别的事务,并且只在行级锁之后读取。仅用于 SELECT 语句。

(6) READUNCOMMITTED:等同于 NOLOCK。

(7) REPEATABLEREAD:与 REPEATABLE READ 相同。

(8) ROWLOCK:使用行级锁,而不使用粒度更粗的页级锁和表级锁。

(9) SERIALIZABLE:与 SERIALIZABLE 相同,等同于 HOLDLOCK。

(10) TABLOCK:使用表锁代替粒度更细的行级锁和页级锁。在语句结束前,SQL Server 一直持有该锁。

(11) TABLOCKX:使用表的排它锁。该锁可以防止其他事务读取或更新表,并且在事务或语句结束前一直持有。

(12) UPDLOCK:读取表时使用更新锁,而不使用共享锁,并将锁一直保留到语句或事务结束。UPDLOCK 允许读取数据并在以后更新数据,同时确保自从上次读取数据后数据没有被更改。

(13) XLOCK:使用排它锁并一直保持到事务结束。

注意:与事务的隔离性级别声明不同,这些提示只会控制一条语句中一个表上的锁定,而 SET TRANSACT ISOLATION LEVEL 则控制事务中所有语句中的所有表上的锁定。

例如:如果在第一个连接中执行以下 SQL 语句:

`UPDATE Authors SET city = 'ChangSha'WHERE  au_id = 'A001'`

然后在第二个连接中执行以下 SQL 语句:

`SELECT * FROM  Authors (READPAST)`

从上面可以看到,SQL Server 跳过作者号为 A001 的行,而返回所有其他的作者。

6.9　本章小结

数据的安全性是指保护数据以防止因非法使用而造成数据的泄密、破坏。数据库集中存放大量数据并为用户共享,所以数据的安全性显得非常重要。通过安全有效的设置可以实现用户的合法操作,又能防止数据受到未授权的访问或恶意破坏。本章从数据库的安全管理角度重点阐述 SQL Server 安全控制机制、身份验证模式、服务器安全性管理、角色设置与管理、权限管理。

事务是用户定义的一个数据库操作序列,作为一个不可分的单元执行,这些操作要么全做,要么全不做。并发事务的操作在服务器上是交叉执行的,当两个事务并发运行产生的结果和分别运行产生的结果一致的话,称这两个事务为串行化事务。如果对并发操作不加控制就会出现各种不一致现象,如丢失修改、读脏数据、不能重复读、幻想读等。SQL-92 标准定义的四个隔离级别:读未提交、读提交、可重复读和可串行化,以便使应用程序编程人员能够声明将使用的事务隔离级别,并且由 DBMS 通过管理封锁来实现相应的事务隔离级别。事务不仅是并发控制的基本单位,也是恢复的基本单位。

并发控制的目的就是确保一个用户的操作不会对另外一个用户的工作产生不良影响。即保证并发事务的隔离性,保证数据库的一致性。

数据库的并发控制以事务为单位,通常使用封锁技术实现并发控制。最常用的封锁是共享锁和排它锁。对封锁规定不同的封锁协议,就达到了不同的事务隔离级别。并发控制机制调度并发事务操作是否正确的判别准则是可串行性,两段锁协议可以保证并发事务调度的正确性。

对数据对象施加封锁,会带来活锁和死锁问题,并发控制机制必须提供适合数据库特点的解决方法。不同的数据库管理系统提供的封锁类型、封锁协议、达到的系统一致性级别不尽相同。

习题 6

1. 单项选择题

(1) 下面_____不是数据库系统必须提供的数据控制功能。

    A. 安全性   B. 可移植   C. 完整性   D. 并发控制

(2) 在数据系统中,对存取权限的定义称为_____。

    A. 命令   B. 授权   C. 定义   D. 审计

(3) 数据库管理系统通常提供授权功能来控制不同用户访问数据的权限,这一定是为了实现数据库的_____。

    A. 可靠性   B. 一致性   C. 完整性   D. 安全性

(4) 事务的原子性是指_____。

    A. 事务中包括的所有操作要么都做,要么都不做

    B. 事务一旦提交,对数据库的改变是永久的

    C. 一个事务内部的操作及使用的数据对并发的其他事务是隔离的

    D. 事务必须是使数据库从一个一致性状态变到另一个一致性状态

(5) 事务是数据库进行的基本工作单位。如果一个事务执行成功,则全部更新提交;如果一个事务执行失败,则已做过的更新被恢复原状,好像整个事务从未有过这些更新,这样保持了数据库处于_____状态。

A. 安全性　　　　B. 一致性　　　　C. 完整性　　　　D. 可靠性

（6）事务的一致性是指_____。

　　A. 事务中包括的所有操作要么都做，要么都不做

　　B. 事务一旦提交，对数据库的改变是永久的

　　C. 一个事务内部的操作及使用的数据对并发的其他事务是隔离的

　　D. 事务必须是使数据库从一个一致性状态变到另一个一致性状态

（7）事务的隔离性是指_____。

　　A. 事务中包括的所有操作要么都做，要么都不做

　　B. 事务一旦提交，对数据库的改变是永久的

　　C. 一个事务内部的操作及使用的数据对并发的其他事务是隔离的

　　D. 事务必须是使数据从一个一致性状态变到另一个一致性状态

（8）事务的持续性是指_____。

　　A. 事务中包括的所有操作要么都做，要么都不做

　　B. 事务一旦提交，对数据库的改变是永久的

　　C. 一个事务内部的操作及使用的数据对并发的其他事务是隔离的

　　D. 事务必须是使数据库从一个一致性状态变到另一个一致性状态

（9）设有两个事务 T_1，T_2，其并发操作如表 6-9 所示，下面评价正确的是_____。

　　A. 该操作不存在问题　　　　　　B. 该操作丢失修改

　　C. 该操作不能重复读　　　　　　D. 该操作读"脏"数据

表 6-9　事务并发操作例表 1

T_1	T_2
① 读 A=10	—
② —	读 A=10
③ A=A−5 写回	—
④ —	A=A−8 写回

（10）设有两个事务 T_1，T_2，其并发操作如表 6-10 所示，下面评价正确的是_____。

　　A. 该操作不存在问题　　　　　　B. 该操作丢失修改

　　C. 该操作不能重复读　　　　　　D. 该操作读"脏"数据

表 6-10　事务并发操作例表 2

T_1	T_2
① 读 A=10，B=5	—
② —	读 A=10 A=A＊2 写回
③ 读 A=20，B=5	—
求和 25 验证错	—

（11）设有两个事务 T_1，T_2，其并发操作如表 6-11 所示，下列评价正确的是_____。

　　A. 该操作不存在问题　　　　　　B. 该操作丢失修改

C. 该操作不能重复读   D. 该操作读"脏"数据

表 6-11   事务并发操作例表 3

T_1	T_2
① 读 A＝100 A＝A＊2 写回	—
② —	读 A＝200
③ ROLLBACK 恢复 A＝100	—

（12）设有两个事务 T_1 和 T_2,,它们的并发操作如表 6-12 所示。

表 6-12   事务并发操作例表 4

T_1	T_2
① 读 X＝48	—
② —	读 X＝48
③ X←X＋10 写回 X	—
④ —	X←X－2 写回 X

对于这个并发操作,下面评价正确的是_____。

     A. 该操作丢失了修改   B. 该操作不存在问题

     C. 该操作读"脏"数据   D. 该操作不能重复读

（13）设 T_1 和 T_2 为两个事务,它们对数据 A 的并发操作如表 6-13 所示。

表 6-13   事务并发操作例表 5

T_1	T_2
① 请求 SLOCK A 读 A＝18	—
② —	请求 SLOCK A 读 A＝18
③ A＝A＋10 写回 A＝28 COMMIT UNLOCK A	—
④ —	写回 A＝18 COMMIT UNLOCK A

对这个并发操作,下面五个评价中的_____和_____两条评价是正确的。

     A. 该操作不能重复读

     B. 该操作丢失修改

     C. 该操作符合完整性要求

D. 该操作的第①步中,事务 T_1 应申请 X 锁

E. 该操作的第②步中,事务 T_2,不可能得到对 A 的锁

(14) 解决并发操作带来的数据不一致性问题普遍采用_____。

    A. 封锁   B. 恢复   C. 存取控制   D. 协商

(15) 若事务 T 对数据 R 已加 X 锁,则其他对数据 R _____。

    A. 可以加 S 锁不能加 X 锁   B. 不能加 S 锁可以加 X 锁

    C. 可以加 S 锁也可以加 X 锁   D. 不能加任何锁

(16) 关于"死锁",下列说法中正确的是_____。

    A. 死锁是操作系统中的问题,数据库操作中不存在

    B. 在数据库操作中防止死锁的方法是禁止两个用户同时操作数据库

    C. 当两个用户竞争相同资源时不会发生死锁

    D. 只有出现并发操作时,才有可能出现死锁

2. 填空题

(1) 存取权限包括两方面的内容,一个是_____,另一个是_____。

(2) _____是 DBMS 的基本单位,它是用户定义的一组逻辑一致的程序序列。

(3) 有两种基本类型的锁,它们是_____和_____。

(4) 对并发操作若不加以控制,可能带来的不一致性有_____和_____。

(5) 并发控制的主要方法是采用_____机制,其类型有_____和_____两种。

(6) 若事务 T 对数据对象 A 加了 S 锁,则其他事务只能对数据 A 再加_____,不能加_____,直到事务 T 释放 A 上的锁。

(7) 在 SQL 语言中,为了数据库的安全性,设置了对数据的存取进行控制的语句,对用户授权使用_____语句,收回所授的权限使用_____语句。

3. 简答题

(1) 什么是事务?

(2) 事务中的提交和回退是什么含义?

(3) 叙述数据库中死锁产生的原因和解决死锁的方法。

(4) 叙述数据库的并发控制。

(5) 假设存款余额 x＝1000 元,甲事务取走存款 300 元,乙事务取走存款 200 元,其执行时间如下:

甲事务	时间	乙事务
读 x	t1	
	t2	读 x
更新 x＝x－300	t3	
	t4	更新 x＝x－200

如何实现这两个事务的并发控制?

（6）有两个事务，其执行时间如下：

事务 A	时间	事务 B
打开 stud 数据库	t1	
读取最后一条记录	t2	打开 stud 数据库
添加一条新记录	t3	读取最后一条数据库
关闭 stud 数据库	t4	添加一条新记录
	t5	关闭 stud 数据库

如何实现这两个事务的并发控制？

第7章
数据库的故障和恢复

教学目标：

- 理解数据库备份的基础知识。
- 理解数据库恢复模式。
- 掌握数据库备份策略。
- 掌握执行数据库备份、数据库还原方法。
- 了解用户数据库的灾难恢复方法。
- 理解 master 数据库的灾难恢复方法。
- 了解数据库快照。

教学重点：

所谓灾难恢复，就是在灾难发生的时候，能够及时地恢复数据，以避免或减少宕机或者数据丢失所带来的损失。SQL Server 2005 提供了高性能的备份和还原功能，可以很好地保护存储在 SQL Server 2005 数据库中的关键数据。本章将详细介绍如何在 SQL Server 2005 中，通过各种备份与还原技术实现数据库的灾难恢复。通过本章的学习，读者可以轻松地掌握数据库备份与恢复的方法，并且能够把这些方法贯穿起来，从而保证数据库稳定、完全地运行。

7.1 数据库备份基础知识

SQL Server 2005 数据库备份的功能十分强大，使用起来也非常简便。但由于备份数据库涉及到数据库系统的可靠性、数据的完整性和安全性，因此要求备份过程严谨有序。本节首先介绍一下 SQL Server 2005 数据库备份的相关概念，以帮助用户更好地理解和实施数据库的备份操作。

7.1.1 基本概念

备份是从数据库中保存数据和日志，以备将来使用。在备份的过程中，数据从数据库复制并保存到另外一个位置。备份操作可以在 SQL Server 2005 数据库正常运行时进行。

恢复操作是使相关数据库管理系统不发生故障，并恢复事务的能力。由于数据库的事务完成后并不立即把对数据库的修改写入数据库，即写数据存在一定的磁盘延迟。如果发生系统故障，数据库可能会崩溃。要维护数据库的完整性，SQL Server 2005 将所有的事务都保存在日志文件中。在发生故障后，服务器可以通过恢复操作，使事务日志前滚已经提交但是还没有写入磁盘的事务，使事务日志回退还没有提交的事务。使用这种方式可以保证数据的一致性和有效性。

7.1.2　备份数据库的目的

SQL Server 2005 数据库中存放的是企业最为重要的内容。它关系到企业业务的正常运转，并存放着企业的关键业务数据。而这些所有数据都是存放在计算机上的，即使是最可靠的硬件和软件，也会出现系统故障或者产品故障。所以，应该在意外发生之前做好充分的准备工作，以便在意外发生之后有相应的措施能快速地恢复数据库的运行，并使丢失的数据量减少到最小。系统可能发生的故障有很多种，每种故障需要不同的方法来处理。一般来讲，数据库系统主要会遇到三种故障：事务故障、系统故障和介质故障。

1. 事务故障

事务故障指事务的运行没有到达预期的终点就被终止，有两种错误可能造成事务执行失败。

（1）非预期故障：指不能由应用程序处理的故障，例如运算溢出、与其他事务形成死锁而被选中撤销事务、违反了某些完整性限制等，但该事务可以在以后的某个时间重新执行。

（2）可预期故障：指应用程序可以发现的事务故障，并且应用程序可以控制让事务回退。例如转账时发现账面金额不足。

可预期故障由应用程序处理，非预期故障不能由应用程序处理的。故以后事务故障仅指这类非预期的故障。

2. 系统故障

系统故障又称软故障（soft crash），指在硬件故障、软件错误（如 CPU 故障、突然停电、DBMS、操作系统或应用程序等异常终止）的影响下，导致内存中数据丢失，并使得事务处理终止，但未破坏外存中数据库。这种由于硬件错误和软件漏洞致使系统终止，而不破坏外存内容的假设又称为故障-停止假设（fail-stop assumption）。

3. 介质故障

介质故障又称硬故障（hard crash），指由于磁盘的磁头碰撞、瞬时的强磁场干扰等造成磁盘的损坏，破坏外存上的数据库，并影响正在存取这部分数据的所有事务。

计算机病毒可以繁殖和传播并造成计算机系统的危害，已成为计算机系统包括数据库的重要威胁。它也会造成介质故障同样的后果，破坏外存上的数据库，并影响正在存取这部分数据的所有事务。

总结各类故障，对数据库的影响有两种可能性：一是数据库本身被破坏；二是数据库没有被破坏，但数据可能不正确，这是因为事务的运行被非正常终止造成的。

因此数据库一旦被破坏仍要用恢复技术把数据库加以恢复。恢复的基本原理是冗余，即数据库中任一部分的数据可以根据存储在系统别处的冗余数据来重建。数据库中一般有两种形式的冗余：副本和日志。

要确定系统如何从故障中恢复,首先需要确定用于存储数据的设备的故障状态。其次,必须考虑这些故障状态对数据库内容有什么影响。然后可以设计在故障发生后仍保证数据库一致性以及事务的原子性的算法。这些算法称为恢复算法,它一般由两部分组成:

(1) 在正常事务处理时采取措施,保证有足够的冗余信息可用于故障恢复。

(2) 故障发生后采取措施,将数据库内容恢复到某个保证数据库一致性、事务原子性及持久性的状态。

如果 SQL Server 2005 数据库受到损坏导致不可读,则用户应该首先删除受损的数据库,然后从备份的文件中进行数据库的重建,从而恢复数据库。总之,有一个良好的备份策略并严格地执行是非常重要的。

7.1.3 备份数据库的设备

SQL Server 2005 数据库备份的设备类型包括磁盘备份设备、磁带备份设备和命名管道备份设备。

1. 磁盘备份设备

磁盘备份设备一般是硬盘或者其他磁盘类存储介质上的文件,一般按照普通的操作系统文件进行管理。磁盘备份设备可以定义在数据库服务器的本地磁盘上,也可以定义在通过网络连接的远程磁盘上。

如果磁盘备份设备定义在网络上的远程设备上,则应该使用统一命名方式(UNC)来引用该文件,例如:\\Servername\Sharename\Path\File。同定义在服务器本地磁盘上的数据库备份设备一样,远程备份设备文件必须能够被设置为可供执行备份操作的人员读、写的安全模式。

注意:通过网络备份很容易发生故障,所以一定能够要在规划好备份策略后再进行尝试。用户最好不要将磁盘备份设备定义在存放 SQL Server 2005 数据库的磁盘上,否则一旦发生不可挽回的磁盘介质故障,用户将永久地失去数据和备份信息。

2. 磁带备份设备

磁带备份设备与磁盘备份设备的使用方式一样,但是也有区别。磁带备份设备必须直接物理地连接在运行 SQL Server 2005 服务器的计算机上。磁带备份设备不支持远程设备备份。

如果磁带备份设备在备份操作过程中被写满的情况下,还要进行新的数据填写,则 SQL Server 2005 会提示用户更换新的磁带,然后继续进行备份操作。

注意:如果要备份 SQL Server 2005 数据库中的数据到磁带设备上,应该使用支持 Windows NT 的磁带设备,并且只能使用该种磁带设备指定的磁带类型。

3. 命名管道备份设备

命名管道备份设备为使用第三方的备份软件和设备提供了一个灵活强大的通道。当用户使用命名管道备份设备进行备份和还原的操作时,需要在 BACKUP 或 RESTORE 语句中给出客户端应用程序中使用的命名管道备份设备的名称。

7.1.4 物理和逻辑设备

SQL Server 2005 数据库引擎通过物理设备名称和逻辑设备名称来识别备份设备。

物理备份设备是通过操作系统使用的路径名称来识别备份设备的,如 D:\Practice_JWGL\ * . bak。

逻辑备份设备是用户给物理设备的一个别名。逻辑设备的名称保存在 SQL Server 2005 数据库的系统表中。逻辑设备的优点是可以简单地使用逻辑设备名称而不用给出复杂的物理设备路径。例如,使用逻辑备份设备 BK_trybooks,而不用给出复杂的物理设备所在的路径。另外,使用逻辑设备也便于用户管理备份信息。

用户在使用逻辑备份设备来进行数据库备份之前,要保存数据库备份的逻辑备份设备必须存在。否则,用户需要创建一个用来保存数据库备份的逻辑备份设备。

【例 7-1】 创建一个新的"BK_trybooks"的逻辑备份设备。

利用 SQL Server Management Studio 工具创建逻辑备份设备的具体操作过程如下:

(1) 打开 SSMS 并连接到数据库引擎服务器。

(2) 在"对象资源管理器"窗口中,展开"服务器对象"节点。

(3) 选择"备份设备"节点,单击右键选择"新建备份设备"菜单命令,打开"备份设备"对话框。

(4) 在"设备名称"文本框中输入 BK_trybooks,在"目标"选项组中的"文件"文本框中添加新建设备的路径和文件名称,如 D:\Practice_JWGL\BK_trybooks. bak,如图 7-1 所示。

图 7-1 "备份设备"对话框

（5）单击"确定"按钮，即可完成逻辑备份设备 BK_trybooks 的创建操作。

此时，即可在"对象资源管理器"窗口中的"服务器对象"|"备份设备"节点下，看到 BK_trybooks 逻辑备份设备。用户可以右击 BK_trybooks 选项，选择相应的菜单命令来完成对 BK_trybooks 逻辑备份设备操作（例如编写 T-SQL 脚本和删除等）。其中，用户可以选择"属性"菜单命令，打开"备份设备"属性对话框。选择"媒体内容"选项卡，通过"备份集"列表框来查看 BK_trybooks 逻辑备份设备里的内容，如图 7-2 所示。

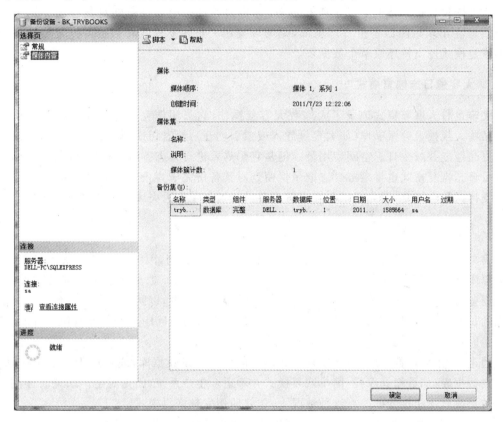

图 7-2　"媒体内容"选项卡

7.2　数据库恢复模式

SQL Server 2005 数据库中的事务日志是备份和恢复的基础，因为它记录了数据操作的步骤和过程。事务日志的记录方式也决定了备份和恢复的范围和程度。而决定事务日志记录方式的属性是数据库的"恢复模式"属性。

7.2.1　恢复模式的分类

"恢复模式"是 SQL Server 2005 数据库运行时，记录事务日志的模式。它控制事务记录在日志中的方式、事务日志是否需要备份以及允许的还原操作。实际上，"恢复模式"不仅决定了恢复的过程，还决定了备份的行为。它是 SQL Server 2005 数据库的一个重要属性。

它可以理解为 SQL Server 2005 数据库备份和恢复的方案,它约定了备份和恢复之间的关系。

SQL Server 2005 数据库的"恢复模式"包含完整恢复模式、大容量日志恢复模式和简单恢复模式三种类型。通常,数据库使用完整恢复模式或简单恢复模式。

1. 完整恢复模式

完整恢复模式完整地记录了所有事务,并将事务日志记录保留到对其备份完毕为止。如果能够在出现故障后备份日志尾部,则可以使用完整恢复模式将数据库恢复到故障点。完整恢复模式还支持还原单个数据页。

2. 大容量日志恢复模式

大容量日志恢复模式记录了大多数大容量操作,它只用作完整恢复模式的附加模式。对于某些大规模大容量操作(如大容量导入或索引创建),暂时切换到大容量日志恢复模式,可以提高性能并减少日志空间使用量。但是它仍需要进行日志备份,与完整恢复模式相同,大容量日志恢复模式也将事务日志记录保留到对其备份完毕为止。由于大容量日志恢复模式不支持时间点恢复,因此必须在增大日志备份与增加工作丢失风险之间进行权衡。

3. 简单恢复模式

简单恢复模式可以最大程度地减少事务日志的管理开销,因为它不备份事务日志。如果数据库损坏,则简单恢复模式将面临极大的工作丢失风险。数据只能恢复到已丢失数据的最新备份。因此,在简单恢复模式下,备份间隔应尽可能短,以防止大量丢失数据。但是,间隔的长度应该足以避免备份开销影响生产工作。在备份策略中加入差异备份可有助于减少开销。

通常,对于用户数据库,简单恢复模式用于测试和开发数据库,或者用于主要包含只读数据的数据库(如数据仓库)。简单恢复模式并不适合生产系统,因为对生产系统而言,丢失最新的更改是无法接受的。在这种情况下,建议使用完整恢复模式。

恢复操作由恢复模式决定,各种恢复模式所支持的恢复操作,如表 7-1 所示。

表 7-1　各种恢复模式所支持的恢复操作

恢 复 操 作	完全恢复模式	大容量日志恢复模式	简单恢复模式
数据恢复	如果日志可用,支持完全恢复	部分数据丢失	可以恢复上次完全备份或差异备份丢失的数据
时间点恢复	日志的任何时间点	不支持	不支持
文件恢复	完全支持	有时支持	只支持只读次要文件
页面恢复	完全支持	有时支持	无
粉碎恢复	完全支持	有时支持	只支持只读次要文件

7.2.2　选择恢复模式

每种恢复模式都与业务需求、性能、备份设备和数据重要性相关。因此,在选择恢复模

式的时候,应该权衡以下因素:

(1) 数据库性能。

(2) 数据丢失的容忍程度。

(3) 事务日志存储空间需求。

(4) 备份好恢复的易操作性。

合适的数据库恢复模式取决于实用性和数据库需求。简单恢复模式一般适用于测试或开发数据库。对于生产数据库,最佳选择通常是完整恢复模式,也可以选择大容量日志恢复模式作为补充。但简单恢复模式有时也适合小型生产数据库(尤其是当其大部分或完全为只读时)或数据仓库使用。若要为特定数据库确定最佳恢复模式,应考虑数据库的恢复目标和要求以及是否可对日志备份进行管理。

7.2.3　更改数据库恢复模式

当 SQL Server 2005 数据库被创建时,它拥有与 model 系统数据库一样的恢复模式。用户可以通过 SQL Server Management Studio 工具或 ALTER DATABASE 语句来更改数据库的恢复模式。

1. 使用 SSMS 查看或更改数据库的恢复模式

使用 SQL Server Management Studio 工具来查看或更改数据库的恢复模式,具体操作过程如下:

(1) 进入 SSMS 并连接到数据库引擎服务器。

(2) 在"对象资源管理器"窗口中,展开"数据库"节点。

(3) 右击 trybooks 数据库,在弹出的快捷菜单中选择"属性"命令,打开"数据库属性-trybooks"对话框。

(4) 选择"选项"选项卡,数据库的当前恢复模式显示在右侧详细信息的"恢复模式"列表框中,如图 7-3 所示。

(5) 可以从"恢复模式"列表中,选择不同的模式来更改数据库的恢复模式。其中,可以选择"完整"、"大容量日志"或"简单"模式。

(6) 单击"确定"按钮,即可完成查看或更改数据库的恢复模式的操作。

2. 使用 ALTER DATABASE 语句更改数据库的恢复模式

用户也可以使用 ALTER DATABASE 语句来修改数据库的恢复模式,其语法格式如下:

```
ALTER DATABASE database_name
SET
RECOVERY {FULL | BULK_LOGGED | SIMPLE}
```

该语法各要素具体含义说明如下:

(1) database_name:要修改的数据库的名称。

(2) FULL|BULK_LOGGED|SIMPLE:可供选择的三种数据库恢复模式。

图 7-3　查看数据库的"恢复模式"

【例 7-2】　将 trybooks 数据库的恢复模式设置为 BULK_LOGGED 模式。

在一个新的"查询编辑器"的"代码编辑器"窗口中,输入并执行以下 T-SQL 代码:

```
-- 修改数据库的恢复模式
ALTER DATABASE trybooks
SET
RECOVERY BULK_LOGGED
GO
```

7.3　数据库备份策略

SQL Server 2005 允许用户根据应用业务需求和用户硬件设备条件选择备份方式,在满足业务需求的条件下方便用户备份。本节将向读者介绍 SQL Server 2005 数据库备份的类型以及策略。

7.3.1　备份的类型

SQL Server 2005 数据库提供了以下多种备份类型,如表 7-2 所示。其中,完整备份、差异备份,以及事务日志备份都是用户经常使用的备份方式。

表 7-2　SQL Server 2005 数据库的备份类型

备 份 类 型	描　　　述
完整	完整备份将备份整个数据库,包括事务日志部分(以便可以恢复整个备份)
事务日志	全部数据库变化都会记录在日志文件中
尾日志	事务日志的活动部分(如未提交的事务日志等)
差异	自从上次的全库备份以来的变化的部分
文件及文件组	指定的文件或者文件组
部分	主文件组,每一个读写文件组和任何指定的只读文件组
仅复制	数据库或者日志

1．完整备份

一个数据库完整备份包括数据文件和部分事务日志。完整备份是在某一时间点做数据库的备份,这一备份作为数据库恢复时的基线。当执行数据库的完整备份时,SQL Server 2005 将进行以下操作:

(1) 备份期间所发生的任何活动。

(2) 备份所有事务日志中未提交的事务。

SQL Server 2005 使用备份过程中捕获的事务日志保证数据的一致性。已备份的数据库与备份完成时的数据库状态相匹配,截去全部未提交的事务。当数据库恢复时,未提交的事务被回退。

2．事务日志备份

事务日志备份记录所有数据库的变化,当进行完整数据库备份时一般也要备份事务日志。使用事务日志备份要注意以下几个事项:

(1) 如果没有执行一次完整数据库备份,不能进行事务日志的备份。

(2) 当使用简单恢复模式时,不能进行事务日志备份。

(3) 当用户备份事务日志时,SQL Server 2005 系统将进行以下操作:

① 备份事务日志从上次成功备份事务日志到当前的事务日志结束。

② 截取事务日志到事务日志活动部分的开发,删除不活动部分的信息。

说明:事务日志的活动部分开始于最早打开事务的时间点,持续到事务日志的结束。

3．尾日志备份

尾日志是事务日志的备份,它包括以前未进行过备份的日志部分,即事务日志的活动部分。尾日志备份,并不截断日志。

4．差异备份

用户在备份频繁修改的数据库时,当最小化备份时间时,应使用差异备份。执行差异备份时,SQL Server 2005 将进行以下操作:

(1) 备份自从上次执行完整备份以来的数据库变化。

（2）备份基础备份创建以来的变化内容。

（3）备份在差异备份执行期间发生的任何活动和事务日志中所有未提交的事务。

5. 文件及文件组备份

对于非常庞大的数据库，有时执行完整备份并不可行，这时用户可以执行数据库的文件或文件组备份。当 SQL Server 2005 执行文件及文件组备份时，将进行以下操作：

（1）当使用 FILE 或者 FILEGROUP 选择，可以备份指定的数据库文件。

（2）允许用户备份指定的多个数据库文件。

注意：当用户执行文件及文件组备份时，必须使用逻辑文件或者文件组。必须执行事务日志备份，以确保备份文件各数据库的其他部分一致可用。一般情况下，使用文件和文件组备份，要求用户对备份体系的整体进行考虑。

6. 部分备份

部分备份和完整备份十分相似，部分备份并不包括所有的文件组。"部分备份"的内容包括所有的主文件组、每一个读写文件组、任意指定的只读文件组。只读数据库的部分备份只包括主文件组。对于部分备份，也可以使用部分差异备份。部分差异备份只记录部分备份完成后的文件组的变化。

7. 仅复制备份

仅复制备份，不影响整个备份序列。用户可以为全部的备份类型创建仅复制备份。仅复制备份不能用基础备份，也不影响现存的差异备份。

7.3.2　理解备份策略

备份策略是用户根据数据库运行的业务特点，制定的备份类型的组合。例如对一般的事务性数据库，使用"完整备份"加"差异备份"类型的组合，当然还要选择适当的"恢复模式"。下面提供了几种参考策略，主要包括"完全数据库备份策略"、"数据库和事务日志备份策略"、"差异备份策略"和"文件或文件组备份策略"。

1. 完全数据库备份策略

完全数据库备份策略是定期执行数据库的"完整备份"、备份数据只依赖于"备份完整"。例如，定期修改数据的小型数据库，每天下午进行数据的少量修改，可以在每天 18：00 进行数据库的完整备份。完全数据库备份策略适用于以下情况：

（1）如果数据库数据量小，总的备份时间是可以接受的。

（2）如果数据库数据仅有很少的变化或数据库是只读的。

注意：如果使用"完整恢复模式"的数据库选项，用户应该定期清除事务日志。如果用户实现了完全数据库备份策略，数据库被配置使用完整、大容量日志模式，事务日志会被填充。当事务日志变满时，SQL Server 2005 可能阻止数据库活动，直到事务日志被清空。如果用户设置数据库恢复模式为简单模式，则这样的问题会减少。

2. 数据库和事务日志备份策略

当数据库要求较严格的可恢复性,而由于时间和效率的原因,仅通过使用数据库的完整备份实现这样可恢复性并不可行时,可以考虑使用数据库加事务日志备份策略。即在数据库完整备份的基础上,增加事务日志备份,以记录全部数据库的活动。

当数据库实现数据库和事务日志备份策略时,用户应备份从最近的数据库完整备份开始,使用事务日志备份。数据库实现数据和事务日志备份策略一般用于经常进行修改操作的数据库上。

3. 差异备份策略

差异备份策略包括执行常规的数据库"完整备份"加"差异备份",并且可以在完整备份和差异备份中间执行事务日志备份。恢复数据库的过程则为,首先恢复数据库的"完整备份",其次是最新一次的"差异备份",最后执行最新一次"差异备份"以后的每一个"事务日志备份"。该策略在日常工作中被大量使用。差异备份策略一般用于以下备份需求的数据库:

(1) 数据库变化比较频繁。

(2) 备份数据库的时间尽可能短。

4. 文件或文件组备份策略

文件或文件组备份策略主要包含备份单个文件或文件组的操作。通常这类策略用于备份读写文件组。备份文件和文件组期间,通常要备份事务日志,以保证数据库的可用性。这种策略虽然灵活,但是管理起来比较复杂,SQL Server 2005 不能自动地维护文件关系的完整性。使用文件或文件组策略通常在数据库非常庞大,完整备份耗时太长的情况下使用。

7.4　执行数据库备份

如果希望在灾难发生的时候,将 SQL Server 2005 数据库恢复到可以接受的状态,那么就需要在灾难发生之前进行一些准备工作。这里的准备工作主要指的是数据库的备份。也就是说,需要经常对 SQL Server 2005 数据库进行备份,以保证拥有数据库的可用版本,从而在 SQL Server 2005 数据库发生灾难的时候,可以从备份那里及时得到恢复。

本节将主要介绍几种常用的 SQL Server 2005 数据库的备份类型,包括完整备份、差异备份、日志备份以及文件和文件组备份等。

7.4.1　完整备份

完整备份将备份整个 SQL Server 2005 数据库,包括事务日志部分。进行数据库的完整备份后,SQL Server 2005 数据库的所有内容将包含在备份文件中,所以在恢复时可以恢复所有的数据库状态。用户可以通过 SQL Server Management Studio 工具或 BACKUP DATABASE 语句来完成数据库的完整备份。

1. 使用 SSMS 工具完成数据库的完整备份

使用 SQL Server Management Studio 工具来完成 trybooks 数据库的完整备份，具体操作过程如下：

(1) 进入 SSMS 并连接到数据库引擎服务器。

(2) 在"对象资源管理器"窗口中，展开"数据库"节点。

(3) 右击 trybooks 数据库，在弹出的快捷菜单中选择"任务"|"备份"命令，打开"备份数据库"对话框，默认选择"常规"选项卡，如图 7-4 所示。

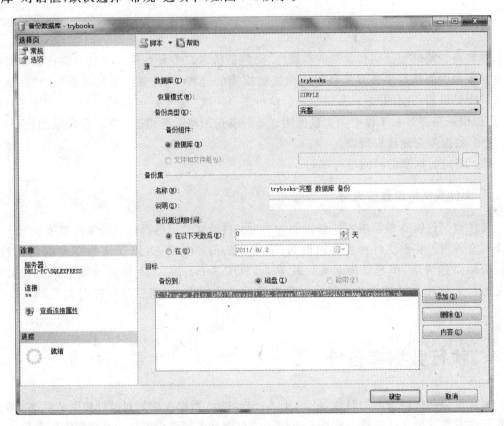

图 7-4 "备份数据库"对话框的"常规"选项卡

(4) 在"源"选项框的"数据库"复选框中，选择 trybooks 数据库。在"备份类型"复选框中，选择"完整"类型。在"备份组件"选项框中，选择"数据库"单选按钮。

(5) 在"备份集"选项框中，可以为该备份集指定一个名称，并添加一些有实际意义的说明，还可以指定"备份集过期时间"选项，起到说明的作用。

(6) 在"目标"列表框中，指定要备份到的设备，包括"磁盘"和"磁带"两种设备。如果选择"磁盘"单选按钮，那么可以指定要备份到的文件位置，可以是物理设备，也可以是逻辑设备。

可以通过单击"添加"按钮，将一个数据库备份到多个文件。这里，同时将数据库备份到物理设备(D:\Practice_JWGL\trybooks.bak)和逻辑设备(BK_trybooks)中。

(7) 单击"确定"按钮,完成 trybooks 数据库的一个完整备份。

注意:在进行数据库的备份时,将磁盘上的文件当作备份设备来处理。在备份时,可以向这个设备添加多份备份内容。在默认情况下,再次备份的结果不会有冲突,也不会覆盖。

如果希望再次备份时,直接将以前的备份结果覆盖。可以在备份时,切换到"备份数据库"对话框的"选项"选项卡,选择"覆盖所有现有备份集"单选按钮,如图 7-5 所示。

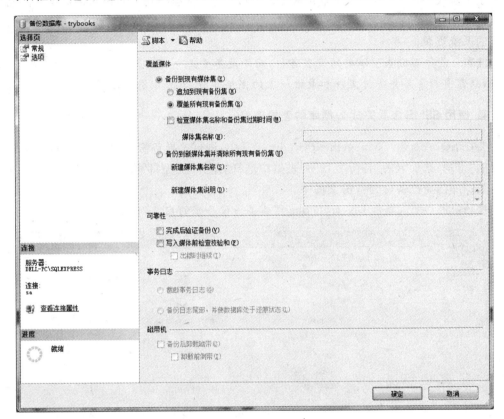

图 7-5　"备份数据库"对话框的"选项"选项卡

2. 使用 T-SQL 完成数据库的完整备份

用户还可以通过 T-SQL 语句中的 BACKUP DATABASE 命令来完成数据库的完整备份。

【**例 7-3**】　将 trybooks 数据库完整备份。

在一个新的"查询编辑器"的"代码编辑器"窗口中,输入并执行以下 T-SQL 代码:

```
-- 将数据库完整备份到物理备份设备
BACKUP DATABASE trybooks
TO DISK = 'D:\Practice_JWGL\trybooks.bak '
GO
-- 将数据库完整备份到逻辑备份设备
BACKUP DATABASE trybooks
TO BK_trybooks
GO
```

7.4.2　差异备份

在数据库的完整备份中,数据库中的所有内容都被备份到备份文件中。如果数据库的容量非常大,那么备份所需要的时间将会很长,这将影响到数据库的正常使用。而完整差异备份刚好解决了这个问题,因为差异备份仅记录自上次完整备份后更改过的数据。因此,它比数据库完整备份要小,备份时间也更短,可以简化频繁的备份操作,减少备份数据库时所占用的系统资源。

注意:差异备份基于以前的完整备份,而不是基于上一次的差异备份。因此,在还原的时候,只需要指定差异备份文件和最近一次的完整备份,就可以进行还原。

1. 使用 SSMS 工具完成数据库的差异备份

要在 SQL Server Management Studio 工具中,进行差异备份。只需在"备份数据库"对话框的"常规"选项卡的"备份类型"列表框中选择"差异"类型即可。单击"确定"按钮,就可以将数据库的更改备份到备份文件中。

技巧:用户可以查看 BK_trybooks 逻辑备份设备里的内容,如图 7-6 所示。

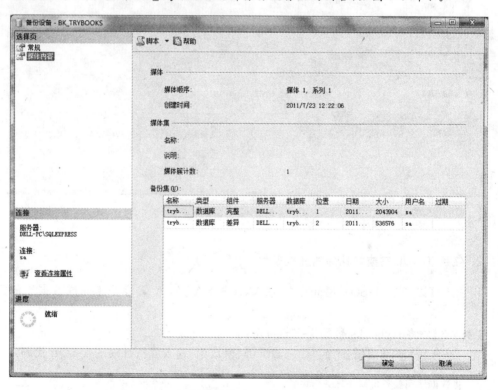

图 7-6　查看 BK_trybooks 逻辑备份的属性

2. 使用 T-SQL 完成数据库的差异备份

可以通过 T-SQL 语言中的 BACKUP DATABASE 语句来完成数据库的差异备份。

【**例 7-4**】　将 trybooks 数据库进行差异备份。

在一个新的"查询编辑器"的"代码编辑器"窗口中,输入并执行以下 T-SQL 代码:

```
-- 将数据库差异备份到物理备份设备
BACKUP DATABASE trybooks
TO DISK = 'D:\Practice_JWGL\trybooks.bak'
WITH DIFFERENTIAL
GO
-- 将数据库差异备份到逻辑备份设备
BACKUP DATABASE trybooks
TO BK_trybooks
WITH DIFFERENTIAL
GO
```

注意：通过 WITH DIFFERENTIAL 参数,来指定对数据库进行差异备份。

7.4.3　事务日志备份

事务日志包含创建最后一个备份之后对数据库进行的更改。因此,在进行事务日志备份前,先要进行一次完整的数据库备份才可以。如果要进行事务日志备份,要求数据库的恢复模式必须是完整恢复模式或大容量日志恢复模式。在简单恢复模式下是不能进行数据库备份的,这是因为在简单恢复模式中,数据库的日志记录是不完整的。

要在 SQL Server Management Studio 工具中,进行事务日志备份。只需在"备份数据库"对话框的"常规"选项卡的"备份类型"列表框中选择"事务日志"类型即可。单击"确定"按钮,就可以将数据库的日志更改备份到备份文件中。

同样,可以通过 T-SQL 语言中的 BACKUP LOG 语句来完成数据库的事务日志备份。

【**例 7-5**】　将 trybooks 数据库进行事务日志备份。

在一个新的"查询编辑器"的"代码编辑器"窗口中,输入并执行以下 T-SQL 代码:

```
-- 将数据库事务日志备份到物理备份设备
BACKUP LOG trybooks
TO DISK = 'D:\Practice_JWGL\ trybooks.bak'
GO
-- 将数据库事务日志备份到逻辑备份设备
BACKUP LOG trybooks
TO BK_trybooks
GO
```

7.4.4　尾日志备份

通过前面的几种备份方式,可以手动或自动地在指定的时间点进行备份操作。但是在发生灾难后,如果希望将数据恢复到灾难发生的时间点的状态,就需要拥有最后一次数据库备份与灾难发生之间的数据变化,这时就需要通过尾日志备份来实现。

与正常日志备份相似,尾日志备份将捕获所有尚未备份的事务日志记录。但尾日志备份与正常日志备份在以下几个方面会有所不同。

(1)如果数据库被损坏或者是离线,就可以尝试进行尾日志备份。在日志文件未被破坏且数据库不包含任何大容量日志更改的情况下,尾日志备份才会成功。如果数据库包含要备份的、在记录间隔期间执行的大容量日志更改,则仅在所有数据文件都存在且未损坏的情况下,尾日志备份才会成功。

(2) 尾日志备份可以使用 COPY_ONLY 选项独立于定期日志备份进行创建。仅复制备份不会影响备份日志链。事务日志不会被尾日志备份截断,并且捕获的日志将包括在以后的正常日志备份中。这样就可以在不影响正常日志备份过程的情况下,进行尾日志备份。

(3) 如果数据库损坏,尾日志可能会包含不完整的元数据,这是因为某些通常可用于日志备份的元数据在尾日志备份中可能会不可用。使用 CONTINUE_AFTER_ERROR 进行的日志备份,可能会包含不完整的元数据,这是因为此选项将通知进行日志备份而不考虑数据库的状态。

(4) 创建尾日志备份时,也可以同时使数据库变为还原状态。使数据库离线可保证尾日志备份包含对数据库所做的所有更改,并且随后不对数据库进行更改。当需要对某个文件执行离线还原时,以便与数据库匹配,或按照计划故障转移到日志传送备用服务器并希望切换回来时,会用到此操作。

要实现对数据库的尾日志备份,则需要在 BACKUP LOG 语句中使用 NO_TRUNCATE 选项。使用此选项,相当于同时指定 COPY_ONLY 和 CONTINUE_AFTER_ERROR。

【例 7-6】 将 trybooks 数据库的尾日志备份。

在一个新的“查询编辑器”的“代码编辑器”窗口中,输入并执行以下 T-SQL 代码:

```
-- 将数据库尾事务日志备份到物理备份设备
BACKUP LOG trybooks
TO DISK = 'D:\Practice_JWGL\ trybooks.bak'
WITH NO_TRUNCATE
GO
-- 将数据库尾事务日志备份到逻辑备份设备
BACKUP LOG trybooks
TO BK_trybooks
WITH NO_TRUNCATE
GO
```

7.4.5 文件和文件组备份

文件和文件组备份指在进行数据库备份时,只备份单独的一个或几个数据文件或文件组,而不是备份整个数据库。与完整数据库备份相比较,文件备份的主要优点是对大型的数据库备份和还原的速度提升很多,主要的缺点是管理起来比较复制。如果某个损坏的文件未备份,那么媒体介质故障可能导致无法恢复整个数据库。因此,必须维护完整的文件备份,包括完整恢复模式的文件备份和日志备份。

注意:一次只能进行一个文件备份操作。可以在一次操作中备份多个文件。

要在 SQL Server Management Studio 工具中进行文件和文件组备份。只需在“备份数据库”对话框的“常规”选项卡的“备份组件”列表框中选择“文件和文件组”选项,打开“选择文件和文件组”对话框。在该对话框中,选择要备份的文件和文件组即可。最后,单击“确定”按钮,就可以将数据库的文件和文件组备份到备份文件中。

如果要使用 T-SQL 语句来进行文件和文件组的备份,需要在 BACKUP DATABASE 语句的后面使用 FILE 关键字来标识所选的文件,使用 FILEGROUP 关键字来标识所选的文件组。

【例 7-7】 将 trybooks 数据库的文件和文件组进行备份。

在一个新的"查询编辑器"的"代码编辑器"窗口中,输入并执行以下 T-SQL 代码:

```
-- 将数据库文件和文件组备份到物理备份设备
BACKUP DATABASE trybooks
FILE = ' trybooks ',
FILEGROUP = 'PRIMARY'
TO DISK = 'D:\Practice_JWGL\trybooks.bak'
GO
-- 将数据库文件和文件组备份到逻辑备份设备
BACKUP DATABASE trybooks
FILE = 'trybooks ',
FILEGROUP = 'PRIMARY'
TO BK_trybooks
GO
```

7.4.6 备份的验证与校验

在备份完成后,可以通过 RESTORE VERIFYONLY 语句来对备份证件进行验证。验证备份可以检查备份在物理上是否完好无损,以确保备份中的所有文件都是可读、可还原的,并且在需要使用它时可以还原备份。验证备份时,并不会验证备份中数据的结构,而只是验证其在物理上的完整性。但是,如果备份使用了 WITH CHECKSUM 选项来创建,则可以很好地表明备份中数据的可靠性。

【例 7-8】 验证 trybooks 备份文件是否有效。

在一个新的"查询编辑器"的"代码编辑器"窗口中,输入并执行以下 T-SQL 代码:

```
-- 将数据库完整备份到物理备份设备
BACKUP DATABASE trybooks
TO DISK = 'D:\Practice_JWGL\ trybooks.bak'
GO
-- 将数据库完整备份到逻辑备份设备
BACKUP DATABASE trybooks
TO BK_trybooks
GO
-- 验证物理备份设备上的备份文件是否有效
RESTORE VERIFYONLY FROM DISK = 'D:\Practice_JWGL\trybooks.bak'
GO
-- 验证逻辑备份设备上的备份文件是否有效
RESTORE VERIFYONLY FROM BK_trybooks
GO
```

用户也可以通过 SQL Server Management Studio 工具设置,即在"备份数据库"对话框选择"选项"选项卡中选择"可靠性"选项的复选框,来设置备份的验证与校验等可靠性选项。

7.5 执行数据库还原

在数据库正常运行的过程中,一般都是进行数据库的备份操作,从而进行灾难性恢复的准备工作。如果数据库系统遇到了不可避免的灾难,那么应当及时地进行数据库的恢复与还原操作。本节将对照 7.4 节介绍的几种常用的数据库备份的类型进行相应的还原操作。

7.5.1 完整的数据库还原

完整的数据库还原是完整数据库备份的逆过程,是数据库还原中最常见的一种方式。在进行完整的数据库还原之前,确保备份设备里至少有一个完整的数据库备份。使用 SQL Server Management Studio 工具,从 BK_trybooks 备份设备中来完整地还原 trybooks 数据库。

1. 使用 SSMS 工具完成数据库的还原

使用 SSMS 还原数据库的具体操作过程如下:

(1) 进入 SSMS 并连接到数据库引擎服务器。

(2) 在"对象资源管理器"窗口中,展开"数据库"节点。

(3) 右击 trybooks 数据库,在弹出的快捷菜单中选择"任务"|"还原"|"数据库"菜单命令,打开"还原数据库"对话框。默认选择"常规"选项卡。

(4) 在"还原的目标"选项框的"目标数据库"选项中,选择或输入 trybooks 数据库。

(5) 在"还原的源"选项框中,选择"源设备"选项。然后单击右侧的 ▨ 按钮,打开"指定备份设备"对话框。在"备份媒体"下拉列表框中选择"备份设备"选项,单击"添加"按钮,找到 BK_trybooks 备份设备。设置好后的"指定备份"对话框,如图 7-7 所示。

技巧:也可以在"备份媒体"下拉列表框中选择"文件"选项,使用物理备份设备。

(6) 单击"确定"按钮,返回"还原数据库"对话框。

(7) 在"选择用于还原的备份集"列表框中,勾选第 2 个完整的备份集。

(8) 单击"确定"按钮,即可完成完整的数据库还原操作。

此外,用户还可以选择"还原数据库"对话框中的"选项"选项卡,如图 7-8 所示,完成以下选项设置:

(1) 还原选项。其中,如果要还原的数据库已经存在,则可以在选项卡中,选择"覆盖现有数据库"复选框。也可以在 RESTORE DATABASE 语句中使用 REPLACE 关键字来实现。

(2) 可以在该页面中的"将数据库文件还原为"列表框中,指定不同的数据文件和日志文件所保存的位置。

(3) 可以在"恢复状态"栏中,设置恢复状态选项。

2. 使用 T-SQL 完成数据库的还原

用户可以使用 RESTORE DATABASE 语句来进行完整的数据库还原。

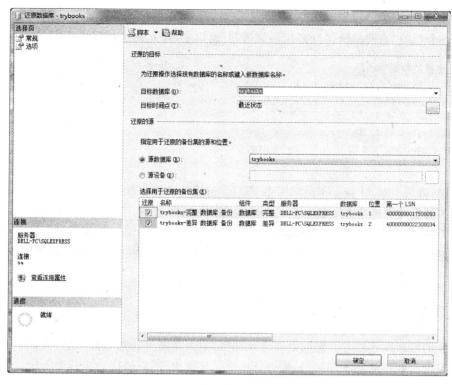

图 7-7 "指定备份"对话框

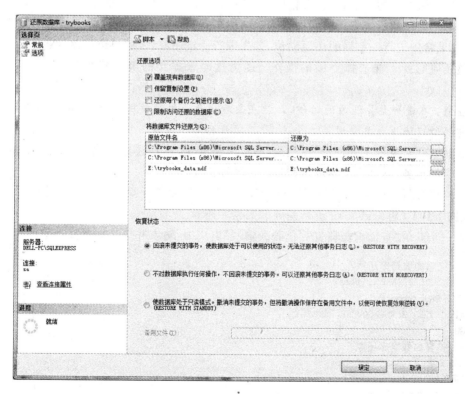

图 7-8 选择"还原数据库"对话框的"选项"选项卡

【例 7-9】 将 trybooks 数据库进行还原。

在一个新的"查询编辑器"的"代码编辑器"窗口中,输入并执行以下 T-SQL 代码:

```
-- 完整的数据库还原
RESTORE DATABASE trybooks
FROM BK_trybooks
WITH FILE = 2, REPLACE,
MOVE 'trybooks' TO 'D:\ trybooks.mdf',
MOVE 'trybooks_log' TO 'D:\ trybooks_log.ldf'
GO
```

其中,通过 FROM 或 FORM DISK 来指定选定的备份文件,通过 WITH FILE＝2 来指定选择备份文件中的第 2 个备份集,并通过 REPLACE 关键字来覆盖现有数据库,然后通过 MOVE…TO 来指定将不同的数据文件和日志文件放到指定的位置上。

注意:如果指定的存放数据文件或日志文件的文件夹不存在,将无法成功还原数据库。

7.5.2　差异的数据库还原

差异的数据库还原与完整的数据库还原类似,但是需要注意的是,差异的数据库还原需要按照备份的顺序来完成。例如,先进行一个完整备份,然后进行一个差异备份。那么在还原的时候,也要先进行完整还原,再进行差异还原。

在进行数据库的备份时,都会备份一定量的事务日志内容,特别是最后一些没有提交的事务日志。前面的示例中,选择"回退未提交的事务"选项,也就是说将未提交的事务舍弃。但是,如果希望进行一系列的还原动作,如先进行完整还原,之后再进行差异还原,那么在进行完整还原时就不能选择上面的操作。因为这时未提交的事务将会在后继还原中进行处理。

注意:在进行差异还原的时候,只能在最后一个还原时使用"回退未提交的事务"选项,而之前的所有还原都要使用第二个选项"不对数据库执行任何操作"。

此时,在"对象资源管理器"窗口中,数据库将处于"正在还原"的状态,表示数据库中还有未提交的事务,并且可以继续进行数据库的还原操作。

用户同样可以使用 RESTORE DATABASE 语句来进行差异的数据库还原。

【例 7-10】 将 trybooks 进行差异的数据库还原。

在一个新的"查询编辑器"的"代码编辑器"窗口中,输入并执行以下 T-SQL 代码:

```
-- 完整的数据库还原
RESTORE DATABASE trybooks
FROM BK_trybooks
WITH FILE = 2, NORECOVERY, REPLACE
GO
-- 差异的数据库还原
RESTORE DATABASE trybooks
FROM BK_trybooks
WITH FILE = 3, RECOVERY
GO
```

其中,通过 WITH NORECOVERY 参数来指明,将数据库置于"正在还原"状态,并且对提交的事务不进行任何操作。如果不写这个参数,默认使用 WITH RECOVERY 参数,表示回退未提交的事务。

如果数据库处于"正在还原"的状态,并且希望直接将它置为在线状态。可以直接使用下面的 T-SQL 语句来实现:

```
RESTORE DATABASE trybooks
WITH RECOVERY
GO
```

7.5.3 事务日志还原

如果在备份时使用的是事务日志备份,那么在还原的时候就可以使用事务日志备份来进行还原。要进行事务日志还原,同样要先进行一个完整的数据库还原。因为事务日志备份也是基于最近一次数据库的完整备份的。

1．使用 SSMS 工具完成数据库的事务日志还原

使用 SQL Server Management Studio 工具,从 BK_trybooks 备份设备中,利用事务日志备份来还原 trybooks 数据库,具体操作过程如下:

(1)先对 trybooks 数据库进行一次完整的数据库还原,并且在"数据库还原"对话框的"选项"选项卡中选择"不对数据库执行任何操作"选项,将数据库设置为"正在还原"状态。

(2)在"对象资源管理器"窗口中,展开"数据库"节点。右击选择 trybooks|"任务"|"还原"|"事务日志"命令,打开"还原事务日志"对话框。默认打开"常规"选项卡。

(3)在"数据库"节点中,选择 trybooks 数据库。在"还原的源"选项框中,选择"从文件或磁带"选项。然后单击右侧的 ▭ 按钮,打开"指定备份设备"对话框。在"备份媒体"下拉列表框中选择"备份设备"选项,单击"添加"按钮,找到 BK_trybooks 备份设备,单击"确定"按钮返回。

(4)在"选择用于还原的备份集"列表框中,选择事务日志备份集。还可以在"还原到"选项中,为事务日志还原时指定还原的"时间点"或"标记的事务"单选按钮。

(5)单击"确定"按钮,即可完成事务日志的还原操作。

2．使用 T-SQL 完成数据库的事务日志还原

用户同样可以使用 RESTORE LOG 语句来进行数据库的事务日志还原。

【例 7-11】 将 trybooks 数据库进行事务日志还原。

在一个新的"查询编辑器"的"代码编辑器"窗口中,输入并执行以下 T-SQL 代码:

```
-- 完整的数据库还原
RESTORE DATABASE trybooks
FROM BK_trybooks
WITH FILE = 2,NORECOVERY,REPLACE
Go
```

```
-- 数据库事务日志的还原
RESTORE LOG trybooks
FROM BK_trybooks
WITH FILE = 4,RECOVERY
GO
```

其中,通过 WITH FILE=4 来指定选择备份文件中的第 4 个备份集(事务日志)。另外,还可以通过添加 STOPAT 参数来指定恢复到的时间点。

7.5.4　文件和文件组还原

如果在备份时使用的是文件和文件组备份,那么在还原的时候就可以使用文件和文件组备份来进行还原。

1. 使用 SSMS 工具完成数据库的文件和文件组还原

使用 SQL Server Management Studio 工具,从 BK_trybooks 备份设备中,利用文件和文件组备份来还原 trybooks 数据库。具体操作过程如下:

(1) 进入 SSMS 并连接到数据库引擎服务器。

(2) 在"对象资源管理器"窗口中,展开"数据库"节点。

(3) 右击 trybooks 数据库,在弹出的快捷菜单中选择"任务"|"还原"|"文件和文件组"命令,打开"还原文件和文件组"对话框。默认选择"常规"选项卡。

(4) 在"还原的目标"选项框的"目标数据库"选项中,选择或输入 trybooks 数据库。

(5) 在"还原的源"选项框中,选择"源设备"单选按钮。然后单击右侧的 ▢ 按钮,打开"指定备份设备"对话框。在"备份媒体"下拉列表框中选择"备份设备"选项(也可以选择"文件"选项,使用物理备份设备)。单击"添加"按钮,找到 BK_trybooks 备份设备,单击"确定"按钮返回。

(6) 在"选择用于还原的备份集"列表框中,选择文件和文件组备份集。

(7) 单击"确定"按钮,即可完成数据库文件和文件组的还原操作。

2. 使用 T-SQL 完成数据库文件和文件组还原

用户同样可以使用 RESTORE DATABASE 语句来进行数据库的文件和文件组还原。

【例 7-12】　将 trybooks 数据库进行文件和文件组还原。

在一个新的"查询编辑器"的"代码编辑器"窗口中,输入并执行以下 T-SQL 代码:

```
-- 还原文件和文件组
RESTORE DATABASE trybooks
FILE = ' trybooks ',
FILEGROUP = 'PRIMARY'
FROM DISK = 'D:\Practice_JWGL\ trybooks.bak'
WITH FILE = 6,NOUNLOAD,STATS = 10,REPLACE
GO
```

其中,代码说明如下:

(1) 通过 FILE 关键字来指定要还原的文件。

（2）通过 FILEGROUP 关键字来指定要还原的文件组。

（3）通过 WITH FILE＝6 来指定选择备份文件中的第 6 个备份集（文件和文件组备份）。

（4）通过 REPLACE 关键字来覆盖现有数据库文件和文件组。

7.5.5　页面还原

页面还原可以只还原一个页面的内容，也就是 8KB 的内容，这样大大减少了恢复的时间。页面还原只适用于数据库中某些页面损坏而造成数据库无法正常使用的情况，它可以通过校验来检测已损坏的页，并进行页面级别的还原。

页面还原用于修复各个损坏的页。如果设备上有大量此类页，则可能指示此设备有未解决的故障，可以将文件还原到另外一个位置。还原的页必须恢复到与数据库一致的状态。

一次可以还原多个数据库页。日志文件备份应用于包含要恢复的页的所有数据库文件。与文件还原一样，每次传递日志重做，前退集都会前进一步。当在线页面还原期间，数据库处于在线状态，而只有被还原的数据处于离线状态。并非所有损坏的页都可以在数据库处于在线状态时还原。

注意：只有 SQL Server 2005 的企业版允许在线还原，而且只能用于还原数据页面。

页面还原的基本步骤如下：

（1）获取要还原的损坏页的 ID。检验或残缺书写错误将返回页 ID，提供指定页所需的信息。若要查找损坏页的页 ID，可以使用 msdb. suspect_pages 表、错误日志、时间跟踪、DBCC 或 WMI 提供程序等。

（2）从包含页的完整备份、文件备份或文件组备份开始进行页面还原。在 RESTORE DATABASE 语句中，使用 PAGE 字句列出所有要还原页的页 ID。一个文件可以还原的最大页数为 1000。

（3）应用正被还原的页所需的可用差异。

（4）应用后继日志备份。

（5）创建新的日志备份，使其包含已还原页的最终 LSN（最后还原的页离线的时间点）。

（6）还原新的日志备份。

【例 7-13】　将 trybooks 数据库进行页面还原。

在一个新的"查询编辑器"的"代码编辑器"窗口中，输入并执行以下 T-SQL 代码：

```
-- 页面还原
RESTORE DATABASE trybooks
PAGE = '1:25,1:32,1:59'
FROM BK_trybooks
WITH FILE = 2,NORECOVERY
GO
```

7.5.6　段落还原

在 SQL Server 2005 中，可以通过称为"段落还原"的过程分阶段恢复由多个文件组组成的数据库。段落还原可以在任何恢复模式下进行，在完整恢复模式或大容量日志恢复模式下比在简单恢复模式下更加灵活。段落还原方案包括所在的 3 个还原阶段：数据复制、重做(前退)日志和撤销(回退)日志。

　　作为 SQL Server 2005 中的新功能,段落还原提高了 SQL Server 2000 的部分还原能力。使用段落还原,可以在对主文件组和某些辅助文件组进行初始的部分还原后,对文件组进行还原。未还原的文件组被记为离线,不能对其进行访问。不过,对于离线文件组,可以在以后通过文件还原功能进行还原。为了使整个数据库能够在不同时间分阶段还原,段落还原将维护标记,以保证数据库最终的一致性。

　　说明:由于页面还原和段落还原比较复杂,在此不作详细讲解。请读者自行查阅 SQL Server 2005 的联机丛书或本地 SQL Server 2005 教程。

7.6　用户数据库的灾难恢复

　　假如对 trybooks 数据库已进行过一次完整备份和一次差异备份,分别位于逻辑备份设备 BK_trybooks 中的位置 1 和位置 2 上。运行一段时间后,SQL Server 2005 数据库服务器出现故障,导致 trybooks 数据库中的数据文件被破坏,但是可以确定的是事务日志文件尚完好。

　　此时灾难已经发生了,但是前面的备份只包含了最后一次差异备份时的数据。而差异备份之后到灾难发生之时的所有数据都遭到了破坏。那么,能否将 trybooks 数据库恢复到发生灾难时的最新状态? 怎样才能恢复到最新状态呢?

　　在灾难发生的时候,没有破坏数据库的日志文件。那么就可以从日志文件当中将事务日志备份处理,从而进行恢复,也就是前面讲到过的尾日志备份。将 trybooks 数据库进行尾日志备份的 T-SQL 代码如下:

```
-- (0)进行尾日志备份
BACKUP LOG trybooks
TO BK_trybooks
WITH NO_TRUNCATE
GO
```

　　此时,已经将 trybooks 数据库的所有数据内容进行了备份。那么接下来就可以开始恢复。

　　【例 7-14】　将 trybooks 数据库进行灾难恢复。

　　在一个新的"查询编辑器"的"代码编辑器"窗口中,输入并执行以下 T-SQL 代码:

```
-- 打开 master 数据库
USE master
GO
-- (1)完整的数据库还原
RESTORE DATABASE trybooks
FROM BK_trybooks
WITH FILE = 1,NORECOVERY,REPLACE
GO
-- (2)差异的数据库还原
```

```
RESTORE DATABASE trybooks
FROM BK_trybooks
WITH FILE = 2,NORECOVERY
GO
 -- (3)尾日志数据库还原
RESTORE LOG trybooks
FROM BK_trybooks
WITH FILE = 3,RECOVERY
GO
```

根据上述代码,可以进行灾难恢复的具体操作过程如下:

(1) 对 trybooks 进行完整的数据库还原。还原时将数据库的还原状态设置为"不对数据库执行任何操作",以便继续进行其他数据库的还原操作。

(2) 对 trybooks 进行差异的数据库还原。还原时将数据库的还原状态设置为"不对数据库执行任何操作",以便继续进行其他数据库的还原操作。

(3) 对 trybooks 进行尾日志数据库还原。还原时将数据库的还原状态设置为"回退未提交的事务",使数据库处于可用状态。

至此,已经将 trybooks 数据库恢复到灾难发生之时的最新状态。

7.7　master 数据库的灾难恢复

对于系统数据库来说,也要进行灾难恢复的准备,即要进行日常的备份。对于 master 数据库以外的其他数据库来说,可以直接使用和用户数据库类似的方式进行备份和还原操作,而 master 数据库的还原则与普通的用户数据库还原不同(备份方式是一样的)。

master 数据库记录 Microsoft SQL Server 2005 系统的所有系统级信息,例如登录账户、系统配置设置、端点和凭据以及访问其他数据库所需的信息。master 数据库还记录启动服务器实例所需的初始化信息。这些信息对于 Microsoft SQL Server 2005 系统来说,是至关重要的。所以,建议经常计划 master 的日常完整数据库备份,以充分保护用户数据,使其满足业务需要。

如果 master 已损坏,而服务器实例正在运行,则可以通过还原 master 的最近完整数据库备份(如果创建了一个备份)轻松地修复已损坏的数据库。如果由于 master 数据库被损坏而无法启动服务器实例,则必须重建 master 数据库。重建 master 数据库将使所有的系统数据库恢复到其原始状态。

在执行任何语句或系统过程来更改 master 数据库中的信息以后(例如,更改服务器范围的配置选项以后),应备份 master 数据库。如果在更改 master 数据库后没有进行备份,则自上次备份以来的更改都将在还原备份时丢失。

建议不要在 master 数据库中创建用户对象。但是,如果确实在 master 数据库中创建了用户对象,则应频繁地执行备份计划,以便能够保护用户数据。

注意:只能创建 master 的完整数据库备份。

若要进行 master 数据库的还原,则必须以单用户模式启动 SQL Server 2005 数据库引擎服务。具体操作过程如下：

(1) 打开 SQL Server 配置管理器，停止 SQL Server 2005 数据库引擎服务。

(2) 打开命令提示符，定位到"C:\Program Files\Microsoft SQL Server\MSSQL.1\MSSQL\Binn"目录下。

(3) 输入并执行 sqlservr.exe -m 命令，以单用户模式启动 SQL Server 2005 数据库引擎服务。

(4) 启动成功后，不要关闭当前"命令提示符"窗口。然后打开 SQL Server Management Studio，关闭打开的"连接到服务器"对话框。单击工具栏上的"新建查询"按钮，指定系统登录方式后，单击"确定"按钮，打开查询编辑器。

(5) 在新的"查询编辑器"的"代码编辑器"窗口中，输入并执行以下 T-SQL 代码：

```
-- 恢复 master 系统数据库
RESTORE DATABASE master
FROM BK_trybooks
WITH FILE = 4
GO
```

(6) 执行成功后，即成功还原了 master 系统数据库。

注意：还原 master 数据库后，SQL Server 2005 实例将自动停止。如果需要进一步修复并希望防止多重连接到服务器，应以单用户模式启动服务器。否则，服务器会以正常方式重新启动。

7.8 数据库快照

数据库快照是一个只读的、静态的数据库视图。为用户提供了一种机制，能够实现保存历史某一时间点的数据库。它是 SQL Server 2005 的一项新技术，并且只有 SQL Server 2005 企业版才支持这种新技术。一个数据库可以在同一个实例中同时存在数据库快照，每个数据库快照与数据库创建快照时刻的数据保持一致。即数据库快照的内容是不会变化的，永远记录创建快照时的所有数据。

每个数据库快照可一直存在，直到用户明确地删除它。数据库快照可以用于报表目的，也可以用于数据库错误恢复，还可以把数据恢复到创建快照的时刻。

目前，SQL Server Management Studio 还不支持创建数据库快照的操作，只能使用 T-SQL 语句创建。在创建数据库快照前，要确保有足够的磁盘空间。

说明：由于删除数据库快照与删除数据库的操作完全相同，在此不再介绍，请参照数据库章节。

7.8.1 创建数据库快照

使用 T-SQL 语句来创建数据库快照的语法格式如下：

```
CREATE DATABASE database_snapshot_name
ON
```

```
(    NAME = logical_file_name,
     FILENAME = 'os_file_name'
)[,...n]
AS SNAPSHOT OF source_database_name
[;]
```

该语法各要素的具体含义如下(前面章节已涉及的参数在此不再进行说明)：

(1) database_snapshot_name：要创建的数据库快照名称。

(2) source_database_name：源数据库名称。

7.8.2　创建数据库快照的示例

【例 7-15】　为前面的 trybooks 数据库创建一个数据库快照 trybooks _Snapshot。在一个新的"查询编辑器"的"代码编辑器"窗口中,输入并执行以下 T-SQL 代码：

```
-- 打开 master 数据库
USE master
GO
-- 删除已存在的数据库快照
IF   EXISTS (
     SELECT name
     FROM sys.databases
     WHERE name = 'trybooks_Snapshot'
)
DROP DATABASE trybooks_Snapshot
GO
-- 创建新的数据库快照
CREATE DATABASE trybooks_Snapshot
ON
(
     NAME = trybooks,
     FILENAME = 'D:\Practice_JWGL\trybooks_Snapshot.ss'
)
AS SNAPSHOT OF trybooks;
GO
```

上述 T-SQL 语句正确执行后,即可在 SQL Server Management Studio 中"对象资源管理器"窗口中,依次展开"数据库"|"数据库快照"节点,查看新创建的数据库快照。

注意：所要保存的物理文件的磁盘格式必须为 NTFS 格式,因为稀疏文件只能在 NTFS 格式的磁盘上创建。

7.8.3　使用数据库快照实现灾难恢复

由于数据库快照可以永久记录数据库某一个时间点的数据状态。因此,它可以用来恢复一部分数据库,特别是恢复一些由于用户的误操作而丢失的数据。

【例 7-16】　利用前面创建的数据库快照 trybooks _Snapshot,恢复 trybooks 数据库。在一个新的"查询编辑器"的"代码编辑器"窗口中,输入并执行以下 T-SQL 代码：

```
-- 打开 master 数据库
USE master
GO
-- 利用数据库快照恢复数据库
RESTORE DATABASE trybooks
FROM DATABASE_SNAPSHOT = 'trybooks_Snapshot'
GO
```

7.9　备份还原过程中常见问题

备份还原过程中常见问题主要有以下两个：

（1）在重装系统以前将 SQL Server 2005 数据库进行了备份，重装系统后也重新安装了 SQL Server 2005。想将备份的数据库还原到新装的数据库中，该如何处理？

在 SQL Server Management Studio 中，创建一个同名的数据库。右击该数据库，在弹出的快捷菜单中选择"任务"|"还原"|"数据库"命令，打开"还原数据库"对话框（也可不新建数据库，直接在"对象资源管理器"窗口中，右击"数据库"节点，在弹出的快捷菜单中选择"还原数据库"命令也可以打开"还原数据库"对话框。但是需要在"还原数据库"文本框中输入还原后的数据库名称）。然后选择定位到备份文件，单击"确定"按钮即可。需要注意的是，如果新安装的 SQL Server 2005 与原来的数据库不在同一目录，一定要在"选项"选项卡里修改相应的数据库路径，否则可能造成还原失败。

这个方法同样适用于从一个 SQL Server 2005 数据库服务器实例到另外一个数据库服务器实例。

（2）从服务器备份了一个 SQL Server 2005 数据库，有 1.2GB 左右的大小，然后在本机上还原该数据库，还原后再重新备份，发现备份后的大小只有 600M。这是为什么呢？

可能执行了多次备份。因为 SQL Server 2005 数据库在备份的时候，默认选择的是追加媒体方式，保留旧的数据库备份而不覆盖。而在还原数据库的时候需要选择备份集文件，这样就会在还原后立即备份时，新的备份文件就会变小。

7.10　本章小结

无论对数据库应用开发人员还是数据库管理人员来说，灾难恢复都是一项重要的工作。SQL Server 2005 为用户提供了高性能的备份和还原功能。本章先是向读者介绍了数据库备份的基础知识，接着介绍了数据库的恢复模式、备份策略和执行数据库备份与还原的方法，以及如何对用户数据库和 master 数据库进行灾难恢复。最后，介绍了 SQL Server 2005 数据库快照的定义及其使用方法。通过本章的学习，读者会对 SQL Server 2005 数据库的灾难性恢复有一个明确的认识，并且能根据实际需要对 SQL Server 2005 数据库进行各种形式的灾难性恢复。

习题 7

简答题

（1）什么是数据库备份？数据库备份的目的是什么？

（2）SQL Server 2005 数据库恢复有几种模式？它们分别在什么情况下适用？

（3）SQL Server 2005 数据库的备份类型有哪几种？它们有何异同？

（4）如何执行 SQL Server 2005 数据库的还原方式有哪些？如何执行还原？

（5）什么是数据库快照？它有什么功能？

第8章

数据转换

教学目标：

- 理解 DTS 的基本概念。
- 掌握不同数据源之间数据导入的方法。
- 掌握不同数据源之间数据导出的方法。

教学重点：

用户在接触 SQL Server 之前，也许已经使用过其他的数据库管理系统，如 Sybase、Oracle、DB2 或 Access 等。用户可能希望将自己存储在其他数据库管理系统中的数据转换到 SQL Server 的数据库中。同样，也许因为某些特殊的需要，用户希望将自己存储在 SQL Server 数据库中的数据转换到其他数据库管理系统中。

SQL Server 为了满足用户的这种需求提供了数据转换服务(DTS)。利用这种服务，用户可以将数据在不同的数据源之间进行导入和导出。

8.1 DTS 的基本概念

DTS 包含一套用于创建、调度和执行 DTS 包的工具，如表 8-1 所示，不同的工具适用于不同的情况。

表 8-1　DTS 提供的传输数据的工具

工　具	说　　明
DTS 导入/导出向导	此向导用于将数据复制到 SQL Server 实例和从此类实例中复制数据，以及将转换映射到数据
DTS 设计器	此图形工具用于生成带有工作流和事件驱动逻辑的复杂包。也可以使用 DTS 设计器编辑和自定义用 DTS 导入/导出向导创建的包
DTS 和 SQL Server Management Studio	这些选项可用于从 SQL Server Management Studio 中操作包和访问包信息
DTS 查询设计器	此图形工具用于在 DTS 中生成查询

归纳起来，SQL Server 2005 提供的 DTS 工具具有如下功能：

(1) 数据的导入和导出。导入和导出数据是在不同应用之间按普通格式读写数据从而实现数据交换的过程。例如，DTS 可以从一个 Excel 格式的文件或 Access 数据库中读出数据并导入到 SQL Server 数据库中。同样，也可以将数据从 SQL Server 数据库中导出并输入到另一个数据源中。

（2）转换数据格式。SQL Server 允许将数据在实现数据传输之前进行数据格式的转换。例如，可以根据源数据中的一列或多列数据进行重新统计计算，甚至可以将一列数据分割成多列存储在目的数据源的不同列上。通过转换数据格式，用户可以方便地实施复杂的数据检验，进行数据的重新组织，如排序、分组等，还可以提高导入、导出数据的效率。

（3）传输数据库对象。在不同的数据源之间，DTS 只能移动表和表中的数据。但如果是在 SQL Server 数据库之间进行传输，则可以方便地实现索引、视图、存储过程、触发器、规则、约束等数据库对象的传递。

8.2 数据的导入

利用 DTS 向导可以从 SQL Server 或别的数据源中将数据导入 SQL Server 2005，并实现数据格式的转换。

【例 8-1】 使用 SQL Server 导入向导将 Excel 工作表中数据导入到 SQL Server 2005 中。

（1）新建一个 Excel 实例文件，在 Sheet1 工作表中输入需要导入的数据，文件名命名为 teacher.xls，并保存在适当的路径，如图 8-1 所示。

图 8-1 创建 Excel 表格

（2）进入 SSMS，在"对象资源管理器"中展开"数据库"节点，右击要向其导入数据的数据库，如 trybooks，在弹出的快捷菜单中选择"任务"|"导入数据"菜单命令，打开"SQL Server 导入和导出向导"，如图 8-2 所示。

（3）单击"下一步"按钮，出现"选择数据源"对话框，如图 8-3 所示。

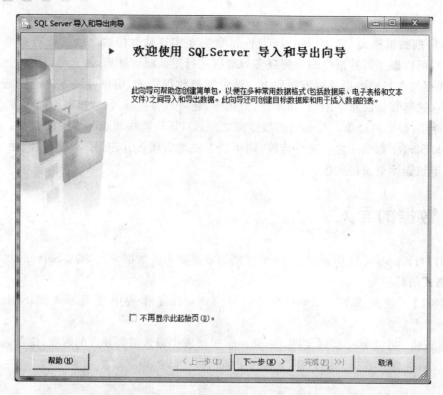

图 8-2　SQL Server 导入和导出向导欢迎界面

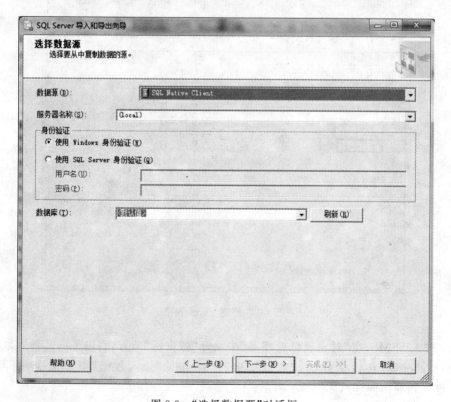

图 8-3　"选择数据源"对话框

在此对话框中可以设置数据源的相关信息,可用的数据源包括 OLE DB 访问接口、SQL Native Client、ADO.NET、Excel 和平面文件源。根据数据源的不同,需要设置身份验证模式、服务器名称、数据库名称和文件格式等选项。默认的数据源设置为 SQL Native Client,根据实际操作中数据源的不同,可以在其后的下拉列表中选择不同的类型。在此选择 Microsoft Excel,表示作为数据源的是 Microsoft Excel 文件,如图 8-4 所示。

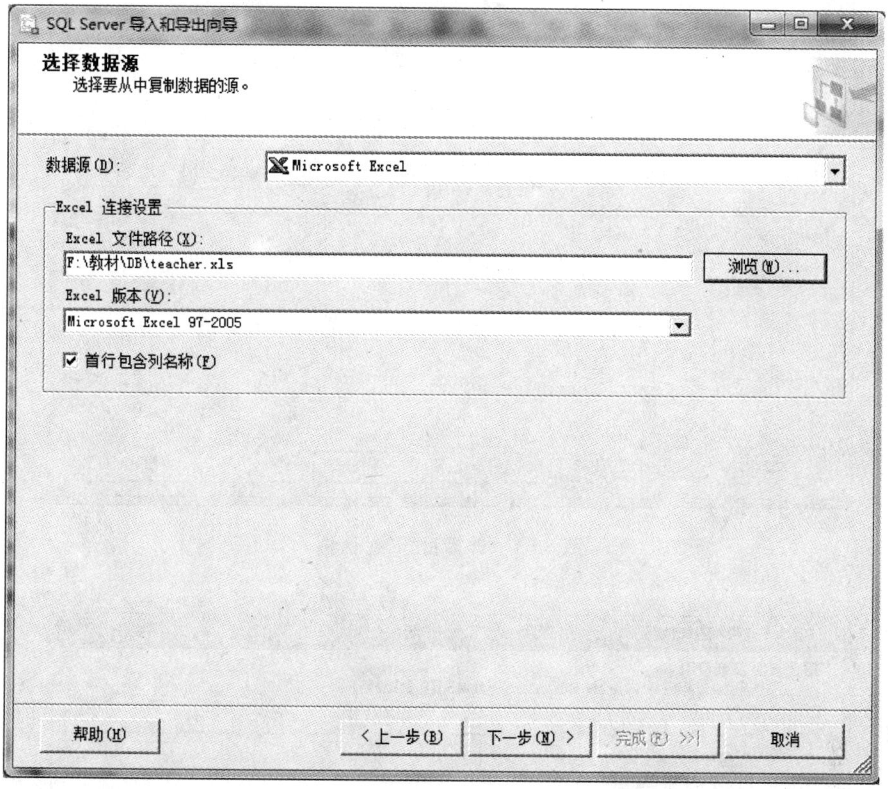

图 8-4 设置 Excel 数据源

在 Excel 连接设置中设置 Excel 文件路径和 Excel 版本信息,并选中"首行包含列名称"复选框,表示该文件中的首行为列名称信息。

（4）设置完数据源的相关信息后,单击"下一步"按钮,出现"选择目标"对话框,如图 8-5 所示。

在此对话框中可以设置导入目标的相关信息,可用的目标包括 OLE DB 访问接口、SQL 本机客户端、Excel 和平面文件目标。在"目标"选项的下拉列表中选择 SQL Native Client 选项,表示选择 SQL Server 作为数据导入的目的地。选择相应的服务器名称、身份验证方式和数据导入的数据库 trybooks,单击"下一步"按钮即可。

（5）接下来出现的是"指定表复制或查询"对话框,如图 8-6 所示。

其中,"复制一个或多个表或视图的数据"选项可以用于指定复制源数据库中现有表或视图的全部数据;"编写查询以指定要传输的数据"选项可以用于编写 SQL 查询,以便对复制操作的源数据进行操纵或限制。在此选择第一项"复制一个或多个表或视图的数据"。

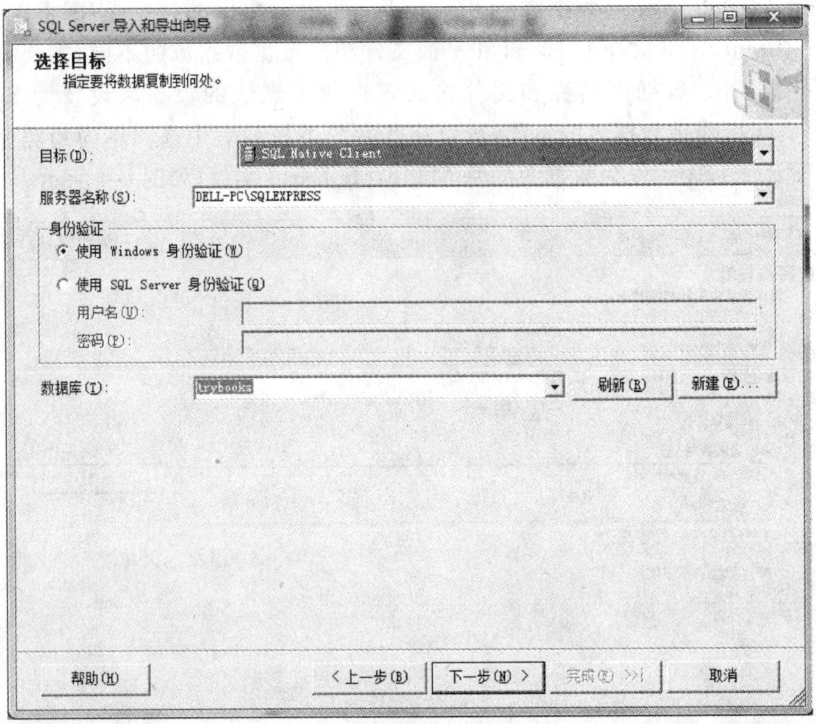

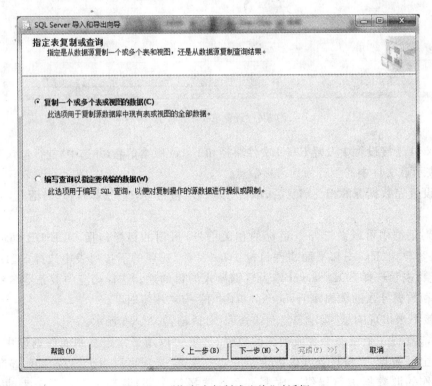

图 8-5 "选择目标"对话框

图 8-6 "指定表复制或查询"对话框

（6）单击"下一步"按钮，会出现"选择源表和源视图"对话框，如图 8-7 所示。

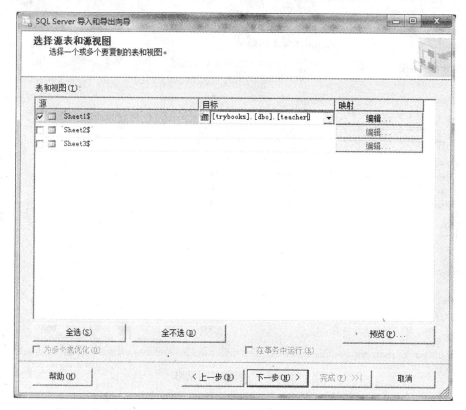

图 8-7 "选择源表和源视图"对话框

在此对话框中可以设置数据导入的"源"、"目标"和"映射"等选项。本例中，选中数据所在的工作表 Sheet1 $，"目标"选项中会出现数据导入的默认目标［trybooks］.［dbo］.［Sheet1 $］，可以对其进行修改，如将表名改为"teacher"。也可以选择已经存在的数据表作为数据导入的目的地。单击"映射"选项下对应的"编辑"按钮，将打开"列映射"对话框，如图 8-8 所示。

在"列映射"对话框中，可以设置源和目标之间列的映射关系，来协调源和目标之间类型等的差异。还可以设置在数据导入时系统所做的工作，如对于不存在的目标表，可以选择"创建目标表"，而对于已存在的目标表，则可以根据需要选择"删除目标表中的行"、"向目标表中追加行"或"删除并重新创建目标表"三种不同的操作。另外，还可以选择"启用标识插入"选项来增加一个标识列。

设置完毕单击"确定"按钮，返回"选择源表和源视图"对话框。

（7）单击"下一步"按钮，进入"保存并执行包"对话框。设置是否要立即执行，还可以设置将包保存到 SQL Server 数据库或保存到文件系统，如图 8-9 所示。

（8）设置完毕后，单击"下一步"按钮，打开"完成该向导"对话框，给出本次数据导入的信息，如图 8-10 所示。

（9）单击"完成"按钮，会出现导入数据的执行过程，并出现"执行成功"对话框，如图 8-11 所示。单击"关闭"按钮，完成本次导入数据的操作。

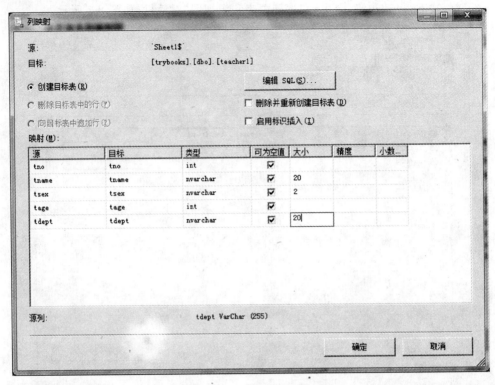

图 8-8 　"列映射"对话框

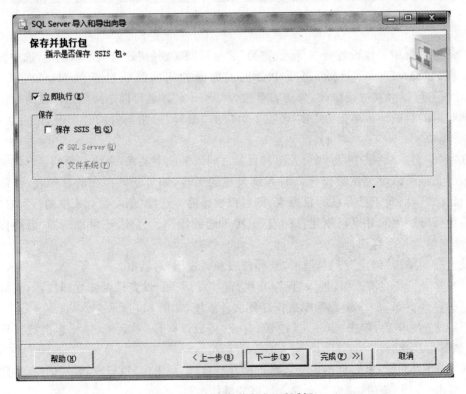

图 8-9 　"保存并执行包"对话框

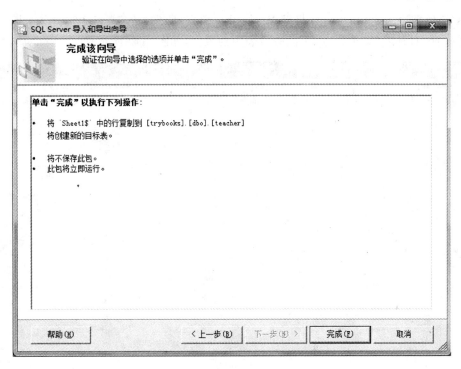

图 8-10 "完成该向导"对话框

图 8-11 "执行成功"对话框

（10）数据导入成功后，可以打开"trybooks"数据库，在"表"节点中选择 teacher 表，单击右键选择"打开表"菜单命令，可以查看表中的数据，如图 8-12 所示。

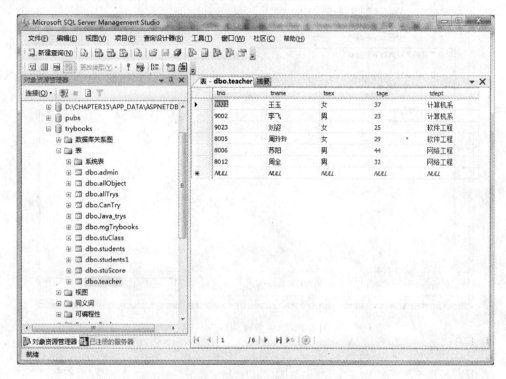

图 8-12　查看导入的结果

从 SQL Server 数据库到 SQL Server 数据库数据的导入方法跟以上方法相似，读者可以自行练习。

8.3　数据的导出

使用数据导出向导的方法与使用数据导入向导的方法完全一样。下面通过一个简单的例子介绍利用导出向导导出数据的方法。

【例 8-2】　使用 SQL Server 导出向导将 trybooks 数据库的 teacher 表中所有"计算机系"教师的信息导出到 Access 数据库中。

首先，建立一个新的 Access 数据库 teacher.mdb，用于存储导出的数据，如图 8-13 所示。

（1）进入 SSMS，在"对象资源管理器"中展开"数据库"节点，右击要向其导入数据的数据库，如 trybooks，在弹出的快捷菜单中选择"任务"|"导出数据"菜单命令，打开"SQL Server 导入和导出向导"对话框，如图 8-14 所示。

（2）单击"下一步"按钮，出现"选择数据源"对话框。在此对话框中，设置数据源为 SQL Native Client，并设置相应的服务器、身份验证方式和数据库等信息，设置数据源的相关信息，如图 8-15 所示。

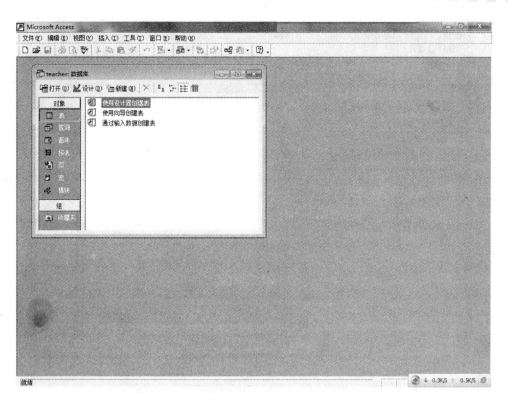

图 8-13 新建 Access 数据库

图 8-14 SQL Server 导入和导出向导欢迎界面

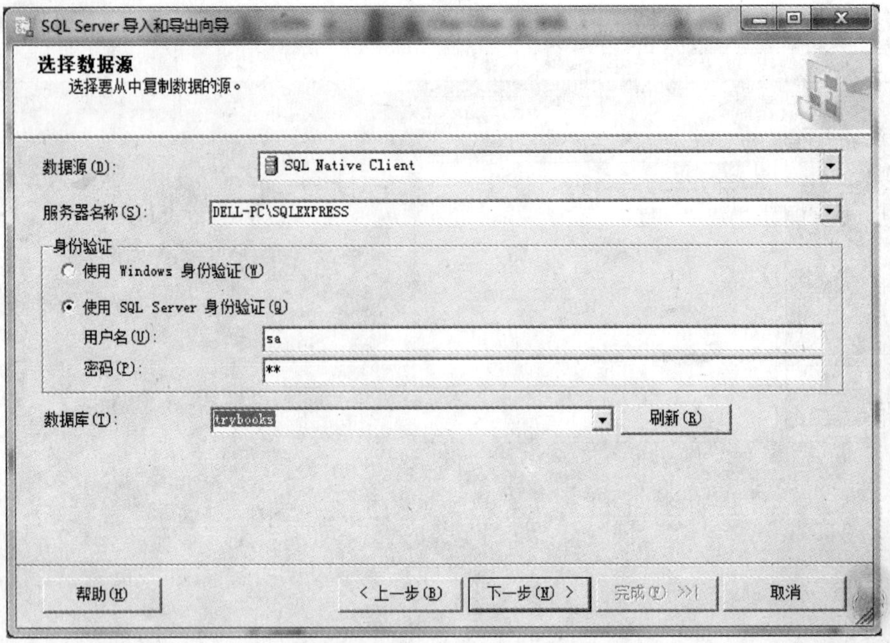

图 8-15 "选择数据源"对话框

(3) 单击"下一步"按钮,出现"选择目标"对话框,如图 8-16 所示。

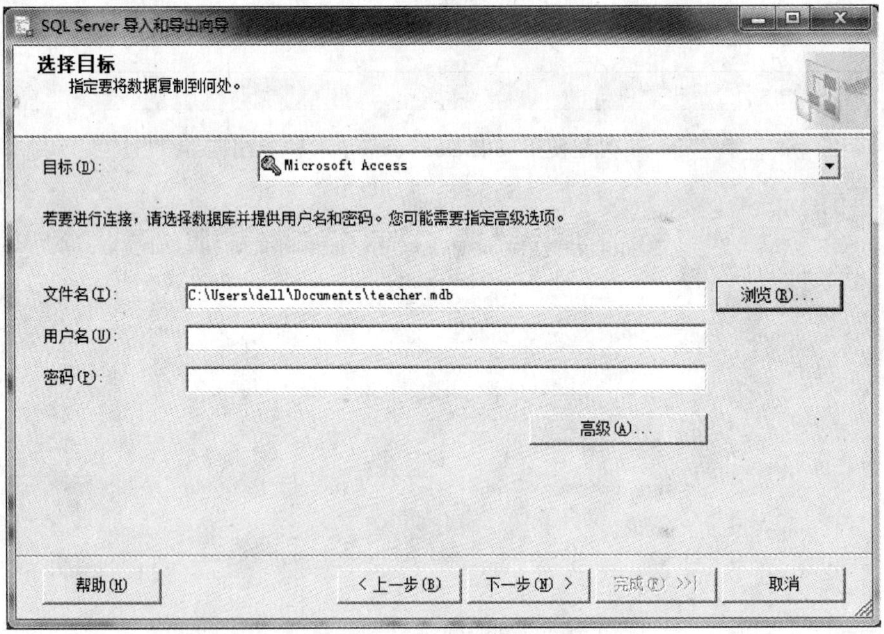

图 8-16 "选择目标"对话框

在"目标"选项后的下拉列表中选择 Microsoft Access 作为数据导出的目标,并设置数据库的文件名、用户名和密码等信息。

（4）单击"下一步"按钮，打开"指定表复制或查询"对话框，在此选择"编写查询以指定要传输的数据"选项，如图 8-17 所示。

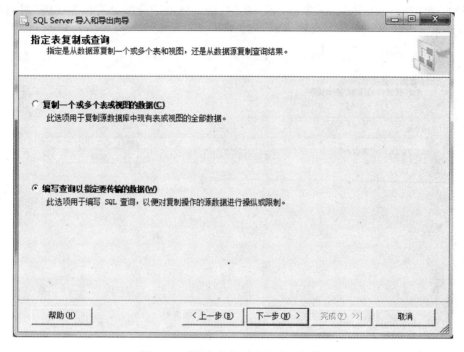

图 8-17 "指定表复制或查询"对话框

（5）单击"下一步"按钮，出现"提供源查询"对话框，如图 8-18 所示。

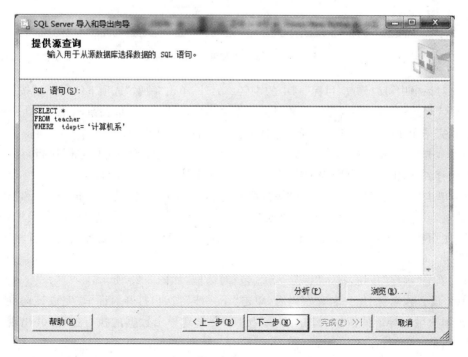

图 8-18 "提供源查询"对话框

在文本框内可以填写 SQL 语句,而此 SQL 语句执行的结果就是要导出的数据。编辑完成后,可以单击"分析"按钮验证语句是否有效。

(6)编辑完成 SQL 语句后,单击"下一步"按钮,将进入"选择源表和源视图"对话框,如图 8-19 所示。

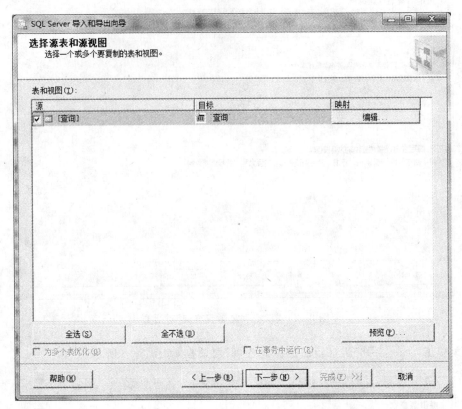

图 8-19 "选择源表和源视图"对话框

在此对话框中可以修改"目标"列中的表名。另外,单击"映射"选项下的"编辑"按钮,将打开"列映射"对话框,可以编辑源数据和目标数据之间数据类型的映射关系,如图 8-20 所示。

设置完毕单击"确定"按钮,返回"选择源表和源视图"对话框。

(7)单击"下一步"按钮,进入"保存并执行包"对话框。设置是否要立即执行,还可以设置将包保存到 SQL Server 数据库或保存到文件系统,如图 8-21 所示。

(8)单击"下一步"按钮,进入"包保护级别"对话框,可以设置"包保护级别"和"密码","包保护级别"可以分为"不保护敏感数据"、"使用密钥加密敏感数据"、"使用密码加密敏感数据"、"使用密钥加密所有数据"和"依靠服务器存储和角色进行访问控制",设置相关选项后如图 8-22 所示。

(9)单击"确定"按钮,进入"保存 SSIS 包"对话框,如图 8-23 所示。

(10)设置包名称、用户名和密码后,单击"下一步"按钮,打开对话框"完成该向导"对话框,给出本次数据导出的信息,单击"完成"按钮,会出现导出数据的执行过程,并出现"执行成功"对话框。

(11)数据导出成功后,可以打开 Access 数据库 teacher.mdb 来验证导出的结果。

图 8-20 "列映射"对话框

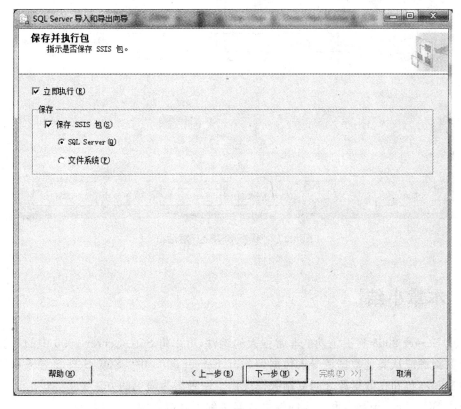

图 8-21 "保存并执行包"对话框

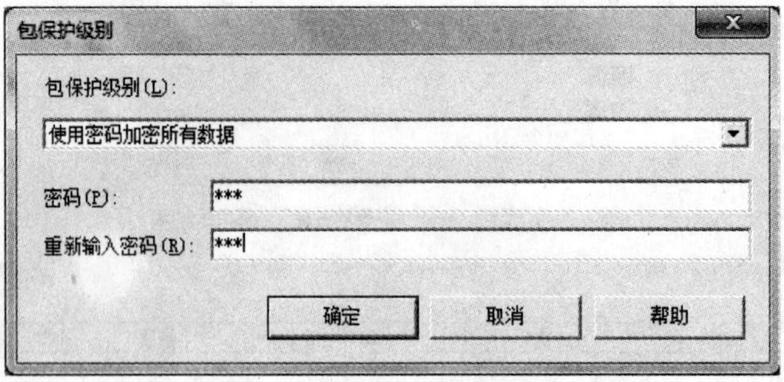

图 8-22 "包保护级别"对话框

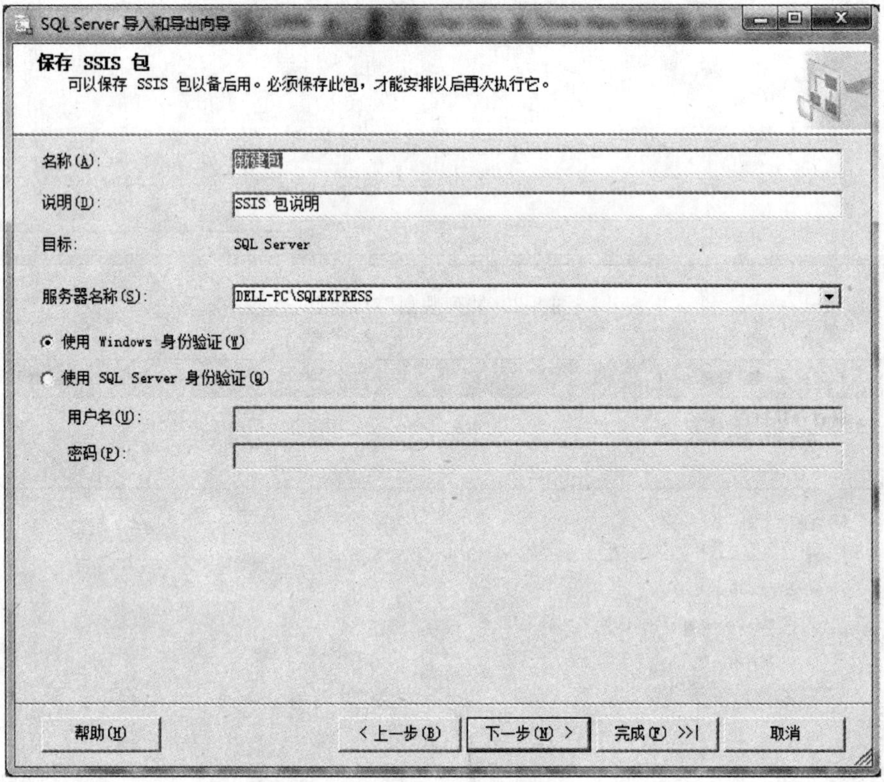

图 8-23 "保存 SSIS 包"对话框

8.4 本章小结

SQL Server 2005 提供了功能非常强大的组件,可以将 SQL Server 2005 中的数据导出到其他数据源或从其他数据源导入数据到 SQL Server 2005 中。SQL Server 导入和导出向导为构造基本包和在数据源之间复制数据提供了一种最为简单的方法。

使用 SQL Server 导入和导出向导可以连接到下列数据源:

(1) SQL Server。

（2）平面文件（如 ∗.txt 文件等）。

（3）Microsoft Access。

（4）Microsoft Excel。

（5）其他 OLE DB 访问接口。

这些数据源既可用作源，又可用作目标。另外，还可将 ADO.NET 访问接口用作数据源。

 习题 8

简答题

（1）何为 DTS 包？

（2）DTS 工具具有哪些功能？

（3）DTS 允许哪些连接？

第9章 关系数据库规范化理论

教学目标：
- 理解函数依赖的含义。
- 掌握关系模式的函数依赖。
- 掌握关系模式范式的基本概念。
- 分析四种范式。
- 理解各范式之间的关系。

教学重点：

本章主要阐述关系模式的函数依赖，重点阐述了关系模式的规范化。

9.1 关系规范化理论概述

1. 问题的提出

数据库理论与设计中有一个重要的问题，就是在一个数据库中如何构造合适的关系模式，它涉及一系列的理论与技术，从而形成了关系数据库设计理论。由于合适的关系模式要符合一定的规范化要求，所以又可称为关系数据库的规范化理论。

2. 关系模式

一个关系模式是一个系统，它由一个五元组 $R(U, D, \text{DOM}, I, F)$ 组成，其中，R 是关系名，U 是 R 的一组属性集合 $\{A_1, A_2, \cdots, A_n\}$，$D$ 是 U 中属性的域集合 $\{D_1, D_2, \cdots, D_n\}$，DOM 是属性 U 到域 D 的映射，I 是完整性约束集合，F 是属性间的函数依赖关系。

3. 关系

在关系模式 $R(U, D, \text{DOM}, I, F)$ 中，当且仅当 U 上的一个关系 r 满足 F 时，r 称为关系模式 R 的一个关系。

为简单起见，有时把关系记为 $R(U)$ 或 $R(U, F)$。

关系与关系模式是关系数据库中密切相关而又有所不同的两个概念。关系模式是用于描述关系的数据结构和语义约束，它不是集合；而关系是一个数据的集合（通常理解为一张二维表）。

在关系数据库中,对关系有一个最起码的要求:每一个属性必须是不可分的数据项。满足了这个条件的关系模式就属于第一范式(1NF)。现在人们已经提出了许多种类型的数据依赖,其中最重要的是函数依赖(Functional Dependency,FD)和多值依赖(Multivalued Dependency,MVD)。

【例 9-1】　设有一个关系模式 $R(U)$,其中 U 为由属性 S#,C#,T_n,T_d 和 G 组成的属性集合,其中 S# 代表学号 C# 代表课程号,而 T_n 为任课教师姓名,T_d 为任课教师所在系别,G 为课程成绩。各关系具有如下语义:

(1) 一个学生只有一个学号,一门课程只有一个课程号。

(2) 每一位学生选修的每一门课程都有一个成绩。

(3) 每一门课程只有一位教师任课,但一个教师可以担任多门课程。

(4) 教师没有重名,每一位教师只属于一个系。

根据上述语义和常识,可以知道 R 的候选键有三组:{S#,C#}、{C#,T_n}、{T_n,T_d}。选定{S#,C#}作为主键。

通过分析关系模式 $R(U)$,可以发现下面两类问题:

(1) 第一类问题是所谓数据大量冗余。主要表现在:

① 每一门课程的任课教师姓名必须对选修该门课程的学生重复一次。

② 每一门课程的任课教师所在的系名必须对选修该门课程的学生重复一次。

(2) 第二类问题是所谓更新出现异常(Update Anomalies)。主要表现在:

① 修改异常(Modification Anomalies)。修改一门课程的任课教师,或者一门课程由另一个开设,就需要修改多个元组。如果部分修改,部分不修改,就会出现数据间的不一致。

② 插入异常(Insert Anomalies)。由于主键中元素的属性值不能取空值,如果某系的一位教师不开课,这位教师的姓名和所属的系名就不能插入;如果一位教师所开的课程无人选修或者一门课程列入计划而目前不开,也无法插入。

③ 删除异常(Deletion Anomalies)。如果所有学生都退选一门课,则有关这门课的其他数据(T_n 和 T_d)也将删除;同样,如果一位教师因故暂时停开,则这位教师的其他信息(T_d,C#)也将被删除。

4. 问题的分析

这两类现象的根本原因在于关系的结构。

一个关系可以有一个或者多个候选键,其中一个可以选为主键。主键的值唯一确定其他属性的值,它是各个元组型和区别的标识,也是一个元组存在的标识。这些候选键的值不能重复出现,也不能全部或者部分设为空值。本来这些候选键都可以作为独立的关系存在,在实际上却是不得不依附其他关系而存在。这就是关系结构带来的限制,它不能正确反映现实世界的真实情况。

如果在构造关系模式的时候,不从语义上研究和考虑到属性间的这种关联,简单地将有关系和无关系的、关系密切的和关系松散的、具有此种关联的和有彼种关联的属性随意编排在一起,就必然发生某种冲突,引起某些"排它"现象出现,即冗余度水平较高,更新产生异常。解决问题的根本方法就是将关系模式进行分解,也就是进行所谓关系的规范化。

5. 问题的解决方案

由上面的讨论可以知道,在关系数据库的设计当中,不是随便一种关系模式设计方案都是可行的,更不是任何一种关系模式都是可以投入应用的。由于数据库中的每一个关系模式的属性之间需要满足某种内在的必然联系,因此,设计一个好的数据库的根本方法是先要分析和掌握属性间的语义关联,然后依据这些关联得到相应的设计方案。

就目前而言,人们认识到属性之间一般有两种依赖关系:函数依赖关系和多值依赖关系。函数依赖关系与更新异常密切相关,多值依赖与数据冗余密切联系。基于对这两种依赖关系不同层面上的具体要求,人们又将属性之间的联系分为若干等级,这就是所谓的关系的规范化(normalization)。

由此看来,解决问题的基本方案就是分析研究属性之间的联系,按照每个关系中属性间满足某种内在语义条件,也就是按照属性间联系所处的等级规范来构造关系。由此产生的一整套有关理论称为关系数据库的规范化理论。规范化理论是关系数据库设计中的最重要部分。

9.2 关系模式的函数依赖

函数依赖(FD)定义了数据库系统中数据项之间相关性性质中的最常见的类型。通常只考虑单个关系表属性列之间的相关性。为描述方便,统一符号表示,先做如下约定:设 R 是一个关系模式,U 是 R 的属性集合,用字母 $X,Y,\cdots$ 表示属性集合 U 的子集,即 $X,Y \subseteq U$,用 $A,B,\cdots$ 表示单个属性,r 是 R 的一个关系实例,t 是关系 r 的一个元组,即 $t \in r$。用 $t[X]$ 表示元组 t 在属性集 X 上的值,$t[A]$ 表示元组 t 的属性 A 的值。如果不引起混淆,将关系模式和关系实例统称为关系,并用 XY 表示 X 与 Y 的并集,即 $X \cup Y$。

1. 函数依赖

函数依赖大致可分为如下三种类型:

(1) 函数依赖(FD)。

设 $R(U)$ 是属性集 U 上的关系模式,$X,Y \subseteq U$。若对于 $R(U)$ 的任意一个可能的关系 r,r 中的任意两个元组 t_1 和 t_2,如果 $t_1[X]=t_2[X]$,则 $t_1[Y]=t_2[Y]$,称 X 函数确定 Y,或 Y 函数地依赖 X,记作 $X \rightarrow Y$。

通俗地说,对一个关系 r,不可能存在两个元组在 X 上的属性值相等,而在 Y 上的属性值不等,则称 X 函数确定 Y 或 Y 函数依赖于 X。

为便于理解,不妨假设 X 和 Y 均只包含一个属性,分别记为 A,B。$A \rightarrow B$ 用数学图形表示如图 9-1 所示。

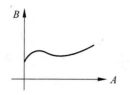 

A函数决定B，A的每一个值对应B的唯一值　　A函数不决定B，A的某些值可能对应B的多个值

图 9-1　函数依赖的图形描述

【例 9-2】　下面有 R、S 两个表，找出每个表之间的函数依赖。

关系 R

A	B
X_1	Y_1
X_2	Y_2
X_3	Y_3
X_4	Y_2
X_5	Y_1

关系 S

A	B	C
X_1	Y_1	Z_1
X_1	Y_2	Z_2
X_2	Y_1	Z_1
X_2	Y_2	Z_3
X_3	Y_3	Z_4

在表 R 中，容易看出 $A{\rightarrow}B$，$B{\nrightarrow}A$（符号 ${\nrightarrow}$ 读作"不函数确定"）。

在 S 中有 $A{\nrightarrow}B$，$A{\nrightarrow}C$，$B{\nrightarrow}C$，但 $(A,B){\rightarrow}C$，$(B,C){\nrightarrow}A$。

下面介绍一些术语和记号：

① 如果 $X{\rightarrow}Y$，但 $Y{\nsubseteq}X$，则称 $X{\rightarrow}Y$ 是非平凡的函数依赖。若不特别声明，总是讨论非平凡的函数依赖。

② 若 $X{\rightarrow}Y$，且 $Y{\subseteq}X$ 则称 $X{\rightarrow}Y$ 是平凡的函数依赖。

③ 若 $X{\rightarrow}Y$，则 X 为这个函数依赖的决定属性集（Determinant）。

④ 若 $X{\rightarrow}Y$，$Y{\rightarrow}X$，则记作 $X{\leftrightarrow}Y$。

⑤ 若 Y 不函数依赖于 X，则记作 $X{\nrightarrow}Y$。

（2）完全函数依赖和部分函数依赖。

设 $R(U)$ 是属性集 U 上的关系模式，如果 $X{\rightarrow}Y$，并且对于 X 的任何一个真子集 Z，都有 $Z{\nrightarrow}Y$，则称 Y 完全函数依赖于 X，记作：$X\xrightarrow{f}Y$。若 $X{\rightarrow}Y$，但 Y 不完全函数依赖于 X，则称 Y 部分函数依赖于 X，记作 $X\xrightarrow{p}Y$。

（3）传递函数依赖。

设 $R(U)$ 是属性集 U 上的关系模式，$X{\subseteq}U$，$Y{\subseteq}U$，$Z{\subseteq}U$，$Z-X$，$Z-Y$，$Y-X$ 均非空，如果 $X{\rightarrow}Y$，$(Y{\nsubseteq}X)$，$Y{\nrightarrow}X$，$Y{\rightarrow}Z$，则称 Z 传递函数依赖于 X。

在（3）中加上条件 $Y{\nrightarrow}X$，是因为 $X{\rightarrow}Y$，如果 $Y{\rightarrow}X$，则 $X{\leftrightarrow}Y$，又因为 $Y{\rightarrow}Z$，所以 $X{\rightarrow}Z$ 是 Z 直接函数依赖于 X，而不是 Z 传递函数依赖于 X。

2. 键（Key）

（1）候选键：设 $R(U)$ 是属性集 U 上的关系模式，$K \subseteq U$，若 $K \xrightarrow{f} U$ 则 K 为 R 的候选键（Candidate Key）。若候选键多于一个，则选定其中的一个候选键作为识别元组的主键（Primary Key）。

（2）主属性：包含在任何一个候选键中的属性，称为主属性（Prime Attribute）。

（3）非主属性：不包含在任何候选键中的属性，称为非主属性（Non-prime Attribute）或非键属性（Non-key Attribute）。

在最简单的情况，候选键只包含单个属性。最极端的情况，候选键包含了关系模式的所有属性，称为全键（All-key）。

例如，关系模式 $R(P,W,A)$ 中，属性 P 表示演奏者、W 表示作品、A 表示听众。假设一个演奏者可以演奏多个作品，某一作品可被多个演奏者演奏。听众也可以欣赏不同演奏者的不同作品，这个关系模式的键为 (P,W,A)，即 All-key。

（4）外键：关系模式 R 中属性或属性组 X 并非 R 的候选键，但 X 是另一个关系模式的候选键，则称 X 是 R 的外部键（Foreign Key），也称外键。

主键与外键提供了一个表示关系间联系的手段。

如图书信息表 titles 中的属性出版社标识 pub_id，它不是该表的主键（主键为 title_id），但它是出版社信息表（publishers）的主键，通过 pub_id 属性将图书信息表和出版社信息表联系起来。

【例 9-3】 有关系模式：SC(Sno,Sname,Cno,Credit,Grade)，求其函数依赖。

函数依赖关系有：

Sno→Sname

　(Sno，Cno)→ Sname

　(Sno，Cno)→ Grade

【例 9-4】 有关系模式：S(Sno,Sname,Dept,Dept_master)，求函数依赖关系。

函数依赖关系有：

Sno $\xrightarrow{f}$ Sname

由于：Sno $\xrightarrow{f}$ Dept，Dept $\xrightarrow{f}$ Dept_master

所以有：Sno $\xrightarrow{传递}$ Dept_master

【例 9-5】 求关系 SC(SNO,CNO,Grade) 的候选码和主属性。

候选码：(SNO,CNO)，也为主码

主属性：SNO,CNO，非主属性：Grade

【例 9-6】 求关系教师_课程(教师号,课程号,授课学年)的候选码。

语义要求是：一个教师在一个学年可以讲授多门课程，而且一门课程在一个学年也可以由多个教师讲授，同一个学年可开始多门课程。

候选码：(教师号,课程号,授课学年)，这样的表称为全码表。

9.3 关系模式的规范化

9.3.1 第一范式

1. 第一范式(1NF)定义

设 R 是一个关系模式,如果 R 的每个属性的值域都是不可分割的简单数据项的集合,则称这个模式为第一范式关系模式,记为 1NF。

在任何一个关系数据库系统中,第一范式都是一个最基本的要求。

2. 示例

如图 9-2 为非第一范式的示例,如图 9-3 所示为第一范式的示例。

系名称	高级职称人数	
	教授	副教授
计算机系	6	10
信息管理系	3	5
电子与通讯系	4	8

图 9-2 非第一范式示例

系名称	教授人数	副教授人数
计算机系	6	10
信息管理系	3	5
电子与通讯系	4	8

图 9-3 第一范式的示例

9.3.2 第二范式

1. 第二范式(2NF)定义

若关系模式 R 是第一范式,而且每一个非主属性都完全函数依赖于 R 的键,则称 R 为第二范式的关系模式,记为 2NF。

对前面提到的图书征订关系模式 Title_order＝{(title_id,title,pub_name,pub_addr, au_id,au_name,stor_name,stor_addr,ord_num,qty),F}

其中函数依赖集 F＝{title_id→title,title_id→pub_name,pub_name→pub_addr,title_id→au_id,au_id→au_name,ord_num→stor_name,stor_name→stor_addr,(ord_num,title_id)→qty }。

可以得出该关系的候选键为(ord_num,title_id),该关系中存在非主属性部分函数依赖于 R 的键,如 title_id→title 和 ord_num→stor_name 等,所以它不是第二范式关系模式。该关系存在数据冗余问题、插入异常和更新异常等问题。

为了消除这些部分函数依赖,可以将 Title_order 关系分解为三个关系模式:

Title_R(title_id,title,pub_name,pub_addr,au_id,au_name)
Title_S(ord_num,stor_name,stor_addr)
Title_RS(title_id,ord_num,qty)

对应的函数依赖关系为:

F_{Title_R} = {title_id→title,title_id→pub_name,pub_name→pub_addr,
　　　　　　title_id→au_id, au_id→au_name},Title_R 的键为 title_id.

F_{Title_S} = {ord_num→stor_name,stor_name→stor_addr},Title_S 的键为 ord_num.

F_{Title_RS} = {(title_id,ord_num)→qty},Title_RS 的键为(title_id,ord_num).

分解后的关系模式的非主属性完全依赖于键,满足第二范式的要求,在一定程度上解决了数据冗余、插入异常和更新异常的问题。

2. 示例

【例 9-7】　判断 S-L-C(Sno,Sdept,Sloc,Cno,Grade)是否为 2NF。

因为有:Sno →(P) Sloc,故不是 2NF。

为了满足 2NF 的要求,需要将表结构进行分解,具体办法如下:

(1) 对于组成主码的属性集合的每一个子集,用它作为主码构成一个表。

(2) 将依赖于这些主码的属性放置到相应的表中。

(3) 去掉只由主码的子集构成的表。

针对上例进行分解的过程如下:

(1) 对于 S-L-C 表,首先分解为如下形式的三张表。

```
S-L(Sno, … )
C(Cno, … )
S-C(Sno,Cno, … )
```

(2) 然后,将依赖于这些主码的属性放置到相应的表中。

```
S-L(Sno,Sdept,Sloc)
C(Cno)
S-C(Sno,Cno,Grade)
```

(3) 最后,去掉只由主码的子集构成的表,最终分解为:

```
S-L(Sno,Sdept,Sloc)
S-C(Sno,Cno,Grade)
```

对于 S-L(Sno,Sdept,Sloc)而言,还存在如下问题:

① 数据冗余:有多少个学生就有多少个重复的 Sdept 和 Sloc。

② 插入异常:当新建一个系时,若还没有招收学生,则无法插入。

9.3.3　第三范式

1. 第三范式(3NF)的定义

设关系模式 R 是 2NF,而且它的任何一个非键属性都不传递依赖于任何候选键,则 R 称为第三范式的关系模式,记为 3NF。

在上面介绍的图书征订关系分解成 2NF 后的关系中,存在如下关系:

```
Title_R(title_id,title,pub_name,pub_addr,au_id,au_name)
```

F_{Title_R} = {title_id→title,title_id→pub_name,pub_name→pub_addr,
　　　　　　title_id→au_id, au_id→au_name}

Title_R 的键为 title_id,存在传递依赖,如 title_id→pub_name,pub_name→pub_addr, 所以不是 3NF 关系,需继续进行分解以满足第三范式的要求。

将上例分解后结果如下:

```
Title_R_tit(title_id,title,pub_name,au_id)
Title_R_pub(pub_name,pub_addr)
Title_R_au(au_id,au_name)
```

同样对关系 Title_S(ord_num,stor_name,stor_addr)进行如下分解:

```
Title_S_ord(ord_num,stor_name)
Title_S_store(stor_name,stor_addr)
```

而关系 Title_RS(title_id,ord_num,qty)因为只有一个函数依赖,已经满足了 3NF,不需分解。

经分解后的关系是 3NF。

2. 增强型第三范式的定义

设关系模式 R 是 1NF,如果对于 R 的每个函数依赖 $X \rightarrow Y$ 且 $Y \subsetneqq X$ 时,X 必为候选键,则 R 是 BCNF。

也就是说,关系模式 $R(U,F)$ 中,若每一个决定因素都包含键,则 $R(U,F) \in$ BCNF。

由 BCNF 的定义,一个满足 BCNF 的关系模式必须有如下特性:

(1) 所有非键属性对每一个键都是完全函数依赖。

(2) 所有的键属性对每一个不包含它的键,也是完全函数依赖。

(3) 没有任何属性完全函数依赖于非键的任何一组属性。

由于 $R \in$ BCNF,按定义排除了任何属性对键的传递依赖与部分依赖,所以 $R \in$ 3NF。但是若 $R \in$ 3NF,R 未必属于 BCNF。

【例 9-8】　判断 S-L(Sno,Sdept,Sloc)是否为 3NF。

因为 Sno 传递→Sloc,所以不是 3NF。

具体的分解过程如下:

(1) 对于不是候选码的每个决定因子,从表中删去依赖于它的所有属性。

(2) 新建一个表,新表中包含在原表中所有依赖于该决定因子的属性。

(3) 将决定因子作为新表的主码。

S-L 分解后的关系模式为:S-D(Sno,Sdept)和 S-L(Sdept,Sloc)。

9.3.4　多值依赖与第四范式

上面完全是在函数依赖的范畴内讨论问题。属于 BCNF 的关系模式并不是很完美的。

【例 9-9】　学校中某一门课程由多个教员讲授,使用相同的一套参考书。每个教员可以讲授多门课程,每种参考书可以供多门课程使用。可以用一个非规范化的关系来表示教员 T、课程 C 和参考书 B,它们之间的关系如表 9-1 所示。

表 9-1　教员、课程和参考书之间的关系

课程 C	教员 T	参考书 B
物理	李　勇	普通物理学
	王　军	光学原理
		物理习题集
数学	李　勇	数学分析
	张　平	微分方程
		高等代数

把这张表变成一张规范化的二维表，如表 9-2 所示。

表 9-2　关系表 Teaching 的结构

课程 C	教员 T	参考书 B
物理	李　勇	普通物理学
物理	李　勇	光学原理
物理	李　勇	物理习题集
物理	王　军	普通物理学
物理	王　军	光学原理
物理	王　军	物理习题集
数学	李　勇	数学分析
数学	李　勇	微分方程
数学	李　勇	高等代数
数学	张　平	数学分析
数学	张　平	微分方程
数学	张　平	高等代数

关系模型 Teaching(C,T,B) 的键是 (C,T,B)，即 All_Key。因而 Teaching $\in$ BCNF。但是当某一课程（如物理）增加一名讲课教员（如周英）时，必须插入多个元组：（物理，周英，普通物理学）、（物理，周英，光学原理）和（物理，周英，物理习题集）。

同样，某一门课（如数学）要去掉一本参考书（如微分方程），则必须删除多个（这里是两个）元组、（数学，李勇，微分方程）和（数学，张平，微分方程）。

对数据的增删改很不方便，数据的冗余也十分明显。仔细考察这类关系模式，发现它具有一种称为多值依赖（MVD）的数据依赖。

1. 多值依赖（MVD）

设 $R(U)$ 是属性集 U 上的一个关系模式。X、Y、Z 是 U 的子集，并且 $Z=U-X-Y$。关系模式 $R(U)$ 中多值依赖 $X \rightarrow\rightarrow Y$ 成立，当且仅当对 $R(U)$ 的任一关系 r，给定的一对 (x,z) 值，有一组 Y 的值，这组值仅仅决定于 x 值而与 z 值无关。

例如，在关系模式 Teaching 中，对于一个（物理，光学原理）有一组 T 值 {李勇，王军}，这组值仅仅决定于课程 C 上的值（物理）。也就是说对于另一个（物理，普通物理学）它对应的一组 T 值仍是 {李勇，王军}，尽管这时参考书 B 的值已经改变了。因此 T 值多依赖于 C，即 $C \rightarrow\rightarrow T$。同理 $C \rightarrow\rightarrow B$。

若 $X \rightarrow\rightarrow Y$,而 $Z = \varnothing$,即 Z 为空,则称 $X \rightarrow\rightarrow Y$ 为平凡的多值依赖。

设 U 是一个关系模式的属性集,X,Y,Z,W,V 都是集合 U 的子集,多值依赖具有以下公理:

(1) 对称性规则:若 $X \rightarrow\rightarrow Y$,则 $X \rightarrow\rightarrow U-X-Y$。

(2) 传递性规则:若 $X \rightarrow\rightarrow Y,Y \rightarrow\rightarrow Z$,则 $X \rightarrow\rightarrow Z-Y$。

(3) 增广规则:若 $X \rightarrow\rightarrow Y,V \subseteq W$,则 $WX \rightarrow\rightarrow VY$。

(4) 替代规则:若 $X \rightarrow Y$,则 $X \rightarrow\rightarrow Y$。

(5) 聚集规则:若 $X \rightarrow\rightarrow Y,Z \subseteq Y,W \cap Z = \varnothing,W \rightarrow Z$,则 $X \rightarrow Z$。

根据上述公理可以推导出下列规则:

(1) 合并规则:若 $X \rightarrow\rightarrow Y,X \rightarrow\rightarrow Z$,则 $X \rightarrow\rightarrow YZ$。

(2) 分解规则:若 $X \rightarrow\rightarrow Y,X \rightarrow\rightarrow Z$,则 $X \rightarrow\rightarrow Y \cap Z,X \rightarrow\rightarrow Y-Z,X \rightarrow\rightarrow Z-Y$。

(3) 伪传递规则:若 $X \rightarrow\rightarrow Y,WY \rightarrow\rightarrow Z$,则 $WX \rightarrow\rightarrow (Z-WY)$。

(4) 混合伪传递规则:若 $X \rightarrow\rightarrow Y,XY \rightarrow Z$,则 $X \rightarrow (Z-Y)$。

以上规则的证明请参阅有关参考文献。

多值依赖与函数依赖相比,具有下面两个基本的区别:

(1) 多值依赖的有效性与属性集的范围有关。

若 $X \rightarrow\rightarrow Y$ 在 U 上成立,则在 $W(XY \subseteq W \subseteq U)$ 上一定成立;反之则不然,即 $X \rightarrow\rightarrow Y$ 在 $W(W \subset U)$ 上成立,在 U 上并不一定成立。这是因为多值依赖的定义中不仅涉及属性组 X 和 Y,而且涉及 U 中其余属性 Z。

一般地,在 $R(U)$ 上若有 $X \rightarrow\rightarrow Y$ 在 $W(W \subseteq U)$ 上成立,则称 $X \rightarrow\rightarrow Y$ 为 $R(U)$ 的嵌入型多值依赖。

但是在关系模式 $R(U)$ 中函数依赖 $X \rightarrow Y$ 的有效性仅决定于 X,Y 这两个属性集的值。只要在 $R(U)$ 的任何一个关系 r 中,元组在 X 和 Y 上的值满足要求,则函数依赖 $X \rightarrow Y$ 在任何属性集 $W(XY \subseteq W \subseteq U)$ 上成立。

(2) 若函数依赖 $X \rightarrow Y$ 在 $R(U)$ 上成立,则对于任何 $Y' \subset Y$ 均有 $X \rightarrow Y'$ 成立。而多值依赖 $X \rightarrow\rightarrow Y$ 若在 $R(U)$ 上成立,却不能断言对于任何 $Y' \subset Y$ 有 $X \rightarrow\rightarrow Y'$ 成立。

2. 第四范式(4NF)

设关系模式 $R(U,F) \in 1NF,F$ 是 R 上的多值依赖集,如果对于 R 的每个非平凡多值依赖 $X \rightarrow\rightarrow Y(Y-X \neq \varnothing,XY$ 未包含 R 的全部属性),X 都含有 R 的候选键,则称 R 是第四范式,记为 4NF。

4NF 就是限制关系模式的属性之间不允许有非平凡且非函数依赖的多值依赖。因为根据定义,对于每一个非平凡的多值依赖 $X \rightarrow\rightarrow Y$,$X$ 都含有候选键,于是就有 $X \rightarrow Y$,所以 4NF 所允许的非平凡的多值依赖实际上是函数依赖。

显然,如果一个关系模式是 4NF,则必为 BCNF。

多值依赖的缺点在于数据冗余太大。可以用投影分解的方法消去非平凡且非函数依赖的多值依赖。关系 Teaching 具有两个多值依赖,$C \rightarrow\rightarrow T$ 和 $C \rightarrow\rightarrow B$。Teaching 的唯一候选键是全键$\{C,T,B\}$。由于 C 不是候选键,所以 Teaching 不是 4NF,但它是 BCNF。可以将 Teaching 分成 Teaching_T(C,T) 和 Teaching_B(C,B),它们都是 4NF。

函数依赖和多值依赖是两种最重要的数据依赖。如果只考虑函数依赖,则属于 BCNF

的关系模式规范化程度已经很高了。如果考虑多值依赖,则属于 4NF 的关系模式规范化程度是最高的。

9.3.5　各范式之间的关系

1. 各范式之间的关系

对于各种范式之间的联系有 $5\text{NF} \subset 4\text{NF} \subset \text{BCNF} \subset 3\text{NF} \subset 2\text{NF} \subset 1\text{NF}$ 成立。

(1) 一个 3NF 的关系(模式)必定是 2NF。

证明:如果一个关系(模式)不是 2NF 的,那么必有非主属性 A_j,候选关键字 X 和 X 的真子集 Y 存在,使得 $Y \rightarrow A_j$。由于 A_j 是非主属性,故 $A_j - (XY) \neq \varnothing$,$Y$ 是 X 的真子集,所以 $Y \nrightarrow X$,这样在该关系模式上就存在非主属性 A_j 传递依赖候选关键字 $X(X \rightarrow Y \rightarrow A_j)$,所以它不是 3NF 的。证毕。

(2) BCNF 必满足 3NF。

反证法:$R \in \text{BCNF}$,但 $R \nsubseteq 3\text{NF}$

根据第 3NF 的定义,由于 R 不属于 3NF,则必定存在非主属性对键的传递函数依赖,不该设置 A 为存在非主属性,键 X 以及属性组 Y,使得 $X \rightarrow Y$,$Y \rightarrow A$,$X \rightarrow A$,且 $Y \nrightarrow X$,由 BCNF 有 $Y \rightarrow A$,则 Y 为关键字,于是有 $Y \rightarrow X$,这与 $Y \nrightarrow X$ 矛盾。证毕。

2. 范式小结

(1) 3NF→BCNF:消除主属性对候选关键字的部分和传递函数依赖。

(2) 2NF→3NF :消除非主属性对候选关键字的传递函数依赖。

(3) 1NF→2NF :消除非主属性对候选关键字的部分函数依赖。

9.4　本章小结

为了使数据库设计合理可靠,简单实用,长期以来,形成了关系数据库设计的理论——规范化理论。通过对本章的学习,了解关系模式规范化理论及其在数据库设计中的作用,能够运用模式分解理论对关系模式进行分解,使数据库系统设计符合 3NF 的要求。

本章理论性较强,读者应从概念着手,弄清概念之间的联系和作用,重点掌握函数依赖和关系模式的规范化理论。

习题 9

1. 单项选择题

(1) 设计性能较优的关系模式称为规范化,规范化主要的理论依据是_____。

　　A. 关系规范化理论　　　　　　　　B. 关系运算理论

　　C. 关系代数理论　　　　　　　　　D. 数理逻辑

(2) 规范化理论是关系数据库进行逻辑设计的理论依据。根据这个理论,关系数据库中的关系必须满足：其每一属性都有_____。

    A. 互不相关的   B. 不可分解的

    C. 长度可变的   D. 互相关联的

（3）关系模型中的关系模式至少是_____。

    A. 1NF   B. 2NF   C. 3NF   D. BCNF

（4）在关系 DB 中,任何二元关系模式的最高范式必定是_____。

    A. 1NF   B. 2NF   C. 3NF   D. BCNF

（5）在关系模式 R 中,若其函数依赖集中所有候选关键字都是决定因素,则 R 最高范式是_____。

    A. 2NF   B. 3NF   C. 4NF   D. BCNF

（6）当 B 属性函数依赖于 A 属性时,属性 A 与 B 的联系是_____。

    A. 一对多   B. 多对一   C. 多对多   D. 以上都不是

（7）在关系模式中,如果属性 A 和 B 存在一对一的联系,则说明_____。

    A. $A \to B$ B. $B \to A$ C. $A \leftrightarrow B$ D. 以上都不是

（8）关系模式各级模式之间的关系为_____。

    A. 3NF⊂2NF⊂1NF   B. 3NF⊂1NF⊂2NF

    C. 1NF⊂2NF⊂3NF   D. 2NF⊂1NF⊂3NF

（9）关系模式中,满足 2NF 的模式,_____。

    A. 可能是 1NF   B. 必定是 1NF

    C. 必定是 3NF   D. 必定是 BCND

（10）关系模式 R 中的属性,则 R 的最高范式必定是_____。

    A. 2NF   B. 3NF   C. BCNF   D. 4NF

（11）消除了部分函数依赖的 1NF 的关系模式,必定是_____。

    A. 1NF   B. 2NF   C. 3NF   D. 4NF

（12）关系模式的候选关键字可以有_____,主关键字有_____。

    A. 0个   B. 1个   C. 1个或多个   D. 多个

（13）候选关键字中的属性可以有_____。

    A. 0个   B. 1个   C. 1个或多个   D. 多个

（14）根据关系数据库规范化理论,关系数据库中的关系要满足第一范式。"部门"关系为部门(部门号,部门名,部门成员,部门经理),在该关系中因_____属性而使它不满足第一范式。

    A. 部门总经理   B. 部门成员

    C. 部门名   D. 部门号

（15）表 9-3 中给定关系 R _____。

表 9-3　关系 R

零件号	单价	零件号	单价
P1	25	P3	25
P2	8	P4	9

        A. 不是 3NF   B. 是 3NF 但不是 2NF

        C. 是 3NF 但不是 BCNF   D. 是 BCNF

(16) 设有关系 W(工号,姓名,工种,定额),将其规范化到第三范式正确的答案是_____。

        A. W1(工号,姓名)   W2(工种,定额)

        B. W1(工号,工种,定额)   W2(工号,姓名)

        C. W1(工号,姓名,工种)   W2(工号,定额)

        D. 以上都不对

(17) 设有关系模式 $W(C,P,S,G,T,R)$,其中各属性的含义是:C 为课程,P 为教师,S 为学生,G 为成绩,T 为时间,R 为教室,根据定义有如下函数依赖集:

$$F=\{C{\rightarrow}G,(S,C){\rightarrow}G,(T,R){\rightarrow}C,(T,P){\rightarrow}R,(T,S){\rightarrow}R\}$$

关系模式 W 的一个关键字是 ___①___ ,W 的规范化程度最高达到 ___②___ 。若将关系模式 W 分解为 3 个关系模式 W1(C,P),W2(S,C,G),W3(S,T,R,C),则 W1 的规范化程度最高达到 ___③___ ,W2 的规范化程度最高达到 ___④___ ,W3 的规范化程度最高达到 ___⑤___ 。

①的备选答案为:

A. (S,C)   B. (T,R)   C. (T,P)   D. (T,S)   E. (T,S,P)

②③④⑤的备选答案为:

A. 1NF   B. 2NF   C. 33NF   D. BCNF   E. 4NF

2. 填空题

(1) 关系规范化的目的是_____。

(2) 在关系 $A(S,SN,D)$ 和 $B(D,CN,NM)$ 中,A 的主键是 S,B 的主键是 D,则 D 在 S 中称为_____。

(3) 若关系为 1NF,且它的每一非主属性都_____候选关键字,则该关系为 2NF。

3. 简答题

(1) 分析关系模式:Student(学号,姓名,出生日期,系名,班号,宿舍区),指出其候选关键字,最小依赖集和存在的传递函数依赖。

(2) 指出下列关系模式是第几范式。并说明理由。

① $R(X,Y,Z)$

    $F=\{XY{\rightarrow}Z\}$

② $R(X,Y,Z)$

    $F=\{Y{\rightarrow}Z,XZ{\rightarrow}Y\}$

③ $R(X,Y,Z)$

    $F=\{Y{\rightarrow}Z,Y{\rightarrow}X,X{\rightarrow}YZ\}$

④ $R(X,Y,Z)$

    $F=\{X{\rightarrow}F,X{\rightarrow}Z\}$

⑤ $R(X,Y,Z)$

    $F=\{XY{\rightarrow}Z\}$

⑥ $R(W,X,Y,Z)$

　　$F=\{X{\rightarrow}Z,WX{\rightarrow}Y\}$

（3）设有如表 9-4 所示的关系 R1。

表 9-4　关系 R1

课程名	教师名	教师地址
C1	马千里	D1
C2	于德水	D1
C3	余　快	D2
C4	于德水	D2

① 它为第几范式？为什么？

② 是否存在删除操作异常？若存在，则说明是在什么情况下发生的。

③ 将它分解为高一级范式，分解后的关系是如何解决分解前可能存在的删除操作异常问题？

（4）设有如表 9-5 所示的关系 R2。

表 9-5　关系 R2

职工号	职工名	年龄	性别	单位号	单位名
E1	ZHAO	20	F	D3	CCC
E2	QIAN	25	M	D1	AAA
E3	SEN	38	M	D3	CCC
E4	LI	25	F	D3	CCC

试问 R2 属于 3NF？为什么？若不是，它属于第几范式？并如何规范化为 3NF？

第10章

数据库设计与实施

教学目标：

- 理解数据库设计的内容与特点。
- 掌握数据库的设计方法。
- 理解数据库设计的步骤。
- 掌握需求分析的方法和步骤。
- 掌握局部、全局 E-R 模型的设计。
- 掌握 E-R 模型向关系模型的转换。
- 理解逻辑结构设计的一般步骤。
- 能够优化逻辑模式。
- 理解数据库物理设计的内容与方法。
- 能够确定系统的存储结构。
- 熟悉数据库的实施与维护。

教学重点：

本章主要阐述数据库设计的内容与特点，重点阐述了数据库设计的方法和步骤，详细介绍了数据库设计的全过程，从需求分析、结构设计到数据库的实施和维护。

10.1 数据库设计概述

数据库设计与数据库应用系统设计相结合，即数据库设计包括两个方面：结构特性的设计与行为特性的设计。结构特性的设计就是数据库框架和数据库结构设计。其结果是得到一个合理的数据模型，以反映真实的事务间的联系；目的是汇总各用户的视图，尽量减少冗余，实现数据共享。结构特性是静态的，一旦成型之后，通常不再轻易变动。行为特性设计是指应用程序设计，如查询、报表处理等。它确定用户的行为和动作。用户通过一定的行为与动作存取数据库和处理数据。行为特性现在多由面向对象的程序给出用户操作界面。

从使用方便和改善性能的角度来看，结构特性必须适应行为特性。数据库模式是各应用程序共享的结构，是稳定的、永久的结构。数据库模式也正是考察各用户的操作行为并将涉及的数据处理进行汇总和提炼出来的，因此数据库结构设计是否合理，直接影响到系统的各个处理过程的性能和质量，这也使得结构设计成为数据库设计方法和设计理论关注的焦点，所以数据库结构设计与行为设计要相互参照，它们组成统一的数据库工程。这是数据库设计的一个重要特点。

建立一个数据库应用系统需要根据各用户需求、数据处理规模、系统的性能指标等方面来选择合适的软、硬件配置,选定数据库管理系统,组织开发小组完成整个应用系统的设计。所以说,数据库设计是硬件、软件、管理等的结合,这是数据库设计的又一个重要特点。

10.1.1 数据库设计方法

现实世界的复杂性及用户需求的多样性,要想设计一个优良的数据库,减少系统开发的成本以及运行后的维护代价、延长系统的使用周期,必须以科学的数据库设计理论为基础,在具体的设计原则指导下,采用科学的数据库设计方法来进行数据库的设计。人们经过努力探索,提出了各种数据库设计方法,这些方法各有自己的特点和局限,但是都属于规范设计法。即都运用软件工程的思想和方法,根据数据库设计的特点,提出了各自的设计准则和设计规程。如比较著名的新奥尔良方法。将数据库设计分为四个阶段:需求分析、概念设计、逻辑设计和物理设计。其后,S. B. Yao 等又将数据库设计分为五个步骤。而 I. R. Palmer 等主张将数据库设计当成一步接一步的过程,并采用一些辅助手段实现每个过程。规范设计法从本质上讲基本思想是"反复探寻、逐步求精"。

针对不同的数据库设计阶段,人们提出了具体的实现技术与实现方法。如基于 E-R 模型的数据库设计方法(针对概念结构设计阶段),基于 3NF 的设计方法,基于抽象语法规范的设计方法。

规范设计法在具体使用中又分为两种:手工设计和计算机辅助设计。计算机辅助设计工具如 Oracle Designer 2000、Rational Rose,它们可以帮助或者辅助设计人员完成数据库设计中的很多任务,这样加快了数据库设计的速度,提高了数据库设计质量。数据库设计过程如图 10-1 所示。

10.1.2 数据库设计的步骤

一个数据库设计的过程通常要经历三个阶段:总体规划阶段,系统开发设计阶段,系统运行和维护阶段。具体可分为下列步骤:数据库规划、需求分析、概念结构设计、逻辑结构设计、物理结构设计、数据库实施与维护六个步骤,如图 10-2 所示。

1. 数据库规划阶段

明确数据库建设的总体目标和技术路线,得出数据库设计项目的可行性分析报告;对数据库设计的进度和人员分工做出安排。

2. 需求分析阶段

准确弄清用户要求,是数据库设计的基础。它影响到数据库设计的结果是否合理与实用。

3. 概念结构设计阶段

数据库逻辑结构依赖于具体的 DBMS,直接设计数据库的逻辑结构会增加设计人员对

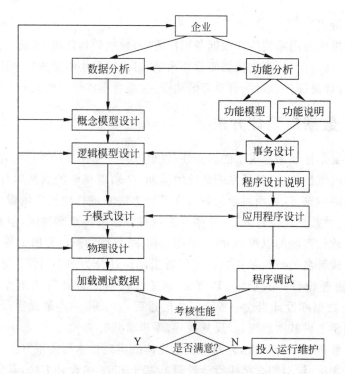

图 10-1　数据库设计过程

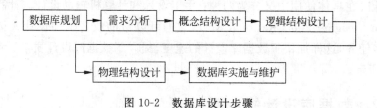

图 10-2　数据库设计步骤

不同数据库管理系统的数据库模式的理解负担,同时也不便于与用户交流,为此加入概念设计这一步骤。它独立于计算机的数据模型,独立于特定的 DBMS。它通过对用户需求综合、归纳抽象、形成独立于具体 DBMS 的概念模型。概念结构是各用户关心的系统信息结构,是对现实世界的第一层抽象,如图 10-3 所示。

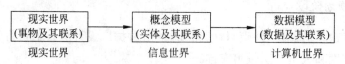

图 10-3　信息的三个范畴

4. 逻辑结构设计阶段

逻辑结构设计使概念结构转换为某个 DBMS 所支持的数据模型,并进行优化。

5. 物理结构设计阶段

物理设计的目标是从一个满足用户信息要求的已确定的逻辑模型出发,设计一个在限定的软、硬件条件和应用环境下可实现的,运行效率高的物理数据库结构。如选择数据库文件的存储结构、索引的选择、分配存储空间以形成数据库的内模式。

6. 数据库实施与维护阶段

设计人员运用 DBMS 所提供的数据语言及其宿主语言,根据逻辑结构设计及物理设计的结果建立数据库,编制与调试应用程序,组织数据入库,并进行试运行。数据库应用系统经过试运行后若能达到设计要求即可投入运行使用,在数据库系统运行阶段还必须对其进行评价、调整和修改。当应用环境发生大的变化时,这时若局部调整数据库的逻辑结构已无济于事时,就应该淘汰旧的系统,设计新的数据库应用系统。这样旧的数据库应用系统的生命周期已经结束。

10.1.3　数据库规划

数据库在规划过程中主要完成以下工作:

1. 系统调查

调查,就是要搞清楚企业的组织层次,得到企业的组织结构图。

2. 可行性分析

就是要分析数据库建设是否具有可行性。即从经济、法律、技术等多方面进行可行性论证分析,在此基础上得到可行性报告。经济上的考察,包括对数据库建设所需费用的结算及数据库回收效益的估算。技术上的考察,即分析所提出的目标在现有技术条件下是否有实现的可能。最后,需要考察各种社会因素,决定数据库建设的可行性。

3. 数据库建设的总体目标和数据库建设的实施总安排

目标的确定,即数据库为什么服务? 需要满足什么要求? 企业在设想战略目标时,很难说得非常具体,它还将在开发过程中逐步明确和定量化。因此,比较合理的办法是把目标限制在较少的基本指标或关键目的上,因为只要这些目标或目的达到了,其他许多变化就有可能实现,用不着过早的限制或讨论其细节。数据库建设的实施总安排,就是要通过周密分析研究确定数据库建设项目的分工安排以及合理的工程目标。

10.1.4　数据库设计之需求分析

1. 需求分析的任务

需求分析的任务是通过详细调查现实世界要处理的对象(部门、企业)充分了解原系统(手工系统或老计算机系统)工作概况,明确各用户的各种需求,在此基础上确定新的功能。新系统的设计不仅要考虑现时的需求还要为今后的扩充和改变留有余地,要有一定的前瞻性。

需求分析的重点是调查、收集用户在数据管理中的信息要求、处理要求、安全性与完整性要求。信息要求是指用户需要从数据库中获取信息的内容与性质。由用户的信息要求可以导出数据要求,即在数据库中需要存储哪些数据。处理要求是指用户要求完成什么样的处理功能,对处理的响应时间有什么要求,处理方式是批处理还是联机处理。安全性的意思是保护数据不被未授权的用户破坏,完整性的意思是保护数据不被授权的用户破坏。

2. 需求分析的方法

进行需求分析首先要调查清楚用户的实际需求并初步进行分析。与用户达成共识后再进一步分析与表达这些需求。

调查与分析用户的需求一般分为四个步骤:

(1) 调查组织机构情况。包括了解该组织的部门组成情况,各部门的职责,为分析信息流程作准备。

(2) 调查各部门的业务活动情况。包括了解各部门输入和使用什么数据,如何加工和处理这些数据、输出什么信息、输出到什么部门、输出结果的格式是什么,这是调查的重点。

(3) 在熟悉业务活动的基础上,协助用户明确对新系统的各种要求。包括信息要求、处理要求、完整性与安全性的要求。

(4) 最后对前面调查结果进行初步分析,确定系统的边界。即确定哪些工作由人工完成,哪些工作由计算机系统来完成。

在调查过程中,可以根据实际采用不同的调查方法。常用的调查方法有以下几种:

(1) 跟班作业。通过亲身参加业务工作来了解业务活动情况。

(2) 开调查会。通过与用户座谈来了解业务活动情况及用户的需求。

(3) 查阅档案资料。如查阅企业的各种报表、总体规划、工作总结、条例规范等。

(4) 询问。对调查中的问题可以找专人询问。最好是懂点计算机知识的业务人员,他们更能清楚回答设计人员的询问。

(5) 设计调查用表请用户填写。这里关键是调查用表要设计合理。

在实际调查过程中,往往综合采用上述方法。但无论何种方法都必须要用户充分参与、和用户充分沟通,在与用户沟通中最好与那些懂点计算机知识的用户多交流,因为他们更能清楚表达他们的需求。

3. 需求分析的步骤

分析用户的需求可以采用的方式有四部分:分析用户的活动、确定新系统功能包括的范围、分析用户活动所涉及的数据、分析系统数据。下面结合图书馆信息系统的数据库设计来加以详细说明。

(1) 分析用户的活动。

在调查需求的基础上,通过一定抽象、综合、总结可以将用户的活动归类、分解。如果一个系统比较复杂,一般采用自顶向下的用户需求分析方法将系统分解成若干个子系统,每个子系统功能明确、界限清楚。这样就得到了用户的数类活动。如一个"图书广场"的征订子系统经过调查后分析,主要涉及到如下几种活动:查询图书、书店订书等。在此基础上可以进一步画出业务活动的"用户活动图",通过用户活动图可以直观地把握用户的工作需求,也有利于进一步和用户沟通以便更准确了解用户的需求。图10-4画出了部分业务的"用户活动图"。

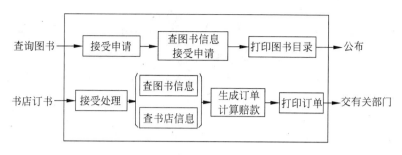

图 10-4 图书发行企业部分业务用户活动图

（2）确定系统的边界。

用户的活动多种多样，有些适宜计算机来处理，而有些即使在计算机环境中仍然需要人工处理。为此，要在上述用户活动图中确定计算机与人工分工的界线，即在其上标明由计算机处理的活动范围（计算机处理与人工处理的边界。如图 10-4 在线框内部分由计算机处理，线框外的部分由人工处理）。

（3）分析用户活动所涉及的数据。

在弄清了计算机处理的范围后，就要分析该范围内用户活动所涉及的数据。最终的目的是数据库设计，是用户的数据模型的设计，分析用户活动主要就是为了研究用户活动所涉及的数据。为此这一步关键是搞清用户活动中的数据以及用户对数据进行的加工。在处理功能逐步分解的同时，他们所用的数据也逐级分解形成若干层次的数据流图。

数据流图（Data Flow Diagram，DFD）是描述各处理活动之间数据流动的有力工具，是一种从数据流的角度描述一个组织业务活动的图示。数据流图被广泛用于数据库设计中，并作为需求分析阶段的重要文档技术资料—系统需求说明书的重要内容，也是数据库信息系统验收的依据。

数据流图是从数据和数据加工两方面来表达数据处理系统工作过程的一种图形表示法，是用户和设计人员都能容易理解的一种表达系统功能的描述方式。

数据流图用上面带有名字的箭头表示数据流，用标有名字的圆圈表示数据的加工处理，用直线表示文件（离开文件的箭头表示文件读、指向文件的箭头表示文件写），用方框表示数据的源头和终点。图 10-5 就是一个简单的数据流图。

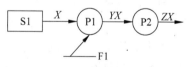

图 10-5 一个简单的数据流图

该图表示数据流 X 从数据源 S1 出发流向加工处理进程 P1，P1 在读取文件 F1 的基础上将数据流加工成数据流 Y，再经加工处理进程 P2 加工成数据流 Z。

在画数据流图时一般从输入端开始向输出端推进，每当经过使数据流的组成或数据值发生变化的地方就用加工将其连接。

注意：不要把相互无关的数据画成一个数据流，如果涉及到文件操作则应表示出文件与加工的关系（是读文件还是写文件）。

在查询图书信息时，书店可能会查询作者的相关信息，从而侧面了解书的内容质量，所以需要"作者"文件；另一方面也会查询出版社有关信息，以便和其联系，还需要"出版社"文件。这样，在图 10-4 的基础上用数据流的表示方法得出相应的数据流图，如图 10-6 所示。

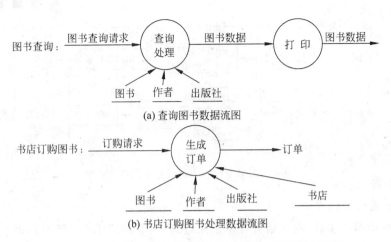

(a) 查询图书数据流图

(b) 书店订购图书处理数据流图

图 10-6　图书管理系统内部用户活动图对应的各数据流图

（4）分析系统数据。

数据流图中对数据的描述是笼统的、粗糙的，并没有表述数据组成的各个部分的确切含义，只有给出数据流图中的数据流、文件、加工等的详细、确切描述才算比较完整地描述了这个系统。这个描述每个数据流、每个文件、每个加工的集合就是所谓的数据字典。

数据字典（Data Dictionary，DD）是进行详细的数据收集与分析所得到的主要成果，是数据库设计中的又一个有力工具。它与 DBMS 中的数据字典在内容上有所不同，在功能上是一致的。DBMS 数据字典是用来描述数据库系统运行中所涉及的各种对象，这里的数据字典是对数据流图中出现的所有数据元素给出逻辑定义和描述。数据字典也是数据库设计者与用户交流的又一个有力工具，可以供系统设计者，软件开发者、系统维护者和用户参照使用，因而可以大大提高系统开发效率，降低开发和维护成本。

数据字典通常包括数据流、数据项、文件描述和数据加工处理四个部分。

① 数据项。数据项的描述如下：

数据项描述＝｛数据项名，别名，数据项含义，数据类型，字节长度，取值范围，
取值含义，与其他数据项的逻辑关系｝

其中取值范围与其他项的逻辑关系定义了数据的完整性约束，是 DBMS 检查数据完整性的依据。当然不是每个数据项描述都包含上述内容或一定需要上述内容来描述。

例如图书包括有多个数据项，其中各项的描述可以用表 10-1 来描述。

表 10-1　图书各数据项描述

数 据 项 名	数 据 类 型	字 节 长 度	数 据 项 名	数 据 类 型	字 节 长 度
图书编号	字符	6	价格	数字	8
书名	字符	80	出版日期	日期	8
评论	字符	200	图书类别	字符	12
出版社标识	字符	4			

② 数据文件。数据文件描述如下：

数据文件描述＝｛数据文件名，组成数据文件的所有数据项名，数据存取频度，
存取方式｝

其中存取频度是指每次存取多少数据，单位时间存取多少次信息等；存取方式是指是批处理还是联机处理、是检索还是更新、是顺序检索还是随机检索等。这些描述对于确定系统的硬件配置以及数据库设计中的物理设计都是非常重要的。对关系数据库而言，这里的文件就是指基本表或视图。

图书文件表可以描述如下：

图书＝{组成：图书编号、书名、评论、出版社标识、价格、出版日期、图书类别，

存取频度：M 次/每天，存取方式：随机存取}

③ 数据流。数据流描述如下：

数据流描述＝{数据流的名称，组成数据流的所有数据项名，数据流的来源，

数据流的去向，平均流量，峰值流量}

其中数据流来源是指数据流来自哪个加工过程；数据流去向是指数据流将流向哪个加工处理过程；平均流量是指单位时间里的传输量；峰值流量是指流量的峰值。

④ 数据加工处理。数据加工处理描述如下：

数据加工处理描述＝{加工处理名，说明，输入的数据流名，输出的数据流名，

处理要求}

处理要求一般指单位时间内要处理的流量，响应时间，触发条件及出错处理等。

对数据加工处理的描述不需要说明具体的处理逻辑，只需要说明这个加工是做什么的，不需要描述这个加工如何处理。

10.2 概念结构设计

10.2.1 设计各局部应用的 E-R 模型

为了清楚表达一个系统人们往往将其分解成若干个子系统，子系统还可以再分，而每个子系统就对应一个局部应用。由于高层的数据流图只反映系统的概貌，而中间层的数据流较好地反映了各局部应用子系统，因此往往成为分局部 E-R 的依据。根据信息理论的研究结果，一个局部应用中的实体数不能超过 9 个，不然就认为太大，需要继续分解。

选定合适的中间层局部应用后，就要通过各局部应用所涉及到的收集在数据字典中的数据，并参照数据流图来标定局部应用中的实体、实体的属性、实体的码、实体间的联系以及它们联系的类型来完成局部 E-R 模型的设计。

事实上在需求分析阶段的数据字典和数据流图中数据流、文件项、数据项等就体现了实体、实体的属性等的划分。为此可从这些内容出发，然后做必要的调整。

在调整中应遵守准则：现实中的事物能做"属性"处理的就不要做"实体"对待。这样有利于 E-R 图的处理简化。那么什么样的事物可以作为属性处理呢？实际上实体和属性的区分是相对的。同一事物在此应用环境中为属性在彼应用环境中就可能为实体，因为人们讨论问题的角度发生了变化。如在"图书广场"系统中，"出版社"是图书实体的一个属性，但当考虑到出版社有地址、联系电话、负责人等，这时出版社就是一个实体。

一般可以采取下述两个准则来决定事物是否可以作为属性来对待。

（1）如果事物作为属性，则此事物不能再包含别的属性。即事物只是需要使用名称来表示，那么用属性来表示；反之，如果需要事物具有比它名称更多的信息，那么用实体来表示。

（2）如果事物作为属性，则此事物不能与其他实体发生联系。联系只能发生在实体之间，一般满足上述两条件的事物都可作为属性来处理。

对于图 10-6 中的各个局部应用来一一考察它们的 E-R 图。看似一个实体"图书"就能够满足查询图书的要求，但考虑到要联系出版图书的出版社（如汇款），所以除它的名称以外还需要知道地址、联系人等信息，故需要"出版社"这个实体，在图书实体中以出版社的标识来标明图书对应的出版社；另外考虑到一本图书可能有多个作者，一方面作者的数量各本书之间是不一样的，另一方面订购图书时可能还需要查询作者名字以外的其他信息，故还需要一个作者实体，考虑到作者的排名次序，作者与图书之间的联系有一个作者序号属性。其E-R 模型如图 10-7 所示。

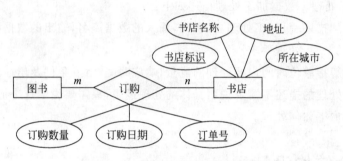

图 10-7　图书与书店 E-R 模型图

办理图书订购，无疑需要图书实体、书店实体，其 E-R 模型如图 10-8 所示。（一些实体的属性在图 10-7 中有，故在本图中省略）图书和书店之间发生订购联系，为了表示这种联系，联系应具有订购日期、订购数量等属性。

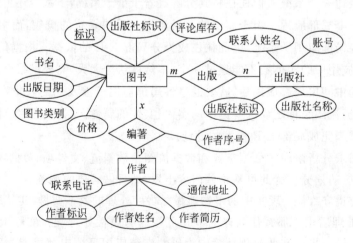

图 10-8　图书、作者与书店的 E-R 模型图

10.2.2 全局 E-R 模型的设计

当所有的局部 E-R 图设计完毕后,就可以对局部 E-R 图进行集成。集成即把各局部 E-R 图加以综合连接在一起,使同一实体只出现一次,消除不一致和冗余。集成后的 E-R 图应满足以下要求:

(1) 完整性和正确性:即整体 E-R 图应包含局部 E-R 图所表达的所有语义,完整地表达与所有局部 E-R 图中应用相关的数据。

(2) 最小化:系统中的对象原则上只出现一次。

(3) 易理解性:设计人员与用户能够容易理解集成后的全局 E-R 图。

全局 E-R 图的集成是件很困难的工作,往往要凭设计人员的工作经验和技巧来完成集成,当然这并不是说集成是无章可循,事实上一个优秀的设计人员都往往遵从下列的基本集成方法。

1. 依次取出局部的 E-R 图进行集成

即集成过程类似于后根遍历一棵二叉树,其叶节点代表局部视图,根节点代表全局视图,中间节点代表集成过程中产生的过渡视图。通常是两个关键的局部视图先集成,当然如果局部视图比较简单也可以一次集成多个局部 E-R 图。

集成局部 E-R 图就是要形成一个为全系统所有用户共同理解和接受的统一的概念模型,合理地消除各 E-R 图中的冲突和不一致是工作的重点和关键所在。

各个 E-R 图之间的冲突主要有三类:属性冲突、命名冲突、模型冲突。

(1) 属性冲突。

属性冲突包括属性域冲突和属性取值单位冲突。属性域冲突是指在不同的局部 E-R 模型中同一属性有不一样的数值类型、取值范围或取值集合。属性取值单位的冲突是指同一属性在不同的局部 E-R 模型中具有不同的单位。

(2) 命名冲突。

如果两个对象有相同的语义则应归为同一对象,使用相同的命名以消除不一致;另一方面,如果两个对象在不同局部 E-R 图中采用了相同的命名但表示的却是不同的对象,则可以将其中一个更名来消除名字冲突。

(3) 模型冲突。

同一对象在不同的局部 E-R 模型中具有不同的抽象。如在某局部的 E-R 模型中是属性,在另一局部 E-R 模型中是实体,这就需要进行统一。

同一实体在不同的局部 E-R 模型中所包含的属性个数和属性排列顺序不完全相同。这时可以采用各局部 E-R 模型中属性的并集作为实体的属性,再将实体的属性做适当的调整。可以在逻辑结构设计阶段设置各局部应用相应的子模式(如建立各自的视图 VIEW)来解决各自的属性及属性次序要求。

实体之间的联系在不同的局部 E-R 模型中具有不同的联系类型。如在局部应用 USER1 中的某两实体联系类型为一对多,而在局部应用 USER2 中它们的联系类型变为多对多。这时应该根据实际的语义加以调整。

2．检查集成后的 E-R 模型图，消除模型中的冗余数据和冗余联系

　　冗余主要表现在：在初步集成的 E-R 图中，可能存在可由其他别的所谓基本数据和基本联系导出的数据和联系。这些能够被导出的数据和联系就是冗余数据和冗余联系。冗余数据和冗余联系容易破坏数据的完整性，给数据的操作带来困难和异常，原则上应予以消除。不过有时候适当的冗余能起到空间换时间的效果。如在工资管理中若需经常查询工资总额就可以在工资关系中保留工资总额（虽然工资总额可由工资的其他组成项代数求和得到冗余属性，但它能大大提高工资总额的查询效率）。不过在定义工资关系时应把工资总额属性定义成其他相关属性的和以利于保持数据的完整性。集成后的全局 E-R 模型如图 10-9 所示（省略了实体的属性）。

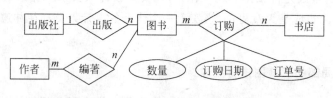

图 10-9　集成后的全局 E-R 模型图

10.3　逻辑结构设计

10.3.1　逻辑结构设计的步骤

　　逻辑模式设计的主要目标就是产生一个具体 DBMS 可处理的数据模型和数据库模式，即把概念设计阶段的全局 E-R 图转换成 DBMS 支持的数据模型，如层次模型、网状模型、关系模型等模型。

　　逻辑结构设计一般可分为以下三个步骤：

　　（1）将概念结构转换为一般的关系、网状或层次模型。

　　（2）将转换来的关系、网状、层次模型向 DBMS 支持下的数据模型转换，变成合适的数据库模式。

　　（3）对模式进行调整和优化。

　　由于目前最流行采用关系模型来进行数据库的设计，这里就介绍 E-R 图向关系模型的转换。

10.3.2　E-R 图向关系模型的转换

　　E-R 图由实体、实体的属性、实体之间的联系三个要素组成，因此 E-R 图向关系模型的转换就是解决如何将实体、实体的属性、实体间的联系转换成关系模型中的关系和属性以及如何确定关系的码。在 E-R 图向关系模式的转换中，一般遵循下列原则：

　　（1）对于实体，一个实体型就转换成一个关系模式。实体名成为关系名，实体的属性成为关系的属性，实体的码就是关系的码。如图 10-9 中的实体分别转换成如下关系模式：

图书(<u>图书标识</u>,出版社标识,评论,价格,出版日期,图书类别,书名)
作者(<u>作者标识</u>,作者姓名,作者简历,联系电话,通信地址)
出版社(<u>出版社标识</u>,出版社名称,联系人姓名,账号)
书店(<u>书店标识</u>,书店名称,地址,所在城市)

对于联系,由于实体间的联系存在一对一、一对多、多对多三种联系类型,因而联系的转换也因这三种不同的联系类型而采取不同的原则措施。

(2) 对于一对一的联系,可以将联系转换成一个独立的关系模式,也可以与联系的任意一端对应的关系模式合并。如果转换成独立的关系模式,则与该联系相连的各实体的键及联系本身的属性均转换成新关系的属性,每个实体的键均是该关系的候选键;如果将联系与其中的某端关系合并,则需在该关系模式中加上另一关系模式的键及联系的属性,两关系中保留了两实体的联系。

(3) 对于一对多的联系,可以将联系转换成一个独立的关系模式,也可以与"多"端对应的关系模式合并。如果成为一个独立的关系模式,则与该联系相连的各实体的键以及联系本身的属性均转换成新关系模式的属性,"多"端实体的键成为新关系的键。若将其与"多"端对应的关系模式合并,则将"一"端关系的键加入到"多"端,然后把联系的所有属性也作为"多"端关系模式的属性,这时"多"端关系模式的键仍然保持不变。

如"出版"关系,由于其本身没有属性,最好将其与"多"端正合并,将"一"端的键——"出版社标识"加入到图书实体中。

(4) 对于多对多的联系,可以将其转换成一个独立的关系模式。与该联系相连的各实体的键及联系本身的属性均转换成新关系的属性,而新关系模式的键为各实体的键的组合。例如:

编著关系(<u>图书标识</u>,<u>作者标识</u>,作者序号)
订购关系(<u>图书标识</u>,<u>书店标识</u>,订购日期,数量,<u>订单号</u>)

(5) 对于三个或三个以上实体的多元联系可以转换成一个关系模式。与该联系相连的各实体的键及联系本身的属性均转换成新关系的属性,而新关系模式的键为各个实体的键的组合。

(6) 自联系。在联系中还有一种自联系,这种联系可按上述的一对一、一对多、多对多的情况分别加以处理。如职工中的领导和被领导关系,可以将该联系与职工实体合并,这时职工号多次出现,但作用不同,可用不同的属性名加以区别,如在合并后的关系中,再增加一个"上级领导"属性,存放相应领导的职工号。

(7) 具有相同键的关系可以合并。为减少系统中的关系个数,如果两个关系模式具有相同的主码,可以考虑将它们合并为一个关系模式,合并时将其中一个关系模式的全部属性加入到另一个关系模式,然后去掉其中的同义属性,并适当调整属性的次序。

10.3.3　逻辑模式的优化

优化是在性能预测的基础上进行的。性能一般用三个指标来衡量:单位时间里所访问的逻辑记录个数的多少;单位时间里数据传送量的多少;系统占用的存储空间的多少。由于在定量评估性能方面难度大,消耗时间长,一般不宜采用,通常采用定性判断不同设计方案的优劣。

关系模式的优化一般采用关系规范化理论和关系分解方法作为优化设计的理论指导，一般采用下述方法：

（1）确定数据依赖。用数据依赖分析和表示数据项之间的联系，写出每个数据项之间的依赖。即按需求分析阶段所得到的语义，分别写出每个关系模式内部各属性之间的数据依赖，以及不同关系模式属性之间的数据依赖。

（2）对于各个关系模式之间的数据依赖进行极小化处理，消除冗余的联系。

（3）按照数据依赖理论对关系模式一一进行分析，考察是否存在部分依赖、传递依赖、多值依赖，确定各关系模式分别属于第几范式。

（4）按照需求分析阶段得到的处理要求，分析这些模式对于这样的应用环境是否合适，确定是否要对某些模式进行合并和分解。

在关系数据库设计中一直存在规范化与非规范化的争论。规范化设计的过程就是按不同的范式，将一个二维表不断进行分解成多个二维表并建立表之间的关联，最终达到一个表只描述一个实体或者实体间的一种联系的目标。目前遵循的主要范式有 1NF、2NF、3NF、BCNF、4NF 和 5NF 等。在工程中 3NF、BCNF 应用得最广泛。

规范化设计的优点是有效消除数据冗余，保持数据的完整性，增强数据库稳定性、伸缩性、适应性。非规范化设计认为现实世界并不总是依从于某一完美的数学化的关系模式。强制地对事物进行规范化设计，形式上显得简单，内容上趋于复杂，更重要的是会导致数据库运行效率的降低。

事实上，规范化和非规范化也不是绝对的，并不是规范化越高的关系就越优化，反之依然。例如，当查询经常涉及两个或多个关系模式的属性时，系统进行连接运算，大量的 I/O 操作使得连接的代价相当高，可以说关系模型的低效率的主要原因就是由连接运算引起的。这时可以考虑的将几个关系进行合并，此时第二范式甚至第一范式也是合适的，但另一方面，非 BCNF 模式从理论上分析存在不同程度的更新异常和冗余。

（5）对关系模式进行必要的分解，提高数据操作的效率和存储空间的利用率。

被查询关系的大小对查询的速度有很大的影响，为了提高查询速度有时不得不把关系分得再小一点。有两种分解方法：水平分解和垂直分解。这两种方法的思想就是要提高访问的局部性。

水平分解是把关系的元组分成若干个子集合，定义每个集合为一个子关系，以提高系统的效率。根据"80/20 原则"，在一个大关系中，经常用到的数据只是关系的一部分，约为 20％，可以把这 20％ 的数据分解出来，形成一个子关系。如在图书馆业务处理中，可以把图书的数据都放在一个关系中，也可以按图书的类别分别建立对应的图书子关系，这样在对图书分类查询时将显著提高查询的速度。

垂直分解是把关系模式的属性分解成若干个子集合，形成若干个子关系模式。垂直分解是将经常一起使用的属性放在一起形成新的子关系模式。垂直分解时需要保证无损连接和保持函数依赖，即确保分解后的关系具有无损连接和保持函数依赖性，另一方面，垂直分解也可能使得一些事务不得不增加连接的次数。因此分解时要综合考虑使得系统总的效率得到提高。如对图书数据可把查询时常用的属性和不常用的属性分置在两个不同的关系模式中，可以提高查询速度。

（6）有时为了减少重复数据所占的存储空间，可以采用假属性的办法。

10.3.4 外模式的设计

在外模式的设计中，由于外模式的设计与模式的设计出发点不一样，在设计时的注重点是不一样的。在定义数据库模式时，主要是从系统的时间效率、空间效率、易维护性等角度出发。在设计用户外模式时，更注重用户的个别差异，如注重考虑用户的习惯和方便。这些习惯和方便主要包括：

（1）使用符合用户习惯的别名。

在合并各局部 E-R 图时，曾做消除命名冲突的工作，以便使数据库系统中同一关系和属性具有唯一的名字。这在设计数据库整体结构时是非常必要的，这样使得一些用户用了不符合用户习惯的属性名。为此用 VIEW 机制在设计用户 VIEW 时重新定义某些属性名，即在外模式设计时重新设计这些属性的别名使其与用户习惯一致，方便了用户的使用。

（2）针对不同级别的用户定义不同的外模式，以保证系统的安全性要求。不想让用户知道的数据其对应的属性就不出现在视图中。

（3）简化用户对系统的使用。如果某些局部应用经常用到某些复杂的查询，为了方便用户可以将这些查询定义为视图 VIEW，用户每次只对定义好的视图进行查询，从而大大简化了用户对系统的使用。

10.4 物理结构的设计

10.4.1 物理结构设计的内容与方法

为确定数据库的物理结构，设计人员必须了解下面的几个问题：

（1）详细了解给定的 DBMS 的功能和特点，特别是系统提供的存取方法和存储结构。因为物理结构的设计和 DBMS 息息相关。这可以通过阅读 DBMS 的相关手册来了解。

（2）熟悉系统的应用环境，了解所设计的应用系统中各部分的重要程度、处理频率及对响应时间的要求。

因为物理结构设计的一个重要设计目标就是要满足主要应用的性能要求。

对于数据库的查询事务，需要得到如下信息：

① 查询的关系。

② 查询条件所涉及的属性。

③ 连接条件所涉及的属性。

④ 查询的投影属性。

对于事务更新需要得到如下信息：

① 被更新的关系。

② 每个关系上的更新操作条件所涉及的属性。

③ 修改操作要改变的属性值。

当然还需要知道每个事务在各关系上运行的频率和性能要求。上述信息对存取方法的选择具有重大的影响。

（3）了解外存设备的特性。如分块原则、分块的大小、设备的 I/O 特性等，因为物理结构的设计要通过外存设备来实现。

通常对于关系数据库物理设计而言，物理设计的主要内容包括：

① 为关系模式选取存取方法。

② 设计关系、索引等数据库文件的物理存储结构。

10.4.2　关系模式存取方法选择

数据库系统是多用户的共享系统，对同一个关系要建立多条存取路径才能满足多用户的多种应用。确定选择哪些存取方法，即建立哪些存取路径。在关系数据库中，选取存取路径主要是确定如何建立索引。例如，应把哪些域作为次码建立次索引，是建立单码索引还是建立组合索引，建立多少个索引才最合适，是否要建立聚簇索引等。

1. 索引存取方法的选择面临的困难

所谓选择索引存取方法，实际上就是根据应用要求确定对关系的哪些属性列建立索引，哪些建立组合索引，哪些建立唯一索引等。索引选择是数据库物理设计的基本问题之一，也是较为困难的。在比较各种索引方案时从中选择最佳方案时，具体来说至少有以下几个方面的困难：

（1）数据库中的各个关系表不是相互孤立的，要考虑相互之间的影响。

（2）在数据库中有多个关系表存在，在设计表的索引时不仅要考虑关系在单独参与操作时的代价，还要考虑它在参与连接操作时的代价，该代价往往与其他关系参与连接操作的方法有关。

（3）索引的解空间太大，即使用计算机计算，也难以承受。即可能的索引组合情况太大，如果通过穷尽各种可能来寻求最佳设计，几乎是不可能的。

（4）访问路径与 DBMS 的优化策略有关。

优化是数据库服务器的一个基础功能。对于如何执行某一个事务，不仅取决于数据库设计者所提供的访问路径，而且还取决于 DBMS 的优化策略。如果设计者所认为的事务执行方式不同于 DBMS 实际执行事务的方式，则将导致设计结果与实际的偏差。

（5）设计目标比较复杂。

总地来说，设计的目标是要减少 CPU 的代价、I/O 代价、存储代价，但这三者之间常常相互影响，在减少了一种代价的基础上往往导致另一种代价的增加。因此人们对于设计目标往往难以精确、全面的描述。

（6）代价的估算比较困难。

CPU 代价涉及系统软件和运行环境，很难准确估计。I/O 代价和存储代价比较容易估算。但代价模型与系统有关，很难形成一通用的代价估算公式。

由于上述原因，在手工设计时，一般根据原则和需求说明来选择方案，在计算机辅助设计工具中，也是先根据一般的原则和需求确定索引选择范围，再用简化的代价比较法来选择所谓的最优方案。

2．普通索引的选取

选择索引的一般原则是：凡是满足下列条件之一，可以考虑建立在有关属性上索引：

（1）主键和外键上一般建立索引。这样做的好处主要有以下几点：

① 有利于主键唯一性的检查。

② 有助于引用完整性约束检查。

③ 可以加快以主键和外键作为连接条件属性的连接操作。

（2）如果一个（或一组）属性经常在查询条件中出现，则考虑在这个（或这组）属性上建立索引（或组合索引）。如图书关系中的"书名"，由于其经常在查询条件中出现，故可以按"书名"建立普通索引。

（3）如果一个属性经常作为最大值和最小值等聚集函数的参数，则考虑在这个属性上建立索引。

（4）如果一个（或一组）属性经常在连接操作的连接条件中出现，则考虑在这个（或这个组）属性上建立索引。

（5）对于以读为主或只读的关系表，只要需要且存储空间允许，可以多建索引。

凡是满足下列条件之一的属性或表，不宜建立索引：

（1）不出现或很少出现在查询条件中的属性。

（2）属性值可能取值的个数很少的属性。例如属性"性别"只有两个值，若在其上建立索引，则平均起来每个索引值对应一半的元组。

（3）属性值分布严重不均的属性。例如属性"年龄"往往集中在几个属性值上，若在年龄上建立索引，则每个索引值会对应多个相应的记录，用索引查询还不如顺序扫描。

（4）经常更新的属性和表。因为在更新属性值时，必须对相应的索引做修改，这就使系统为维护索引付出较大的代价，甚至是得不偿失。

（5）属性的值过长。在过长的属性上建立索引，索引所占的存储空间比较大，而且索引的级数也随之增加，这样带来诸多不利之处。

（6）太小的表。太小的表不值得采用索引。

非聚簇索引需要大量的硬盘空间和内存。另外非聚簇索引在提高查询速度的同时会降低向表中插入数据和更新数据的速度。因此在建立非聚簇索引时要慎重考虑，不能顾此失彼。

3．聚簇索引的选取

聚簇就是把某个属性或属性组（称为聚簇码）上具有相同值的元组集中在一个物理块内或物理上相邻的区域内，以提高某些数据的访问速度。即记录的索引顺序与物理顺序相同。而在非聚簇索引中索引顺序和物理顺序没有必然的联系。

聚簇索引可以大大提高按聚簇码进行查询的效率。例如要查询一个作者表，在其上建有出生年月的索引。若要查询 1970 年出生的作者，设符合条件的作者有 50 人，在极端的条件下，这 50 条记录分散在 50 个不同的物理块中。这样在查询时即使不考虑访问索引的 I/O 次数，访问数据也得要 50 次 I/O 操作。如果按出生年月采用聚簇索引，则访问一个物理块可以得到多个符合条件的记录,从而显著减少 I/O 操作的次数,而 I/O 操作会占用大量的时间,所以聚簇索引可以大大提高按聚簇查询的效率。

聚簇功能不但适用于单个关系,也适用于经常进行连接操作的多个关系。即把多个连接关系的元组按连接属性值聚簇存放。这相当于把多个关系按"预连接"的形式存放,从而大大提高连接操作的效率。

一个数据库可以建立多个聚簇,但一个关系中只能加入一个聚簇。因为聚簇索引规定了数据在表中的物理存储顺序。

在满足下列条件时,一般可以考虑建立聚簇索引:

(1) 对经常在一起进行连接操作的关系可以建立聚簇。即通过聚簇键进行访问或连接是对该表的主要应用,与聚簇键无关的访问很少。如在书店关系中可以对"书店标识"进行聚簇索引;在订购关系中可以对"书店标识"、"图书标识"、"订单号"建立组合聚簇索引。

(2) 如果一个关系的一个(或一组)属性上的值重复率很高,则此关系可建立聚簇索引。对应每个聚簇键值的平均元组不要太少。太少则聚簇效果不明显。

(3) 如果一个关系的一组属性经常出现在相等比较条件中,则该单个关系可建立聚簇索引。这样符合条件的记录正好出现在一个物理块或相邻的物理块中。例如,如果在查询中要经常检索某一日期范围内的记录,则可按日期属性聚簇,这样通过聚簇索引可以很快找到开始日期的行,然后检索相邻的行直到碰到结束日期的行。

在建立聚簇后,应检查候选聚簇中的关系,取消其中不必要的关系:

① 从聚簇中删除经常进行全表扫描的关系。

② 从聚簇中删除更新操作远多于连接操作的关系。

③ 不同的聚簇中可能包含相同的关系,一个关系可以在某一个聚簇中,但不能同时在多个聚簇中。

10.4.3　确定系统的存储结构

确定数据的存放位置和存储结构要综合考虑存取时间、存储空间利用率和维护代价三个方面。这三个方面常常相互矛盾,因此需要权衡利弊,选取一个可行方案。

1. 确定数据的存放位置

为了提高系统的性能,应该根据应用情况将数据的易变部分和稳定部分、经常存取部分和不经常存取的部分分开存放,可以放在不同的关系表中或放在不同的外存空间等。

例如,将表和索引放在不同的磁盘上,在查询时,由于两个磁盘并行工作可以提高 I/O 操作的效率。

一般来说,在设计中应遵守以下原则:

(1) 减少访问磁盘时的冲突,提高 I/O 的并行性。

多个事务并发访问同一磁盘组时,会因访问磁盘冲突而等待。如果事务访问的数据分散在不同的磁盘组上,则可并行地执行 I/O,从而提高性能。如将比较大的表采用水平或垂直分割的办法分放在不同的磁盘上,可以加快存取速度,这在多用户环境下特别有效。

(2) 分散热点数据,均衡 I/O 负载。

把经常被访问的数据称为热点数据。热点数据最好分散在多个磁盘组上,以均衡各个磁盘组的负荷,充分利用磁盘组并行操作的优势。

(3) 保证关键数据的快速访问,缓解系统的瓶颈。

对常用的数据应保存在高性能的外存上,相反不常用的数据可以保存在较低性能的外存上。如数据库的数据备份和日志文件备份等因只在故障恢复时才使用,可以存放在磁带上。

由于各个系统所能提供的对数据进行物理安排的手段、方法差异很大,因此设计人员必须仔细了解给定的 DBMS 在这方面能提供哪些方法,再针对应用环境的要求进行合理的物理安排。

2. 确定系统的配置参数

DBMS 一般都提供了一些系统配置参数、存储分配参数供设计人员和 DBA 对数据库进行物理优化。初始情况下,系统都为这些参数赋予了合理的默认值。为了系统的性能,在进行物理设计时需要对这些参数重新赋值。

DBMS 提供的配置参数一般包括:同时使用数据库用户的个数、同时打开数据库对象数、缓冲区大小和个数、物理块的大小、数据库的大小和数据增长率的设置等。

10.5 数据库的实施

数据库的实施一般包括下列步骤:

1. 定义数据库结构

确定数据库的逻辑及物理结构后,就可以用选定的 RDBMS 提供的数据定义语言 DDL 来严格描述数据库的结构。

2. 数据的载入

数据库结构建立后,就可以向数据库中装载数据。组织数据入库是数据库实施阶段的主要工作。数据入库是一项费时的工作,来自各部门的数据通常不符合系统的格式,另外系统对数据的完整性也有一定的要求。

对数据入库操作通常采取以下步骤:

(1) 筛选数据。需要装入数据库的数据通常分散在各个部门的数据文件或原始凭证中,首先要从中选出需要入库的数据。

(2) 输入数据。在输入数据时,如果数据的格式与系统要求的格式不一样,就要进行数据格式的转换。如果数据量小,可以先转换后再输入,如果数据量较大,可以针对具体的应用环境设计数据录入子系统来完成数据格式的自动转换工作。

(3) 检验数据。检验输入的数据是否有误。一般在数据录入子系统的设计中都设计有一定的数据校验功能。在数据库结构的描述中,其中对数据库的完整性的描述也能起到一定的校验作用,如图书的"价格"要大于零。当然有些校验手段在数据输入完后才能实施,如在财务管理系统中的借贷平衡等。当然有些错误只能通过人工来进行检验,如在录入图书时把图书的"书名"输错。

3. 应用程序的编码与调试

数据库应用程序的设计应与数据库设计并行进行,也就是说编制与调试应用程序是与数据库入库同步进行。调试应用程序时由于数据库入库尚未完成,可先使用模拟数据。

10.5.1　数据库试运行

应用程序调试完成,并且有一部分数据入库后,就可以开始数据库的试运行。这一阶段要实际运行应用程序,执行其中的各种操作,测试功能是否满足设计要求。如不满足就要对应用程序部分进行修改、调整及达到设计要求为止。

数据库试运行主要包括下列内容:

(1) 功能测试。实际运行应用程序,执行其中的各种操作,测试各项功能是否达到要求。

(2) 性能测试。即分析系统的性能指标,从总体上看系统是否达到设计要求。

在组织数据入库时,要注重采取下列策略:

(1) 要采取分批输入数据的方法。如果测试结果达不到系统设计的要求,则可能需要返回物理设计阶段,调整各项参数,有时甚至要返回逻辑设计阶段来调整逻辑结构。如果试运行后要修改数据库设计,这可能导致要重新组织数据入库,因此在组织数据入库时,要采取分批输入数据的方法,即先输入少批量数据供调试使用,待调试合格后再大批量输入数据来逐步完成试运行评价。

(2) 在数据库试运行过程中首先调试好系统的转储和恢复功能并对数据库中的数据做好备份工作。这是因为,在试运行阶段,一方面系统还没有稳定,软、硬件故障时有发生,会对数据造成破坏;另一方面,操作人员对系统还处于生疏阶段,误操作不可避免,因此要做好数据库的备份和恢复工作,把损失降到最低点。

10.5.2　数据库的运行和维护

对数据库的维护工作主要由 DBA 完成,具体有以下内容:

1. 日常维护

日常维护指对数据库中的数据随时按需要进行增、删、插入、修改或更新操作。如对数据库的安全性、完整性进行控制。在应用中随着环境的变化,有的数据原来是机密的现在变得可以公开了,用户岗位的变化使得用户的密级、权限也在变化。同样数据的完整性要求也会变化。这些都需要 DBA 进行修改以满足用户的需求。

2. 定期维护

定期维护主要指重组数据库和重构数据库。重构数据库是重新定义数据库的结构,并把数据装到数据库文件中。重组数据库指除去删除标志,回收空间。

在数据库运行一段时间后,由于不断地增、删、改使得数据库的物理存储情况变坏,数据存储效率降低,这时需要对数据库进行全部或部分重组织。数据库的重组织,并不修改原设计的逻辑和物理结构。

当数据库的应用环境发生变化,如增加了新的应用或新的实体或取消了某些应用或实体,这些都会导致实体及实体间的联系发生变化,使原有的数据库不能很好地满足系统的需要,这时就需要进行数据库的重构。数据库的重构部分修改了数据库的逻辑和物理结构,即修改了数据库的模式和内模式。

在数据库运行期间要对数据库的性能进行监督、分析来为重组织或重构造数据库提供依据。目前有些 DBMS 产品提供了监测系统性能参数的工具,DBA 可以利用这些工具得到系统的性能参数值,分析这些数值为重组织或重构造数据库提供依据。

3. 故障维护

数据库在运行期间可能产生各种故障,使数据库处于一个不一致的状态。如事务故障、系统故障、介质故障等。事务故障和系统故障可以由系统自动恢复,而介质故障必须借助 DBA 的帮助。发生故障造成数据库破坏,后果可能是灾难性的,特别是对磁盘系统的破坏将导致数据库数据全部殆尽,千万不能掉以轻心。

具体的做法如下:

(1) 建立日志文件,每当发生增、删、改时就自动将要处理的原始记录加载到日志文件中。这项高级功能在数据库管理系统 SQL Server 2005 中是由系统自动完成的,否则需要程序员在编写应用程序代码时加入此项功能。

(2) 建立复制副本用于恢复。DBA 要针对不同的应用要求制订不同的备份计划,以保证一旦发生故障能尽快将数据库恢复到某个时间的一致状态。

10.6 数据库应用的结构和开发环境

10.6.1 数据库应用模型

根据在用户与数据之间所具有的层次来划分,数据库应用系统体系结构模型分别是单层应用体系结构模型、两层应用体系结构模型、多层(可以是三层或三层以上)应用体系结构模型。

1. 单层应用模型

应用程序没有将用户界面、事务逻辑和数据存取分开。在单层的数据库应用程序中,应用程序和数据库共享同一个文件系统,它们使用本地数据库或文件来存取数据。早期为大型机通常编写这种体系结构的程序,当时的用户通过"哑终端"来共享大型机资源,"哑终端"没有任何处理能力,所有的用户界面、事务逻辑和数据存取功能都是在大型机上实现,这样当时使用单层体系结构而没有出现多层体系结构也就在情理之中。

2. 两层应用模型

PC 的出现给应用程序模型的发展带来了巨大的推动力,因为 PC 有了一定的处理能力,传统在大型机上实现的用户界面和部分事务逻辑被移到 PC 上运行(将这种 PC 端的代码称为应用程序客户端),而大型机则提供部分事务逻辑处理和数据存取的功能(将这种大型机端的代码称为应用程序服务器端)。这种模型通常称为 C/S 模型。根据事务逻辑在客户端和服务器端分配的不同,该种模型有如图 10-10 所示几种形式。

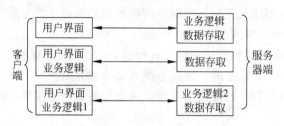

图 10-10　两层 C/S 应用模型的三种形式

在两层应用体系结构模型中,数据的存取和管理独立出来由单独的通常是运行在不同的系统上的程序来完成,这样的数据存取和管理程序通常就是像 SQL Server 或 Oracle 这样的数据库系统。基于 C/S 结构的应用在局域网的应用中占绝大多数。

关于 C/S 结构中,一直有一种形象的比喻说话"瘦客户机,胖服务器"。所谓"胖"或者"瘦",是指对它们的要求或者说具备的功能而言的,具备的功能越来越少称为变瘦,反之称为变胖。

C/S 结构模型的一个最大的好处在于通过允许多用户同时存取相同的数据,来自一个用户的数据更新可以立即被连接到服务器上的所有用户访问。这种结构的缺点也很明显,即当客户端的数目增加时,服务器端的负载会逐渐加大,直到系统承受不了众多的客户请求而崩溃。此外,由于商业规则的处理逻辑和用户界面程序交织在一起,因此商业规则的任何改动都将是费钱、费时、费力的。虽然两层结构模型为许多小规模商业应用带来简便、灵活性,但是对快速数据访问以及更短的开发周期的需求驱使应用系统开发人员去寻找一条新的应用道路,那就是多层应用体系结构模型。

3. 多层应用模型

在多层应用体系结构模型中,商业规则被进一步从客户端独立出来,运行在一个介于用户界面和数据存储的单独的系统之上,如图 10-11 所示。

现在,客户端程序提供应用系统的用户界面,用户输入数据,查看反馈回来的请求结果。对于 Web 应用,浏览器是客户端用户界面,这时人们又称这种模型为浏览器/服务器应用结构模型或 Internet 数据库应用模型。对于非 Web 应用,客户端是独立的编译后的前端应用程序。

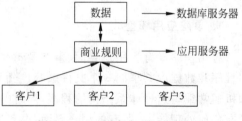

图 10-11　三层客户/服务器模型

商业中间层负责接收和处理对数据库的查询和操纵请求,由封装了商业逻辑的组件构成,这些商业逻辑组件模拟日常的商业任务,通常是一种 COM 组件或者 CORBA 组件。

数据层可以是一个像 SQL Server 这样的数据库管理系统,用于存放和管理用户数据。

这时服务器就分为数据库服务器和应用服务器。

在这种多层体系模型中,客户端程序不能直接存取数据,从而为数据的安全性和完整性带来保障。例如,如果在客户端设置访问的权限,那么当别有用心的用户用另外的工具来访问数据库中的数据时就无能为力。这种结构带来的另一个好处就是应用系统的每一个部分都可以被单独修改而不会影响到另外两个部分。因为每一层之间是通过接口来相互通信的,所以只要接口保持不变,内部程序的变化就不会影响到系统的应用其余部分。例如商业规则可能需要经常变化,直接修改商业规则层就行了,只要保持接口不变,这种修改对客户来说是透明的,也就是说客户端软件不变,免去了对成百上千的客户端软件的更新、升级。

在多层体系结构模型中,各应用层并不一定要分布在网络上不同机器的物理位置上,而可以只是分布在逻辑上的不同位置,此外各应用层和网络物理拓扑之间并不需要有一一对应关系,每个应用层在物理拓扑上的分布可以按系统需求而变化。例如,商业中间层和数据处理层可以位于装有 IIS Web 服务器和 SQL Server 数据库服务器的同一台计算机上。

使用多层体系结构模型为应用程序的生命周期带来诸多好处,包括可复用性、适应性、易管理性、可维护性、可伸缩性。用户可以将要创建的组件和服务共享和复用,并按需求通过计算机网络分发,也可以将大型的、复杂的工程项目分解成简单安全的众多子模块,并分派给不同的开发人员或开发小组。可以在服务器上配置组件和服务以帮助跟踪需求的变化,并且当应用程序的用户基础、数据、交易量增加时可以重新部署。

多层应用程序将每个主要的功能隔离开来。用户显示层独立于商业中间层,而商业中间层独立于数据处理层。设计这样的多层应用程序在初始阶段需要更多的分析和设计,但在后期阶段会大大减少维护费用并且增加功能适应性。

在这种应用程序结构中客户端应用程序变得比在 C/S 这样的两层体系结构模型中更为小巧,因为服务组件已经分布在中间商业层。这种方式带来的结果是在用户上的一般管理费用降低,但是由于服务组件分布在不同的计算机上,因此系统的通信量会大大增加。

从用户的角度来看,C/S 模型基本组成有三个部分:客户机、服务器、客户机与服务器之间的连接件。

(1) 客户机。

客户机是一个 GUI 应用程序或者非 GUI 应用程序。它负责向服务器(应用服务器或数据库服务器)请求信息,然后将从服务器传送回来的信息显示给用户。如果客户机只是简单地将请求数据传输给服务器,那么称它为瘦客户机;当然,它也可以承担大部分的商业规则或者说业务逻辑,这时客户机成了胖客户机。

(2) 服务器。

服务器向客户机提供服务。这样服务器要具有定位网络服务地址、监听客户机的调用并与之建立连接、处理客户机的请求等。由于服务器通常同时为多个客户机服务,服务器的配置也要求高速的处理器、大容量的内存和高质量的网络传输。多数情况下,服务器要连续运行以便为客户机提供持续的服务。

(3) 连接件。

客户机和服务器之间不仅需要硬件连接,更需要软件连接。对于应用系统来说,这种连接更多的是一种软件通信过程,对应用系统开发人员来说,客户机与服务器之间的连接主要是软件工具和编程函数(API)。过去,大多数前端客户用户程序都是专门为后端服务器而写的,所以不同的服务器的连接件各不相同,各客户应用程序不能支持所有的后端网络和服务器。近年来,各种连接客户机和服务器的标准接口或软件相继出现,有效地解决了上述问题,使 C/S 结构走向了"开放性"。如开放的数据库连接 ODBC、JDBC 等。

C/S 结构模型具有下列主要技术特征:

① 功能分离。服务器是服务的提供者,客户机是服务的消费者。

② 资源共享。一个服务器可以同时为多个客户机提供服务。为此服务器必须具有并发控制等协调多客户机对资源的共享访问的能力。

③ 定位透明。服务器可以驻留在与客户机相同或不同的处理器上,需要时,C/S 平台可通过重新定向服务来掩盖服务器位置。

④ 服务封装。客户机只需知道服务器接口,不必了解其逻辑。服务器是专用程序,客户机通过服务器提供的接口与服务器通信,由服务器确定完成任务的方式,只要接口不变,服务器的升级不会影响客户机。

⑤ 可扩展性。支持水平和垂直扩展,前者指可以增加或更改工作站;后者是指服务可以转移到新的服务器处理机上。

10.6.2　数据库应用开发环境 ODBC

1. ODBC 编程接口概述

ODBC(Open DataBase Connectivity)是 Microsoft Windows 的开放服务体系(Windows Open Services Architecture,WOSA)的标准组成部分,已成为人们广泛应用的数据库访问应用程序编程接口(API)。对于数据库 API,它以 X/Open 和 ISO/IEC 的 Call-Level Interface(CLI)规范为基础,使用结构化查询语言(SQL)为访问数据库的语言。CLI 使用一种自然语言来调用函数,因此无须对使用它的编程语言进行扩展。为数据库用户和程序开发者隐蔽了异构环境的复杂性,提供了统一的数据库访问和操作接口,为应用程序的平台无关和可移植性提供了基础,为实现数据库间的操作提供了有力支持。这与内嵌式 API (Embedded SQL)不同,内嵌式 API 被定义为对使用它的语言的一种扩展,因此就需要使用该 API 的应用程序有一个单独的预编译过程。

一个基本的 ODBC 结构由应用程序、驱动程序管理器、驱动程序和数据源四个部分组成。

(1) 应用程序(Application)。

应用程序负责处理和调用 ODBC 函数,其主要任务如下:

① 连接数据库。

② 提交 SQL 语句给数据库。

③ 检索结果并处理错误。

④ 提交或回退 SQL 语句的事务。

⑤ 断开与数据库的连接。

(2) 驱动程序管理器(Driver Manager)。

ODBC 驱动程序管理器是一个驱动程序库,负责应用程序和驱动程序的通信。对于不同的数据源,驱动程序将加载相应的驱动程序到内存中,并将后面的 SQL 请求传送给正确的 ODBC 驱动程序。

（3）驱动程序。

ODBC 应用程序不能直接存取数据库，应用程序的操作请求需要驱动程序管理器提交给正确的驱动程序。而驱动程序负责将对数据库的请求传送给数据库管理系统（DBMS），并把结果返回给驱动程序管理器。然后驱动程序管理器再将结果返回给应用程序处理。

（4）数据源（Data Source）。

数据源是连接数据库驱动程序与 DBMS 的桥梁，它定义了数据库服务器名称，登录名和密码等选项。也可以这么说，数据源由用户所需访问的数据及其所处的操作系统平台、数据库系统和访问数据库服务器所需的网络系统组成。

这样，在使用 ODBC 开发数据库应用程序时，程序开发者只要调用 ODBC API 和 SQL 语句，至于数据的底层操作则由不同类型的数据库的驱动程序来完成。它使得程序开发人员从各种烦琐的特定数据库 API 接口中解脱出来。

2. ODBC 数据源的配置

使用 ODBC 编程之前，除了安装 ODBC 驱动程序外，还需要配置 ODBC 数据源。配置 ODBC 数据源的操作步骤如下（以 Windows 7 为例）：

（1）依次选择"控制面板"|"系统管理和安全"|"管理工具"|"数据源（ODBC）"选项，打开"ODBC 数据源管理器"对话框，如图 10-12 所示。

图 10-12　"ODBC 数据源管理器"对话框

各选项卡的功能介绍如下：

① 用户 DSN。显示当前登录用户使用的数据源清单。

② 系统 DSN。显示可以由系统中全部用户使用的数据源清单。

③ 文件 DSN。显示了允许连接到一个文件提供程序的数据源清单。它们可以在所有安装了相同驱动程序的用户中被共享。

④ 驱动程序。显示所有已经安装了的驱动程序。

⑤ 跟踪。允许跟踪某个给定的 ODBC 驱动程序的所有活动,并记录到日志文件。

⑥ 连接池。用来设置连接 ODBC 驱动程序的等待时间。连接池也使用户的应用程序能够使用一个来自连接池的连接,其中的连接不需要在每次使用时重建。一旦创建了一个连接并将之置于池中,应用程序就可以重新使用该连接而不需要执行整个连接过程,因而提高了性能。

⑦ 关于。显示有关 ODBC 核心组件的信息。

（2）在"系统 DSN"选项卡中,单击"添加"按钮,打开"创建新数据源"对话框,在"名称"列表框中选驱动程序,如 SQL Server(这时创建 SQL Server 数据源),如图 10-13 所示。

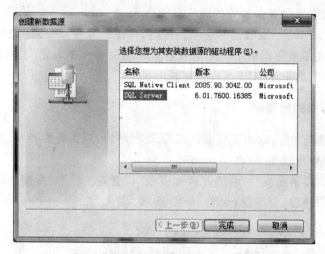

图 10-13　"创建新数据源"对话框

（3）单击"完成"按钮,打开"创建到 SQL Server 的新数据源"对话框,如图 10-14 所示。在"名称"文本框中填写数据源的名称如 test,在"服务器"下拉列表中选要连接到的服务器。

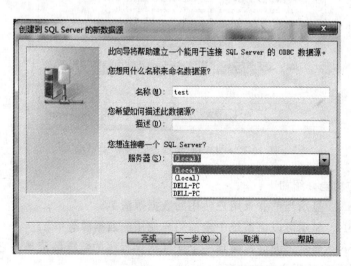

图 10-14　"创建到 SQL Server 的新数据源"对话框

（4）单击"下一步"按钮，选择验证模式，如图 10-15 所示。

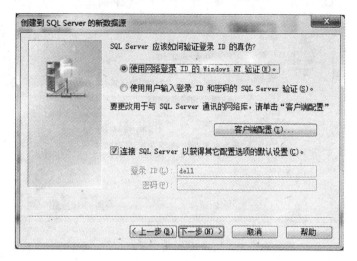

图 10-15　选择验证模式对话框

（5）单击"下一步"按钮，选择连接的默认数据库，如图 10-16 所示。

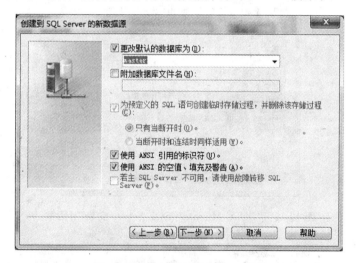

图 10-16　选择默认数据库对话框

　　（6）单击"下一步"按钮，系统提示用户设置驱动程序使用的语言、字符集区域和日志文件等，如图 10-17 所示。

　　（7）单击"完成"按钮，出现"ODBC Microsoft SQL Server 安装"对话框，如图 10-18 所示，单击"测试数据源"按钮，测试数据源是否正确。

　　（8）若显示测试成功的消息，单击"确定"按钮回到"ODBC 数据源管理器"对话框，如图 10-19 所示，单击"确定"按钮，即创建了一个系统数据源 test。

3. ODBC 接口函数

ODBC 接口函数按照它们的作用可以分成如下六组。

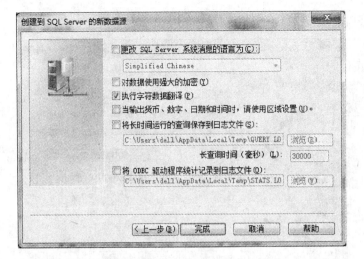

图 10-17 选择其他选项对话框

图 10-18 "ODBC Microsoft SQL Server 安装"对话框

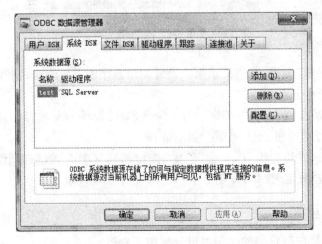

图 10-19 添加一个名为 test 的系统 DSN

（1）分配和释放句柄。

这一组函数用于分配必要的句柄：连接句柄、环境句柄和语句句柄。环境句柄定义一个数据库环境，连接句柄定义一个数据库连接，语句句柄定义一条 SQL 语句。ODBC 环境句柄是其他所有 ODBC 资源句柄的父句柄。释放函数用于释放各种句柄以及与每个句柄相关联的内存。如 SQLAllocEnv 函数用于获取 ODBC 环境句柄。

（2）连接。

利用这些函数，用户能够与服务器建立连接，如 SQL Connect。

（3）执行 SQL 语句。

用户对 ODBC 数据源的存取操作，都是通过 SQL 语句来实现的。应用程序通过与服务器建好的连接向 ODBC 数据库提交 SQL 语句来完成用户的请求。如 SQLAllocStmt 函数。

（4）接收结果。

这一组函数负责处理从 SQL 语句结果集合中检索数据，并检索与结果集合相关的信息。如 SQLFetch 和 SQLGetData 函数。

（5）事务控制。

这组函数允许提交或重新运行事务。ODBC 的默认事务模式是"自动提交"模式，也可以设置连接选项来使用"人工提交"模式。

（6）错误处理与其他事项。

该组函数用于返回与句柄相关的错误信息或允许人们取消一条 SQL 语句。

现在非常流行用 ADO 接口来进行编程。ADO（ActiveX Data Objects）是一个封装了 OLE DB 功能的高层次对象模型接口。ADO 高度优化，已经能够用于诸如 Visual Basic、Visual C++、Delphi、PowerBuilder 等可视化编程环境中。实际上，ODBC 的 OLE DB 提供者允许用户通过 OLE DB 或 ADO 调用 ODBC 提供的所有功能。

10.7　本章小结

本章重点介绍了数据库设计的步骤、数据库应用结构模型以及开放的数据库访问接口 ODBC。数据库设计的方法很多，本书采用了规划设计、需求分析、概念结构设计、逻辑结构设计、物理结构设计、数据库实施与维护六个步骤的数据库设计方法。逻辑结构设计是数据库设计过程中讨论的重点，在建立数据模型时可以采用 E-R 图、IDEF1x 图、ODL 方法等，本书中采用了易于掌握并普遍使用的 E-R 图数据建模方法。

数据库设计是个涉及面很广的问题，需要考虑的因素很多。数据库设计是一个"反复探寻，逐步求精"的过程，在进行数据库设计中往往要经过多次反复才能得到一个理想的设计方案。在数据库设计中，结构特性设计是关键，但要兼顾行为特性的设计，使得设计的数据库具有能有效支持用户的数据处理、易于维护、空间占用少、效率高等综合性能。

习题 10

1. 单项选择题

(1) 在数据库设计中,用 E-R 图来描述信息结构但不涉及信息在计算机中的表示,它是数据库设计的_____阶段。

　　A. 需求分析　　　　　　　　　　B. 概念结构设计

　　C. 逻辑结构设计　　　　　　　　D. 物理结构设计

(2) E-R 图是数据库设计的工具之一,它适用于建立数据库的_____。

　　A. 概念模型　　　B. 逻辑模型　　　C. 结构模型　　　D. 物理模型

(3) 在关系数据库设计中,设计关系模式是_____的任务。

　　A. 需求分析阶段　　　　　　　　B. 概念结构设计阶段

　　C. 逻辑结构设计阶段　　　　　　D. 物理结构设计阶段

(4) 数据库概念设计的 E-R 方法中,用属性描述实体的特征,属性在 E-R 图中,用_____表示。

　　A. 矩形　　　　　B. 四边形　　　　C. 菱形　　　　　D. 椭圆形

(5) 在数据库的概念设计中,最常用的数据模型是_____。

　　A. 形象模型　　　B. 物理模型　　　C. 逻辑模型　　　D. 实体联系模型

(6) E-R 图中的联系可以与_____实体有关。

　　A. 0 个　　　　　B. 1 个　　　　　C. 1 个或多个　　D. 多个

(7) 数据流程图(DFD)是用于描述结构化方法中_____阶段的工具。

　　A. 可行性分析　　B. 详细设计　　　C. 需求分析　　　D. 程序编码

(8) 图 10-20 所示的 E-R 图转换成关系模型,可以转换为_____关系模式。

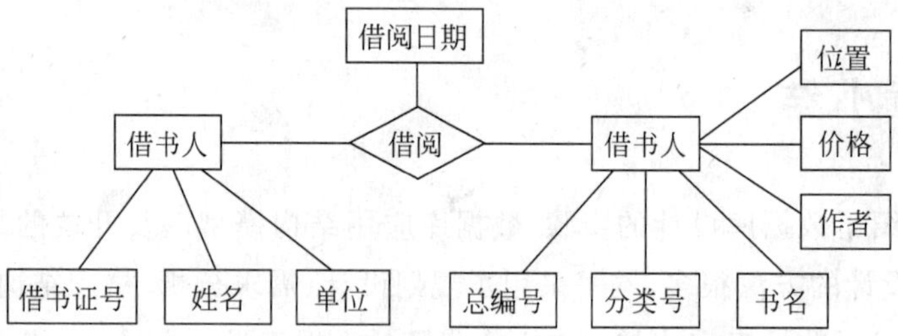

图 10-20　E-R 模型图

　　A. 1 个　　　　　B. 2 个　　　　　C. 3 个　　　　　D. 4 个

2. 填空题

(1) 数据库设计的几个步骤是_____。

(2) "为哪些表,在哪些字段上,建立什么样的索引"这一设计内容应该属于数据库设计中的_____设计阶段。

（3）在数据库设计中，把数据需求写成文档，它是各类数据描述的集合，包括数据项、数据结构、数据流、数据存储和数据加工过程等的描述，通常称为_____。

（4）E-R图向关系模型转化要解决的问题是如何将实体和实体之间的联系转换成关系模式，如何确定这些关系模式的_____。

（5）在数据库领域里，使用数据库的各类系统统称为_____系统。

3．简答题

（1）某大学实行学分制，学生可根据自己的情况选修课程。每名学生可同时选修多门课程，每门课程可由多位教师讲授；每位教师可讲授多门课程。其不完整的E-R图如图10-21所示。

① 指出学生与课程的联系类型，完善E-R图。

② 指出课程与教师的联系类型，完善E-R图。

③ 若每名学生由一位教师指导，每位教师指导多名学生，则学生与教师是何联系？

④ 在原E-R图上补画教师与学生的联系，并完善E-R图。

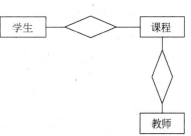

图10-21 学生、教师和课程间部分E-R图

（2）假定一个部门的数据库包括以下的信息：

① 职工的信息：职工号、姓名、住址和所在部门。

② 部门的信息：部门所有职工、经理和销售的产品。

③ 制造商的信息：制造商名称、地址、生产的产品名和价格。

试画出这个数据库的E-R图。

（3）将如图10-22所示的E-R图转换为关系模式，菱形框中的属性自己确定。

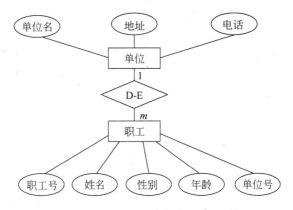

图10-22 职工和单位关系E-R图

（4）设有如下实体：

学生：学号、单位、姓名、性别、年龄、选修课程名。

课程：编号、课程名、开课单位、任课教师号。

教师：教师号、姓名、性别、职称、讲授课程编号。

单位：单位名称、电话、教师号、教师名。

上述实体中存在如下联系：

① 一个学生可选修多门课程，一门课程可为多个学生选修。

② 一个教师可讲授多门课程，一门课程可为多全教师讲授。

③ 一个单位可有多个教师，一个教师只能属于一个单位。

试完成如下工作：

① 分别设计学生选课和教师任课两个局部信息的结构 E-R 图。

② 将上述设计完成的 E-R 图合并成一个全局 E-R 局。

③ 将该全局 E-R 图转换为等价的关系模型表示的数据库逻辑结构。

（5）工厂（包括厂名和厂长名）需建立一个管理数据库存储以下信息：

① 一个厂内有多个车间，每个车间有车间号、车间主任姓名、地址和电话。

② 一个车间有多个工人，每个工人有职工号、姓名、年龄、性别和工种。

③ 一个车间生产多种产品，产品有产品号和价格。

④ 一个车间生产多种零件，一个零件也可能为多个车间制造。零件有零件号、重量和价格。

⑤ 一个产品由多种零件组成，一种零件也可装配出多种产品。

⑥ 产品与零件均存入仓库中。

⑦ 厂内有多个仓库，仓库有仓库号、仓库主任姓名和电话。

试：① 画出该系统的实体-联系模型 E-R 图。

　　② 给出相应的关系数据模型。

　　③ 画出该系统的层次模型图。

第11章

ADO.NET访问数据库技术

教学目标：

- 了解 ADO.NET 的结构。
- 了解 ADO.NET 的两个核心组件及其编程方法。
- 掌握 ADO.NET 访问数据库的编程方法。

教学重点：

在数据库应用系统的开发中，数据库访问技术是一个重要的组成部分，它是连接前端应用程序和后台数据库的关键环节。目前，数据库应用系统的数据库访问接口有很多，它们都提供了对数据库方便的访问和控制功能，本章介绍 ADO.NET 访问数据库技术，ADO.NET 为断开式 N 层编程环境提供了一流的支持，许多新的应用程序都是为该环境编写的，使用断开式数据集这一概念已成为编程模型中的焦点。

11.1 ADO.NET 概述

ADO.NET 是.NET 框架下的一种新的数据访问编程模型，是一组处理数据的类，它用于实现数据库中数据的交互，同时提供对 XML 的强大支持。在 ADO.NET 中，使用的是数据存储的概念，而不是数据库的概念。简言之，ADO.NET 不但可以处理数据库中的数据，而且还可以处理其他数据存储方式中的数据，例如 XML 格式、Excel 格式和文本格式的数据。

ADO.NET 提供对 Microsoft SQL Server 等数据源以及通过 OLE DB 和 XML 公开的数据源的一致访问。应用程序可以使用 ADO.NET 来连接到这些数据源，并检索、操作和更新数据。

ADO.NET 具有如下新特点：

(1) 断开式连接技术。在以往的数据库访问中，程序运行时总是保持与数据库的连接。而 ADO.NET 仅在对数据库操作时才打开对数据库的连接，数据被读入数据集之后在连接断开的情况下实现对数据在本地的操作。

(2) 数据集缓存技术。从数据源读取的数据在内存中的缓存为数据集（DataSet）。数据集就像一个虚拟的数据库，可以保存比记录集更丰富的结构，可以包括多个表、关系、约束等。数据库与数据集之间没有实际的关系，可以在非连接状态下对数据集进行操作，当对数据集执行完数据处理后，再连接数据库写入。

（3）更好的程序间共享。ADO.NET 使用 XML 为数据传输的媒质，只要处理数据的不同平台有 XML 分析程序，就可以实现不同平台之间的互操作性，从而提高了标准化程度。

（4）易维护性。使用 N 层架构分离业务逻辑与其他应用层次，易于增加其他层次。

（5）可编程性。ADO.NET 对象模型使用强类型数据，使程序更加简练易懂；提供了强大的输入环境，可编程性大大增强；使用了更好的封装，所以更容易实现数据共享。

（6）高性能与可扩展性。ADO.NET 使用强类型数据取得高性能，它鼓励程序员使用 Web 方式，由于数据保存在本地缓存中，所以不需要解决复杂的并发问题。

11.2 ADO.NET 核心组件

ADO.NET 的两个核心组件是.NET Framework 数据提供程序和 DataSet，如图 11-1 所示。

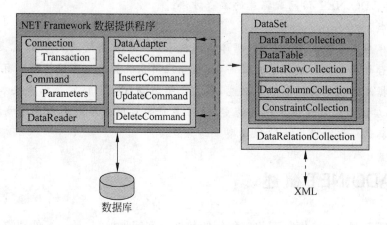

图 11-1 ADO.NET 结构

（1）.NET Framework 数据提供程序。

.NET Framework 数据提供程序用于连接数据库、执行命令和检索结果，可以直接处理检索到的结果，或将其放入 ADO.NET DataSet 对象，以便与来自多个源的数据组合在一起。

表 11-1 概括了组成 .NET Framework 数据提供程序的四个核心对象。

表 11-1 .NET Framework 数据提供程序的四个核心对象

对　象	说　明
Connection	建立与特定数据源的连接
Command	对数据源执行命令。公开 Parameters，并且可以从 Connection 的 Transaction 的范围内执行
DataReader	从数据源中读取只进且只读的数据流
DataAdapter	用数据源填充 DataSet 并解析更新

.NET Framework 数据提供程序在应用程序和数据源之间起着桥梁的作用。数据提供程序用于从数据源中检索数据并且使对该数据的更改与数据源保持一致。

表 11-2 列出了 .NET Framework 中包含的 .NET Framework 数据提供程序。

表 11-2 .NET Framework 中包含的 .NET Framework 数据提供程序

.NET Framework 数据 提供程序	说 明
SQL Server .NET Framework 数据 提供程序	对于 Microsoft SQL Server 7.0 版或更高版本，数据提供程序位于 System. Data. SqlClient 命名空间中；其核心对象类的前缀都是以 Sql 开头，例如： Connection 对象类为 SqlConnection
OLE DB .NET Framework 数据 提供程序	适合使用 OLE DB 公开的数据源，如 Access、Excel 等；位于 System. Data. OleDb 命名空间中；其核心对象类的前缀都是以 OleDb 开头，例如： Connection 对象类为 OleDbConnection
ODBC .NET Framework 数据 提供程序	适合使用 ODBC 公开的数据源；位于 System. Data. Odbc 命名空间中；其 核心对象类的前缀都是以 Odbc 开头，例如：Connection 对象类为 OdbcConnection
Oracle .NET Framework 数据 提供程序	适用于 Oracle 数据源，支持 Oracle 客户端软件 8.1.7 版和更高版本；位于 System. Data. OracleClient 命名空间中；其核心对象类的前缀都是以 Oracle 开头，例如：Connection 对象类为 OracleConnection

(2) DataSet。

DataSet 是支持 ADO.NET 的断开式、分布式数据方案的核心对象。DataSet 允许在无连接的高速缓存中存储和管理数据。DataSet 是数据的内存驻留表示形式，无论数据源是什么，它都会提供一致的关系编程模型。

DataSet 实现了独立于任何数据源的数据访问。因此，它可以用于多种不同的数据源，用于 XML 数据，或用于管理应用程序本地的数据。DataSet 包含一个或多个 DataTable 对象的集合，这些对象由数据行和数据列以及主键、外键、约束和有关 DataTable 对象中数据的关系信息组成。

11.2.1 Connection 对象

在 ADO.NET 中，可以使用 Connection 对象来连接到指定的数据源。若要连接到 Microsoft SQL Server 7.0 版或更高版本，使用 SQL Server .NET Framewark 数据提供程序的 SqlConnection 对象；若要使用用于 SQL Server 的 OLE DB 数据提供程序（SQL OLEDB）连接到 OLE DB 数据源或者连接到 Microsoft SQL Server 6. x 版或较早版本，使用 OLE DB .NET Framework 数据提供程序的 OleDbConnection 对象；若要连接到 ODBC 数据源，使用 ODBC .NET Framework 数据提供程序的 OdbcConnection 对象；若要连接到 Oracle 数据源，使用 Oracle .NET Framework 数据提供程序的 OracleConnection 对象。

Connection 提供了两种构造函数：

(1) new XxxConnection()：创建一个数据库连接。

(2) new XxxConnection(string ConnectionString)：创建一个数据库连接，ConnectionString 用于打开数据库连接的指定字符串。

【例 11-1】 创建并打开一个 OleDbConnection。

创建并打开一个 OleDbConnection 的代码如下：

```
using System.Data.OleDB;
public void CreateMyOleDbConnection()
{
    OleDbConnection myConnection;
    myConnection = new OleDbConnection("Provider = Microsoft.Jet.OLEDB.4.0;
            Data Source = mySampleDB.mdb");
    myConnection.Open();
}
```

Connection 对象常用的属性和方法见表 11-3。

表 11-3　Connection 对象常用的属性和方法

属　　性	说　　明
ConnectionString	获取或设置用于打开 SQL Server 数据库的字符串
ConnectionTimeout	获取在尝试建立连接时终止尝试并生成错误之前所等待的时间
Database	获取当前数据库或连接打开后要使用的数据库的名称
DataSource	对于 SQL Server 数据提供程序,代表要连接的 SQL Server 实例的名称;对于 OLE DB、ODBC 数据提供程序,代表数据源的服务器名或文件名;对于 Oracle 数据提供程序,代表要连接的 Oracle 服务器的名称
State	获取连接的当前状态

方　　法	说　　明
BeginTransaction	开始数据库事务
CreateCommand	创建并返回一个与该 Connection 关联的 Command 对象
Close	关闭与数据库的连接。这是关闭任何打开连接的首选方法
Open	使用 ConnectionString 所指定的属性设置打开数据库连接

Connection 对象使用 ConnectionString 属性连接到数据库。表 11-4 列出几种常见数据库 ConnectionString 的设置示例。

表 11-4　几种常见数据库 ConnectionString 的设置示例

数据库类型	.NET Framework 数据提供程序	ConnectionString 属性设置示例
SQL Server	SQL Server 数据提供程序	Server =.；DataBase = Northwind；user id = sa；password＝
Access	OLE DB 数据提供程序	Provider = Microsoft. Jet. OLEDB. 4.0；Data Source＝c:\ myAccessDB. mdb
Oracle	Oracle 数据提供程序	DataSource ＝ MyOraServer；user ＝ user1；password＝pwd1

只有在关闭连接时才能设置 ConnectionString 属性。许多连接字符串值都具有相应的只读属性。当设置连接字符串时,将更新所有这些属性(除非检测到错误)。检测到错误时,不会更新任何属性。

若要连接到本地机器,要将服务器指定为.或者 local(必须始终指定一个服务器)。

重置已关闭连接上的ConnectionString会重置包括密码在内的所有连接字符串值及其相关属性。例如,如果设置一个连接字符串,其中包含"Database＝Northwind",然后将该连接字符串重置为"Data Source＝Myserver;Integrated Security＝SSPI",则Database属性将不再设置为Northwind。

建立连接池可以显著地提高应用程序的性能和可缩放性。.NET Framework数据提供程序自动为ADO.NET客户端应用程序提供连接池。

连接池是为每个唯一的连接字符串创建的。当创建一个池后,将创建多个连接对象并将其添加到该池中,以满足最小池大小的要求。连接将根据需要添加到池中,直至达到最大池大小。

当请求SqlConnection对象时,如果存在可用的连接,则将从池中获取该对象。若要成为可用连接,该连接当前必须未被使用,具有匹配的事务上下文或者不与任何事务上下文相关联,并且具有与服务器的有效链接。

如果已达到最大池大小且不存在可用的连接,则该请求将会排队。当连接被释放回池中时,连接池管理程序通过重新分配连接来满足这些请求。

建议使用完Connection后及时将其关闭,以便连接可以返回到连接池中。可以使用Connection对象的Close或Dispose方法来关闭。不是显式关闭的连接可能不会添加或返回到连接池中。例如,如果连接已超出范围但没有显式关闭,则仅当达到最大池大小而该连接仍然有效时,该连接才会返回到连接池中。

11.2.2　Command对象

当建立与数据源的连接后,可以使用Command对象来执行命令并从数据源中返回结果。可以使用Command构造函数来创建命令,该构造函数采用在数据源、Connection对象和Transaction对象中执行的SQL语句的可选参数。也可以使用Connection的CreateCommand方法来创建用于特定Connection对象的命令。可以使用CommandText属性来查询和修改Command对象的SQL语句。

当Command对象用于存储过程时,可以将Command对象的CommandType属性设置为StoredProcedure,这样就可以使用Command的Parameters属性来访问输入、输出参数和返回值。当调用ExecuteReader时,在关闭DataReader之前,将无法访问输出参数和返回值。

Command对象公开了几种可用于执行所需操作的Execute方法。当以数据流的形式返回结果时,使用ExecuteReader可返回DataReader对象。使用ExecuteScalar可返回单个值。使用ExecuteNonQuery可执行不返回行的命令。

【例11-2】　设置Command对象的格式,以便从Northwind数据库中返回Categories的列表。

实现设置Command对象的格式的核心代码如下:

```
SqlCommand catCMD = new SqlCommand("SELECT categoryID, categoryName
        FROM Categories", nwindConn);
```

Command对象常用的属性和方法见表11-5。

表 11-5　Command 对象常用的属性和方法

属　　性	说　　明
CommandText	获取或设置要对数据源执行的 T-SQL 语句或存储过程名
CommandTimeout	获取或设置在终止执行命令的尝试并生成错误之前的等待时间
CommandType	默认值为 Text；当 CommandType 属性设置为 StoredProcedure 时，CommandText 属性应设置为存储过程的名称
Connection	为获取或设置 Command 的实例所使用
Parameters	T-SQL 语句或存储过程的参数。默认为"空集合"
方　　法	说　　明
Cancel	试图取消 SqlCommand 的执行
ExecuteNonQuery	对连接执行 T-SQL 语句并返回受影响的行数。常用于执行 T-SQL INSERT、DELELE、UPDATE 及 SET 语句等命令
ExecuteReader	将 CommandText 发送到 Connection 并生成一个 DataReader
ExecuteScalar	从数据库中检索单个值（例如一个聚合值），并返回查询所返回的结果集中的第 1 行第 1 列
ExecuteXmlReader	将 CommandText 发送到 Connection 并生成一个 XmlReader 对象

【例 11-3】 创建一个 SqlCommand 并设置它的一些属性。

创建一个 SqlCommand 并设置它的一些属性的核心代码如下：

```
using System. Data. SqlClient;
public void CreateMySqlCommand()
{
    SqlCommand myCommand = new SqlCommand();
    myCommand. CommandText = "SELECT * FROM Categories ORDER BY categoryID";
    myCommand. CommandTimeout = 15;          // 设置执行命令的超时时间
    myCommand. CommandType = CommandType. Text; // 命令类型为 SQL Text
}
```

【例 11-4】 利用 Command 对象调用存储过程。

利用 Command 对象调用存储过程的核心代码如下：

```
SqlConnection nwindConn = new SqlConnection("server = .;user id = sa;
                        password = ; database = Northwind");
SqlCommand salesCMD = new SqlCommand("SalesByCategory", nwindConn);
//指定存储过程
salesCMD. CommandType = CommandType. StoredProcedure;
//命令类型为 StoredProcedure
SqlParameter myParm = salesCMD. Parameters. Add("@CategoryName",
        SqlDbType. NVarChar, 15);          // 设置存储过程的参数
myParm. Value = "Beverages";              // 存储过程参数的值
nwindConn. Open();
SqlDataReader myReader = salesCMD. ExecuteReader();
Console. WriteLine("{0}, {1}", myReader. GetName(0), myReader. GetName(1));
while (myReader. Read())
{
    Console. WriteLine("{0}, $ {1}",myReader. GetString(0),
                        myReader. GetDecimal(1));
```

```
    }
myReader.Close();
nwindConn.Close();
```

【例 11-5】 使用 Count 聚合函数来返回表中的记录数。

使用 Count 聚合函数来返回表中的记录数的核心代码如下：

```
SqlCommand ordersCMD = new SqlCommand("SELECT Count( * ) FROM Orders",
                                                nwindConn);
Int32 count = (Int32)ordersCMD.ExecuteScalar();
//检索单个值,返回结果的第1行第1列
```

11.2.3　DataReader 对象

可以使用 ADO.NET DataReader 对象从数据库中检索只读、只向前进的数据流。查询结果在查询执行时返回,并存储在客户端的网络缓冲区中,直到使用 DataReader 的 Read 方法对它们发出请求。使用 DataReader 可以提高应用程序的性能,因为一旦数据可用,DataReader 就立即检索该数据,而不是等待返回查询的全部结果;并且在默认情况下,该方法一次只在内存中存储一行,从而降低了系统开销。

若要创建 DataReader,必须调用 Command 对象的 ExecuteReader 方法,而不直接使用构造函数。

当创建 Command 对象的实例后,可调用 Command.ExecuteReader 从数据源中检索行,从而创建一个 DataReader 对象,例如:

```
SqlDataReader myReader = myCommand.ExecuteReader();
```

使用 DataReader 对象的 Read 方法可从查询结果中获取行。通过向 DataReader 传递列的名称或序号引用,可以访问返回行的每一列。不过,为了实现最佳性能,DataReader 提供了一系列方法,它们能够访问其本机数据类型(GetDateTime、GetDouble、GetGuid、GetInt32 等)形式的列值。在基础数据类型为已知时,如果使用类型化访问器方法,将减少在检索列值时所需的类型转换量。

通过 DataReader 的附加属性 HasRows,能够确定在从 DataReader 读取之前它是否已经返回了查询结果。

【例 11-6】 循环访问一个 DataReader 对象,并从每行中返回两个列。

核心实现代码如下:

```
if (myReader.HasRows)
   while (myReader.Read())
Console.WriteLine("\t{0}\t{1}",myReader.GetInt32(0),myReader.GetString(1));
else
    Console.WriteLine("查询结果为空!");
myReader.Close();
```

DataReader 提供未缓冲的数据流,该数据流使过程逻辑可以有效地按顺序处理从数据源中返回的结果。由于数据不在内存中缓存,所以在检索大量数据时,DataReader 是一项合适的选择。

DataReader 对象常用的属性和方法见表 11-6。

表 11-6　DataReader 对象常用的属性和方法

属　　性	说　　明
FieldCount	获取当前行中的列数
HasRows	获取一个值,该值指示 DataReader 是否包含一行或多行
IsClosed	获取一个值,该值指示数据读取器是否已关闭

方　　法	说　　明
Close	关闭 DataReader 对象
GetBoolean	获取指定列的布尔值形式的值
GetByte	获取指定列的字节形式的值
GetChar	获取指定列的单个字符串形式的值
GetDateTime	获取指定列的 DateTime 对象形式的值
GetDecimal	获取指定列的 Decimal 对象形式的值
GetDouble	获取指定列的双精度浮点数形式的值
GetFieldType	获取指定对象的数据类型
GetFloat	获取指定列的单精度浮点数形式的值
GetInt32	获取指定列的 32 位有符号整数形式的值
GetInt64	获取指定列的 64 位有符号整数形式的值
GetName	获取指定列的名称
GetSchemaTable	返回一个 DataTable,它描述 SqlDataReader 的列元数据
GetSqlBoolean	获取指定列的 SqlBoolean 形式的值
GetString	获取指定列的字符串形式的值
GetValue	获取以本机格式表示的指定列的值
NextResult	当读取批处理 T-SQL 语句的结果时,使数据读取器前进到下一个结果
Read	使 SqlDataReader 前进到下一条记录。SqlDataReader 的默认位置在第一条记录前,因此,必须调用 Read 来开始访问任何数据

在某一时间,每个关联的 Connection 只能打开一个 DataReader,在上一个 DataReader 关闭之前,打开另一个 DataReader 的任何尝试都将失败。类似地,当在使用 DataReader 时,关联的 SqlConnection 正忙于为它提供服务,直到调用 Close 时为止。

【例 11-7】　创建一个 SqlConnection、一个 SqlCommand 和一个 SqlDataReader。该示例读取全部数据,并将这些数据写到控制台。最后,该示例先关闭 SqlDataReader,然后关闭 SqlConnection。

核心实现代码如下:

```
public void ReadMyData(string myConnString)
{
    string mySelectQuery = "SELECT OrderID, CustomerID FROM Orders";
    SqlConnection myConnection = new SqlConnection(myConnString);
    SqlCommand myCommand = new SqlCommand(mySelectQuery,myConnection);
    myConnection.Open();
    SqlDataReader myReader;
```

```
myReader = myCommand.ExecuteReader();
//当 DataReader 访问任何数据前,必须调用 Read 方法
while (myReader.Read())
{
    Console.WriteLine(myReader.GetInt32(0) + "," + myReader.GetString(1));
}
//数据读取完成时关闭 DataReader
myReader.Close();
//当访问数据库结束时关闭 Connection
myConnection.Close();
}
```

11.2.4　DataAdapter 对象

DataAdapter 对象用作 DataSet 和数据源之间的桥接器以便检索和保存数据。DataAdapter 通过 Fill(填充了 DataSet 中的数据以便与数据源中的数据相匹配)和 Update(更改了数据源中的数据以便与 DataSet 中的数据相匹配)来提供这一桥接器。

.NET Framework 所包含的每个 .NET Framework 数据提供程序都具有一个 DataAdapter 对象:OLE DB .NET Framework 数据提供程序包含 OleDbDataAdapter 对象,SQL Server .NET Framework 数据提供程序包含 SqlDataAdapter 对象,ODBC .NET Framework 数据提供程序包含 OdbcDataAdapter 对象。DataAdapter 对象用于从数据源中检索数据并填充 DataSet 中的表。DataAdapter 还会将对 DataSet 作出的更改解析回数据源。DataAdapter 使用 .NET Framework 数据提供程序的 Connection 对象连接到数据源,使用 Command 对象从数据源中检索数据并将更改解析回数据源。

DataAdapter 的 Fill 方法用于使用 DataAdapter 的 SelectCommand 的结果来填充 DataSet。Fill 将要填充的 DataSet 和 DataTable 对象(或要使用从 SelectCommand 中返回的行来填充的 DataTable 的名称)用作它的参数。Fill 方法使用 DataReader 对象来隐式地返回用于在 DataSet 中创建表的列名称和类型以及用来填充 DataSet 中的表行的数据。表和列仅在不存在时才创建;否则,Fill 将使用现有的 DataSet 架构。

【例 11-8】　创建 DataAdapter 的一个实例,该实例使用与 Microsoft SQL Server Northwind 数据库的 Connection 并使用客户列表来填充 DataSet 中的 DataTable。向 DataAdapter 构造函数传递的 SQL 语句和 Connection 参数用于创建 DataAdapter 的 SelectCommand 属性。

核心实现代码如下:

```
SqlConnection nwindConn = new SqlConnection("Server = .;
            database = Northwind; user id = sa;password = ;");
SqlCommand selectCMD = new SqlCommand("SELECT CustomerID,
            CompanyName FROM  Customers", nwindConn);
selectCMD.CommandTimeout = 30;
SqlDataAdapter custDA = new SqlDataAdapter();
custDA.SelectCommand = selectCMD;
nwindConn.Open();
DataSet custDS = new DataSet();
custDA.Fill(custDS, "Customers");
```

```
//使用 DataAdapter 的 SelectCommand 的结果来填充 DataSet
nwindConn.Close();
```

DataAdapter 的 Update 方法可调用来将 DataSet 中的更改解析回数据源。与 Fill 方法类似，Update 方法将 DataSet 的实例和可选的 DataTable 对象或 DataTable 名称用作参数。DataSet 实例是包含已作出的更改的 DataSet，而 DataTable 标识从其中检索更改的表。

当调用 Update 方法时，DataAdapter 将分析已作出的更改并执行相应的命令（INSERT、UPDATE 或 DELETE）。当 DataAdapter 遇到对 DataRow 的更改时，它将使用 InsertCommand、UpdateCommand 或 DeleteCommand 来处理该更改。这样，就可以通过在设计时指定命令语法并在可能时通过使用存储过程来尽量提高 ADO.NET 应用程序的性能。在调用 Update 之前，必须显式地设置这些命令。如果调用了 Update 但不存在用于特定更新的相应命令（例如，不存在用于已删除行的 DeleteCommand），则将引发异常。

【例 11-9】　通过显式设置 DataAdapter 的 UpdateCommand 来执行对已修改行的更新。注意，在 UPDATE 语句的 WHERE 子句中指定的参数设置为使用 SourceColumn 的 Original 值。这一点很重要，因为 Current 值可能已被修改，并且可能不匹配数据源中的值。Original 值是曾用来从数据源填充 DataTable 的值。

核心实现代码如下：

```
SqlDataAdapter catDA = new SqlDataAdapter("SELECT CategoryID,
                CategoryName  FROM Categories", nwindConn);
catDA.UpdateCommand = new SqlCommand("UPDATE Categories SET CategoryName
    = @CategoryName " + "WHERE CategoryID = @CategoryID" , nwindConn);
//显式设置 DataAdapter 的 UpdateCommand
catDA.UpdateCommand.Parameters.Add("@CategoryName", SqlDbType.NVarChar,
                15, "CategoryName");
SqlParameter workParm = catDA.UpdateCommand.Parameters.Add
                ("@CategoryID",SqlDbType.Int);
workParm.SourceColumn = "CategoryID";
workParm.SourceVersion = DataRowVersion.Original;
//设置 Update 语句中 Where 子句的参数
DataSet catDS = new DataSet();
catDA.Fill(catDS, "Categories");            //填充 DataSet
DataRow cRow = catDS.Tables["Categories"].Rows[0];
cRow["CategoryName"] = "New Category";
catDA.Update(catDS);                        //调用 DataAdapter 的 Update 方法更新数据源
```

DataAdapter 具有四项用于从数据源检索数据和向数据源更新数据的属性。SelectCommand 属性从数据源中返回数据。InsertCommand、UpdateCommand 和 DeleteCommand 属性用于管理数据源中的更改。在调用 DataAdapter 的 Fill 方法之前，必须设置 SelectCommand 属性。根据对 DataSet 中的数据作出的更改，在调用 DataAdapter 的 Update 方法之前，必须设置 InsertCommand、UpdateCommand 或 DeleteCommand 属性。例如，如果已添加行，在调用 Update 之前必须设置 InsertCommand。当 Update 处理已插入、更新或删除的行时，DataAdapter 将使用相应的 Command 属性来处理该操作。有关已修改行的当前信息将通过 Parameters 集合传递到 Command 对象。

例如，当更新数据源中的行时，将调用 UPDATE 语句，它使用唯一标识符来表示该表中要更新的行。该唯一标识符通常是主键字段的值。UPDATE 语句使用既包含唯一标识符又包含要更新的列和值的参数,例如以下 SQL 语句所示:

```
UPDATE Customers SET CompanyName = @CompanyName
WHERE CustomerID = @CustomerID
```

在该示例中,CompanyName 字段使用其中 CustomerID 等于@CustomerID 参数值的行的 @ CompanyName 参数的值来进行更新。这些参数使用 Parameter 对象的 SourceColumn 属性从已修改的行中检索相关信息。下面是上一示例 UPDATE 语句的参数:

```
custDA.Parameters.Add("@CompanyName",
            SqlDbType.NChar, 15, "CompanyName")
Dim myParm As SqlParameter = custDA.UpdateCommand.Parameters.Add
            ("@CustomerID",_SqlDbType.NChar, 5, "CustomerID")
myParm.SourceVersion = DataRowVersion.Original
```

Parameters 集合的 Add 方法采用参数的名称、DataAdapter 特定类型、大小(如果可应用于该类型)以及 DataTable 中 SourceColumn 的名称。如果没有为@CompanyName 参数设置 SourceVersion,而将使用默认的 Current 行值。

【例 11-10】　显示要用作 DataAdapter 的 SelectCommand、InsertCommand、UpdateCommand 和 DeleteCommand 属性的 CommandText 的示例 SQL 语句。

核心实现代码如下:

```
string selectSQL = "SELECT CustomerID, CompanyName FROM Customers
                    WHERE   Country = @Country AND City = @City";
string insertSQL = "INSERT INTO Customers (CustomerID, CompanyName)"
                    + "VALUES (@CustomerID, @CompanyName)";
string updateSQL = "UPDATE Customers SET CustomerID = @CustomerID,
CompanyName = @CompanyName " + "WHERE CustomerID = @OldCustomerID";
string deleteSQL = "DELETE FROM Customers WHERE CustomerID = @CustomerID";
```

对于 OleDbDataAdapter 对象和 OdbcDataAdapter 对象,必须使用问号"?"占位符来标识参数。对于 SqlDataAdapter 对象,必须使用命名参数。

参数化查询语句定义将需要创建哪些输入和输出参数。若要创建参数,使用 Parameters.Add 方法或 Parameter 构造函数来指定列名称、数据类型和大小。对于内部数据类型(如 Integer),无须包含大小或者可以指定默认值大小。

【例 11-11】　为例 11-10 中的 SQL 语句创建参数并填充 DataSet。

核心实现代码如下:

```
SqlConnection nwindConn = new SqlConnection ("Server = .;database = Northwind;user id = sa;
                                        password = ;");
SqlDataAdapter custDA = new SqlDataAdapter();
SqlCommand selectCMD = new SqlCommand(selectSQL,·nwindConn);
custDA.SelectCommand = selectCMD;
//添加参数并设置参数的值
selectCMD.Parameters.Add("@Country",SqlDbType.NVarChar,15).Value = "UK";
selectCMD.Parameters.Add("@City",
```

```
                SqlDbType.NVarChar,15).Value = "London";
        DataSet custDS = new DataSet();
        custDA.Fill(custDS, "Customers");
```

除了输入和输出参数之外,存储过程还可以具有返回值。要确定 ADO.NET 如何发送和接收输入参数、输出参数和返回值,其中采用了这样一种常见方案:将新记录插入其中主键列是自动编号字段的表。该示例使用输出参数来返回自动编号字段的 @@Identity,而 DataAdapter 则将其绑定到 DataTable 的列,使 DataSet 反映所生成的主键值。

【例 11-12】 使用存储过程将新目录插入 Northwind Categories 表(该表将 CategoryName 列中的值当作输入参数),从 @@Identity 中以输出参数的形式返回自动编号字段 CategoryID 的值,并提供所影响行数的返回值。

存储过程的实现代码如下:

```
CREATE PROCEDURE InsertCategory
    @CategoryName nchar(15),
    @Identity int OUT
AS
    INSERT INTO Categories (CategoryName) VALUES(@CategoryName)
    SET @Identity = @@Identity
RETURN @@ROWCOUNT
```

以上存储过程可以先在 Microsoft SQL Server 自带的"查询分析器"中进行测试,在"查询分析器"中输入以下命令进行测试:

```
DECLARE  @RC int
DECLARE  @Identity int
EXEC  @RC = InsertCategory "Category001", @Identity  OUTPUT
PRINT  @Identity
```

【例 11-13】 将 InsertCategory 存储过程用作 DataAdapter 的 InsertCommand 的数据源。通过将 CategoryID 列指定为 @Identity 输出参数的 SourceColumn,当调用 DataAdapter 的 Update 方法时,所生成的自动编号值将在该记录插入数据库后在 DataSet 中得到反映。

对于 OleDbDataAdapter,必须在指定其他参数之前先指定 ParameterDirection 为 ReturnValue 的参数。核心实现代码如下:

```
SqlConnection nwindConn = new SqlConnection("Server = .;database = Northwind;
                            user id = sa;password = ;");
SqlDataAdapter catDA = new SqlDataAdapter("SELECT CategoryID, CategoryName
                            FROM Categories", nwindConn);
//设置 DataAdapter 的 InsertCommand 属性值,命令类型设置为 StoredProcedure
catDA.InsertCommand = new SqlCommand("InsertCategory", nwindConn);
catDA.InsertCommand.CommandType = CommandType.StoredProcedure;
//设置 DataAdapter 的参数@RowCount
SqlParameter myParm = catDA.InsertCommand.Parameters.Add("@RowCount",
                            SqlDbType.Int);
myParm.Direction = ParameterDirection.ReturnValue;
//设置 DataAdapter 的参数@ CategoryName
```

```
catDA.InsertCommand.Parameters.Add("@CategoryName", SqlDbType.NChar, 15,
                        "CategoryName");
//设置 DataAdapter 的参数@ Identity
myParm = catDA.InsertCommand.Parameters.Add("@Identity",SqlDbType.Int,0,
                        "CategoryID");
myParm.Direction = ParameterDirection.Output;
//定义并填充 DataSet
DataSet catDS = new DataSet();
catDA.Fill(catDS, "Categories");
//在 DataSet 中添加新的一行记录
DataRow newRow = catDS.Tables["Categories"].NewRow();
newRow["CategoryName"] = "New Category";
catDS.Tables["Categories"].Rows.Add(newRow);
//将 DataSet 中的新记录通过 DataAdapter 更新到数据源
catDA.Update(catDS, "Categories");
//获取 DataAdapter 调用存储过程后返回的参数值
Int32 rowCount = (Int32)catDA.InsertCommand.
                        Parameters["@RowCount"].Value;
```

DataAdapter 对象常用的属性和方法见表 11-7 所示。

表 11-7　DataAdapter 对象常用的属性和方法

属　　性	说　　明
DeleteCommand	获取或设置一个 T-SQL 语句或存储过程,以便在数据集中删除记录
InsertCommand	获取或设置一个 T-SQL 语句或存储过程,以便在数据源中插入新记录
IsClosed	获取一个值,该值指示数据读取器是否已关闭
SelectCommand	获取或设置一个 T-SQL 语句或存储过程,用于在数据源中选择记录
TableMappings	获取一个集合,它提供源表和 DataTable 之间的主映射
UpdateCommand	获取或设置一个 T-SQL 语句或存储过程,用于更新数据源中的记录
方　　法	说　　明
Fill	在 DataSet 中添加或刷新行以便匹配使用 DataSet 名称的数据源中的行,并创建一个名为"Table"的 DataTable
Update	为 DataSet 中每个已插入、已更新或已删除的行调用相应的 INSERT、UPDATE 或 DELETE 语句

11.2.5　DataSet 对象

　　DataSet 对象是支持 ADO.NET 的断开式、分布式数据方案的核心对象。DataSet 是数据的内存驻留表示形式,无论数据源是什么,它都会提供一致的关系编程模型。它可以用于多个不同的数据源,用于 XML 数据,或用于管理应用程序本地的数据。DataSet 表示包括相关表、约束和表间关系在内的整个数据集。图 11-2 是 DataSet 对象模型。

　　ADO.NET DataSet 是一种驻留内存的数据缓存,它可以作为数据的无连接关系视图。当应用程序查看和操作 DataSet 中的数据时,DataSet 没有必要与数据源一直保持连接状态。只有在从数据源读取或向数据源写入数据时才使用数据库服务器资源,数据集存储数

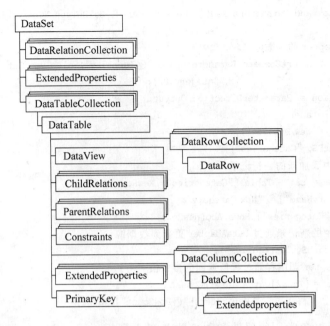

图 11-2　DataSet 对象模型

据类似于关系数据库，它们都使用具有层次关系的表、行、列的对象模型，还可以为数据集中的数据定义约束和关系。

（1）DataTable 对象用来表示 DataSet 中的表。

一个 DataTable 代表一张内存中关系数据的表，在一个 DataSet 中可以有多个 DataTable，一个 DataTable 由多个 DataColumn 组成。DataTable 中的数据可以从已有的数据源中导入数据来填充 DataTable，这些数据对于驻留于内存的 .NET 应用程序来说是本地数据。

DataColumn 用于创建 DataTable 的数据列。每个 DataColumn 都有一个 DataType 属性，该属性确定 DataColumn 中数据的类型。

DataTable 对象包含了一些集合，这些集合描述了表中的数据并在内存中缓存这些数据。表 11-8 描述了 Data Table 的一些重要的集合。

表 11-8　DataTable 对象包含的重要集合

集　　合	集合中对象的类型	集合中对象的描述
Columns	DataColumn	包含表中列的数据元素，例如列名、数据类型，以及数据行在这个列中是否能包含空值
Rows	DataRow	包含表中的一行数据。在应用程序对原始数据做出任何更改之前，DataRow 对象也维护行中原始数据
Constraints	Constraint	表示在一个或多个 DataColumn 对象上的约束。约束是抽象类，它有两个子类：Unique 和 ForeignKeyConstraint
ChildRelation	DataRelation	表示与 DataSet 中另一个表中的列的关系。使用 DataRelation 对象在表中的主键和外键之间创建连接

DataSet 对象常用的属性和方法如表 11-9 所示。

表 11-9　DataSet 对象常用的属性和方法

属　　性	说　　明
CaseSensitive	获取或设置一个值,该值指示 DataTable 对象中的字符串比较是否区分大小写
DataSetName	获取或设置当前 DataSet 的名称
Relations	获取用于将表链接起来并允许从父表浏览到子表的关系的集合
Tables	获取包含在 DataSet 中的表的集合 DataTableCollection

方　　法	说　　明
Clear	通过移除所有表中的所有行来清除任何数据
Clone	复制 DataSet 的结构,包括所有 DataTable 架构、关系和约束。但是不复制任何数据
Copy	复制该 DataSet 的结构和数据
HasChanges	获取一个值,该值指示 DataSet 是否有更改,包括新增行、已删除的行或已修改的行
ReadXml	将 XML 架构和数据读入 DataSet
GetXml	返回存储在 DataSet 中的数据的 XML 表示形式

　　DataTale 作为 ADO.NET 库中的核心对象,代表 DataSet 里的一个表,可以独立创建和使用 DataTable,也可以将其作为 DataSet 的成员,DataTable 对象也可以与其他 .NET Framework 对象(包括 DatavView)一起使用,还可以通过 DataSet 对象的 Table 属性来访问 DataSet 中表的集合。

　　下面是创建一个 DataTable 对象的示例,并添加到 DataSet 中。

```
DataSet dsNorthwind = new DataSet("Northwind");
DataTable  tbCustomers = new DataTable("Customers");
dsNorthwind.Tables.Add(tbCustomers);
```

或

```
dt = dsNorthwind.Tables.Add("Customers");
```

　　在创建 DataTable 时,它没有一个结构,要定义表的结构。数据表的结构由列和约束表示。如果数据表是用数据适配器的 Fill 方法或 FillSchema 方法创建的,那么列集合将自动生成;否则,必须创建 DataColumn 对象并将其添加到 DataTable 的 Column 集合中。使用 DataColumn 对象以及 ForeiginKeyConstraint 和 UniqueConstraint 对象定义 DataTable 的结构。表中列可以映射到数据源中的列,包含从表达式计算所得的值,自动递增的值或主键值。

　　【例 11-14】　以下示例创建 DataTable,包含列 CompanyID、CompanyName、num、total,其中 total＝num ＊ 2.1。

　　核心实现代码如下:

```
DataTable dtCustomers = new DataTable("Customers");
DataColumn col1,col2,col3,col4;
DataColumn  col1 = dtCustomers.Columns.Add("CompanyID");
```

```
col2 = new DataColumn("CompanyName");
col3 = new DataColumn("num",typeof(int));
col4 = new DataColumn("total",typeof(int),"num * 2.1");
col5 = new DataColumn();
dtCustomers.Columns.Add(col2);
dtCustomers.Columns.Add(col3);
dtCustomers.Columns.Add(col4);
dtCustomers.Columns.Add(col5);
```

DataTable 还必须具有行，DataRow 类表示表中包含的实际数据，DataTable 的 Rows 属性返回 DataRowCollection 类型的值，该集合对象包含对表中每一行的 DataRow 类型的值。

在 DataSet 中创建 DataTable 之后，就可以像对数据库中的表那样对 DataTable 执行操作，如添加、查看、编辑和删除数据，监视错误和事件以及查询数据。

若要向 DataTable 添加一个新行，首先声明一个 DataRow 类型的变量。当调用 NewRow 方法时会返回一个新的 DataRow 对象，然后 DataTable 根据 DataColumnCollection 定义的表结构来创建 DataRow 对象，实现代码如下：

```
DataRow dr = dtCustomers.NewRow();
```

向 DataTable 添加新行之后，可以使用索引或列名来操作新行，实现代码如下：

```
dr[0] = 12;
dr[1] = "Smith";
```

或：

```
dr["CompanyID"] = 12;
dr["CompanyName"] = "Smith";
```

在数据插入新行后，使用 Add 方法将该行添加到 DataRowCollection 中，实现代码如下：

```
dtCustomers.Rows.Add(dr);
```

也可以通过将一个 Object 类型的数组传递给 Add 方法来创建一个新行，实现代码如下：

```
dtCustomers.Rows.Add(New Object(){12, "Smith"};
```

DataRow 类为了在编辑数据时挂起和恢复数据行的状态提供了 3 种方法：BeginEdit、EndEdit 和 CancelEdit 方法，当编辑数据时，调用 BeginEdit 可以挂起任何事件或异常；使用 Items 集合指定要修改的数据的列名和新值；使用 EndEdit 重新恢复任何事件或异常；使用 CancelEdit 可以回退任何更改和重新激活任何事件或异常。

对记录的更改实际上就是对字段值直接赋值来进行更改，例如修改第 3 行的数据记录，实现代码如下：

```
DataRow dr = dtCustomers.Row[3];
dr.BeginEdit();
```

```
dr["CompanyID"] = 12;
dr["CompanyName"] = "Smith";
dr.EndEdit();
```

在 DataSet 中,可以使用表中的一个和多个相关的列来创建表与表之间的父子关系。DataTable 对象之间的关系使用 DataRelation 来创建。然后,DataRelation 对象可以返回某个特定行的相关子行或父行。

【例 11-15】　下面的示例假定在数据集中存在两个 DataTable 对象。每个数据表都有一列名为 CustID,作为两个表之间的连接。

核心实现代码如下:

```
DataSet ds = new DataSet("CustomerOrders");
ds.Relations.Add("CustOrders",ds.Tables["Customers"].Columns["CustID"],
        ds.Tables["Orders"].Columns["CustID"]);
```

或者

```
dr = new DataRelation("CustOrders",
        ds.Tables["Customers"].Columns["CustID"],
        ds.Tables["Orders"].Columns["CustID"]);
ds.Relations.Add(dr)
```

该例给 DataSet 对象的 Relation 集合添加了一个 DataRelation 对象。第一个自变量(CustOrders)指定了这个关系的名称,第二个和第三个自变量是将两个表连接起来的DataColumn 对象。

如果定义基于多列的关系,可以使用能够接受 DataColumn 对象数组的 DataRelation的构造函数。建立关系的实现代码如下:

```
//创建一个新的 DataSet 并添加 DataTable 和 DataColumn 对象
DataSet ds = new DataSet();
DataTable tbparent, tbChild;
//创建引用 DataColumn 对象的数组
DataColumn[]colsParent,colChild;
tblParent = ds.Table["ParentTable"]
colsParent = new DataColumn[]{tblParent.Columns["ParentColumn1"],
tblParent.Columns["ParentColumn2"]};
tblChild = ds.Tables["ChildTable"];
colsChild = new DataColumn[]{tblchild.Columns["ChildColumn1"], tblchild.
Columns["ChildColumn1"]};
//创建新的 DataRelation
DataRelation rel;
Rel = new DataRelation("MultipleColumns",colsParent,colsChild);
ds.Relations.add(Rel);
```

(2) DataView 对象类似于 SQL Server 中的视图。

它表示 DataTable 中数据子集的对象。DataView 对象作为 DataTable 的上一层,提供经过筛选和排序后的表内容视图,通过该功能可以将两个控件与同一个 DataTable 绑定,但显示不同的版本数据。

DataView 提供了用于排序和过滤 DataTable 数据表示的方法。视图的排序是基于特定列上的值进行的。在设定一个 Dataview 上的排序标准后,所有行都可以按照指定的顺序访问。所以如果数据视图被用来为用户表示数据,它将以排好的顺序出现。该属性值是一个字符串,它包含列,后跟 ASC(升序)或 DESC(降序排列)。在默认情况下按升序排列,多个列可以用逗号隔开。例如:

```
dv = new DataView(dsNorthwind.Customers);
dv.Sort = "CustomerID ASC"
```

除了对 DataView 里的数据进行排序外,还可以过滤掉一些记录,只显示那些符合标准的行。有两种方法可以过滤 Dataview 里的行:一种是基于行中的值,另一种是基于行数据的版本。把 RowFilter 属性设置为一个 Boolean 表达式(该表达式可对每行求值),就可以基于值过滤 DataView 里的记录了。只有那些符合标准的行才能在视图里可见。

RowFilter 属性值是一个指定的过滤方式的字符串,该字符串以一个表达式的形式出现,实现代码如下:

```
dv = new DataView(dsNorthwind.Customers);
dataView1.RowFilter = "CustomerID > 2"
```

设置过滤表达式可以使用布尔运算 AND、OR、NOT 和关系运算符,例如:

```
"LastName = 'Simith' AND FirstName = 'Jones'"
```

在 LIKE 比较中,＊和％两者可以互换作为通配符。但在字符串的中间不允许使用通配符。如 tx＊e,实现代码如下:

```
"ItemName LIKE '＊product'"
"ItemName LIKE '％product'"
```

父子关系引用,可以通过在列名称前面加一个 Child.,就可以在表达式中引用子表中的列。例如 Child.Price 将引用子表中列名为 Price 的列。也可以通过在列名称加 Parent 引用父表。如 Parent.LastName 表示在子表中引用了父表的列 LastName。如果某表不止两个表,则引用子表的方法为 Child(RelationName)。例如,表 Orders 和表 Order Details 建立关系 OrdersOrderDetails,Orders 为父表,OrderDetails 为子表,若在父表中引用子表中的 Quantity 列,其方法为:

```
Child(OrdersOrderDetails).Quantity
```

Find 方法按指定的主关键字值在 DataView 中查找一个或多个数据行,如果要根据其他列值来查找数据,应该使用 RowFilter 属性来实现。

查找 Customers 表中 CustomerID 为 5 的记录所在行,实现代码如下:

```
int  i;
dv = new DataView(dsNorthwind.Customers);
dv.Sort = "CustomerID ASC";
i = dv.Find(5);
```

11.3 常用服务器端数据访问

ASP.NET 包含数据访问工具,利用这些工具,可以比以前任何时候都方便地设计站点,以允许用户通过 Web 页与数据库进行交互。

11.3.1 访问基于 SQL 的数据

应用程序一般需要对 SQL 数据库执行一个或多个选择、插入、更新或删除查询。表 11-10 显示上述每个查询的示例。

表 11-10 SQL 查询示例

查　　询	示　　例
简单选择	SELECT ＊ FROM Employees WHERE FirstName ＝ 'Bradley';
连接选择	SELECT ＊ FROM Employees E, Managers M WHERE E. FirstName ＝ M. FirstName;
插入	INSERT into Employees VALUES ('123－45－6789','Bradley','Millington', 'Program Manager');
更新	UPDATE Employees SET Title ＝ 'Development Lead' WHERE FirstName ＝ 'Bradley';
删除	DELETE FROM Employees WHERE Productivity ＜ 10;

为了使页能够访问执行 SQL 数据访问所需的类,必须将 System. Data 和 System. Data. SqlClient 命名空间导入到页中,实现代码如下:

```
<% @ Import Namespace = "System.Data" %>
<% @ Import Namespace = "System.Data.SqlClient" %>
```

若要对 SQL 数据库执行选择查询,需要创建连接数据库的 SqlConnection,传递连接字符串,然后构造包含查询语句的 SqlDataAdapter 对象。若要用查询结果填充 DataSet 对象,调用 DataAdapter 的 Fill 方法。

将 SqlDataAdapter 的查询结果填充 DataSet 对象示例,其实现代码如下:

```
SqlConnection myConnection = new SqlConnection("server = .;database = pubs;
            Trusted_Connection = yes");
SqlDataAdapter myDa = new SqlDataAdapter("SELECT ＊ FROM Authors",
            myConnection);
DataSet ds = new DataSet();
myDa.Fill(ds, "Authors");
```

正如 11.2 节所提到的,使用数据集的好处是它提供了断开连接的数据库视图。可以在应用程序中操作数据集,然后协调和更改实际的数据库。对于长期运行的应用程序,这通常是最好的方法。对于 Web 应用程序,通常对每个请求执行短操作(一般只是显示数据)。通常不需要在一系列请求间保持 DataSet 对象。对于这类情况,可以使用 SqlDataReader。

SqlDataReader 对从 SQL 数据库检索的数据仅提供向前的只读指针。若要使用

SqlDataReader，要声明 SqlCommand 而不是 SqlDataAdapter。SqlCommand 公开返回 SqlDataReader 的 ExecuteReader 方法。还要注意，当使用 SqlCommand 时，必须显式打开和关闭 SqlConnection。调用 ExecuteReader 后，SqlDataReader 可以绑定到 ASP.NET 服务器控件。

调用 SqlCommand 的 ExecuteReader 方法示例，其实现代码如下：

```
SqlConnection myConnection = new SqlConnection("server = .;database = pubs;
               Trusted_Connection = yes");
SqlCommand myCommand = new SqlCommand("SELECT * FROM Authors",
               myConnection);
myConnection.Open();
SqlDataReader dr = myCommand.ExecuteReader();
…
myConnection.Close();
```

当执行不要求返回数据的命令（如插入、更新和删除）时，也使用 SqlCommand。该命令通过调用 ExecuteNonQuery 方法发出，而该方法返回受影响的行数。注意当使用 SqlCommand 时，必须显式打开连接；而 SqlDataAdapter 则能够自动处理如何打开连接。

使用 SqlCommand 的 ExecuteNonQuery 方法示例，其实现代码如下：

```
SqlConnection myConnection = new SqlConnection("server = .;database = pubs;
            Trusted_Connection = yes");
SqlCommand myCommand = new SqlCommand("UPDATE Authors SET
            phone = '(800)555 - 5555'
            WHERE au_id = '123 - 45 - 6789'", myConnection);
myCommand.Connection.Open();
myCommand.ExecuteNonQuery();
myCommand.Connection.Close();
```

始终需要记住在页完成执行之前关闭与数据库的连接。如果不关闭连接，则可能会在等待页实例被垃圾回收处理期间不经意地超过连接限制。

11.3.2 将 SQL 数据绑定到 DataGrid

与 DropDownList 一样，DataGrid 控件也支持 DataSource 属性。DataGrid 的 DataSource 属性除了采用 DataSet 外，还采用 IEnumerable 或 ICollection。可以通过将 DataSet 中包含表的 DefaultView 属性分配给 DataGrid 的 DataSource 属性。DefaultView 属性表示 DataSet 中表的当前状态，包括应用程序代码所做的任何更改（例如，行删除或值更改）。设置 DataSource 属性后，调用 DataBind() 填充控件，实现代码如下：

```
MyDataGrid.DataSource = ds.Tables["Authors"].DefaultView;
MyDataGrid.DataBind();
```

替换语法是同时指定 DataSource 和 DataMember。这种情况下，ASP.NET 自动将获取 DefaultView，实现代码如下：

```
MyDataGrid.DataSource = ds;
MyDataGrid.DataMember = "Authors";
```

```
MyDataGrid.DataBind();
```

还可以直接绑定到 SqlDataReader。这种情况下只显示数据，因此 SqlDataReader 的仅向前特性非常适合此方案。

【例 11-16】 显示一个绑定到 DataGrid 控件的简单选择查询。DataGrid 呈现包含 SQL 数据的表。运行效果如图 11-3 所示。

图 11-3 绑定到 DataGrid 控件的简单选择查询

CH11-16.aspx 文件的实现代码如下：

```
//程序名称: CH11 - 16.aspx
< % @ Page language = "c # "
        Codebehind = "CH11 - 16.aspx.cs" AutoEventWireup = "false"
        Inherits = "CH11.WebForm1" % >
< HTML >
  < body MS_POSITIONING = "GridLayout">
    < h3 >< font face = "宋体">DataGrid 控件的简单选择</font ></h3 >
    < ASP:DataGrid id = "MyDataGrid" runat = "server" Width = "700" BackColor =
      " # ccccff" BorderColor = "black" ShowFooter = "false" CellPadding = "3"
      CellSpacing = "0" Font - Name = "宋体"
      Font - Size = "8pt" HeaderStyle - BackColor =
      " # aaaadd" EnableViewState = "false" />
  </body >
</HTML >
```

在 CH11-16.aspx.cs 文件中的 Page_Load 方法中，输入如下代码：

```
//程序名称: CH11 - 16.aspx.cs
using System;
using System.Collections;
using System.ComponentModel;
using System.Data;
```

```
using System.Drawing;
using System.Web;
using System.Web.SessionState;
using System.Web.UI;
using System.Web.UI.WebControls;
using System.Web.UI.HtmlControls;
using System.Data.SqlClient;
namespace CH11
{
//<summary>
//WebForm1 的摘要说明
//</summary>
public class WebForm1 : System.Web.UI.Page
{
    protected System.Web.UI.WebControls.DataGrid MyDataGrid;
    private void Page_Load(object sender, System.EventArgs e)
    {
        //在此处放置用户代码以初始化页面
        SqlConnection myConnection = new SqlConnection("server = .;
                database = pubs;Trusted_Connection = yes");
        SqlDataAdapter myCommand = new SqlDataAdapter("SELECT * FROM
                Authors", myConnection);
        DataSet ds = new DataSet();
        myCommand.Fill(ds, "Authors");
        MyDataGrid.DataSource = ds.Tables["Authors"].DefaultView;
        MyDataGrid.DataBind();
    }
  }
}
```

11.3.3　执行参数化选择

可以使用 SqlDataAdapter 对象执行参数化选择。SqlDataAdapter 维护一个可用于用值替换变量标识符(由名称前的"@"表示)的 Parameters 集合。在该集合中添加一个指定参数的名称、类型和大小的新 SqlParameter,然后将它的 Value 属性设置为选择的值,实现代码如下:

```
myCommand.SelectCommand.Parameters.Add(new SqlParameter("@State",
                SqlDbType.NVarChar, 2));
myCommand.SelectCommand.Parameters["@State"].Value = MySelect.Value;
```

注意:DataGrid 的 EnableViewState 属性已设置为 false。如果每个请求中都要填充数据,让 DataGrid 存储将通过往返行程由窗体发送来的状态信息没有好处。因为 DataGrid 在维护状态时存储其所有数据,适当时将其关闭,这样可以提高页面性能。

【例 11-17】　下面的示例显示执行参数化选择。运行效果如图 11-4 所示。
CH11-17.aspx 文件的实现代码如下:

```
//程序名称: CH11-17.aspx
<%@ Page language = "c#" Codebehind = "CH11-17.aspx.cs"
```

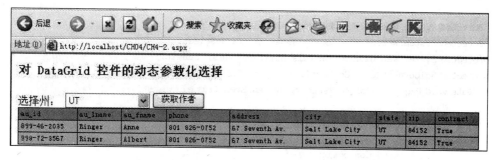

图 11-4 执行参数化选择

```
                       AutoEventWireup = "false"   Inherits = "CH11.CH11_17" %>
< HTML >
   < body MS_POSITIONING = "GridLayout">
     < form runat = "server" ID = "Form1">
      < h3 >< font face = "宋体">对 DataGrid 控件的动态参数化选择</font ></h3 >
        选择州：
      < SELECT id = "MySelect" DataTextField = "State" runat = "server" NAME =
                "MySelect" style = "WIDTH: 128px"></select >
      < input type = "submit" OnServerClick = "GetAuthors_Click"
          Value = "获取作者" runat = "server" ID = "Submit1" NAME = "Submit1">
      < ASP:DataGrid id = "MyDataGrid" runat = "server" Width = "700" BackColor =
          " # ccccff" BorderColor = "black" ShowFooter = "false"
          CellPadding = "3"   CellSpacing = "0" Font – Name = "宋体"
          Font – Size = "8pt" HeaderStyle – BackColor =
          " # aaaadd"   EnableViewState = "false" />
     </form >
   </body >
</HTML >
```

CH11-17.aspx.cs 的代码如下：

```
//程序名称：CH11 – 17.aspx.cs
using System;
using System.Collections;
using System.ComponentModel;
using System.Data;
using System.Drawing;
using System.Web;
using System.Web.SessionState;
using System.Web.UI;
using System.Web.UI.WebControls;
using System.Web.UI.HtmlControls;
using System.Data.SqlClient;
namespace CH11
{
//< summary >
//CH11 – 17 的摘要说明
//</ summary >
public class CH11 – 17 : System.Web.UI.Page
```

```
{
protected System.Web.UI.WebControls.DataGrid MyDataGrid;
protected System.Web.UI.HtmlControls.HtmlSELECT MySelect;
protected System.Web.UI.HtmlControls.HtmlInputButton Submit1;
protected SqlConnection myConnection;
private void Page_Load(object sender, System.EventArgs e)
{
    //在此处放置用户代码以初始化页面
    myConnection = new SqlConnection("server = .;database = pubs;
            Trusted_Connection = yes");
    if (!IsPostBack)
    {
      SqlDataAdapter myCommand = new SqlDataAdapter("SELECT
            DISTINCT State FROM Authors", myConnection);
      DataSet ds = new DataSet();
      myCommand.Fill(ds, "States");
      MySelect.DataSource = ds.Tables["States"].DefaultView;
      MySelect.DataBind();
    }
}
public void GetAuthors_Click(Object sender, EventArgs E)
{
    String selectCmd = "SELECT * FROM Authors WHERE state = @State";
    SqlConnection myConnection = new SqlConnection("server = .;
                database = pubs;Trusted_Connection = yes");
    SqlDataAdapter myCommand = new SqlDataAdapter(selectCmd,
                myConnection);
    myCommand.SelectCommand.Parameters.Add(new SqlParameter("@State",
                SqlDbType.NVarChar, 2));
    myCommand.SelectCommand.Parameters["@State"].Value
                = MySelect.Value;
    DataSet ds = new DataSet();
    myCommand.Fill(ds, "Authors");
    MyDataGrid.DataSource = ds.Tables["Authors"].DefaultView;
    MyDataGrid.DataBind();
  }
 }
}
```

11.3.4 维护 SQL Server 数据库中的数据

1. 在 SQL Server 数据库中插入数据

若要将行插入到数据库中,可以向页中添加简单的输入窗体,并在窗体提交事件处理程序中执行插入命令。与前两个示例一样,使用命令对象的 Parameters 集合填充命令的值。注意,在试图插入到数据库中之前,还要检查以确保所需的值非空,这将防止与数据库的字段约束意外冲突。还需在 try/catch 块的内部执行插入命令,以防插入行的主键已经存在。

【例 11-18】 下面的示例显示在 SQL Server 数据库中插入数据。运行效果如图 11-5 所示。CH11-18.aspx 文件的实现代码如下:

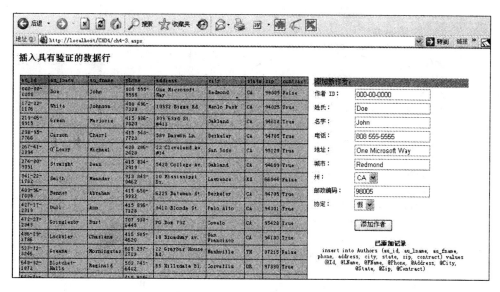

图 11-5　插入具有验证的数据行

```
//程序名称: CH11-18.aspx
<%@ Page language = "c#" Codebehind = "ch11-18.aspx.cs"
            AutoEventWireup = "false" Inherits = "CH11.ch11_18" %>
<HTML>
  <body MS_POSITIONING = "GridLayout">
    <form runat = "server" ID = "Form1">
      <h3><font face = "宋体">插入具有验证的数据行</font></h3>
      <table width = "95%">
        <tr>
        <td valign = "top">
        <ASP:DataGrid id = "MyDataGrid" runat = "server"
            EnableViewState = "false" HeaderStyle-BackColor = "#aaaadd"
            Font-Size = "8pt" Font-Name = "宋体"
            CellSpacing = "0" CellPadding = "3" ShowFooter = "false"
            BorderColor =  "black" BackColor = "#ccccff" Width = "592px">
        </ASP:DataGrid>
        </td>
        <td valign = "top">
        <table style = "FONT: 9pt 宋体; WIDTH: 322px; HEIGHT: 384px">
        <tr>
          <td colspan = "2" bgcolor = "#aaaadd" style = "FONT:10.5pt 宋体">
             添加新作者:
          </td>
        </tr>
        <tr>
           <td nowrap>作者 ID: </td>
           <td>
           <input type = "text" id = "au_id" value = "000-00-0000"
                 runat = "server"    NAME = "au_id">
           <asp:RequiredFieldValidator id = "au_idReqVal"
               ControlToValidate =  "au_id" Display = "Static"
```

```
                    Font - Name = "Verdana" Font - Size = "12"   runat = "server">
                      *
         </asp:RequiredFieldValidator >
      </td>
   </tr>
   <tr>
   <td nowrap>姓氏: </td>
   <td>
   <input type = "text" id = "au_lname" value = "Doe" runat = "server"
        NAME = "au_lname">
   <asp:RequiredFieldValidator id = "au_lnameReqVal"
        ControlToValidate =  _lname" Display = "Static"
        Font - Name = "Verdana" Font - Size = "12"
         runat = "server">
           *
   </asp:RequiredFieldValidator >
   </td>
   </tr>
   <tr>
   <td nowrap>名字: </td>
   <td>
   <input type = "text" id = "au_fname" value = "John" runat = "server"
                    NAME = "au_fname">
   <asp:RequiredFieldValidator id = "au_fnameReqVal"
        ControlToValidate =   "au_fname" Display = "Static"
        Font - Name = "Verdana" Font - Size = "12"   runat = "server">
          *
   </asp:RequiredFieldValidator >
   </td>
   </tr>
   <tr>
   <td>电话: </td>
   <td><nobr>
   <input type = "text" id = "phone" value = "808 555 - 5555"
             runat = "server" NAME = "phone">
   <asp:RequiredFieldValidator id = "phoneReqVal"
        ControlToValidate =  "phone" Display = "Static"
        Font - Name = "Verdana" Font - Size = "12"   runat = "server">
        *
     </asp:RequiredFieldValidator ></nobr>
   </td>
   </tr>
   <tr>
   <td>地址: </td>
   <td><input type = "text" id = "address" value = "One Microsoft Way"
             runat = "server" NAME = "address">
   </td>
   </tr>
   <tr>
   <td>城市: </td>
   <td><input type = "text" id = "city" value = "Redmond" runat = "server"
```

```
                        NAME = "city">
</td>
</tr>
<tr>
<td>州: </td>
<td>
< SELECT id = "state" runat = "server" NAME = "state">
    < option selected > CA </option >
    < option > IN </option >
    < option > KS </option >
    < option > MD </option >
    < option > MI </option >
    < option > OR </option >
    < option > TN </option >
    < option > UT </option >
</select >
</td>
</tr>
<tr>
<td nowrap>邮政编码: </td>
<td>< input type = "text" id = "zip" value = "98005" runat = "server"
        NAME = "zip"></td>
</tr>
<tr>
<td>协定: </td>
<td>
    < SELECT id = "contract" runat = "server" NAME = "contract">
        < option value = "0" selected >假</option >
        < option value = "1">真</option >
    </select >
</td>
</tr>
<tr>
<td></td>
< td style = "PADDING - TOP:15px">
    < input type = "submit" OnServerClick = "AddAuthor_Click"
            value = " 添加作者" runat = "server" ID = "Submit1"
            NAME = "Submit1">
</td>
</tr>
<tr>
< td colspan = "2" style = "PADDING - TOP:15px" align = "center">
< span id = "Message" EnableViewState = "false" runat = "server" />
< asp:RegularExpressionValidator
    id = "RegularExpressionValidator1"
    ASPClass = "RegularExpressionValidator"
    ControlToValidate = "zip"
    ValidationExpression = "[0 - 9]{5}"
      Display = "Dynamic" Font - Name =
        "Arial" Font - Size = "11" runat = "server">
  * 邮政编码必须是 5 位数字< br >
```

```
        </asp:RegularExpressionValidator>
        < asp:RegularExpressionValidator id = "phoneRegexVal"
            ControlToValidate = "phone"
            ValidationExpression = "[0-9]{3} [0-9]{3}-[0-9]{4}"
            Display =   "Dynamic" Font-Name = "Arial" Font-Size = "11"
            runat = "server">
              * 电话号码格式必须为: XXX XXX-XXXX < br >
        </asp:RegularExpressionValidator>
        < asp:RegularExpressionValidator id = "au_idRegexVal"
            ControlToValidate =  "au_id"
            ValidationExpression = "[0-9]{3}-[0-9]{2}-[0-9]{4}"
            Display = "Dynamic" Font-Name = "Arial" Font-Size = "11"
            runat = "server">
              * 作 者 ID 必须是数字: XXX-XX-XXXX < br >
         </asp:RegularExpressionValidator>
        </td>
         </tr>
        </table>
        </td>
       </tr>
      </table>
    </form>
    </body>
</HTML>
```

CH11-18. aspx. cs 的代码如下所示:

```
//程序名称: CH11-18.aspx.cs
using System;
using System.Collections;
using System.ComponentModel;
using System.Data;
using System.Drawing;
using System.Web;
using System.Web.SessionState;
using System.Web.UI;
using System.Web.UI.WebControls;
using System.Web.UI.HtmlControls;
using System.Data.SqlClient;
namespace CH11
{
//< summary >
//CH11-18 的摘要说明
//</summary>
public class ch11-18 : System.Web.UI.Page
{
    protected System.Web.UI.WebControls.DataGrid MyDataGrid;
    protected System.Web.UI.WebControls.RequiredFieldValidator
               au_idReqVal;
    protected System.Web.UI.WebControls.RequiredFieldValidator
               au_lnameReqVal;
```

```
protected System.Web.UI.WebControls.RequiredFieldValidator
            au_fnameReqVal;
protected System.Web.UI.WebControls.RequiredFieldValidator
            phoneReqVal;
protected System.Web.UI.WebControls.RegularExpressionValidator
            RegularExpressionValidator1;
protected System.Web.UI.WebControls.RegularExpressionValidator
            phoneRegexVal;
protected System.Web.UI.WebControls.RegularExpressionValidator
            au_idRegexVal;
protected System.Web.UI.HtmlControls.HtmlInputText au_id;
protected System.Web.UI.HtmlControls.HtmlInputText au_lname;
protected System.Web.UI.HtmlControls.HtmlInputText au_fname;
protected System.Web.UI.HtmlControls.HtmlInputText phone;
protected System.Web.UI.HtmlControls.HtmlInputText address;
protected System.Web.UI.HtmlControls.HtmlInputText city;
protected System.Web.UI.HtmlControls.HtmlSELECT state;
protected System.Web.UI.HtmlControls.HtmlInputText zip;
protected System.Web.UI.HtmlControls.HtmlSELECT contract;
protected System.Web.UI.HtmlControls.HtmlInputButton Submit1;
protected System.Web.UI.HtmlControls.HtmlGenericControl Message;
SqlConnection myConnection;
private void Page_Load(object sender, System.EventArgs e)
{
    //在此处放置用户代码以初始化页面
    myConnection = new SqlConnection("server = .;database = pubs;
            Trusted_Connection = yes");
    if (!IsPostBack)
        BindGrid();
}
public void BindGrid()
{
    SqlDataAdapter myCommand = new SqlDataAdapter("SELECT * FROM
            Authors", myConnection);
    DataSet ds = new DataSet();
    myCommand.Fill(ds, "Authors");
    MyDataGrid.DataSource = ds.Tables["Authors"].DefaultView;
    MyDataGrid.DataBind();
}
public void AddAuthor_Click(object sender, System.EventArgs e)
{
    Message.InnerHtml = "";
    if (Page.IsValid)
    {
      String insertCmd = "insert into Authors (au_id, au_lname,
            au_fname, phone, address, city, state, zip, contract)
            values (@Id, @LName, @FName, @Phone, @Address, @City,
                @State, @Zip, @Contract)";
      SqlCommand myCommand = new SqlCommand(insertCmd, myConnection);
      myCommand.Parameters.Add(new SqlParameter("@Id", SqlDbType.
            NVarChar, 11));
```

```
myCommand.Parameters["@Id"].Value = au_id.Value;
myCommand.Parameters.Add(new SqlParameter("@LName",
        SqlDbType.NVarChar, 40));
myCommand.Parameters["@LName"].Value = au_lname.Value;
myCommand.Parameters.Add(new SqlParameter("@FName",
        SqlDbType.NVarChar, 20));
myCommand.Parameters["@FName"].Value = au_fname.Value;
myCommand.Parameters.Add(new SqlParameter("@Phone",
        SqlDbType.NChar, 12));
myCommand.Parameters["@Phone"].Value = phone.Value;
myCommand.Parameters.Add(new SqlParameter("@Address",
        SqlDbType.NVarChar, 40));
myCommand.Parameters["@Address"].Value = address.Value;
myCommand.Parameters.Add(new SqlParameter("@City",
        SqlDbType.NVarChar, 20));
myCommand.Parameters["@City"].Value = city.Value;
myCommand.Parameters.Add(new SqlParameter("@State",
        SqlDbType.NChar, 2));
myCommand.Parameters["@State"].Value = state.Value;
myCommand.Parameters.Add(new SqlParameter("@Zip",
        SqlDbType.NChar, 5));
myCommand.Parameters["@Zip"].Value = zip.Value;
myCommand.Parameters.Add(new SqlParameter("@Contract",
        SqlDbType.NVarChar,1));
myCommand.Parameters["@Contract"].Value = contract.Value;
myCommand.Connection.Open();
try
{
   myCommand.ExecuteNonQuery();
   Message.InnerHtml = "<b>已添加记录</b><br>" + insertCmd + "<p>";
}
catch (SqlException e1)
{
   if (e1.Number == 2627)
        Message.InnerHtml = "错误：已存在具有相同主键的记录<p>";
   else
    Message.InnerHtml = "错误：未能添加记录,请确保正确填写字段<p>";
        Message.Style["color"] = "red";
}
myCommand.Connection.Close();
}
BindGrid();
   }
  }
}
```

2. 更新 SQL 数据库中的数据

更新 SQL 数据库中的数据的方法与插入数据的方法非常类似,都是可以带参数调用
Command 对象 ExecuteNonQuery 方法来完成。更新数据的示例代码如下:

```
public void MyDataGrid_Update(Object sender, DataGridCommandEventArgs E)
{
    if (Page.IsValid)
    {
        String updateCmd = "UPDATE Authors SET au_id = @Id,
            au_lname = @LName,
            au_fname = @FName,
            phone = @Phone, " + "address = @Address,
            city = @City, state = @State,
            zip = @Zip, contract = @Contract WHERE au_id = @Id";
        SqlCommand myCommand = new SqlCommand(updateCmd, myConnection);
        myCommand.Parameters.Add(new SqlParameter("@Id",
                SqlDbType.NVarChar, 11));
        myCommand.Parameters.Add(new SqlParameter("@LName",
                SqlDbType.NVarChar, 40));
        myCommand.Parameters.Add(new SqlParameter("@FName",
                SqlDbType.NVarChar, 20));
        myCommand.Parameters.Add(new SqlParameter("@Phone",
                SqlDbType.NVarChar, 12));
        myCommand.Parameters.Add(new SqlParameter("@Address",
                SqlDbType.NVarChar, 40));
        myCommand.Parameters.Add(new SqlParameter("@City",
                SqlDbType.NVarChar, 20));
        myCommand.Parameters.Add(new SqlParameter("@State",
                SqlDbType.NVarChar, 2));
        myCommand.Parameters.Add(new SqlParameter("@Zip",
                SqlDbType.NChar,5));
        myCommand.Parameters.Add(new SqlParameter("@Contract",
                SqlDbType.NVarChar,1));
        myCommand.Parameters["@Id"].Value = MyDataGrid.DataKeys[(int)
                E.Item.ItemIndex];
        String[]cols =
                {"LName","FName","Phone","Address","City","Zip"};
        for (int i=0; i<6; i++)
        {
            String colvalue = ((TextBox)E.Item.FindControl("edit_" +
                cols[i])).Text;
            myCommand.Parameters["@" + cols[i]].Value = colvalue;
        }
    myCommand.Parameters["@State"].Value = ((DropDownList)E.Item.
            FindControl("edit_State")).SelectedItem.ToString();
    if (((CheckBox)E.Item.FindControl("edit_Contract")).Checked = true)
        myCommand.Parameters["@Contract"].Value = "1";
    else
        myCommand.Parameters["@Contract"].Value = "0";
        myCommand.Connection.Open();
        try
        {
            myCommand.ExecuteNonQuery();
            Message.InnerHtml = "<b>已更新记录</b><br>" + updateCmd;
            MyDataGrid.EditItemIndex = -1;
```

```
    }
    catch (SqlException e1)
    {
      if (e1.Number == 2627)
        Message.InnerHtml = "错误: 已存在具有相同主键的记录";
      else
       Message.InnerHtml = "错误: 未能更新记录,请确保正确填写字段";
      Message.Style["color"] = "red";
    }
    myCommand.Connection.Close();
    BindGrid();
  }
  else
  {
    Message.InnerHtml = "错误: 请检查每个字段中的错误情况.";
    Message.Style["color"] = "red";
  }
}
```

3. 删除 SQL 数据库中的数据

删除数据库中的记录的过程与更新数据库记录的过程相类似,实际上,删除记录的过程要更简单,可以使用 Command 对象,并使用它来执行一个 SQL DELETE 查询(或存储过程)。也可结合使用 DataSet 对象和 DataAdapter 对象,从内存中删除一些记录,然后执行数据库中的批量删除。

通过 Command 对象删除记录示例的实现代码如下:

```
private void Button1_Click(object sender, System.EventArgs e)
{
    SqlConnection myCn = new SqlConnection(); //创建一个连接对象
    string cnString = " server = .;database = pubs;Trusted_Connection = yes ";
    string SqlText = "DELETE Products WHERE ProductID = @ID";
    myCn.ConnectionString = cnString;
    SqlCommand SqlCmd = new SqlCommand(SqlText,myCn);//创建一个命令对象
    //在 Command 对象添加参数 ID
    SqlCmd.Parameters .Add("@ID",typeof(string));
    SqlCmd.Parameters["@ID"].Value = tbID.Text;
    myCn.Open();
    //执行 SQL 语句
    SqlCmd.ExecuteNonQuery();
    myCn.Close();
}
```

11.3.5　处理主-从关系

由于 DataSet 对象中可以含有多个 DataTable,而事实上每一个表又不可能与其他的表没有任何的关系,这样就带来了一个问题,如何描述两个不同的表之间的关系? ASP.NET 提供了 DataRelation 对象来描述表和表之间的关系。DataRelation 对象至少需要两个参数才能确定两个表之间的关系,这是因为在两个表的关系中,至少需要一个主键列和一个外键

列,才能确定两者之间的对应关系。

有两种方法定义主-从关系。

(1)定义主-从表的关系。方法 1 实现代码如下:

```
//方法1: 定义主-从表的关系
DataColumn colParent, colChild;
colParent = ds.Tables["Suppliers"].Columns["SupplierId"];
colChild = ds.Tables["Products"].Columns["SupplierId"];
DataRelation relation1 = new DataRelation("relation", colParent,
        colChild, true);
ds.Relations.Add(relation1);
```

(2)定义主-从表的关系。方法 2 实现代码如下:

```
//方法2: 定义主-从表的关系
ds.Relations.Add("relation",
        ds.Tables["Suppliers"].Columns["SupplierId"],
        ds.Tables["Products"].Columns["SupplierId"]);
```

在页面文件中查找从表的数据的实现语句如下:

```
DataSource = '<% # ((DataRowView)(Container.DataItem)).CreateChildView
        ("relation") %>'
```

【例 11-19】 显示从 Northwind 数据库中读取主表 Suppliers 的记录,然后根据 Suppliers 表的 SupplierID 字段查找和显示对应的从表 Products 中相应的数据。运行效果 如图 11-6 所示。

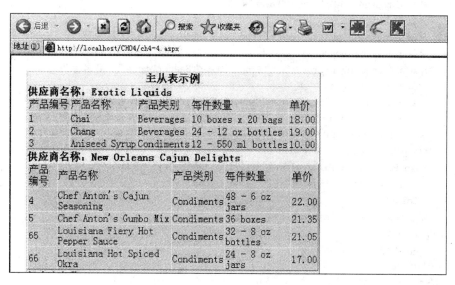

图 11-6 处理主-从表关系

CH11-19.aspx 文件的实现代码如下:

```
//程序名称: CH11-19.aspx
<%@ import namespace = "System.Data" %>
```

```
<% @ Page language = "c#" Codebehind = "CH11 - 19. aspx.cs"
        AutoEventWireup = "false" Inherits = "CH11.ch11_19" %>
< HTML >
  < body MS_POSITIONING = "GridLayout">
   < form id = "Form1" method = "post" runat = "server">
    < FONT face = "宋体">
     < asp:DataGrid id = "DataGrid1"    style = "Z - INDEX: 101;
            LEFT:24px; POSITION: absolute; TOP: 24px"
            AutoGenerateColumns = "False"
            runat = "server" Width = "464px"
            Height = "144px" ForeColor = "Blue"
            Font - Bold = "True" BackColor = "#FFFFCC">
     < HeaderStyle HorizontalAlign = "Center"></HeaderStyle >
     < Columns >
      < asp:TemplateColumn >
         < HeaderTemplate >
         主 - 从表示例
         </HeaderTemplate >
         < ItemTemplate >
         < asp:Label ID = "Label1" Runat = "server">
           供应商名称：
         <% # DataBinder.Eval(Container.DataItem, "CompanyName") %>
         < asp:DataGrid BackColor = "#CCFFCC" ID = "DataGrid2"
             Runat = "server"
             DataSource = '<% # ((DataRowView)(Container.DataItem))
                .CreateChildView ("relation") %>'
           AutoGenerateColumns = "False">
       < Columns >
       < asp:BoundColumn DataField = "ProductID" HeaderText = "产品编号">
       </asp:BoundColumn >
       < asp:BoundColumn DataField = "ProductName" HeaderText = "产品名称">
       </asp:BoundColumn >
       < asp:BoundColumn DataField = "CategoryName" HeaderText = "产品类别">
       </asp:BoundColumn >
       < asp:BoundColumn DataField = "QuantityPerUnit" HeaderText = "每件数量">
       </asp:BoundColumn >
       < asp:BoundColumn DataField = "UnitPrice" HeaderText = "单价"
           DataFormatString = "{0:F2}"></asp:BoundColumn >
       </Columns >
       </asp:DataGrid ></asp:Label >
      </ItemTemplate >
      </asp:TemplateColumn >
     </Columns >
     </asp:DataGrid >
    </FONT >
   </form >
  </FONT >
  </FORM >
  </body >
</HTML >
```

CH11-19.aspx.cs 的代码如下：

```
//程序名称：CH11 - 19.aspx.cs
using System;
using System.Collections;
using System.ComponentModel;
using System.Data;
using System.Drawing;
using System.Web;
using System.Web.SessionState;
using System.Web.UI;
using System.Web.UI.WebControls;
using System.Web.UI.HtmlControls;
using System.Data.SqlClient;
namespace CH11
{
//< summary >
//CH11 - 19 的摘要说明
//</ summary >
public class CH11 - 19 : System.Web.UI.Page
{
  protected System.Web.UI.WebControls.DataGrid DataGrid1;
  private void Page_Load(object sender, System.EventArgs e)
  {
    //在此处放置用户代码以初始化页面
    if(! IsPostBack)
    {
    //定义 Connection 对象
      string connstr = "server = .;database = Northwind;
              Trusted_Connection = yes";
      SqlConnection conn1 = new SqlConnection(connstr);
    //定义 DataAdapter 对象
      SqlDataAdapter da1 = new SqlDataAdapter("SELECT * FROM Suppliers",
              conn1);
      SqlDataAdapter da2 = new SqlDataAdapter("SELECT *
              FROM Products    a, Categories b
              WHERE a.Categoryid = b.Categoryid", conn1);
    //将 DataAdapter 读取的数据库数据填充到 DataSet 中
      DataSet ds = new DataSet();
      da1.Fill(ds, "Suppliers");
      da2.Fill(ds, "Products");
      //定义 DataSet 中两个表的主 - 从关系
      //方法 1：定义主 - 从表的关系
      //DataColumn colParent, colChild;
      //colParent = ds.Tables["Suppliers"].Columns["SupplierId"];
      //colChild = ds.Tables["Products"].Columns["SupplierId"];
      //DataRelation relation1 = new DataRelation("relation",
              colParent, colChild, true);
      //ds.Relations.Add(relation1);
      //方法 2：定义主 - 从表的关系
      ds.Relations.Add("relation", ds.Tables["Suppliers"].Columns
```

```
                ["SupplierId"], ds.Tables["Products"].Columns["SupplierId"]);
            //将 DataSet 数据绑定到 DataGrid1
            DataGrid1.DataSource = ds.Tables["Suppliers"].DefaultView;
            DataGrid1.DataBind();
        }
    }
  }
}
```

11.3.6 访问存储过程

使用存储过程具有如下优点：

（1）具有事务管理处理机制。存储过程中的 SQL 语句属于事务处理范畴，也就是说，存储过程中的所有 SQL 语句要么都执行，要么都不执行，这就是所谓的原子性。要确保数据的一致性和完整性。

（2）执行速度快。与标准 SQL 语句不同，存储过程由数据库服务器编译和优化。优化操作包括使用存储过程在运行时所必需的特定数据库的结构信息，存储过程的执行比标准的 SQL 语句的执行要快很多，尤其在多次调用存储过程的情况下。

（3）可以实现过程控制。存储过程可以利用控制流语句在 SQL 代码中处理一些相当复杂的逻辑操作。

（4）安全性好。存储过程可以作为额外的安全层，使人们不直接访问数据层，而是强制他们通过业务层来进行操作。为 Web 服务其向其他想访问与其无关区域的人员提供了很方便的接口。

（5）减少网络通信。客户应用程序使用存储过程可以将控制权传递到数据库服务器上的存储过程中，这样存储过程就可以在数据库服务器上执行中间处理操作，而不通过网络传递不必要的数据。

（6）代码开发模块化。存储过程易于进行维护，由于存储过程很集中，因此可以在整个系统中和从外部组件使用现有的存储过程，可以更容易访问、维护和管理这些存储过程。这样可以在团队开发时，由专门的数据库开发人员编写存储过程中快速高效的数据库代码，供其他开发人员使用。

【例 11-20】 通过 Command 对象调用带参数的存储过程。

第一步：建立存储过程。存储过程实现代码如下：

```
CREATE PROCEDURE dbo.countproductsincategory
  (
    @CatID int,
    @CatName nvarchar(15)   OUTPUT
  )
AS
  SET NOCOUNT ON
  DECLARE @PRODCOUNT INT
  SELECT @CatName = Categories.CategoryName,
      @ProdCount = COUNT(products.productID)
  FROM Categories INNER JOIN products
```

```
ON Categories.CategoryID = Products.CategoryID
WHERE (Categories.CategoryID = @CatID)
GROUP BY Categories.CategoryName
RETURN @ProdCount
```

第二步：创建 ASP.NET Web 页面。

在"设计"视图中，选择"工具箱"的"Web 窗体"选项卡，拖动一个文本框、两个标签和一个按钮到页面上，其中文本框的 ID 属性设置为 txtCatID，如图 11-7 所示。

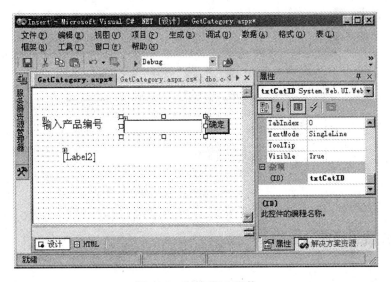

图 11-7 创建 Web 窗体

第三步：在"确定"按钮的 Click 事件中编写如下代码。

```
private void Button1_Click(object sender, System.EventArgs e)
{
    SqlConnection myCn = new SqlConnection(); //创建一个连接对象
    string cnString = "server = .;database = Northwind;user id = sa;
            password = sa;";
    //存储过程名称
    string SqlText = "countproductsincategory";
    myCn.ConnectionString = cnString;
    SqlCommand SqlCmd = new SqlCommand(SqlText,myCn);//创建一个命令对象
    SqlCmd.CommandType = CommandType.StoredProcedure;
    //定义参数输入参数@CatID,输出参数@CatName以及返回值@ProdCount
    SqlParameter Prmret = new SqlParameter ("@CatName", SqlDbType.Char ,15);
    Prmret.Direction = ParameterDirection.Output;
    //为 Command 对象添加参数
    SqlCmd.Parameters.Add("@CatID",typeof(int));
    SqlCmd.Parameters.Add(Prmret);
    SqlCmd.Parameters.Add("@ProdCount",typeof(int));
    //传递参数
    SqlCmd.Parameters["@CatID"].Value = txtCatID.Text;;
    SqlCmd.Parameters["@ProdCount"].Direction =
            ParameterDirection.ReturnValue;
```

```
    myCn.Open();
    //执行 SQL 语句
SqlCmd.ExecuteScalar();
    //获取存储过程的返回值及输出参数
    Label2.Text = "名称: " + SqlCmd.Parameters["@CatName"].Value + ", 数量:
        " + SqlCmd.Parameters["@ProdCount"].Value;
    myCn.Close();
}
```

第四步：按 F5 键运行,输入产品编号,单击"确定"按钮,显示指定某类产品的数量及名称,如图 11-8 所示。

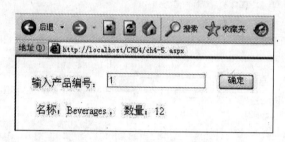

图 11-8 调用存储过程

11.4 本章小结

本章主要介绍了 ADO.NET 等常用的数据库访问技术,ADO 是一种组件对象模型,提供了七个对象类,用户可以通过这七个对象完成对数据库的复杂的访问和控制操作；ADO. NET 由两个核心组件 DataSet 和 .NET Framework 数据提供程序组成,它提供了从数据操作中分解出数据访问功能,这部分功能主要由 DataSet 来完成,数据提供程序由 Connection、Command、DataReader 和 DataAdapter 对象等组件组成,提供了强大的数据库访问能力,其中还针对常用的 SQL Server 和 Oracle 数据库提供了专门的访问组件,实现了对这两种数据库的高效访问,ADO.NET 数据访问技术也是本书重点介绍的内容之一。

习题 11

1. 单项选择题

(1) 要访问 Oracle 数据源,应在应用程序中包含下列_____命名空间。

    A. System.Data.Oracle   B. System.Data.OracleClient

    C. System.Data.oracle   D. System.Data.Oracleclient

(2) 关于 DataReader 对象,下列说法正确的是_____。

    A. 可以从数据源随机读取数据

    B. 从数据源读取的数据可读可写

    C. 从数据源读取只前进且只读的数据流

D. 从数据源读取可往前也可往后且只读的数据流

（3）如果要将 DataSet 对象修改的数据更新回数据源，应使用 DataAdapter 对象的_____方法。

      A. Fill 方法   B. Change 方法   C. Update 方法   D. Refresh 方法

（4）当 Command 对象用于存储过程时，应将 Command 对象的_____属性设置为 StoredProcedure。

      A. CommandText 属性   B. CommandType 属性

      C. StoredProcedure 属性   D. Parameters 属性

（5）指示 DataReader 包含一行或多行数据的属性是_____。

      A. FieldCount 属性   B. RowsCount 属性

      C. HasRows 属性   D. IsMore 属性

（6）在一个 DataSet 中_____DataTable。

      A. 只能有 1 个   B. 只可以有 2 个

      C. 可以有多个   D. 不确定

2. 填空题

（1）ADO.NET 的两个核心组件是_____和_____。

（2）.NET Framework 数据提供程序的 4 个核心对象是_____、_____、_____和_____。

（3）SQL Server .NET Framework 数据提供程序位于_____命名空间中。

（4）OLE DB .NET Framework 数据提供程序位于_____命名空间中。

（5）在 ADO.NET 中，可以使用 Connection 对象来连接到指定的数据源。若要连接到 Microsoft SQL Server 7.0 版或更高版本，使用 SQL Server .NET Framework 数据提供程序的_____对象。

（6）Connection 对象的_____属性是获取或设置用于打开 SQL Server 数据库的字符串。

（7）Command 对象公开了几个可用于执行所需操作的 Execute 方法。当以数据流的形式返回结果时，使用_____可返回 DataReader 对象；使用_____可返回单个值；使用_____可执行不返回行的命令。

（8）当 Command 对象用于存储过程时，可以将 Command 对象的 CommandType 属性设置为_____。

（9）使用 ADO.NET DataReader 从数据库中检索_____数据流。

（10）DataAdapter 的_____方法用于使用 DataAdapter 的_____的结果来填充 DataSet。

（11）DataSet 对象是支持 ADO.NET 的_____、_____的核心对象。

（12）DataSet 对象的 Relations 属性的作用是_____。

第12章

在线考试系统开发实例

教学目标：

- 了解实际项目中数据库的设计与实现。
- 了解使用 ASP.NET 进行项目开发的过程。
- 了解使用 ASP.NET 开发一个完整应用系统的编程方法。

教学重点：

本章介绍了在线考试系统的开发实例，通过实例进一步介绍数据库的设计与实现，以及 ASP.NET 在实际项目中的应用，让读者对数据库与前台开发工具 ASP.NET 相结合开发实际项目有更全面、完整的认识。

12.1 系统说明

本系统是集支持 Access、SQL Server 和 Oracle 三种数据库于一体的"在线考试系统"。要在 Access、SQL Server 和 Oracle 三种数据库中的任选一种运行本实例，只需要修改 web.config 中的参数即可，无须再次重新编译程序。

请打开 web.config 文件，把 DBType 标记的 value 属性改为对应的字符串（Access，Sql，Oracle 其中 1 个），并在 web.config 文件写上对应的连接字符串，示例代码：

```
<appSettings>
<add key = "DBType" value = "Sql"/>
<add key = "SqlConnectionString" value = "Server = .;
        DataBase = trybooks; uid = sa;pwd = ''"/>
<add key = "OracleConnectionString" value = "Data Source = MyOracle;
        user = OnlineExam;password = OnlineExam;"/>
</appSettings>
```

系统默认数据库为 Access。如果使用 Access 数据库，把数据库文件名改为 trybooks.mdb 并放在 Ben_try\database\目录下，并且保证 ASP.NET 用户有足够修改该数据库文件的权限。用查询分析器运行 BenTry.sql 文件，便可以得到初始数据库（或者还原 trybooks 数据库备份文件）。默认管理员账号为 admin，密码为 123456。登录后可以在修改密码选项修改密码。默认考生的密码与该考生的考生编号一致，考生在考试登录页面可以修改密码。初始化数据库后按菜单的顺序操作，如果跳过某些操作使数据不完整，会转到错误页面或出现异常。例如，添加一个科目后，先在题库管理中添加最少 1 道试题才可以生成试卷，否则出现异常。

12.2　系统分析

1．系统总体目标

在线考试系统是学校（企业）面对内部人员的考试系统。学校通过它可以建立自己的网上考场,可以让内部人员直接实行网上考试,一方面既减少了笔试的开销,降低了学校成本,提高学校的效率。另一方面又避免了笔试的烦琐过程,使考试过程变得轻松、快捷、方便,很适合现代要求高效率的学校或企业;同时又能有效控制考试的作弊情况,确保考试能公开、公正地进行。

使用该系统,学校（企业）可以建立自己的试题库、试卷和学生（员工）的考试记录,并可以随时进行考试;考生也可以通过该系统查询考试成绩和查考试答案。

2．系统功能模块图

系统功能模块图如图 12-1 所示。

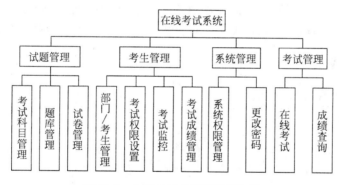

图 12-1　在线考试系统功能模块图

（1）试题管理。

① 考试科目管理。主要是指考试科目的定义、编辑和删除。定义考试科目可以在系统中新建考试科目。编辑考试科目可以对科目进行编辑,修改科目名称。删除考试科目可以将该科目的试卷和题库中该科目的试题一并删除。

② 题库管理。主要是指试题的添加、编辑和删除。添加试题可以添加试题、试题答案、类型和试题科目,把试题录入到题库中。编辑试题可以将已经存在的试题修改题干、答案或类型。删除试题是将存在的试题删除。

③ 试卷管理。主要是指试卷的手动生成、随机生成和选择试题生成。手动生成试卷是指自己手动出题,可以选择把该试卷的试题一并录入题库中。随机生成试卷可以选择好科目后,系统自动从题库中选择符合条件的试题组合成一张试卷。选择试题生成试卷可以从题库中选择符合条件的试题生成试卷。

（2）考生管理。

① 部门/考生管理。主要包括部门/考生的添加、更新和删除。添加部门/考生可以添

加参加考试的部门和考生。更新部门/考生可以更新参加考试的部门和考生。删除部门/考生可以删除参加考试的部门和考生。

② 考试权限设置。主要包括考试权限的定义和取消。定义考生考试权限可以将定义好的试卷的考试权限授权给要参加该试卷考试的考生。取消考生考试权限是指取消已授权考生的考试权限。

③ 考试监控。主要包括考生考试资格的取消和恢复。取消考生考试资格是指对于违反纪律的考生,取消其考试资格,该考生将没有该科目考试权限。恢复考试权限是指对于人为原因造成考试中断的,恢复该考生重新考试的权限。

④ 考试成绩管理。查看各部门的所有考生的成绩列表,并根据成绩排序。

(3) 系统管理。

① 系统权限管理。添加、删除管理员,并可以定义各管理员的管理权限。

② 更改密码。管理员更改自己的登录密码。

(4) 考试管理。

① 在线考试。考生输入自己姓名、考号和选择考试科目;进入考试信息页面,检查考试信息是否正确。在限定时间内完成考试,并提交试卷,提交试卷后可立即查看当前科目的考试成绩。

② 成绩查询。考生输入自己的姓名、考号,进入成绩表页面,显示该考生过往全部考试的试卷名和成绩。选择试卷名,进入该试卷的答案记录,可以查看自己的答案和正确答案。

3. 系统用例图

系统用例图如图 12-2 所示。

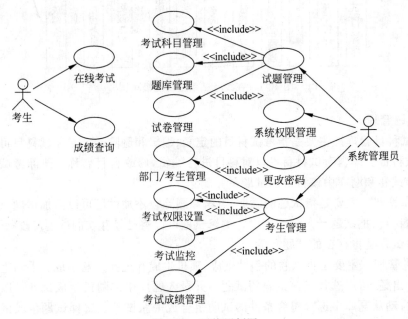

图 12-2　系统用例图

4．系统数据流图

系统数据流图如图 12-3 所示。

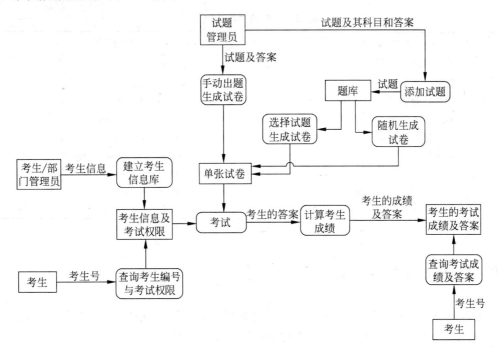

图 12-3　系统数据流图

5．考生在线考试活动图

考生在线考试活动图如图 12-4 所示。

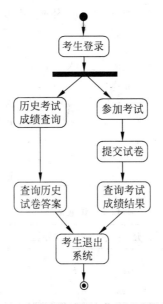

图 12-4　考生在线考试活动图

6. 系统功能页面

系统的主要功能页面见表 12-1。

表 12-1 系统主要功能页面

系 统 功 能	实 现 页 面
系统主页面	～/index. html
数据持久层类文件	～/Ben_try. cs
系统后台管理登录页面	～/admin/adminLogin. aspx
系统后台管理主页面	～/admin/admin. html
考试试卷管理页面	～/admin/mgTrybooks. aspx
生成试卷页面	～/admin/trybooksManage. aspx
考试成绩管理页面	～/admin/mgScore. aspx
学生在线考试登录页面	～/stuTry/stuLogin. aspx
学生在线考试页面	～/stuTry/try. aspx

12.3 系统数据库设计

根据系统的需求和分析,系统需要设计的数据库表有考试科目表、试卷信息表、题库表、试卷表、考试成绩及答案表、考试权限表、部门/班级表、考生表和管理员表等,见表 12-2 至表 12-10。

表 12-2 题库表(allTrys)

字段名称	数据类型	允许空	主/外键	备注
trys_id	int	非空	主键	试题编号(自动增长;)
object_id	int	非空	外键	考试科目(主表:allObject)
try_diff	int	非空	—	试题难度(1:简单;2:一般;3:困难)
try_score	int	非空	—	试题分值
try_type	int	非空	—	试题类型(1:判断;2:单选;3:多选)
try_subject	varchar(200)	非空	—	题目题干
a	varchar(100)	—	—	A 选项内容(判断题不需要)
b	varchar(100)	—	—	B 选项内容(判断题不需要)
c	varchar(100)	—	—	C 选项内容(判断题不需要)
d	varchar(100)	—	—	D 选项内容(判断题不需要)
try_keys	varchar(10)	非空	—	试题答案

表 12-3 试卷表(trys)

字段名称	数据类型	允许空	主/外键	备注
subject_id	int	非空	主键	试题编号(自动编号)
try_type	int	非空	—	试题类型
try_score	int	非空	—	试题分值

续表

字段名称	数据类型	允许空	主/外键	备注
try_diff	int	非空	—	试题难度
try_subject	varchar(200)	非空	—	题干
a	varchar(100)	—	—	选项 a 的内容
b	varchar(100)	—	—	选项 b 的内容
c	varchar(100)	—	—	选项 c 的内容
d	varchar(100)	—	—	选项 d 的内容
try_keys	varchar(10)	非空	—	题目答案

表 12-4 考试权限控制表（CanTry）

字段名称	数据类型	允许空	主/外键	备注
stu_num	varchar(20)	非空	外键	考生编号
TbsDB_NAME	varchar(50)	非空	—	试卷数据表名

表 12-5 考试成绩及答案表（stuScore）

字段名称	数据类型	允许空	主/外键	备注
stu_num	varchar(20)	非空	主键	考生编号
tbsDB_NAME	varchar(50)	非空	—	试卷表名
tbs_name	varchar(20)	非空	—	试卷名
try_date	varchar(50)	非空	—	考试日期
stu_keys	varchar(200)	非空	—	考生答案
stu_score	int	非空	—	考试成绩
submitTime	varchar(50)	非空	—	提交时间

表 12-6 试卷信息表（mgTrybooks）

字段名称	数据类型	允许空	主/外键	备注
tbs_id	int	非空	主键	试卷编号（自动编号）
object_id	int	非空	外键	所属科目（主表：allObject）
tbs_name	varchar(50)	非空	—	试卷名
tbsDB_NAME	varchar(50)	非空	—	试卷表名
try_time	varchar(50)	非空	—	考试时间（格式为：日期-开始时间-结束时间）
try_score	int	非空	—	卷面总分

表 12-7 考试科目表（allObject）

字段名称	数据类型	允许空	主/外键	备注
object_id	int	非空	主键	考试科目编号
object_name	varchar(50)	非空	—	考试科目名称

表 12-8 部门/班级表(stuClass)

字段名称	数据类型	允许空	主/外键	备注
class_id	int	非空	主键	部门 ID(自动编号)
class_name	varchar(20)	非空	—	部门名称

表 12-9 考生(students)

字段名称	数据类型	允许空	主/外键	备注
stu_num	varchar(20)	非空	主键	考生编号
class_id	int	非空	外键	考生所属部门/班级(主表:stuClass)
stu_name	varchar(20)	非空	—	考生姓名
stu_pass	varchar(20)	非空	—	考生的登录密码
stu_sex	varchar(2)	非空	—	考生性别(约束表达式为:stu_sex = '男' OR stu_sex = '女')
stu_age	int	—	—	考生年龄
isLogin	int	非空	—	登录状态(0:未登录;1:已经登录)
isSubmit	int	非空	—	试卷提交状态(0:未提交;1:已提交)

表 12-10 admin(管理员)

字段名称	数据类型	允许空	主/外键	备注
admin_num	int	非空	主键	管理员 ID
admin_name	varchar(20)	非空	—	管理员的用户名
admin_pass	varchar(20)	非空	—	管理员的登录密码
mgTry	int	—	—	试题管理(0:不具备权限;1:具备权限)
mgstudents	int	—	—	考生管理(0:不具备权限;1:具备权限)
mgSystem	int	—	—	系统管理(0:不具备权限;1:具备权限)

各张表之间的关系图如图 12-5 所示。

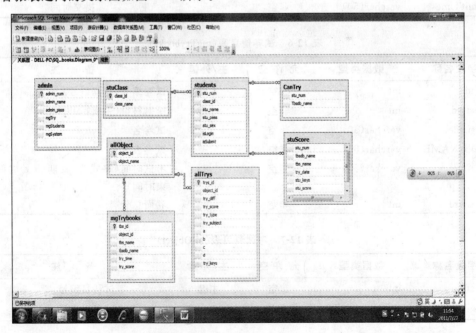

图 12-5 数据表关系图

12.4 程序主要代码

1. 系统主界面

系统主界面文件为：～/index.html。系统主界面如图 12-6 所示。

图 12-6 系统主界面

2. 系统后台管理登录页面

后台系统管理的文件位于"～/admin/adminLogin.aspx"，默认管理员账户为：admin，密码为：123456。后台系统管理登录页面如图 12-7 所示。

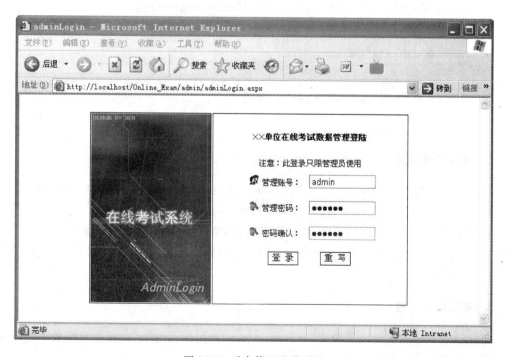

图 12-7 后台管理登录页面

（1）文件名：～/admin/adminLogin. aspx，其对应的核心实现代码如下：

```
protected System. Web. UI. WebControls. PlaceHolder pholdAdminLogin;
private void Page_Load(object sender, System. EventArgs e) {
    Control myControl = Page. LoadControl("../ascxfile/adminLogin. ascx");
    pholdAdminLogin. Controls. Add(myControl);
}
```

从上面的代码可以看出，adminLogin. aspx 页面通过一个 PlaceHolder 控件动态加载了用户控件：../ascxfile/adminLogin. ascx。

（2）文件名：～/ascxfile/adminLogin. ascx，后台系统管理登录部分的核心实现代码如下：

```
//后台管理登录
private void btnLogin_Click(object sender, System. EventArgs e) {
    DataUse datause = new DataUse();
    DataSet ds = datause. AdminLogin(tboxAdminName. Text,
            tboxAdminPass. Text);
//验证账号和密码是否正确
if (ds. Tables[0]. Rows. Count != 0) {
    //设置试题管理的权限
    if (Convert. Toint32(ds. Tables[0]. Rows[0]["mgTry"]) == 1) {
        Session["mgTry"] = 1;
    }
    //设置考生管理的权限
    if (Convert. Toint32(ds. Tables[0]. Rows[0]["mgstudents"]) == 1){
        Session["mgStudetns"] = 1;
    }
    //设置系统管理的权限
    if (Convert. Toint32(ds. Tables[0]. Rows[0]["mgSystem"]) == 1) {
        Session["mgSystem"] = 1;
    }
    Response. Redirect("Admin. html");
}
else {
    labError. Text = "▲该账号不存在或密码错误…";
}
}
```

3. 后台管理界面

后台系统管理的文件位于“～/admin/admin. html”，后台系统管理的主要功能有：

（1）试题管理（考试题目管理、考试题库管理、考试试卷管理）。

（2）考生管理（考生/部门管理、考试权限管理、考试成绩管理、考生考试监控）。

（3）系统管理（管理权限设置、修改用户密码、返回登录页面）。后台系统管理登录界面如图 12-8 所示。

4. 考试试卷管理

考试试卷管理的模块文件位于“～/admin/mgTrybooks. aspx”。可在此模块中编辑、删除已定义好的试卷。考试试卷管理页面如图 12-9 所示。

图 12-8　后台管理页面

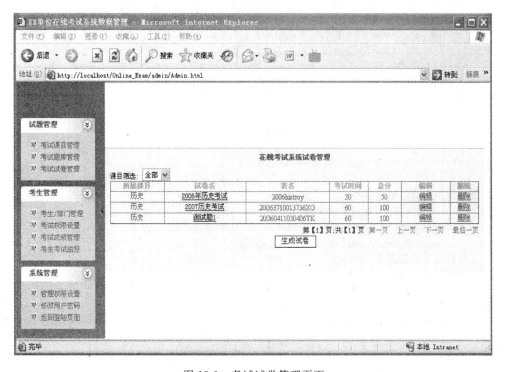

图 12-9　考试试卷管理页面

5. 生成试卷

生成试卷的模块文件位于"～/admin/trybooksManage. aspx"。每个试卷生成时会由本系统新创建一张表来保存这张试卷。

文件～/admin/trybooksManage. aspx. cs 的核心代码如下：

```
//实例化数据操作类
DataUse datause = new DataUse();
private void Page_Load(object sender, System.EventArgs e) {
    if (!IsPostBack){
            BindObject(); //给试卷表随机一个名称
            TxtTbsDbName. Text = RanTableName();
    }
}
//课目下拉菜单的数据绑定
public void BindObject() {
    string strSelect = "select * from allobject";
    DataSet ds = datause. GetData(strSelect);
    listObject. DataTextField = "object_name";
    listObject. DataValueField = "object_id";
    listObject. DataSource = ds. Tables[0];
    listObject. DataBind();
}
//生成随机的表名
public string RanTableName() {
    //取出当前的时间实例
    string strTime = DateTime. Now. ToString("yyyymmddhhmmss");
    //储存所有的字符变量
    string  strLetter = "A,B,C,D,E,F,G,H,I,J,K,L,M,N,O,
                        P,Q,R,S,T,U,V,W,X,Y,Z";
    string[]strHead = strLetter. Split(new Char[]{',');
    //产生4位随机数
    Random rannum = new Random();
    for (int i = 0;i < 2;i ++ ) {
        strTime  = strHead[rannum. Next(0,25)] + strTime;
    }
    return strTime;
}
//题库筛选生成的单击事件
private void btnAddAllTrys_Click(object sender, System. EventArgs e) {
    string _dbType1 = System. Configuration. ConfigurationSettings
            . AppSettings["DBType"]. ToLower();
    //判断该试卷表是否存在
    string strSelect = "select count( * ) from mgTrybooks
        where tbsDB_NAME = '" + txtTbsDbName. Text + "'";
    if (datause. DataCount(strSelect) == 0) {
      //创建试卷表的 sql 语句
      string strCreateTable = "create table " + txtTbsDbName. Text;
      if (_dbType1 == "oracle") {
        strCreateTable += " (subject_id Number(10) primary key,
```

```
            try_type Number(10) not null,
            try_score Number(10) not null,
            try_diff Number(10) not null,
            try_subject varchar2(200) not null,
            a   varchar2(100),b varchar2(100),
            c varchar2(100),d varchar2(100),
            try_keys varchar2(10) not null)";
    }else{
        strCreateTable += " (subject_id int Identity(1,1) primary key,
            try_type int not null,try_score int not null,
            try_diff int not null,try_subject varchar(200) not null,
            a varchar(100),b   varchar(100),
            c varchar(100),d varchar(100),
            try_keys varchar(10)   not null)";
    };
//录入试卷管理表的 sql 语句
string strInsert;
if (_dbType1 == "oracle") {
    strInsert = "insert into mgTrybooks (tbs_id, object_id,
        tbs_name,tbsDB_NAME,try_time,try_score)
        values(tbs_id.NextVal, " +
        Convert.Toint32(listObject.SelectedItem.Value)
        + ",'" + txtTbsName.Text + "','"
        + txtTbsDbName.Text + "',
        " + Convert.Toint32(listTime.SelectedItem.Value) + ","
        + Convert.Toint32(listAllScore.SelectedItem.Value) + ")";
    }else {
    strInsert = "insert into mgTrybooks (object_id,tbs_name,
        tbsDB_NAME,try_time,try_score)
        values(" + Convert.Toint32 (listObject.SelectedItem.Value)
        + ",'" + txtTbsName.Text + "','" + txtTbsDbName.Text + "',"
        + Convert.Toint32 (listTime.SelectedItem.Value) + ","
        + Convert.Toint32 (listAllScore.SelectedItem.Value) + ")";
    }
//生成试卷表并把相关信息录入试卷管理表的事务
datause.CreateTrys(strCreateTable,strInsert);
//转向的页面及传递的参数
string strUrl = "addTrysByAll.aspx";
strUrl += "?TbsName = " + txtTbsName.Text;
strUrl += "&TbsDbName = " + txtTbsDbName.Text;
strUrl += "&ObjectId = " + listObject.SelectedItem.Value;
strUrl += "&TryTime = " + listTime.SelectedItem.Value;
strUrl += "&Judge = " + listJudge.SelectedItem.Value;
strUrl += "&Chioe = " + listChioe.SelectedItem.Value;
strUrl += "&ManyChioe = " + listManyChioe.SelectedItem.Value;
strUrl += "&AllScore = " + listAllScore.SelectedItem.Value;
Response.Redirect(strUrl);
}else {
    Response.Output.Write("< script >
        alert('该数据表已经存在,请换一个!') </script>");
}
```

```
    }
//返回
private void btnBack_Click(object sender, System.EventArgs e) {
    Response.Redirect("mgTrybooks.aspx");
}
```

6. 考试成绩管理

考试成绩管理模块文件位于"～/admin/mgScore.aspx"。主要用于查询学生考试成绩。考试成绩管理页面如图 12-10 所示。

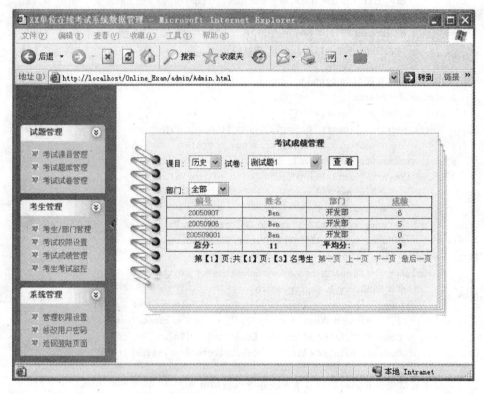

图 12-10   考试成绩管理页面

7. 学生在线考试

学生经过首页登录成功后，进入在线考试界面，该功能模块位于"～/stuTry/try.aspx"。首先在页面中编写一个 javascript 脚本程序在 IE 状态栏提示剩余时间。

（1）文件名：～/stuTry/try.aspx 的关键代码如下：

```
<script language = "javascript">
    var timer = setinterval("CountTime()",1000);
    var T_minute = <% = intTryTime %>;
    var T_second = 0;
    function CountTime() {
        if (T_second == 0){                          //时间结束
            if (T_minute == 0 && T_second == 0){      //提交
                document.Form1.submitTry.click();
```

```
            }else{
                T_minute -- ;
                T_second = 59;
            }
        } else{
            T_second -- ;
        }
        window.status = "你的时间还剩" + T_minute + "分 " + T_second + "秒";
    }
</script>
```

整个试卷都是根据试题库自动生成的,学生提交试卷后将在系统中保存学生的答题内容。

(2) 文件名:~/stuTry/try.aspx.cs 的关键代码如下:

```
//试卷名
public string strTryName;
//登录时间
public string strLoginTime;
//提交时间
public string strSubmitTime;
//考试时间
public int intTryTime;
//实例化数据操作类
DataUse datause = new DataUse();
/ ************** 初始化变量 *************** /
private void Page_Load(object sender, System.EventArgs e) {
    if (Session["trybooks"]!= null && Session["stu_num"]!= null) {
        //刷新的处理
        if (Session["stu_reset"]!= null) {
            Response.Redirect("error.html");
        }
        Session["stu_reset"] = 1;
        DateTime nowTime = DateTime.Now; //试卷名
        strTryName = Convert.ToString(Session["tryObject"]); //登录时间
        //取出该试卷的考试时间
        strLoginTime = nowTime.ToLongTimeString();
        string sqlstr = "select try_time from mgTrybooks where
                tbsDB_NAME =  '" + Session["trybooks"].ToString() + "'";
        DataSet ds = datause.GetData(sqlstr);
        intTryTime = Convert.Toint32(ds.Tables[0]
                    .Rows[0]["try_time"]);
        //提交时间
        strSubmitTime = nowTime.AddMinutes(intTryTime)
                    .ToLongTimeString();
    }else{
        Response.Redirect("stuLogin.aspx");
    }
}
/ ************* 生成判断题 *************** /
public string GetJudge() {
```

```
//取出试卷中的判断题数据集
string sqlstr = "select * from " + Session["trybooks"].ToString() + "
        where try_type = 1";
DataSet ds = datause.GetData(sqlstr); //题干
System.Text.StringBuilder sbJudge = new System.Text.StringBuilder();
sbJudge.Append("<b>一、判断题</b> ");
sbJudge.Append("<font color = '#ff0000'> 注: 每题"); //题目的分值
sbJudge.Append(ds.Tables[0].Rows[0]["try_score"].ToString());
sbJudge.Append("分,对的打钩,错的不要打钩</font>"); //题目
for (int i = 1; i <= ds.Tables[0].Rows.Count; i++) {
    sbJudge.Append("<br><font color = '#ff0000'>
            <input type = 'radio' name = 'no'");
    sbJudge.Append(ds.Tables[0].Rows[i-1]["subject_id"]
        .ToString());
    sbJudge.Append("' value = '1'> 对 ");
    sbJudge.Append("<input type = 'radio' name = 'no'");
    sbJudge.Append(ds.Tables[0].Rows[i-1]["subject_id"]
        .ToString());
    sbJudge.Append("' value = '0'> 错</font> ");
    sbJudge.Append(i.ToString());
    sbJudge.Append("、");
    sbJudge.Append(ds.Tables[0].Rows[i-1]["try_subject"]
        .ToString());
}
return sbJudge.ToString();
}
/************* 生成单选 *************/
public string GetChoice(){
    //取出试卷中的判断题数据集
    string sqlstr = "select * from " + Session["trybooks"].ToString() + "
            where try_type = 2";
    DataSet ds = datause.GetData(sqlstr); //题干
    System.Text.StringBuilder sbChoice = new System.Text.StringBuilder();
    sbChoice.Append("<b>二、单项选择</b> ");
    sbChoice.Append("<font color = '#ff0000'> 注: 每题");
    //题目的分值
    sbChoice.Append(ds.Tables[0].Rows[0]["try_score"].ToString());
    sbChoice.Append("分,对的打勾,错的不要打勾</font>"); //题目
    for (int i = 1; i <= ds.Tables[0].Rows.Count; i++) {
        sbChoice.Append("<br>");
        sbChoice.Append(i.ToString());
        sbChoice.Append("、");
        sbChoice.Append(ds.Tables[0].Rows[i-1]["try_subject"]
                .ToString());
        sbChoice.Append("<br><input type = 'radio' name = 'no'");
        sbChoice.Append(ds.Tables[0].Rows[i-1]["subject_id"]
                .ToString());
        sbChoice.Append("' value = 'a'> "); sbChoice.Append("A、");
        sbChoice.Append(ds.Tables[0].Rows[i-1]["a"].ToString());
        sbChoice.Append("<br><input type = 'radio' name = 'no'");
        sbChoice.Append(ds.Tables[0].Rows[i-1]["subject_id"]
```

```csharp
                    .ToString());
        sbChoice.Append("' value = 'b'> ");
        sbChoice.Append("B、");
        sbChoice.Append(ds.Tables[0].Rows[i - 1]["b"].ToString());
        sbChoice.Append("< br >< input type = 'radio' name = 'no'");
        sbChoice.Append(ds.Tables[0].Rows[i - 1]["subject_id"]
                    .ToString());
        sbChoice.Append("' value = 'c'> ");
        sbChoice.Append("C、");
        sbChoice.Append(ds.Tables[0].Rows[i - 1]["c"].ToString());
        sbChoice.Append("< br >< input type = 'radio' name = 'no'");
        sbChoice.Append(ds.Tables[0].Rows[i - 1]["subject_id"]
                    .ToString());
        sbChoice.Append("' value = 'd'> ");
        sbChoice.Append("D、");
        sbChoice.Append(ds.Tables[0].Rows[i - 1]["d"].ToString());
    }
    return sbChoice.ToString();
}
/ ************* 生成不定项选择 *************** /
public string GetManyChoice() {
    //取出试卷中的判断题数据集
    string sqlstr = "select  *  from " + Session["trybooks"].ToString() + "
            where try_type = 3";
    DataSet ds = datause.GetData(sqlstr); //题干
    System.Text.StringBuilder
                sbManyChoice = new System.Text.StringBuilder();
    sbManyChoice.Append("< b >三、不定项选择</b> ");
    sbManyChoice.Append("< font color = '＃ff0000'> 注：每题");
    //题目的分值
    sbManyChoice.Append(ds.Tables[0].Rows[0]["try_score"].ToString());
    sbManyChoice.Append("分,对的打钩,错的不要打钩</font>"); //题目
    for (int i = 1;i <= ds.Tables[0].Rows.Count;i ++ ) {
        sbManyChoice.Append("< br >");
        sbManyChoice.Append(i.ToString());
        sbManyChoice.Append("、");
        sbManyChoice.Append(ds.Tables[0].Rows[i - 1]["try_subject"]
                .ToString());
        sbManyChoice.Append("< br >< input type = 'checkbox' name = 'no'");
        sbManyChoice.Append(ds.Tables[0].Rows[i - 1]["subject_id"]
                .ToString());
        sbManyChoice.Append("' value = 'a'> ");
        sbManyChoice.Append("A、");
        sbManyChoice.Append(ds.Tables[0].Rows[i - 1]["a"].ToString());
        sbManyChoice.Append("< br >< input type = 'checkbox' name = 'no'");
        sbManyChoice.Append(ds.Tables[0].Rows[i - 1]["subject_id"]
                .ToString());
        sbManyChoice.Append("' value = 'b'> ");
        sbManyChoice.Append("B、");
        sbManyChoice.Append(ds.Tables[0].Rows[i - 1]["b"].ToString());
        sbManyChoice.Append("< br >< input type = 'checkbox' name = 'no'");
```

```
        sbManyChoice.Append(ds.Tables[0].Rows[i-1]["subject_id"]
            .ToString());
        sbManyChoice.Append("' value = 'c'> ");
        sbManyChoice.Append("C、");
        sbManyChoice.Append(ds.Tables[0].Rows[i-1]["c"].ToString());
        sbManyChoice.Append("< br >< input type = 'checkbox' name = 'no'");
        sbManyChoice.Append(ds.Tables[0].Rows[i-1]["subject_id"]
            .ToString());
        sbManyChoice.Append("' value = 'd'> ");
        sbManyChoice.Append("D、");
        sbManyChoice.Append(ds.Tables[0].Rows[i-1]["d"].ToString());
    }
    return sbManyChoice.ToString();
}
```

8. 数据访问

系统所有的数据访问功能模块都放在文件"～/Ben_try.cs"文件中,并同时编写了三种数据库的访问程序,只需通过 web.config 中的参数即可配置成某一种数据库类型。因程序代码行比较长,以下只给出了部分代码。

文件名:～/Ben_try.cs 的关键代码如下:

```
/* 用于指定数据库的类型 */
public class DBHelp : System.Web.UI.Page{
    //只要修改_dbType 的值就可以应用于不同的数据库
    private static string _dbType = ConfigurationSettings
        .AppSettings["DBType"].ToLower();
    public static string dbType{
        get{
            return _dbType;
        }
        set{
            _dbType = value;
        }
    }
    //各种数据库的连接字符串
    //Access 的连接字符串
    public string OleDbConnstr(){
        string strPath = Server.MapPath("..\\database\\trybooks.mdb");
        //Server 为类只能在动态方法中调用
        string strBase = "Provider = Microsoft.Jet.OLEDB.4.0;Data Source = ";
        return strBase + strPath;
    }
    //sql 的连接字符串
    public static string SqlConnstr = ConfigurationSettings
        .AppSettings["SqlConnectionString"];
    //oracle 的连接字符串
    public static string OracleConnstr = ConfigurationSettings
        .AppSettings["OracleConnectionString"];
}
```

```
//< summary >
//Ben_try 的摘要说明
//</ summary >
// * 数据库的常用操作类 */
public class DataUse{
    public DataUse(){
        //TODO: 在此处添加构造函数逻辑
    }
    / *************** 根据 SQL 语句返回数据集 ************ /
    public DataSet GetData(string selstr){
        DataSet ds = new DataSet();
        switch(DBHelp.dbType.ToLower()){
            //Access 数据库
            case "Access ":
            {   DBHelp dbhelp = new DBHelp();
                OleDbConnection conn = new OleDbConnection
                        (dbhelp.OleDbConnstr());
                OleDbDataAdapter da = new OleDbDataAdapter(selstr,conn);
                da.Fill(ds);
                break;
            }
            //sql 数据库
            case "sql":
            {   SqlConnection conn = new SqlConnection(DBHelp.SqlConnstr);
                SqlDataAdapter da = new SqlDataAdapter(selstr,conn);
                da.Fill(ds);
                break;
            }
            //oracle 数据库
            case "oracle":
            {   OracleConnection conn = new OracleConnection
                        (DBHelp.OracleConnstr);
                OracleDataAdapter da = new OracleDataAdapter(selstr,conn);
                da.Fill(ds);
                break;
            }
        }
        return ds;
}
/ ***** 根据 SQL 语句返回数据集(应用于自定义分页) ***** /
public DataSet GetData(string selstr,int intStarId,int intMaxLen,
                string strName){
    DataSet ds = new DataSet();
    switch(DBHelp.dbType.ToLower()){
        //Access 数据库
        case "Access ":
        {   DBHelp dbhelp = new DBHelp();
            OleDbConnection conn = new OleDbConnection
                    (dbhelp.OleDbConnstr());
            OleDbDataAdapter da = new OleDbDataAdapter(selstr,conn);
            da.Fill(ds,intStarId,intMaxLen,strName);
```

```
                break;
        }
        //sql 数据库
        case "sql":
        {   SqlConnection conn = new SqlConnection(DBHelp.SqlConnstr);
            SqlDataAdapter da = new SqlDataAdapter(selstr,conn);
            da.Fill(ds,intStarId,intMaxLen,strName);
            break;
        }
        //oracle 数据库
        case "oracle":
        {   OracleConnection conn = new OracleConnection
                    (DBHelp.OracleConnstr);
            OracleDataAdapter da = new OracleDataAdapter(selstr,conn);
            da.Fill(ds,intStarId,intMaxLen,strName);
            break;
        }
    }
    return ds;
}
/ ******************* 返回记录数 ********************* /
public int DataCount(string strSelect) {
    int intDataCount = 0;
    switch(DBHelp.dbType.ToLower()){
        //Access 的操作
        case "Access ":
        {   DBHelp dbhelp = new DBHelp();
            OleDbConnection conn = new OleDbConnection
                    (dbhelp.OleDbConnstr());
            OleDbCommand comm = new OleDbCommand(strSelect,conn);
            try{
                conn.Open();
                intDataCount = Convert.Toint32(comm.ExecuteScalar()
                        .ToString());
            }
            catch (OleDbException ex) {
                SystemError.ErrorLog(ex.Message);
            }
            finally {
                conn.Close();
                conn.Dispose();
            }
            break;
        }
        //sql 的操作
        case "sql":
        {   SqlConnection conn = new SqlConnection(DBHelp.SqlConnstr);
            SqlCommand comm = new SqlCommand(strSelect,conn);
            try{
                conn.Open();
                intDataCount = Convert.Toint32(comm.ExecuteScalar()
```

```
                            .ToString());
                    }
                catch (SqlException ex){
                    SystemError.ErrorLog(ex.Message);
                }
                finally{
                    conn.Close();
                    conn.Dispose();
                }
            break;
            }
        //Oracle 的操作
        case "oracle":
        {   OracleConnection conn = new OracleConnection
                    (DBHelp.OracleConnstr);
            OracleCommand comm = new OracleCommand(strSelect,conn);
            try{
                conn.Open();
                intDataCount = Convert.Toint32(comm.ExecuteScalar()
                    .ToString());
            }
            catch (OracleException ex){
                SystemError.ErrorLog(ex.Message);
            }
            finally{
                conn.Close();
                conn.Dispose();
            }
            break;
        }
    }
return intDataCount;
}
/ ************** 执行 SQL 命令 ********** /
public void ExcuteSql(string excutestr) {
    switch(DBHelp.dbType.ToLower()){
        //Access 数据库的操作
        case "Access ":
        {   DBHelp dbhelp = new DBHelp();
            OleDbConnection conn = new OleDbConnection
                (dbhelp.OleDbConnstr());
            OleDbCommand comm = new OleDbCommand(excutestr,conn);
            try{
                conn.Open();
                comm.ExecuteNonQuery();
            }
            catch (OleDbException oledbex){
                SystemError.ErrorLog(oledbex.Message);
            }
            finally{
                conn.Close();
```

```
                conn.Dispose();
            }
            break;
    }
    //sql 数据库的操作
    case "sql":
    {   SqlConnection conn = new SqlConnection(DBHelp.SqlConnstr);
        SqlCommand comm = new SqlCommand(excutestr,conn);
        try{
            conn.Open();
            comm.ExecuteNonQuery();
        }
        catch (SqlException sqlex){
            SystemError.ErrorLog(sqlex.Message);
        }
        finally{
            conn.Close();
            conn.Dispose();
        }
        break;
    }
    //oracle 数据库的操作
    case "oracle":
    {   OracleConnection conn = new OracleConnection
                (DBHelp.OracleConnstr);
        OracleCommand comm = new OracleCommand(excutestr,conn);
        try{
            conn.Open();
            comm.ExecuteNonQuery();
        }
        catch (OracleException oracleex){
            SystemError.ErrorLog(oracleex.Message);
        }
        finally{
            conn.Close();
            conn.Dispose();
        }
        break;
    }
  }
}
```

以上只给出部分源代码,其他代码可到相关教学网站下载。

12.5 本章小结

本章介绍了在线考试系统的开发实例,通过实例进一步介绍数据库的设计与实现,以及 ASP.NET 在实际项目中的应用,让读者对数据库与前台开发工具 ASP.NET 相结合开发实际项目有更全面、完整的认识。

习题 12

简答题

1. 简述 ASP.NET 中 SQL Server 数据库连接方法。
2. 简述 ASP.NET 中 Oracle 数据库连接方法。

参 考 文 献

[1] 萨师煊,王珊.数据库系统概论.北京:高等教育出版社,2004.

[2] 陈志泊,李冬梅,王春玲.数据库原理及应用教程.北京:人民邮电出版社,2002.

[3] 张龙祥,黄正瑞,龙军.数据库原理与设计.北京:人民邮电出版社,2002.

[4] 郭盈发.数据库原理.西安:西安电子科技大学出版社,2005.

[5] 孟彩霞.计算机软件基础.西安:西安电子科技大学出版社,2005.

[6] 张俊玲.数据库原理与应用.北京:清华大学出版社,2005.

[7] 赵杰,杨丽丽,陈雷.数据库原理与应用.北京:人民邮电出版社,2005.

[8] 周绪,管丽娜,白海波.SQL Server 2000 中文版入门与提高.北京:清华大学出版社,2001.

[9] 黄维通.SQL Server 2000 简明教程.北京:清华大学出版社,2002.

[10] 微软公司.Microsoft SQL Server 2000 使用 T-SQL 进行数据库查询.高国连,李国华,译.北京:北京希望电子出版社,2002.

[11] 微软公司.Microsoft SQL Server 2000 数据库编程.张长富,孙兵,栾开春,等,译.北京:北京希望电子出版社,2002.

[12] 微软公司.Microsoft SQL Server 2000 数据库管理.刘大伟,张芳,刘利,等,译.北京:北京希望电子出版社,2002.

[13] 周立柱,冯建华.SQL Server 数据库原理——设计与实现.北京:清华大学出版社,2004.

[14] 杨得新.SQL Server 2000 开发与应用.北京:机械工业出版社,2003.

[15] 张莉,王强.SQL Server 数据库原理与应用教程.北京:清华大学出版社,2003.

[16] 崔魏.数据库系统及应用.北京:高等教育出版社,2003.

[17] 刘先锋,羊四清.数据库系统原理与应用.武汉:武汉大学出版社,2005.

[18] 何玉洁.数据库原理与应用教程.北京:机械工业出版社,2009.